KB068734

SPSS 보강 제 3 판을 내면서

추운 겨울이다. 해가 갈수록 추워지는 것은 자연의 탓만은 아닌 것 같다. 가슴속에 켜켜이 쌓여있는 얼음이 추위를 더 느끼게 하는 것 같다. 우리에게 따사로운 햇살이 필요하다.

통계학을 배워본 경험이 있는 사람들의 80%가 통계학을 어렵게 느끼고 있다. 왜 통계학을 어렵다고 인식하고 있을까하는 의문은 오랫동안 저자의 몫이었다. 그래서 "통계학은 어렵다? — 통계학교재의 문제점"이라는 제목의 논문을 냈다(한국데이터정보과학회지, 2013. 11.). 이 논문을 쓰면서 통계학을 어렵게 인식하고 있는 이유가 교재에 기인한다(62%)는 것을 알게 되었고 교재들에 어떤 문제가 있는가를 조사하였다. 결과적으로 많은 통계학 대학교재들이 올바른 이론 체계를 이해하기에 문제점들을 가지고 있다고 평가하였다. 사실 논문에서 주장하는 내용은 단순하다. 통계학을 정확하게 이해하는데 있어서 대문자와 소문자의 구분은 절대적으로 중요하다는 것이 저자의 생각이다, 그러나 이를 분명하게 설명하지 않고 있거나 저자 자신이 혼란스러워 뒤죽박죽 이론을 전개한 교재들이 예상외로 많았다.

이 책은 통계학을 정확하게 쉽게 이해할 수 있도록 썼다고 자부한다. 가급적이면 어려운 수식을 사용하지 않고(예컨대 적분), 주로 말로 기술하는 방식으로 설명하였다. 누구나, 모집단을 확률변수로 표현한다는 점, 확률변수(대문자, X)에 대한 이해, 약간의 이론적인 수식을 확실히 알아야 한다. 물론 이론적 이해를 위하여 수식을 사용하였지만 누구에게도 어려운 수준은 아니다. 수식들은 다만 이론을 간결하게 이해할 수 있는 수단일 뿐이다. 사회계열 전공자들도 수식에 대한 걱정을 떨쳐버릴 수 있으리라 믿는다.

이번 제 3 판에는 본문내용 보강과 예제들에 대한 SPSS 실습을 추가하였다. 물론 저자로서는 오래 묵은 숙제를 한 기분이다. 그동안 경영, 경제 등 사회계열에서는 SAS를 접하기 어렵거나 다루기에도 벅찬 경우들이 있다는 점 때문에 제 5 장부터의 문제들을 SAS로 실습하기에 어려운 점들이 있었던 것이 사실이다. 그러므로 이 제 3 판에서는 SAS보다는 비교적 손쉽게 다룰 수 있는 SPSS로 컴퓨터 처리할 수 있도록 SPSS 실습 부분을 추가하였다. SPSS 실습과정은 누구나 쉽게 다룰 수 있도록 아주 상세히 설명되어 있다.

그러나, 솔직히 말하면, 연습 문제들을 많이 포함하고 있지 못한 것이 저자의 불만이기도 하지만, 본문을 공부하고 생각해야만 풀 수 있는 연습 문제들을 스스로 풀어낼 수 있다면 통계학을 제대로 이해하고 있다고 자부해도 좋을 것이다.

그동안 강의를 하면서 통계학은 이해를 해야 한다고 강조해 왔다. 통계학을 배우면서 암기를 해야 한다는 생각은 잘못된 것이다. 그래서 이 교재에는 공식 같은 것들에 대해 박스로 강조한 부분들이 없다. 이 교재는 처음 제 5 장까지 통계학 기초이론을 간결하게 설명하고 있는데 이 부분까지를 이해하면 된다. 가장 어려운 고비는 제 3 장 '표본에 대한 설명과 이해'이다. 제 3 장을 잘 이해하면 통계학에 대한 감을 잡을 수 있으며 통계학의 핵심인 제 5 장까지 재미를 붙일 수 있을 것이다. 그리고 제 6 장부터는 실무자들이 당면하는 문제들을 해결할 수 있도록 상세한 기법들까지 포함하고 있다. 특히 제 8 장 '회귀분석'에는 다양한 모형들에 대해 회귀분석 기법을 적용시킬 수 있도록 하였다. 단언컨대 기본적인 회귀분석의 내용을 파악한다면 실무적으로 해결해야 하는 다양한 자료들에 대

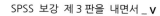

해서도 문제가 없을 것이다.

　　이번 SPSS 보강 제3판에 수고를 아끼지 않으신 박영사 우석진 부장님을 비롯한 편집부와 안종만 회장님께 감사드린다.

　　통계학이 최근 각광을 받기 시작한다. 사회 전반에 걸쳐 많은 데이터들이 내포하고 있는 의미를 찾거나 요약하여 결과를 공유해야만 하는 시대가 이제야 온 것 같은 느낌이다. 통계학을 통하여 가슴속에 햇살을 비춰고 얼음을 녹일 수 있기를 기대한다.

2014년 2월 1일
저자 씀

개정판을 내면서

알기쉽게 풀어쓴 통계학의 개정판을 5년 만에 내면서도 아직 부족한 부분이 많다는 생각을 한다. 이 책을 내면서 통계학을 배우는 사람들의 입장에서 쉽게 쓰려고 노력을 하였다. 특히 제 1 장부터 제 5 장까지는 통계학의 어렵고 복잡한 부분을 가급적 배제하고 통계학 이론의 핵심인 가설검증이 무엇인가를 확실하게 이해할 수 있도록 쓰려고 한 것이다.

이 책은 저자가 1995년부터 거의 10년 동안 한국금융연수원과 여러 기업체에서 강의하면서 만들어 두었던 강의안을 기초로 하였다. 통계학 이론의 이해가 필요한 30대의 금융인들과 직장인들에게 쉽게 잘 설명해야 한다는 것을 목표로 하였기 때문에 암기해야 하는 부분, 복잡한 부분을 제외하고 가급적 쉽게 풀어 썼다. 그리고 통계적 개념을 연결시키면서 파악하고 이해하는 데에 초점을 맞추었다. 그러므로 다른 교재들처럼 중요한 식들에 박스를 치는 것을 배제하였고, 소 표본 vs. 대 표본, 유한 모집단 vs. 무한 모집단, 표준편차를 알 경우 vs. 표준편차를 모를 경우 등과 같은 분류를 하지 않았다. 왜냐하면 통계학의 곁가지보다는 큰 줄기를 이해함으로써 통계학이 어렵다는 인식을 걷어내기 위함이었다. 그러나 제 6 장부터는 실무에서 당면하는 문제들을 해결하는 데 도움이 될 수 있도록 조금은 어렵고 많은 내용을 담았다.

최근 5년간 이 책을 교재로 사용하여 대학에서 강의를 하면서 아직도 50%의 학생들은 만족할 만큼 이해하지 못한다는 생각이 든다. 그 이유가 무엇일까를 찾아보려고 노력을 했지만 잘 모르겠다. 아마 교재를 꾸준히 반복적으로 읽지 않는 것이 주된 이유가 아닐까 짐작할 뿐이다. 개념과 이론의 연결성은 매우 중요하기 때문에 반복하여 읽는 것이 꼭 필요하다. 그리고 이론의 설명에서 나오는 대문자(X)의 중요성을 제대로 파악하지 못하는 것은 아닐까 하는 점이다. 통계학 교재를 읽으면서 대문자와 소문자의 구분은 아무리 강조해도 좋은 만큼 중요한 것이다. 통계학의 이론 및 개념을 제대로 잡으려면 대문자와 소문자가 왜 구분되어야 하는지를 알아야 한다는 것이다(제 1 장부터 제 3 장까지).

이번 개정판은 제 2 장에 확률부분을 보완하였다. 통계학의 기초가 확률이기는 하지만 대부분의 독자들이 확률은 어렵다고 생각하고 확률을 직접 확률변수에 연결하면 되는 것이기에 첫 판에서는 거의 다루지 않았었다. 그러나 통계학 교재에 확률부분이 거의 없는 것도 문제는 있다고 판단하여 간단한 설명을 곁드렸다. 과거의 어렵다는 추억이 다시 재생되지는 않을 정도이다. 그리고 일부 오자를 교정하였다. SAS 결과물 이외에 SPSS 결과도 함께 포함시키는 작업은 추후로 미룬다.

어려운 여건 속에서도 개정판 출간에 적극적으로 나서 주신 박영사 안종만 회장님과 편집부 여러분에게 감사를 드린다. 그리고 우리 가족이 건강한 삶을 영위할 수 있도록 지켜 주시는 하나님께 감사드린다.

2009년 8월 1일
저자 씀

이 책을 쓰기까지

　　이 책은 통계이론에 대해 쉽고 정확하게 쓰여졌다. 통계학을 접해 본 사람들은 통계학을 이해하기가 어렵다고 한다. 통계학과를 나온 사람들조차 제대로 이해하지 못하고 졸업했다고 고백을 한다. 과연 통계학이 그렇게 어렵고 이해하기 어려운 것인가 하는 반문이 없을 수 없다. 그 이유는 대체로 통계이론은 각 부분이 연결되어 하나의 흐름으로 되어 있는데, 특정 부분을 — 특히, 표본에 관한 — 제대로 이해하지 못하면 전체 흐름을 이해할 수 없기 때문이라고 생각한다. 다시 말하면, 표본이라는 것은 이미 사회생활을 하면서 익숙해진 개념인데 통계이론을 이해하기 위해서 필요한 표본에 대한 이론적 설명이 충분치 못할 경우 통계이론을 제대로 이해할 수 없다는 것이다. 그러므로 이 책은 표본에 대한 이론적 설명을 충분히 했을 뿐 아니라, (확률)변수를 나타내는 대문자와 구체적인 어떤 값을 나타내는 소문자를 엄격히 구별하여 통계이론을 간결하고 정확하게 이해할 수 있도록 쓰여졌다.

　　그리고 많은 통계학 교재들이 여러 가지 경우로 나누어 설명하고 있는 것들을 지양하였다. 이를테면, 모집단의 크기를 유한과 무한으로 나누어 설명한다든지, 모집단의 분산을 아는 경우와 모르는 경우로 나누어 결과를 설명한다든지, 표본의 크기가 큰 경우와 작은 경우로 나누어 설명하는 것은 통계이론을 배우는 사람들에게 혼란과 암기를 강요하는 것에 다름 아니다. 물론 어떤 경우에 필요하다고도 할 수 있겠지만, 이론을 처음 접하는 사람들에게는 필요하지 않은 군더더기 설명이므로 통계이론이 아

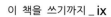

주 복잡한 것으로 착각하게 된다는 것이다.

그러므로 이 책은 10년 이상 강의해 온 강의안을 기초로 가급적 쉽게 구술적으로 쓰여졌다. 가능하면 복잡한 수식을 사용하지 않고 간결하게 통계이론의 핵심을 이해시키려고 노력하였다. 그러나 개념을 이해하기 위해서는 고등학교 이하의 수학 수준으로 표현되어 있는 수식을 읽어보는 것도 큰 도움이 되리라고 생각한다. 통계학의 기초는 제 3 장 표본에 대한 설명과 이해(표본이론)부터 제 5 장 의사결정을 하기 위한 절차(가설검증)까지이다. 그러므로 제 5 장까지는 하나의 큰 흐름 안에서 이해하도록 설명하고 있는데, 간혹 어려운 부분은 ― 특히, 두 집단 간의 차에 대한 설명 ― 제외하고 넘어가도 문제는 없을 것이다. 그리고 제 6 장부터는 자료분석을 위한 방법론들이 비교적 상세하게 소개되어 있다. 실무적으로 문제를 해결하는 데에 도움이 될 수 있도록 다양한 경우들이 소개되어 있어 다른 교재보다도 다소 높은 수준이라는 평가를 받을 수도 있을 것이다. 특히, 제 7 장 여러 집단들간에 차이가 있는가(분산분석)에서는 비교적 복잡한 수식이 나오는데, 개념만 파악하면 결코 어려운 수식들이 아니다. 물론 그것들을 암기하거나 풀어야 할 필요는 없다. 제 8 장 회귀분석도 기본적인 것 이외에 현실적으로 접하게 되는 문제들을 해결할 수 있는 주제들을 다루고 있지만, 도전적인 생각으로 접근해 보기를 바란다.

이 책은 대학의 통계학 초급교재로, 사회 현장에서 일하는 직장인들의 연수교재로, 또 각종 국가 자격시험의 통계이론 수험생들을 위한 교재를 목표로 쓰여졌다. 이 책을 이해하면 조금 더 어려운 통계이론을 다룬 서적을 읽거나 논문 및 보고서를 쓰는 데에 아무런 문제가 없을 것이다. 다만 통계패키지(SPSS, SAS 등)를 사용하여 결과물을 얻고 해석하는 문제를 해결하기 위해 다양한 예를 통하여 실습할 수 있는 교재가 또한 필요할 수도 있는데, 이러한 교재들은 부속도서로 참고하기 바란다.

이 책이 출간되기까지 편집과 수정을 도와준 ANR의 신선화 대리, 박영사의 안종만 회장 외 여러분께 감사를 드린다. 또한, 오늘까지 가르쳐 주신 연세대학교 윤기중 명예교수님께도 감사함을 표하지 않을 수 없다. 그리고 아내(배지현)와 두 딸(주하, 상윤)에게 벅찬 기쁨을 담아 이 책을 주며, 하나님께 감사를 드린다.

2004년 1월 1일
저자 씀

차 례

제 **3**장 표본에 대한 설명과 이해 · 77

제 **4**장 무엇을 알아보고 싶은가(추정) · 103

제 **1** 장　**자료의 특징을 알아보려면**

우리들 주변에는 각종의 자료가 널려 있다. 우리는 단순히 숫자만으로서의 자료가 아니라 자료에 담겨져 있는 의미를 얻기 위해 자료를 수집하고 분석하는 것이다. 여기서는 수집된 자료의 특징을 파악하기 위해 사용되는 대표값, 즉 자료를 하나의 값으로 나타내려면 어떻게 해야 하는가와 퍼짐의 정도, 즉 자료들은 얼마나 좁게(또는 넓게) 퍼져 있는가를 나타내는 수단을 중심으로 설명한다.

1.1 모집단과 표본

모집단
표본

　　우리가 조사하고자 하는 전체 대상에 대한 자료 집단을 **모집단**(population)이라 하고, 모집단의 일부로서 실제로 우리가 얻는 자료를 **표본**(sample)이라고 부르게 된다.

　　예를 들면, ××표 형광등의 수명시간을 조사한다고 할 때, ××표 형광등 모든 제품의 수명시간들이 모집단이 될 것이고, 실제로 측정된 100개의 수명시간 값들이 표본이 되는 것이다. 또 다른 예로서, 소비자들이 특정 제품(브랜드)을 구입하고자 하는 이유를 알고 싶다고 하자. 이 경우, 그 제품을 구입하고자 하는 모든 사람이 모집단이 될 것이다. 그러나 과연 어느 누가 그 제품을 구입하고자 하는지를 모르므로 모집단의 구성원들이 누구인지를 알 수가 없다. 다만 불특정의 사람에게 물어보아 구입의사가 있을 경우 그 사람에게 구입하고자 하는 이유를 물어보아야 할 것이다. 이 경우에 모집단은 그 제품의 구입의사가 있는 사람들 집단으로 추상적으로 정의될 뿐이다. 이제, 1,000명에 대한 구입이유를 얻고자 한다면 성별, 연령, 소득 등의 할당(quota)에 따라 구입의사를 갖고 있는 사람들을 대상으로 1,000개의 구입이유 자료를 얻게 된다. 바로 이렇게 얻어진 1,000개의 구입이유 자료가 표본이다. 또, 어느 개인이 집에서 직장까지 출근시간이 얼마나 걸리는가에 관심이 있을 경우라면, 모집단은 수없이 많은 값들로 구성될 것이다. 이때, 일정기간 동안 50회 측정했다면 그 값들이 표본이 된다.

　　즉, 모집단이란 조사하고자 하는 대상 전체 또는 대상들이 갖고 있는 값들 전체를 일컫는 말이다. 따라서, 모집단 전체에 대한 자료를 수집한다는 것은 시간적·경제적 측면에서 불가능하다. 우리는 모집단을 구성하고 있는 개체들이 갖고 있는 값들을 알고 있지는 못하며 모집단의 일부에 해당하는 값들을 얻게 되는데, 이를 표본이라고 부르는 것이다. 일

반적으로 표본값들을

$$\{x_1,\ x_2,\ \cdots,\ x_n\}$$

으로 표현한다. 이 값들은 실제로 측정(관찰)된 값들로서 소문자로 표현
되며 이 값들을 컴퓨터에 입력하여 통계처리를 함으로써 우리가 알아내
고자 하는 결과물을 얻게 된다. 일반적으로 모집단은 조사대상이 되는 자
료 전체를 말하므로 무한히 크다고 생각할 수 있고, 모집단 전체에 대한
자료는 현실적으로 얻어질 수 없기 때문에 표본값만을 얻게 된다고도 설
명할 수 있다.

그러므로 모집단을 이론적으로 접근하여 설명해 나감으로써 모집단
과 우리가 실제로 얻는 표본간의 관계를 이해하는 것이 필요하다.

변수 우리가 조사대상으로 하는 모집단에 대해, 조사하고자 하는 자료를
변수라고 부르는데, 이를 X라 하자. 여기서 X라는 변수는 어떤 값을 가
질지 모른다. 다만, 어떤 자료인가에 따라 변수 X가 취할 값들의 범위를
알 수 있을 뿐이다. 그러므로 모집단을 변수 X로 표현하는 것이다. 그리
고 변수 X를 통계학에서는 특별히 확률변수라고 부르는데 제 2 장에서
자세하게 설명될 것이다.

예를 들어, 대입 수험생들이 50만 명이고 이들의 대학수학능력고사
점수를 모집단으로 하기로 하자. 그러면, 수능시험의 만점이 500점일 때
각자의 점수는 0과 500 사이의 어떤 값일 것이고 수험생 각자의 점수 50
만 개로 모집단은 구성될 것이다. 이때, 수험생의 수능 점수를 X라고 정
의하면, X의 값들이 50만 개 존재한다는 것이고, X는 $0 \leq X \leq 500$ 범위
에 있다는 것이다. 다시 말하면, 모집단은 50만 개의 수능시험 점수로 구
성되어 있고, 이를 변수 X로 표현할 수 있는 것이다. 그리고 50만 명 중
에서 1,000명을 대상으로 점수를 얻었을 때, 즉

$$\{x_1,\ x_2,\ \cdots,\ x_{1000}\}$$

을 표본이라고 부르는 것이다.

1.2 대표값

앞서 설명한 대로 우리가 분석하기 위해 얻은 자료들은 모두 표본값들이라고 할 수 있다.

즉, [그림 1-1]과 같이 우리는 모집단으로부터 얻어진 n개의 관찰값들, $\{x_1, x_2, \cdots, x_n\}$들로써 모집단에 대해 알아내고 싶은 것을 끌어내야만 하는데, 무엇을 알고자 하는가의 목적에 따라 어떤 방법(분석기법)으로 그 목적을 달성할 수 있는가를 통계학에서 배워야 할 것이다.

먼저, 여기서는 표본으로 얻어진 $\{x_1, x_2, \cdots, x_n\}$들에 대해, 이들 n개의 값들을 대표하는 하나의 값을 얻고 싶을 때 어떤 방법들이 있는가를 알아보기로 하자. 대표값을 얻는 방법으로는 대체로 다음과 같은 세 가지 방법이 있다.

1.2.1 평균(mean, average)

평균이라는 것은 누구나 아는 개념으로, 표본값들 n개를 합하여 합

그림 1-1   모집단과 표본

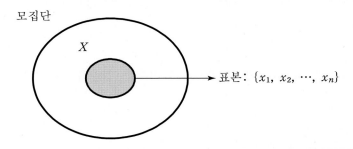

한 개수(n)로 나눈 것을 말한다. 즉,

$$\bar{x} = \frac{x_1 + x_2 + \cdots + x_n}{n} = \frac{\sum x_i}{n} \qquad (1\text{-}1)$$

이다.

　일상생활에서 어떤 자료들을 한마디로 간단히 표현할 때 "평균 얼마이다"라고 이야기한다. 예를 들면, 월평균수입은 얼마라고 하면 그 사람의 월수입액이 어느 정도인가를 나타내 주는 대표값이다.

　그러나 어떤 경우에는 단순한 평균값으로써 그 자료들을 대표하는 대표값으로 하기에 적절치 않은 경우가 있다. 예를 들면, 신학기 대학등록금 평균 인상률은 얼마인가를 알아볼 경우 각 대학의 인상률들을 단순히 평균한 값으로는 등록금 인상률을 대표한다고 보기 어렵다. 이 경우에는 학교의 규모(학생수)로써 **가중치**(weight)를 삼아 평균을 얻어야 할 것이다. 이러한 방법을 **가중평균**(weighted mean)이라고 부르며 구하는 식은 다음과 같다.

가중평균

$$\bar{x}_w = \frac{\sum w_i x_i}{\sum w_i} \qquad (1\text{-}2)$$

　여기서, w_i는 가중치들이다. 즉, 가중평균이란 각각의 값(x_i)이 갖는 가중치(w_i)를 각각의 값에 곱하여 합한 후 가중치의 합으로 나눔으로써 얻어진다(단순평균인 식 (1-1)은 가중치 w_i가 모두 1인 경우가 될 것이다).

　가중평균을 사용해야 하는 대표적인 예는 소비자 물가지수 산출이다. 우리나라에서는 모든 거래품목들 중에서 481개의 품목들을 대상으로 매년 물가지수를 산출하는데 물가지수는 현재의 물가가 기준년도 대비 몇 퍼센트(%) 상승했는가를 나타내 주는 지표(대표값)이다. 여기서는 간단히 네 가지 품목에 대한 물가지수를 계산해 보자.

[물가지수 산출 예]

품목	기준년도 가격	기준년도 거래량	현재가격	품목지수	가중치
쌀	1,000/kg	10kg	1,000/kg	100	10,000
사과	100/개	5개	200/개	200	500
기름	200/l	5l	600/l	300	1,000
시멘트	500/포	7포	1,000/포	200	3,500

위의 표로부터 기준년도 대비 현재의 물가는 얼마나 되는가를 얻는 것이 물가지수를 얻는 목적이다. 그러므로 먼저 각 품목의 지수를 구하면, 쌀은 가격이 오르지 않았으므로 품목지수는 100, 사과는 가격이 두 배가 되어 품목지수가 200 등으로 품목별 지수를 얻게 되는데, 품목별 지수들로써 ($\{100, 200, 300, 200\}$) 단순히 평균을 구하면 $\bar{x} = 200$이어서 물가가 두 배가 되었다는 것을 의미한다. 그러나 품목별 지수들의 단순평균은 현재의 물가를 나타내는 대표값으로서 의미가 없는 것이고 품목별 지수들을 가중평균해야만 할 것이다.

그러면 이 경우 어떻게 가중치를 얻을 것인가? 물가지수를 구하는 상황에서 가중치는 각 품목이 시장에서 차지하는 비중이 얼마나 되는가에 따라 결정해야 하므로 가중치는 품목별 거래액(기준년도 거래량×가격)으로 정해야 할 것이다. 그러므로 가중평균은

$$\bar{x}_w = \frac{(10,000)\cdot 100 + (500)\cdot 200 + (1,000)\cdot 300 + (3,500)\cdot 200}{(10,000 + 500 + 1,000 + 3,500)}$$

$$= \frac{2,100,000}{15,000} = 140$$

이다. 즉, 물가수준이 기준년도 대비 1.4배되었다(40% 올랐다)고 말할 수 있다.

1.2.2 중위수(median)

중위수

중위수란 가장 가운데 위치한 값을 말한다. 즉, 자료들을 작은 것부터 순서대로 배열하여 가장 가운데 위치한 값을 중위수라고 한다. 예를 들어, {6, 3, 5, 11, 9, 7}에 대한 중위수를 구하려면, 이 값들을 크기 순서대로 다시 나열하여, 즉 {3, 5, 6, 7, 9, 11}에서 가장 가운데 위치한 값인 6.5가 중위수이다. 따라서, 가장 가운데 위치한 값(중위수)을 기준으로 할 때 중위수보다 작은 자료들의 수는 전체의 50%가 된다.

중위수의 장점은 극단값의 영향을 받지 않는다는 것이다. 왜냐하면 중위수를 구하는 데는 모든 자료들의 크기가 반영되는 것이 아니기 때문이다. 예를 들어, {5, 10, 10, 10, 15, 70}에 대한 대표값으로서 중위수는 10인데 평균($\bar{x}$)은 20이다. 이들 6개의 값들을 대표하는 적절한 값은 10이라고 하는 것이 바람직할 것이다. 그러나 중위수는 사용하기에 이론적으로 한계가 있어서 대표값을 구하는 용도 이외에 별다른 용도가 없다고 해도 무방할 것이다.

백분율수

여기서, 중위수를 구체적으로 설명하기 위하여 **백분율수**(percentile)를 설명해 보자. 백분율수라는 것은 자료값들을 작은 것부터 크기 순서대로 늘어 놓았을 때 몇 %에 해당하는 자료의 값을 말한다. 즉, 어떤 자료의 가장 작은 값으로부터 10%에 해당하는 값은 얼마인가를 10% 백분율수라고 하며, P_{10}로 표현한다. 앞에서 설명한 중위수는 P_{50}으로 표현할 수 있다.

백분율수는 자료를 정리하는 데 필요한 값이다. 얻어진 자료를 몇 개의 덩어리로 나누어 생각해 보고자 한다면, 예를 들어 어떤 자료를 작은 값들 20%, 큰 값들 20%, 가운데 값들이 60%가 되도록 세 집단으로 나누어 보고자 할 때, P_{20}, P_{80}을 구하면 P_{20}, P_{80}은 그 자료를 세 집단으로 나눌 수 있는 기준값들이 되는 것이다.

1.2.3 최빈수(mode)

최빈수

최빈수는 가장 빈번히 얻어지는 값으로 대표값을 정하는 방법이다. 물론, 양적 자료(수량화된 자료)에 대해서도 최빈수를 구할 수 있지만, 주로 질적 자료(크기, 색, 직업 등)에 대한 대표값을 얻는 데 바람직한 방법이다. 예를 들어 승용차의 색상 중에서 대표값은 최빈수(가장 흔한 색)로써 얻어져야만 할 것이다.

이와 같이 어떤 자료들이 있을 때 이 자료들을 대표하는 하나의 값을 구하는 방법으로 평균, 중위수, 최빈수가 있다. 자료에 따라 적절한 방법으로 대표값을 구하여 사용하면 되지만, 가장 중요한 대표값은 역시 평균이다. 그 이유는 뒤에서 차차 밝혀질 것이다.

1.3 퍼짐의 정도

표본값들을 하나의 값으로 대표하는 대표값을 얻었다면, 다음으로 관심이 있는 것은 자료가 얼마나 퍼져서 분포하고 있는가 하는 것이다. 자료가 퍼져있는 정도를 나타내는 기본적인 척도로는 다음의 세 가지가 있다.

1.3.1 범위(range)

범위

범위란 자료들이 퍼져있는 구간의 크기를 말한다. 학생들의 시험성

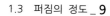

적이 15점에서 90점 사이에 분포되어 있다면 90 − 15 = 75점의 범위에 자료들이 퍼져있다고 표현할 것이다. 그러므로 범위(R)는 다음과 같이 정의된다.

$$R = 최대값 - 최소값 \qquad (1\text{-}3)$$

1.3.2 사분위편차(quartile deviation)

사분위수

사분위편차를 정의하기에 앞서 **사분위수**(quartile)를 정의해 보자. 사분위수란 자료들을 4등분했을 때의 경계값으로서 제 1 사분위수(first quartile), 제 2 사분위수(second quartile), 제 3 사분위수(third quartile)가 있다.

Q_1 = 제 1 사분위수

 = 자료를 작은 것부터 크기 순서대로 나열하여 25%에 위치한 값

Q_2 = 제 2 사분위수

 = 자료를 작은 것부터 크기 순서대로 나열하여 50%에 위치한 값

Q_3 = 제 3 사분위수

 = 자료를 작은 것부터 크기 순서대로 나열하여 75%에 위치한 값

사분위편차

이때, **사분위편차**란

$$Q.D. = \frac{(Q_3 - Q_1)}{2} \qquad (1\text{-}4)$$

로 정의되는데, 작은 값들 25%, 큰 값들 25%를 제외한 가운데쪽 50% 자료들의 범위($Q_3 - Q_1$)를 2로 나눈 값이다. 즉, 사분위편차란 자료들이 얼마나 중간부분에 집중되어 있는가를 나타내 주는 퍼짐의 정도라고 할 수 있다.

위에서 정의한 Q_1, Q_2, Q_3은 각각 P_{25}, P_{50}, P_{75}임은 물론이다.

1.3.3 분산(variance) 또는 표준편차(standard deviation)

분산 분산 또는 표준편차는 퍼짐의 정도를 나타내는 데 가장 중요한 척도이다. 분산은 각 표본값에서 표본평균을 뺀 것을 제곱하여 평균한 것인데, n으로 나누지 않고 $(n-1)$로 나눈다. 즉,

$$s^2 = \frac{(x_1 - \bar{x})^2 + \cdots + (x_n - \bar{x})^2}{(n-1)} = \frac{\sum (x_i - \bar{x})^2}{(n-1)} \qquad (1\text{-}5)$$

표준편차 의 계산식으로 분산이 얻어지며, 표준편차란 분산의 제곱근을 말한다. 즉,

$$s = \sqrt{\frac{\sum (x_i - \bar{x})^2}{n-1}} \qquad (1\text{-}6)$$

이다.

편차 여기서, 각 표본값에서 표본평균을 뺀 것, $(x_i - \bar{x})$을 편차(deviation)라고 부른다. 그리고 편차들의 평균은 항상 0이 된다.

$$\frac{\sum (x_i - \bar{x})}{n} = \frac{\sum x_i - \sum \bar{x}}{n} = \frac{\sum x_i - n\bar{x}}{n} = 0$$

편차제곱들의 평균 그러므로 분산이란 편차들을 제곱하여 평균을 한 결과로써 퍼짐의 정도를 나타내고자 하는 것이다.

그러나 분산의 단위는 x측정단위의 제곱으로 나타나므로 x측정단위와 같도록 하여야만 크기나 길이로 표시될 수 있을 것이다. 따라서 분산 표준편차 의 제곱근을 표준편차라고 정의하여 x의 측정단위와 같은 단위의 퍼짐의 정도를 얻게 되는 것이다. 다시 말하면, 분산이나 표준편차 모두 퍼짐의 정도를 나타내는 척도인데 그 단위가 다르다고 할 수 있다. 이를테면 표준편차가 30원이면 분산은 900(원²)이다. 그러면, 표준편차와 분산은 그 용도에 있어 어떤 차이점이 있는가? 표준편차는 x의 측정단위와 같은 단위를 가지므로 거리(크기)를 나타낼 수 있는 반면에 제곱근으로 표현되므

로 통계이론의 전개에서 문제가 있고, 분산은 통계이론을 전개해 가는 데 유리하지만 그 단위가 추상적이라는 문제를 갖고 있으므로 표준편차와 분산은 서로 보완적으로 사용되는 것이다.

자유도

또한, 식 (1-5)에서 분모의 $(n-1)$을 (표본)분산을 구할 때의 자유도 (degree of freedom)라 부르는데, **자유도**($d.f.$)란

$$d.f. = 독립적인\ 것들의\ 수 \qquad\qquad (1-7)$$

로 정의된다. 이제 식 (1-5)에서 자유도가 $(n-1)$이라는 것을 설명해 보기로 하자. 먼저, 표본값들 $\{x_1, x_2, \cdots, x_n\}$은 서로 독립이다. 그러나

$$\{(x_1 - \bar{x}),\ (x_2 - \bar{x}),\ \cdots,\ (x_n - \bar{x})\}$$

들 중에서는 $(n-1)$개만 독립적으로 정해질 뿐이다. 왜냐하면, 처음 $(n-1)$개의 $(x_1 - \bar{x})$, $(x_2 - \bar{x})$, $\cdots$, $(x_{n-1} - \bar{x})$가 독립적으로 정해지면 마지막 $(x_n - \bar{x})$의 값은 자동적으로 정해지는데, $\bar{x}$의 값이 이미 알려져 있는 값이므로 x_n의 값이 자동적으로 계산되기 때문이다.

간단한 예를 들면, 표본크기가 3인 경우, $\{x_1, x_2, x_3\}$에서 독립적인 것들의 수는 3개이지만, 처음 2개의 $(x_1 - \bar{x})$, $(x_2 - \bar{x})$가 각각 $(3-5)$, $(8-5)$로 임의로(독립적으로) 정해지면 $(x_3 - \bar{x})$는 $(4-5)$로 구해진다는 것이다. 이 경우, 어떤 값을(독립적으로) 정해도 마찬가지이다. 즉, $\{(x_1 - \bar{x})$, $(x_2 - \bar{x})$, $(x_3 - \bar{x})\}$ 중에서 $(x_1 - \bar{x}) = 100 - 400$, $(x_3 - \bar{x}) = 700 - 400$으로 두 개가 정해지면 나머지는 $(x_2 - \bar{x}) = 400 - 400$으로 자동으로 얻어진다는 것이다. 다시 말하면, $\{(x_1 - \bar{x})$, $(x_2 - \bar{x})$, $(x_3 - \bar{x})\}$ 중에서 독립적인 것들의 수는 $(3-1) = 2$이다.

특히, 여기서 유념해야 할 것은 자유도가 항상 분산에서처럼 $(n-1)$인 것은 아니라는 점이다. 앞에서 정의한대로 자유도는 독립적인 것들의

수이므로 경우에 따라 자유도가 $(n-1)$이 아닌 다른 값으로 얻어질 수도 있다. 자유도가 여러 가지 값을 가질 수 있다는 것은 차차 더욱 자세히 알게 될 것이다.

절대평균편차　　　　마지막으로 표준편차와는 계산방법이 다르지만 비슷한 개념으로 **절대평균편차**(absolute mean deviation)라는 것이 있다. 앞에서 설명한 대로 편차들의 합은 항상 0이므로, 편차 $(x_i - \bar{x})$들의 평균도 0이다. 그러나 편차의 절대값을 고려해 보면

$$|x_i - \bar{x}| = 각 값에서 평균까지의 거리$$

가 되어, 이것들의 평균은 표본값들이 평균($\bar{x}$)까지 떨어져 있는 거리들의 평균이 되고 퍼짐의 정도를 나타내는 값으로 의미가 있다. 그러나 $|x_i - \bar{x}|$들의 평균으로 정의되는 절대평균편차,

$$절대평균편차 = \frac{\sum |x_i - \bar{x}|}{n} \tag{1-8}$$

은 통계학의 다른 부분에서는 거의 사용되지 않는다. 그 이유는 절대값을 n개 더해서 얻어지므로 그 통계적 특성이 없기 때문이다. 즉, 절대평균편차의 분포나 평균, 표준편차 등 통계적으로 필요한 것들을 알 수 없기 때문이다. 다시 말하면, 식 (1-8)은 절대값을 n개 더한 것으로 나타나기 때문에 이를 이론적으로 다루기가 어렵다는 것이다.

1.4 왜도와 첨도

왜도　　　　**왜도**(skewness)란 자료의 분포가 대칭인지 아닌지를 측정해 주는 값

그림 1-2 왜도

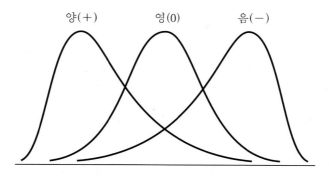

그림 1-3 첨도

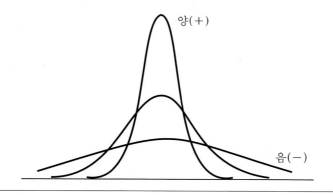

으로 다음과 같이 정의된다.

$$\text{왜도} = \frac{\sum (x_i - \overline{x})^3 / n}{[\sum (x_i - \overline{x})^2 / (n-1)]^{3/2}} \qquad (1\text{-}9)$$

자료들이 중심으로부터 좌우 대칭일 경우에는 왜도의 값이 0이고, 오른쪽으로 왜곡되어 있는(skewed to the right) 경우에는 양(+)의 값, 그리고 왼쪽으로 왜곡되어 있는(skewed to the left) 경우는 음(-)의 값을 갖는다([그림 1-2] 참조). 우리나라 사람들은 왜도가 +의 값을 갖는 경우,

왼쪽으로 치우쳐져 있다(또는, 찌그러져 있다)고 표현하게 되는 점에 유의해 둘 필요가 있다. 또한, 식 (1-9)에서 보는 바와 같이 왜도를 구하려면, 편차 $(x_i - \bar{x})$의 세제곱들의 합이 필요하다.

첨도   **첨도**(kurtosis)란 자료들의 분포가 어느 정도 뽀족한지를 나타내는 척도로 다음과 같이 정의된다.

$$첨도 = \frac{\sum (x_i - \bar{x})^4 / n}{[\sum (x_i - \bar{x})^2 / (n-1)]^2} - 3 \qquad (1-10)$$

[그림 1-3]과 같이 자료들의 분포가 정규분포보다 뽀족할 경우에는 첨도의 값이 양(+)의 값으로 나타나고, 그렇지 않을 경우에는 음(−)의 값으로 나타난다. 여기서 정규분포란 뒤에서 설명하게 되지만, 통계학에서 매우 중요한 (이론적) 분포이고 실제로 많은 자료들이 정규분포의 형태를 갖는 분포를 하기 때문에 첨도도 정규분포를 기준으로 뽀족한지 아닌지를 판단하게 되는 것이다. 식 (1-10)에서 보는 바와 같이 첨도를 계산하기 위해서는 편차의 4제곱들의 합이 필요하다.

예 1-1

다음은 어느 지점의 60명 고객들의 지난 1년간의 은행 출입회수이다. 이 자료에 대한 기술통계량(descriptive statistic)들을 구하라.

120	116	94	120	112	112	106	102	118	112	116	98	116	114	120
124	112	122	110	84	106	122	124	112	118	128	108	120	110	106
106	102	140	102	122	112	110	130	112	114	108	110	116	117	118
108	102	110	104	112	112	122	116	110	112	118	98	104	120	166

앞으로 다루게 될 SAS 통계 패키지가 제공하는 다음의 출력물에서 평균은 113.5833, 분산은 129.4675, 표준편차는 11.3784, 중위수는 112, $Q_1 = 108$, $Q_3 = 119$ 등임을 알 수 있다.

[SAS의 Univariate의 명령문과 결과물]

```
DATA sample;
    INPUT x @@;
    CARDS;
    120 116  94 120 112 112 106 102 118 112 116  98 116 114 120
    124 112 122 110  84 106 122 124 112 118 128 108 120 110 106
    106 102 140 102 122 112 110 130 112 114 108 110 116 117 118
    108 102 110 104 112 112 122 116 110 112 118  98 104 120 166
RUN;
PROC UNIVARIATE DATA=sample PLOT NORMAL;
      VAR x;
RUN;
```

Univariate Procedure

Variable=X

	Moments				Quantiles(Def=5)				
N	60	Sum Wgts	60	100%	Max	166	99%	166
Mean	113.5833	Sum	6815	75%	Q3	119	95%	129
Std Dev	11.37838	Variance	129.4675	50%	Med	112	90%	123
Skewness	1.48497	Kurtosis	7.299722	25%	Q1	108	10%	102
USS	781709	CSS	7638.583	0%	Min	84	5%	98
CV	10.01765	Std Mean	1.468942				1%	84
T:Mean=0	77.3232	Pr>|T|	0.0001	Range		82		
Num ^= 0	60	Num > 0	60	Q3−Q1		11		
M(Sign)	30	Pr>=|M|	0.0001	Mode		112		
Sgn Rank	915	Pr>=|S|	0.0001					
W:Normal	0.90129	Pr<W	0.0001					

Extremes

Lowest	Obs	Highest	Obs
84(	20)	124(	23)
94(	3)	128(	26)
98(	57)	130(	38)
98(	12)	140(	33)
102(	47)	166(	60)

1.5 도수분포표

어떤 자료를 갖고 있을 때, 그 자료는 단순히 숫자의 나열이다. 더욱이 자료의 수가 많을수록 그 자료의 특징을 알아볼 수가 없다. 그러므로 자료의 수가 많을수록 그 자료를 정리할 필요가 있는데, 가장 기본적인 방법이 도수분포표를 작성해 보는 것이다. 예를 들어, [표 1-1]과 같이 82개의 인터넷 이용 송금 자료가 있다고 하자.

[표 1-1] 82개의 원자료

22	22	20	27	30	23	29	21	26	21
23	25	29	18	22	31	30	28	16	28
33	25	23	31	23	18	24	26	25	17
22	25	28	19	24	20	23	26	21	31
25	28	19	24	20	27	21	25	28	24
23	25	30	27	23	26	22	24	17	33
26	24	19	18	33	25	28	31	29	27
28	24	26	24	22	26	24	18	21	29
22	31								

이 자료를 처리하기 위하여 가장 작은 값(16)으로부터 가장 큰 값(33)까지 도수(frequency)를 세어 보면 다음과 같다.

값	도수	값	도수	값	도수
16	1	22	7	28	6
17	2	23	7	29	5
18	4	24	9	30	3
19	3	25	8	31	5
20	3	26	7	32	0
21	5	27	4	33	3

그러나 이 표만으로도 원자료가 잘 정리되어 있다고 할 수는 없고,
도수분포표 이 표를 토대로 [표 1-2]의 **도수분포표**를 얻을 수 있다.

도수분포표는 적당한 수의 계급, 계급의 폭 등을 고려하여 작성되는
데, 통계패키지(SAS, SPSS 등)를 사용하여 쉽게 얻어지므로, 여기서는 도
수분포표 작성 요령에 대한 설명은 하지 않는다.

[표 1-2] **도수분포표**

계급(class)	도수(frequency)	누적도수(cumulative frequency)
15.5 − 18.5	7	7
18.5 − 21.5	11	18
21.5 − 24.5	23	41
24.5 − 27.5	19	60
27.5 − 30.5	14	74
30.5 − 33.5	8	82

또한, 도수분포표를 토대로 그래프를 얻을 수 있다. [표 1-2]에 대하
히스토그램 여 얻어진 **히스토그램**(histogram)과 도수다각형(frequency polygon)은 각각
[그림 1-4], [그림 1-5]와 같다.

[그림 1-4]에서 계급을 소수점 값들로 하는데, 그 이유는 자료들이

그림 1-4 히스토그램

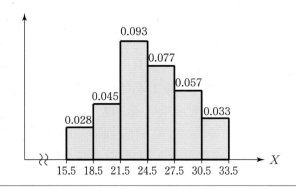

그림 1-5　도수다각형

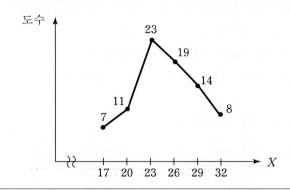

그림 1-6　도수분포도

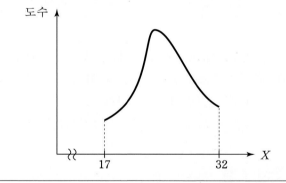

정수이므로 소수점으로 계급의 구간을 정하면 이상, 이하, 미만 등을 표시할 필요가 없고 계급 간에 간격도 생기지 않기 때문이다. 그러므로 첫 번째 계급을 (15.5~18.5)로 설정하고 막대기둥들이 연결되도록 그래프가 얻어진 것이다. [그림 1-5]에서는 각 계급의 중앙값을 이용하여 직선(다각형)으로 연결한 것이다. [그림 1-5]를 부드러운 곡선으로 연결하여 얻어진 그래프를 **도수분포도**(frequency distribution)라고 부른다([그림 1-6]).

도수분포도

그리고 [표 1-2]로부터 누적도수분포(cumulative frequency distribution)도를 얻을 수도 있다([그림 1-7]). 여기서 누적도수란 도수를 차례대

그림 1-7 누적도수분포도

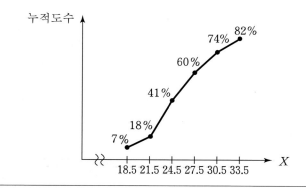

[표 1-3] 상대도수분포표

계급(class)	상대도수(relative frequency)
15.5 − 18.5	7/82 = 0.085
18.5 − 21.5	11/82 = 0.134
21.5 − 24.5	23/82 = 0.280
24.5 − 27.5	19/82 = 0.232
27.5 − 30.5	14/82 = 0.171
30.5 − 33.5	8/82 = 0.098

로 합하여 얻은 것이다.

이제 도수다각형이나 누적도수분포도를 상대도수(relative frequency), 즉 백분율(%)로 표현하면 어떻게 될까? 먼저 [표 1-2]의 도수분포표를 도수가 아닌 상대도수(%)로 얻으면 [표 1-3]이 얻어지고, 상대도수다각 형을 그리면 그 형태는 [그림 1-5]의 도수다각형과 다르지는 않을 것이 다([그림 1-8]). 물론 누적상대도수분포 그래프도 얻을 수 있다. 절대치인 도수 대신 상대도수로 나타낸 누적상대도수분포 그래프의 형태도 바뀌지 않는다.

그림 1-8	상대도수다각형

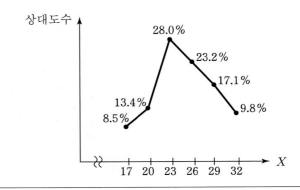

그림 1-9	누적상대도수분포도

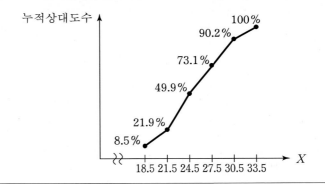

　여기서, 주목해야 할 점은 상대도수분포이다. 상대도수는 곧 확률과 같은 개념으로서 [표 1-3]은 82개 자료의 확률분포를 나타내고 있다고 할 수 있다. 이를테면, 자료가 18.5부터 21.5까지의 범위에서 값을 가질 수 있는 확률은 13.4%라는 것이다. 물론 상대도수(확률)들의 합은 1.0이 된다. 그러므로 또한, [그림 1-8]은 이 자료의 확률분포를 눈으로 파악할 수 있게 하는 데 도움을 준다.

　앞에서 설명한 82개의 자료는 정수로 나타나 있지만 연속적인 자료라고 할 수 있다(연속적인 자료에 대해서는 제 2 장 제 2 절에서 설명하고 있

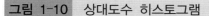

그림 1-10　상대도수 히스토그램

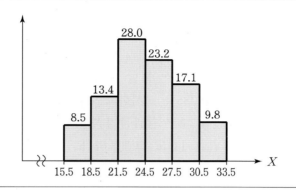

그림 1-11　면적이 1.0인 그래프

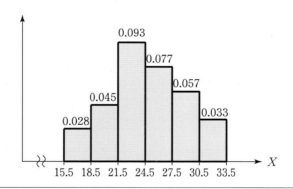

다). 그러므로, [그림 1-4]를 다시 한번 고려해 보자. 이 그래프는 [표 1-2]의 도수분포표 계급들을 연결하여 만들어진 도수분포표에 의하여 얻어진 것을 알 수 있을 것이고, 연속적인 자료에 대해서는 이러한 형태의 그래프가 더 적절하다고 할 수 있을 것이다.

　　[그림 1-4]의 히스토그램의 종축은 절대도수로 표현되어 있지만 종축의 기준을 백분율(%)로 나타내면 상대도수로 나타낸 히스토그램이 되며 그 기둥의 합은 100%가 된다. 물론, 그래프의 형태는 똑같다. 상대도수로 그린 그래프는 [그림 1-10]과 같다.

여기서, 특별히 고려해야 하는 것은 [그림 1-10]의 히스토그램 면적
이 1.0이 되도록 해보자는 것이다. 이 부분은 뒤에서 설명하는 확률분포
와 밀접한 관계를 갖기 때문에 중요한 부분이다. 우선, 면적이 1.0이 되
도록 하려면 [그림 1-10]의 백분율(%)을 소수점 값으로 나타내고, 높이
를 3으로 나누어 주어야 할 것이다. 즉, 첫번째 계급 [15.5, 18.5]에 대해
서는 8.5%를 0.085로 표시하고 이를 3으로 나누어준 값, 0.085/3=0.028
이 높이가 된다. 다른 계급들에 대해서도 이러한 방법을 적용하여 얻어진
그래프, [그림 1-11]도 그래프의 모양은 [그림 1-10]과 똑같음을 알 수
있을 것이다.

　　여기서는 실제로 얻어진 자료(표본)들을 대상으로 그래프를 얻는 과
정을 설명하였다. 제 2 장 제 2 절에서 다루는 모집단의 분포, 즉, 확률변
수 X에 대한 분포도 마찬가지로 이해하면 된다. 다만 모집단에 대해서는
그 구체적인 값들을 모르기 때문에 이론적인 분포가 되는 것 뿐이다.

1. 다음의 X와 Y 각각의 값들에 대한

X	1	4	9	18				
Y	30	24	21	20	30	25	28	22

(a) 평균을 구하라.
(b) 중위수를 구하라.
(c) 사분위편차를 구하라.
(d) 표준편차를 구하라.

2. 심리임상실험을 위하여 10명을 대상으로 같은 문제들로 시험을 보게 하였다. 10명 중 5명은 시험이 어려웠다고 하였고, 5명은 쉽다고 응답하였는데, 이들의 실제 시험 성적은 다음과 같다.

쉽다고 답한 사람들	38	52	46	42	38
어려웠다고 답한 사람들	30	38	40	24	32

(a) 두 집단 각각에 대해 평균과 표준편차를 구하라.
(b) 10명 전체의 평균과 표준편차를 구하고 (a)에서 얻어진 결과와 함께 평가하라.

3. 여섯 개의 동전을 던져서 앞면이 나온 동전의 수를 세어보면 0, 1, 2, 3, 4, 5, 6의 결과가 가능하다. 여섯 개의 동전을 100번 던졌을 때, 앞면의 수에 대한 도수분포는 다음과 같았다고 하자.

앞면의 수	0	1	2	3	4	5	6
빈도	3	7	23	34	22	10	1

(a) 앞면의 수에 대한 평균을 구하라.

(b) 표준편차를 구하라.

4. 다음은 인터넷뱅킹을 이용하는 82명 고객들의 월 송금 횟수이다.

22	22	20	27	30	23	29	21	26	21	23
25	29	18	22	31	30	28	16	28	33	25
23	31	23	18	24	26	25	17	22	25	28
19	24	20	23	26	21	31	25	28	19	24
20	27	21	25	28	24	23	25	30	27	23
26	22	24	17	33	26	24	19	18	33	25
28	31	29	27	28	24	26	24	22	26	24
18	21	29	22	31						

이 자료를 정리하여 도수분포표(frequency distribution)를 얻으면 다음과 같다.

X	도수
$15.5 - 18.5$	7
$18.5 - 21.5$	11
$21.5 - 24.5$	23
$24.5 - 27.5$	19
$27.5 - 30.5$	14
$30.5 - 33.5$	8

월 송금 횟수의 원자료(raw data)를 도수분포표로 만들면 나열된 82개 자료를 그대로 보는 것보다 자료에 대한 특징을 보다 쉽게 파악할 수 있는 이점이 있다. 그러나 원자료 자체가 갖고 있는 정보가 손실되는 부분이 있게 된다. 즉, 도수분포표에는 15.5부터 18.5까지의 계급(class)에 7개의 자료가 있다는 것으로 나타나 있다. 실제로는 15.5부터 18.5까지의 계급에 16이 하나, 17이 두 개, 18이 네 개 있지만, 도수분포표에서는 15.5부터 18.5까지 계급의 대표값으로 $17(=(16+18)/2)$을 얻게 되어 7개의 자료는 모두 17이라는 값으로 표현될 수밖에 없다.

(a) 원 자료 82개로써 평균과 표준편차를 구하라.

(b) 도수분포표를 이용하여 평균과 표준편차를 구하라.

(c) 원자료에 대하여 중위수를 구하라.

(d) 도수분포표에서 중위수를 구하라.

(e) 누적상대도수분포도에서 중위수를 표시하라.

5. 다음의 도수분포표에서

X	도수
$4-6$	2
$7-9$	5
$10-12$	3

(a) 평균을 구하라.

(b) 분산을 구하라.

(c) 누적상대도수분포도를 그리라.

6. 서울 전역을 90개의 치안구역으로 나누어, 어느 달의 100,000명당 사고사망자수를 다음과 같이 집계하였다.

계급	도수	계급	도수
$-0.5\sim1.5$	2	$13.5\sim15.5$	9
$1.5\sim3.5$	18	$15.5\sim17.5$	4
$3.5\sim5.5$	15	$17.5\sim19.5$	2
$5.5\sim7.5$	13	$19.5\sim21.5$	1
$7.5\sim9.5$	9	$21.5\sim23.5$	1
$9.5\sim11.5$	8	$23.5\sim25.5$	1
$11.5\sim13.5$	7		

(a) 이 자료에 대한 막대그래프를 그리라.

(b) 이 자료에 대한 상대도수분포도를 그리라

(c) 이 자료에 대한 평균을 구하라.

(d) 이 자료에 대한 중위수를 구하라.

(e) 이 자료의 P_{25}, P_{75}를 구하고, 사분위편차값을 구하라.

(f) 이 자료의 표준편차를 구하라.

(g) 이 자료에 대해 왜도와 첨도를 구하려면 어떻게 할 것인가를 설명하라.

7. 관세청에서는 15건의 밀수사건에 대해 적발된 밀수액(X)과 밀수사건에 관련되어 체포된 사람의 수(Y)를 조사하여 다음과 같은 자료를 얻었다.

사건	밀수액(X)	구금자(Y)
1	110,010	280
2	256,000	460
3	660	6
4	367,000	66
5	4,700,000	15
6	4,500	8
7	247,000	36
8	300,000	300
9	3,100	9
10	1,250	4
11	3,900,000	14
12	68,100	185
13	450	5
14	2,600	4
15	205,840	33

(a) X의 평균, Y의 평균을 구하라.

(b) X의 10% trimmed 평균, 20% trimmed 평균을 구하라[10% trimmed 평균이란 작은 값들 5%, 큰 값들 5%를 제외한 나머지 값들로써 평균을 내는 방법이다. 즉, P_5부터 P_{95}까지의 값들로써 평균을 얻는 방법이다].

(c) Y의 10% trimmed 평균, 20% trimmed 평균을 구하라.

(d) (a)~(c)에서 구한 값들 중에서 어느 값이 X와 Y의 대표값으로 가장 적당한가? 그 이유를 설명하라.

제 2 장 확률과 분포

제 1 장에서는 자료의 특성을 어떻게 정리할 수 있는가에 대해서 설명하였다. 우리가 가지고 있는 자료는 거의 모두 표본으로서, 이 자료들의 대표값, 퍼짐의 정도, 도수분포표, 그래프 등을 얻었던 것인데 이제, 모집단에 대한 이해를 하기 위하여, 확률, 확률변수, 분포 등에 대해 알아보기로 하자.

2.1 확률과 표본공간

확률

확률(probability)이란 어떤 사건이 일어날 가능성을 0과 1 사이의 값으로 나타낸 것이다. 일어날 가능성이 전혀 없을 경우, 확률은 0이며 반드시 일어나는 경우 확률은 1로 표현하는 것이다. 어떤 사건(또는 실험)의 결과가 여러 가지 있을 경우, 그를 사상(event)이라고 부르는데 예를 들어 동전을 두번 던지는 실험의 경우 얻어지는 결과는

$$\{ (H, H), (H, T), (T, H), (T, T) \}$$

단순사상

로 네 가지의 사상이 얻어질 것이다. 여기서 H = 앞면, T = 뒷면이다. 그리고, 각각의 사상을 단순사상(simple event)이라 부르고,

$$E_1 = (H, H),\ E_2 = (H, T),\ E_3 = (T, H),\ E_4 = (T, T)$$

로 표현할 수 있다.

또한, 한번의 앞면과 한번의 뒷면에 대한 사상에 대한 것은 다음과 같이 표현할 수 있을 것이다. 즉,

$$E_5 = \{한번의\ 앞면과\ 한번의\ 뒷면\} = \{ E_2, E_3 \}$$

복합사상

이다. 이러한 사상을 복합사상(compound event)이라고 부른다.

표본공간

이제, 표본공간(sample space)에 대해 알아보기로 하자. 표본공간이란 어떤 실험(또는 사건)의 결과로 얻어지는 모든 가능한 결과들의 집합이다.

표본점

앞에서 설명한 단순사상을 표본점(sample point)이라고 하며, 표본점들의 전체집합을 표본공간이라고 부른다. 예를 들면, 동전을 2번 던지는 실험의 경우, 표본공간은

$$S = \{ s_1 = (H, H),\ s_2 = (H, T),\ s_3 = (T, H),\ s_4 = (T, T) \}$$

로 표현된다.

또, 주사위를 한번 던지는 실험의 경우, 표본공간은

$$S = \{s_1, s_2, \cdots, s_6\}$$

인데, $s_i = i$, $i = 1, 2, \cdots, 6$이다. 그리고 이 표본공간으로부터 여러 가지의 복합사상에 해당하는 집합을 생각해 볼 수도 있을 것이다.

즉, 눈금(i)이 짝수인 경우는 $\{s_2, s_4, s_6\}$일 것이고 눈금이 4 이상인 경우는 $\{s_4, s_5, s_6\}$로 복합사상을 얻게 되는 것이다.

확률　　**확률**은 표본공간, S 위에 정의되는 함수로서, $P(\cdot)$로 나타내며 다음의 조건을 만족해야 한다.

(1) 표본공간의 임의의 부분집합 A에 대해

$$0 \leq P(A) \leq 1$$

(2) $P(S) = 1$

(3) 서로 배반적인 부분집합 A_1, A_2, $\cdots$에 대해

$$P(A_1 \cup A_2 \cup \cdots) = P(A_1) + P(A_2) + \cdots$$

서로 배반적　여기서 **서로 배반적**(mutually exclusive)이라 함은

$$A_i \cap A_j = \varnothing, \ i \neq j$$

임을 나타낸다.

예 2-1

주사위를 두번 던지는 실험을 한다고 하자. 그러면, 표본공간 S는

$$S = \{(1, 1) \ (1, 2) \ \cdots \ (1, 6)$$
$$(2, 1) \ (2, 2) \ \cdots \ (2, 6)$$
$$\vdots \qquad\qquad\qquad \vdots$$

$$(6, 1)\ (6, 2)\ \cdots\ (6, 6)\}$$

의 36개 표본점으로 구성된다. 그리고 각 표본점에 대한 확률은 1/36 이다.

여기서 A=두 눈금의 합이 짝수인 집합이라고 하면

$$A=\{(1, 1), (1, 3), (1, 5), (2, 2), (2, 4), \cdots, (6, 6)\}$$

으로서 18개의 표본점으로 구성된 복합사상으로서, 그의 확률은 $P(A)=$ 1/2이 된다. 또한 B=두 눈금의 합이 홀수인 집합이라고 할 때

$$B=\{(1, 2), (1, 4), (1, 6), (2, 1), (2, 3), \cdots, (6, 5)\}$$

이며 $A\cap B=\varnothing$ 으로 A와 B는 상호배반적이고

$$P(A\cup B)=P(A)+P(B)=1.0$$

이 된다.

$$P(S)=1.0$$

임은 당연하다.

2.1.1 확률에 관한 성질

앞에서 설명한대로 확률은 표본공간 위에 정의되는 함수로서 0과 1 사이의 값을 갖는다. 그리고 앞에서 정의한 확률에 관한 기본적인 성질은 다음과 같다.

(a) 표본공간의 임의의 부분집합 A에 대해

$$P(A)=1-P(A^c)$$

(b) $A\subset B$이면

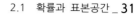

$$P(A) \leq P(B)$$

(c) 임의의 부분집합, A와 B에 대해

$$P(A \cup B) = P(A) + P(B) - P(A \cap B)$$

여기서, A^c는 A의 여집합으로서 A에 들어있지 않은 다른 원소들의 집합을 말한다.

[계속] 앞의 주사위를 두번 던지는 실험의 경우, A=두 눈금의 합이 짝수인 집합이라면, 그의 여집합 A^c=두 눈금의 합이 홀수인 집합이며 곧 B이다.

그러므로, $P(A) = 1 - P(B) = 1 - P(A^c)$이다. 그리고, A=두 눈금의 합이 3 이하인 집합은 {(1, 1), (1, 2), (2, 1)}이고 B=두 눈금의 합이 4 이하인 집합은 {(1, 1), (1, 2), (1, 3), (2, 1), (2, 2), (3, 1)}이다. 따라서 $A \subset B$이며

$$P(A) = 3/36 < P(B) = 6/36$$

이다. 마지막으로, A=두 눈금의 합이 짝수인 집합과 B=두 눈금의 곱이 짝수인 집합에 대해서 $P(A \cup B)$를 알아보자면, 먼저

$$B = \{(1, 2)\ (1, 4)\ (1, 6)\ (2, 1)\ (2, 2)\ (2, 3)\ (2, 4)$$
$$(2, 5)\ (2, 6)\ (3, 2)\ (3, 4)\ (3, 6)\ (4, 1)\ (4, 2)$$
$$(4, 3)\ (4, 4)\ (4, 5)\ (4, 6)\ (5, 2)\ (5, 4)\ (5, 6)$$
$$(6, 1)\ (6, 2)\ (6, 3)\ (6, 4)\ (6, 5)\ (6, 6)\}$$

이므로 $P(B) = 27/36$이다. 이제 $A \cap B$=두 눈금의 합이 짝수이며 곱도 짝수인 집합은

$$A \cap B = \{(2,\ 2)\ (2,\ 4)\ (2,\ 6)\ (4,\ 2)\ (4,\ 4)$$
$$(4,\ 6)\ (6,\ 2)\ (6,\ 4)\ (6,\ 6)\}$$

이므로 $P(A \cap B) = 9/36$이고

$$P(A \cup B) = 18/36 + 27/36 - 9/36 = 1.0$$

임을 알 수 있다.

2.1.2 결합확률

서로 다른 두 개의 실험(또는 사건)을 할 경우, 각각의 실험 결과들에 대한 조합으로 두 개 실험의 결과들을 얻을 수 있을 것이다. 예를 들면, 동전 하나와 주사위 하나를 동시에 던질 경우 얻을 수 있는 결과들은

$$S = \{(H,\ 1)\ (H,\ 2)\ (H,\ 3)\ \cdots\ (H,\ 6)$$
$$(T,\ 1)\ (T,\ 2)\ (T,\ 3)\ \cdots\ (T,\ 6)\}$$

결합확률

이며, 이 경우의 표본공간이 된다. 이러한 표본공간 위에 정의하는 확률을 **결합확률**(joint probability)이라고 부르며, 표본점들의 구조가 단순하지 않은 점을 제외하고는 앞에서 설명한 확률과 마찬가지이다. 물론, 앞에서 예로 들었던 두 개의 동전을 던지는 경우, 두 개의 주사위를 던지는 경우들에 대한 확률을 설명한 것도 실제로는 결합확률임을 알 수 있을 것이다. 즉, 하나의 동전을 두번 던지는 것이나 서로 다른 동전 두 개를 던지는 것이나 결과는 마찬가지로 얻어지기 때문이다.

위의 동전 하나와 주사위 하나를 던질 경우의 표본공간에 대해 구체적으로 설명하면 다음과 같다. 동전을 던질 경우의 표본공간을 S_1이라고 하면,

$$S_1 = \{H,\ T\}$$

이며 주사위를 던지는 실험의 경우의 표본공간을 S_2라고 하면

$$S_2 = \{1,\ 2,\ \cdots,\ 6\}$$

인데, 이 두 가지 실험을 동시에 할 경우 표본공간은

$$S = S_1 \times S_2$$

라는 것이다. 즉, 표본공간 S는

S_1 ＼ S_2	1	2	⋯	6
H	$(H,\ 1)$	$(H,\ 2)$	⋯	$(H,\ 6)$
T	$(T,\ 1)$	$(T,\ 2)$	⋯	$(T,\ 6)$

같이 얻어지는 것이다. 그리고 결합확률은

$$P[(H,\ 1)] = P[(H,\ 2)] = \cdots = P[(T,\ 6)] = 1/12$$

이다.

좀 더 구체적인 예를 들어보자. 바로 이웃해 있는 두 회사 A, B의 결근자 수는 A회사의 경우 0명, 1명, 2명이고 B회사의 경우 0명, 1명, 2명, 3명이라고 하자(A회사 직원은 2명, B회사 직원 3명 뿐이다). 그러면 두 회사의 결근자 수에 대한 표본공간은 각각

$$S_A = \{0,\ 1,\ 2\},\ S_B = \{0,\ 1,\ 2,\ 3\}$$

이 되고 두 회사 모두에 대한 결근자 수에 대한 표본공간은, $S = S_A \times S_B$

$$S = \{(0,\ 0)\ (0,\ 1)\ (0,\ 2)\ (0,\ 3)$$
$$(1,\ 0)\ (1,\ 1)\ (1,\ 2)\ (1,\ 3)$$
$$(2,\ 0)\ (2,\ 1)\ (2,\ 2)\ (2,\ 3)\}$$

이다. 이제, 각 표본점에 대한 확률이 각각

$$P_{AB}[(0,\ 0)] = 0.05,\ P_{AB}[(0,\ 1)] = 0.05,\ P_{AB}[(0,\ 2)] = 0.10$$

등으로 존재하면, 이것이 바로 결합확률이 되며 당연히 $P_{AB}(S) = 1.0$일 것이다. 이를 표로 만들면 다음과 같다.

B결근자수 / A결근자수	0	1	2	3	A결근자수
0	0.05	0.05	0.10		0.2
1	0.05	0.10	0.25	0.10	0.5
2		0.15	0.10	0.05	0.3
B결근자수	0.1	0.3	0.45	0.15	1.0

한계확률

더욱이, 결합확률이 존재할 경우, 각 실험에 대한 확률을 얻을 수 있는데, 이를 **한계확률**(marginal probability)라고 부른다. 위의 예에서 A회사의 결근자 수에 대한 확률은

$$P_A(0) = 0.2,\ P_A(1) = 0.5,\ P_A(2) = 0.3$$

이고 B회사의 결근자 수에 대한 확률은

$$P_B(0) = 0.1,\ P_B(1) = 0.3,\ P_B(2) = 0.45,\ P_B(3) = 0.15$$

이다.

2.1.3 조건확률

조건확률

조건확률(conditional probability)이란 결합확률이 있을 경우에 정의되는 확률이다. 즉, 두 가지 서로 다른 실험(또는 사건)이 있을 경우, 어느 한 실험의 결과가 주어졌을 때, 다른 한 실험의 결과들에 대한 확률을 말한다. 예를 들면, 동전 하나와 주사위 하나를 던지는 실험에서 동전의 앞면이 나왔을 때 주사위의 눈금이 짝수일 확률 같은 것을 조건확률이라고

하는 것이다.

이제 조건확률을 정의하면 다음과 같다. 서로 다른 두 가지 실험을 할 경우, 하나의 실험에 대한 표본공간 S_1의 부분집합 A가 주어졌다고 하자. 이때 다른 실험의 표본공간 S_2의 어떤 부분집합에 대해서 확률이 정의되는데 이를 A가 주어졌을 때의 B에 대한 조건확률이라고 부르며, $P(\cdot \,|\, A)$로 표현한다. 그리고 $P(\cdot \,|\, A)$는 $P(\cdot)$과 마찬가지로 다음의 세 가지를 만족하여야 한다. 즉,

(a) 표본공간 S_2의 임의의 부분집합 B에 대해 $0 \le P(B\,|\,A) \le 1$

(b) $P(S_2\,|\,A) = 1$

(c) 서로 배반적인 부분집합 B_1, B_2, $\cdots$에 대해 $P(B_1 \cup B_2 \cup \cdots \,|\, A)$
$= P(B_1\,|\,A) + P(B_2\,|\,A) + \cdots$

를 만족하여야 한다.

이제, 앞에서 예로 들었던 A, B 회사의 결근자 수들에 대한 결합분포에서 몇 가지 조건확률을 구해보자. A회사의 결근자 수가 2명일 때(A회사의 결근자 수가 2명인 것을 알았을 때), B회사의 결근자 수에 대한 확률들을 구할 수 있다. 즉,

$$P(B=0\,|\,A=2) = \frac{0}{0.3} = 0, \quad P(B=1\,|\,A=2) = \frac{0.15}{0.3} = \frac{1}{2}$$

$$P(B=2\,|\,A=2) = \frac{0.1}{0.3} = \frac{1}{3}, \quad P(B=3\,|\,A=2) = \frac{0.05}{0.3} = \frac{1}{6}$$

이 되며, 이들 조건확률들의 합은 1.0이다. 여기서 주목할 것은 A가 2로 주어져 있는 상황에서 B회사의 결근자 수, {0, 1, 2, 3}에 대한 확률의 합이 1.0이 되어야 하기 때문에 A가 2인 확률, 즉 $P(A=2) = 0.3$으로 나누어 주어야 한다는 점이다.

예 2-2

증권회사에서 일하는 펀드매니저의 학력(A)과 수익률(B)에 대한 결합확률은 다음의 표와 같다.

수익률(B) 학력(A)	높음(B_1)	낮음(B_2)	$P_A(\cdot)$
MBA(A_1)	0.11	0.29	0.4
MBA 아님(A_2)	0.06	0.54	0.6
$P_B(\cdot)$	0.17	0.83	1.0

이 표에 나타나 있는 확률은 각각 $P_{AB}(A_1, B_1)=0.11$, $P_{AB}(A_1, B_2)=0.29$, $P_{AB}(A_2, B_1)=0.06$, $P_{AB}(A_2, B_2)=0.54$이고 이 값들이 A와 B에 대한 결합확률들이다. 그리고 A에 대한 한계확률은 $P_A(A_1)=0.4$, $P_A(A_2)=0.6$, B에 대한 한계확률은 $P_B(B_1)=0.17$, $P_B(B_2)=0.83$이다.

여기서, 수익률이 높은 펀드매니저가 있을 때, 그가 MBA를 취득한 사람일 확률, 즉, $P(A_1 \,|\, B_1)$을 구하면, $P(A_1 \,|\, B_1)=0.11/0.17=0.647$이고 MBA가 아닌 사람일 확률은 $P(A_2 \,|\, B_1)=0.06/0.17=0.353$이다. 수익률이 높은 펀드매니저라는 조건이 주어졌을 때 MBA와 MBA가 아닌 두 경우가 있고, 두 경우에 대한 확률의 합이 1.0이 되어야 함을 이해할 수 있을 것이다.

이 절에서 설명한 확률은 다음 절에 나오는 확률변수를 이해하기 위한 것이다. 즉, 확률은 어떤 사건(또는 실험)으로 얻어질 수 있는 모든 경우에 대한 값인데, 모집단이라는 우리가 알지 못하는 자료들의 집합에 대해 확률을 어떻게 정의하는가 하는 문제에 대해 알아보게 되는 것이다.

2.1.4 사상간의 독립

앞에서 보았던 것과 같이, 두 가지의 실험(또는 사건)에 대한 결과들에 대해서는 결합확률이 존재하고, 조건확률도 정의될 수 있다. 여기서는 두 가지 실험 A와 B가 독립인가를 정의해 보자.

두 가지 실험 A와 B가 독립이라는 표현은 실험 A의 결과가 실험 B의 결과에 아무런 영향을 주지 않는 것이라고 이해할 수 있을 것이다. 그러므로

$$P(B \mid A) = P(B)$$

가 성립한다. 물론,

$$P(A \mid B) = P(A)$$

도 성립한다.

독립   이제 A와 B가 **독립**이면 $P(A \cap B) = P(A)P(B)$이고, $P(A \cap B) = P(A)P(B)$이면 A와 B는 독립이라고 한다.

여기서, A와 B가 독립이면

$$P(B \mid A) = \frac{P(A \cap B)}{P(A)} = \frac{P(A)P(B)}{P(A)} = P(B)$$

임을 쉽게 이해할 수 있을 것이다.

2.2 확률변수의 분류

어떤 모집단에 대해 특정한 조사를 하고자 할 때 여러 가지 결과가

예상된다. 물론 그 결과는 제한된 범위 내에서 얻어지겠지만, 어떤 값이 얻어질 것인지는 모른다. 따라서 이를 변수로 취급하고 X라 하자. 여기서, X는 가능한 여러 가지 값들 중에서 어떤 값을 갖게 되고, 그 값을 가질 확률을 함께 생각해 볼 수 있기 때문에 X를 **확률변수**(random variable)라 부른다. 여기서 X를 확률변수라고 부르는 것은 자료들이 분포를 할 때는 확률이 따른다는 의미인데 제 1 장 마지막에서 언급한 것을 상기하면 도움이 될 것이다.

확률변수

확률변수의 예로서는, 우리나라의 2,500만 유권자들을 대상(모집단)으로 특정인을 지지하는가 지지하지 않는가를 조사한다고 할 경우, 유권자 각각에 대한 조사결과는 지지, 비지지 두 가지 결과 중 하나의 결과로 나타날 것이다. 그러면 모집단은 2,500만 개의 '지지' 또는 '비지지'로 구성될 것이다. 그리고 확률변수 X를

$$X = \begin{cases} 1, & \text{지지할 경우} \\ 0, & \text{지지하지 않을 경우} \end{cases}$$

로 정의하면 $X=1$일 확률이 어떤 값으로 존재하기 마련이다. 즉, 이 경우에는 X가 취하는 값이 $\{0, 1\}$이고, $X=1$일 확률, $X=0$일 확률이 존재한다는 것이다. 물론, $P(X=1)$은 지지할 확률(지지율)이고 $P(X=0)$은 지지하지 않을 확률(비지지율)이다. 다른 예로서는 30대 성인 모집단에 대해 설문항목으로서「귀하는 향후 10년 후가 현재보다 형편이 나아질 것이라고 생각하십니까」에 대해서 다음과 같이 조사한다고 한다면,

매우 부정적	부정적	긍정적	매우 긍정적	모르겠음
1	2	3	4	5

확률변수 X는 $\{1, 2, 3, 4, 5\}$ 다섯 가지 값 중에서 하나의 값을 취하는 것이며, $X=1$(매우 부정적)일 확률, $X=2$(부정적)일 확률 등이 존재한다.

즉, 그 확률들을

$$P(X=1) = P(\text{매우 부정적})$$
$$P(X=2) = P(\text{부정적})$$
$$P(X=3) = P(\text{긍정적})$$
$$P(X=4) = P(\text{매우 긍정적})$$
$$P(X=5) = P(\text{모르겠음})$$

로 표현할 수 있을 것이다. 물론, 그 확률값들이 얼마인지는 모른다.

또, 은행 각 지점의 점원 1인당 수신고를 조사한다고 한다면 변수 X 가 취할 수 있는 값은 $(0, \infty)$ 사이의 어떤 값이 될 것이고 이러한 변수 도 확률변수이다.

정리하면, 확률변수 X는 취할 수 있는 값들이 여러 가지이므로 (확 률을 갖는) 분포를 하는데, 이를 **확률분포**(probability distribution)라고 하며 $f_X(x)$로 표현한다. 확률분포 $f_X(x)$는 X가 어떤 자료를 측정하고자 하는 가에 따라 서로 다른 형태를 갖게 된다. 앞에서 예를 들었던 특정인의 지 지 여부에 대한 경우에는 지지할 경우는 $X=1$이고, 지지하지 않을 경우 는 $X=0$이므로 확률분포는

$$f_X(1) = P(X=1) = P(\text{지지할 경우}) = \text{지지율} = p$$
$$f_X(0) = P(X=0) = P(\text{지지하지 않을 경우}) = \text{비지지율} = 1-p$$

로 확률분포를 표현할 수 있다. 여기서, p값은 모르는 값이다.

어떤 종류의 자료를 얻고자 하느냐에 따라 확률변수 X가 취하는 값 들은 다르게 되는데, 크게 **연속적인**(continuous) 형태와 **이산적인**(discrete) 형태로 구분된다. 셀 수 있는(countable) 값들을 취하는 자료일 경우 이산 형 확률변수라 하고, 수의 직선 상에서 임의의 값을 취하는 변수를 연속 형 확률변수라고 한다. 이를테면, 손가락으로 셀 수 있는 값들을 취할 경 우(하나, 둘, 셋, …)는 이산형이고 나머지의 경우는 연속형으로 생각하면 된다.

확률분포

확률변수는 확률분포를 갖는다

연속적인 이산적인

확률변수는 자료의 종류에 따라 다음의 네 가지로도 분류된다.

(1) 명목변수(nominal variable)

측정대상의 특성을 분류하거나 확인할 목적으로 숫자를 부여하는 경우로서, 예를 들면 성별, 출신지, 직업, 운동선수의 등번호 등이다.

(2) 순위변수(ordinal variable)

측정대상 간의 순서관계를 나타내 주는 척도로서, 예를 들면 생활수준(상, 중, 하), 품질등급, 여러 개 제품들의 선호순위, 미인선발대회에서의 순위 등이다.

(3) 구간변수(interval variable)

측정대상의 속성에 순위를 부여하되 순서 사이의 간격이 동일한 척도를 말한다. 예를 들면 각종 지수, 광고인지도, 온도계의 수치 등이 있고 자료범위의 계산, 평균값 등을 계산할 수 있다. 설문지로부터 얻어진 자료는 대체로 이 범주에 속한다.

(4) 비율변수(ratio variable)

구간변수의 특성에 추가적으로 측정값 사이의 비율계산이 가능한 척도이다. 즉, 이 척도는 절대영점이 존재하며 어떠한 형태의 통계적 분석도 가능하다.

이와 같이 확률변수를 분류해 보는 이유는 어떤 통계적 분석을 하느냐에 따라 그 분석에 적당한 형태의 자료가 있어야 하기 때문이다. 다시 말하면, 명목변수로 얻어진 자료는 분류시키는 것만 가능할 뿐이지만 비율변수는 구간변수로 전환될 수 있고 또 순위를 메길 수도 있다는 것이다.

더 나아가서, 통계분석을 하고자 할 때는 목적이 있기 마련인데 목적하고자 하는 결과를 얻기 위해서는 분석기법이 무엇이고 그 분석을 하기 위한 자료의 형태가 무엇인가를 먼저 고려해야만 올바른 분석기법을 적용시킬 수 있을 것이다.

2.3 확률변수와 확률분포

이미 설명한 대로 모집단은 미지의 아주 큰 집단이다. 모집단에 대해 어떤 구하고자 하는 자료가 있다면 그 구하고자 하는 것이 변수가 되고 변수가 어떤 값을 가질 가능성을 확률로 표현할 수 있으므로 그 변수를 확률변수라 부르는 것이다.

다시 말하면, 확률변수 X는 X가 취할 수 있는 범위 내에서의 각 값에 대해 확률을 갖게 되는데 이를 **확률분포**라 부르고 $f_X(x)$로 표현한다. 즉,

확률분포.
$f_X(x)$

$$X \sim f_X(x) \tag{2-1}$$

라고 표현할 수 있다.

예를 들면, 하나의 동전을 던진다고 할 때 앞면(H)과 뒷면(T)이 가능한데,

$$X = 앞면의 \ 수$$

로 정의하면, X가 취할 수 있는 값은 {0, 1}이다. 즉,

$$X = \begin{cases} 1, & 앞면인 \ 경우 \\ 0, & 뒷면인 \ 경우 \end{cases}$$

와 같다. 그러면 X의 두 가지 값 0과 1에 대한 확률이 존재하는데, 정상적인 동전이라면(앞면과 뒷면이 나올 확률이 똑같이 0.5이므로),

$$f_X(x) = (0.5)^x (1-0.5)^{1-x}, \ x = 0, \ 1$$

이 X의 확률분포가 된다. 즉, $f_X(0) = P(X=0) = P(뒷면) = 0.5$이며, $f_X(1) = P(X=1) = P(앞면) = 0.5$이다. 이를 그래프로 나타내면, 다음과 같다.

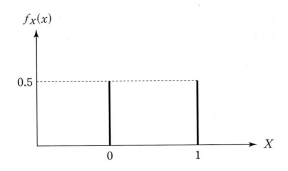

　　확률변수와 확률분포에 대해 구체적인 예는 무수히 많지만 여기서는 하나의 예만 더 들어보기로 한다. 전국 승용차보유자들의 월평균 주행거리(X)는 대체로 1,100km를 중심으로 분포되어 있다고 하자. 그러면 X의 값들이 [그림 2-1]에서 보는 바와 같이 (A), (B), (C) 등과 같은 형태의 분포를 한다고 할 수 있다.

　　다시 말해서, 실제로는 모든 승용차보유자들의 월평균 주행거리 자료를 얻어야만 X의 정확한 분포를 얻을 수 있는 것이지만, 모든 승용차보유자들에 대한 자료를 얻을 수 없기 때문에 $f_X(x)$의 정확한 분포모양은 알 수가 없다. 다만, 상당히 많은 사람들을 통해 얻어진 자료로써 $f_X(x)$의 형태를 추측할 수 있을 뿐이다.

　　이제, 확률분포를 모집단에 대한 도수분포표와 연결하여 생각해 보기로 하자. 예를 들어, 전체 200명의 학생(모집단)들이 ○×문제 10문항

그림 2-1　　$f_X(x)$의 여러 가지 형태

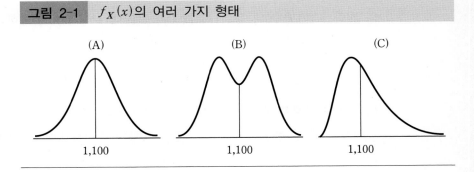

에 대해 시험을 본 결과로 얻어진 도수분포표가 다음과 같다고 하자.

정답수	학생수
5	10
6	28
7	42
8	56
9	40
10	24

전체 학생 200명 중에서 임의로(at random) 한 명을 골랐을 때, 그 학생이 5개를 맞추었을 확률은 10/200＝0.05이다. 같은 개념으로 확률을 생각하면, 위의 도수분포표로부터 정답수(X)에 대한 확률분포를 얻게 된다.

X(정답수)	$P(X=x)$
5	0.05
6	0.14
7	0.21
8	0.28
9	0.20
10	0.12

확률들의
분포가 곧
확률분포

$P(X=x)$를 확률변수 X가 x(구체적인 값; 5, 6, 7, 8, 9, 10)일 때의 확률이라고 부르고, $P(X=x)$를 $f_X(x)$로 표현할 수 있다는 것이다. 물론 모든 x의 값들에 대한 확률들의 합은 1이다.

통계이론에서는 모집단 전체의 내용을 모르기 때문에 조사하고자 하는 변수(확률변수)가 어떤 특정한(이론적으로 정리된) 분포형태를 갖는다고 가정하는 경우가 많다.

[그림 2-2]와 같이 확률변수 X는 모집단에 대해서 얻고자 하는 자료를 나타내는 변수이며, $f_X(x)$의 형태가 어떻든 간에 확률분포를 한다고 생각하면 된다. 통계학에서 다루는 분포의 수는 대체로 10여 가지 된다. 특히, 어떤 경우의 자료는 특정한 분포를 한다고 간주할 수 있는데,

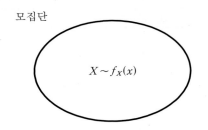

그림 2-2	모집단

모집단

$X \sim f_X(x)$

이는 통계학자들에 의해 경험적으로 발견된 것이라고 보면 된다.

예를 들면, 어느 기마병 부대에서 하루 훈련 중 낙마한 훈련대원의 수를 나타내는 변수는 포아송(Poisson)분포란 분포를 한다고 하고, 은행이나 병원 등의 창구에서 대기중인 사람들의 수를 나타내는 변수는 기하(geometric)분포란 분포를 한다고 보면 된다. 그리고 많은 연속적인 확률변수는 정규(normal)분포를 한다고 간주해도 될 것이다. 이 교재에서는 아주 간단하고 중요한 두 개의 분포만을 대상으로 설명할 것이다.

마지막으로 추가하고 넘어가야 하는 것은 확률변수 X가 확률분포 $f_X(x)$를 갖을 때, X가 이산형이냐 연속형이냐에 따라 다음과 같은 성질을 만족하게 된다. 즉, X가 이산형일 경우

이산형
확률분포

(i) $f_X(x) \geq 0$, 모든 x에서

(ii) $\sum_{\text{모든 } x} f_X(x) = 1$

이며, X가 연속형일 경우에는

연속형
확률분포

(i) $f_X(x) \geq 0$, 모든 x에서

(ii) $\int f_X(x)dx = 1$

이다.

확률변수 X가 이산형인 경우, X가 취하는 값에서의 확률들의 분포

가 곧 확률분포라고 하는 것이다. 이산형의 경우에 대한 확률 즉, $X = x$ 에서의 확률은 직관적으로 쉽게 이해되는 것이므로 이 교재에서는 이산형 확률분포를 주로 다루게 될 것이다. 그리고 적분의 개념이 아주 세분화된 조각들의 합인 것을 이해한다면, 연속형 확률분포에 대한 이해가 용이할 것이다.

2.4 기대값

모집단과 확률변수에 대해 분명한 이해가 있으면 모집단의 평균을 이해하기도 어렵지 않다. 모집단이란 관심의 대상이 되는 집단 전체의 자료들을 의미하며 확률변수는 모집단 구성요소들이 갖는 값들이므로 모집단이란 확률변수를 뜻한다. 그러므로

모집단의 평균＝확률변수 X의 평균

그림 2-3	뼁뼁이판

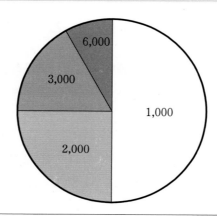

이라는 것이다. 그러면 기대값이란 무엇인가?

모집단에 대해서 조사하고자 하는 변수 X는 확률분포를 갖는다고 설명하였다. 그러면 확률변수 X, 곧 모집단의 평균은 어떻게 얻어질 수 있는가 하는 문제를 알아보는 것은 이론적으로 매우 가치 있는 것이다.

예를 들어, [그림 2-3]과 같은 뺑뺑이판이 있다고 하자. 이 뺑뺑이판에서 딸 수 있는 기대금액은 얼마나 될 것인가 하는 문제는 곧 이 뺑뺑이판의 평균액은 얼마인가와 같은 문제이고 X = 「딸 수 있는 금액」이라고 하면, X의 기대값 또는 X의 평균이라고 할 수 있다는 것이다. 여기서, 「딸 수 있는 금액」, X는 1,000, 2,000, 3,000, 또는 6,000의 네 가지 값이 가능하므로 이 뺑뺑이판의 기대금액은

$$1,000\left(\frac{1}{2}\right)+2,000\left(\frac{1}{4}\right)+3,000\left(\frac{1}{6}\right)+6,000\left(\frac{1}{12}\right)=2,000$$

기댓값
$=E(X)$
$=$평균
$=\mu$

이다. 그리고 이 값을 X의 **기대값**($E(X)$) 또는 평균이라 하고 Greek 문자 μ로 표현한다.

즉,

$$\mu=E(X)=2,000원$$

이다(μ는 뮤(mu)라고 읽음. [부록 10] 참조). 보다 이론적인 각도에서 기대값을 설명하면

$$E(X)=\sum_{\text{모든 } x} x\cdot f_X(x) \tag{2-2}$$

이다. 여기서 x는 확률변수 X의 구체적인 값을 나타낸다.

구체적인 예를 들어 보자. 확률변수 X의 값들이

$$모집단=\{0,\ 1,\ 1,\ 1,\ 2,\ 2,\ 2,\ 3\}$$

으로 구성되어 있다고 하자. 그러면 모집단의 평균은 단순하게 계산하여 $\mu=(0+1+1+1+2+2+2+3)/8=1.5$이다. 또한, 이 모집단을 확률변수 X로 표현하면, X의 확률분포는

X	0	1	2	3
$f_X(x)$	1/8	3/8	3/8	1/8

로 표현할 수 있다. 그러므로 X의 기대값은 마찬가지로

$$E(X) = 0 \cdot \left(\frac{1}{8}\right) + 1 \cdot \left(\frac{3}{8}\right) + 2 \cdot \left(\frac{3}{8}\right) + 3 \cdot \left(\frac{1}{8}\right) = 1.5$$

로 계산된다. 다시 말하면, 모집단의 평균은 변수 X의 평균을 나타내는 것이고 또한 X의 기대값과 같은 것이다.

여기서, 추가로 알아야 할 것은 모집단의 분산이다. 앞에서 분산은 편차(각 값에서 평균까지의 차)들의 제곱들 평균이라고 했다. 그래서 표본값들 $\{x_1, x_2, \cdots, x_n\}$에 대한 (표본)분산은

$$s^2 = \frac{\sum (x_i - \bar{x})^2}{n-1}$$

으로 계산한다고 하였다.

분산
$= Var(X)$
$= \sigma^2$

그렇다면, 모집단에서의 분산은 어떻게 얻어질 것인가? 당연히 $(X - \mu)^2$의 평균이어야 할 것이다. 즉, 모집단의 분산($Var(X)$)은

$$E[(X - \mu)^2]$$

으로 정의된다. 이 모집단의 분산은 Greek 문자로 σ^2으로 나타낸다(σ는 시그마(sigma)라고 읽음). 즉,

$$\sigma^2 = Var(X) = E[(X - \mu)^2] \tag{2-3}$$

이다. 이를 계산하는 방법은

$$E[(X - \mu)^2] = \sum_{\text{모든 } x} (x - \mu)^2 f_X(x) \tag{2-4}$$

이다. 분산을 구하기 위해서는 먼저 평균(μ)을 구해야 함은 당연하다.

앞의 예에 대해 분산을 구해 보면 다음과 같다. 즉, 모집단의 값들이

$$\{0, \ 1, \ 1, \ 1, \ 2, \ 2, \ 2, \ 3\}$$

일 때, 분산을 개념 그대로 계산하면

$$\sigma^2 = [(0-1.5)^2 + (1-1.5)^2 + (1-1.5)^2 + (1-1.5)^2 + (2-1.5)^2$$
$$\qquad + (2-1.5)^2 + (2-1.5)^2 + (3-1.5)^2]/8$$
$$\quad = 6/8 = 0.75$$

이며, X의 확률분포를 이용하여도

$$\sigma^2 = (0-1.5)^2 \left(\frac{1}{8}\right) + (1-1.5)^2 \left(\frac{3}{8}\right) + (2-1.5)^2 \left(\frac{3}{8}\right) + (3-1.5)^2 \left(\frac{1}{8}\right)$$
$$\quad = 0.75$$

로 똑같은 값을 얻게 된다. 그리고 X의 표준편차(σ)는 $\sqrt{0.75} = 0.866$이다.

여기서 유의해야 할 점은 분산(σ^2)을 구하는 데 8로 나누었다는 것이다. 그 이유는 표본에 대한 분산(s^2)을 구하는 것이 아니고, 모집단에 대한 분산을 구하는 것이기 때문이다. 표본과 연관시켜 생각하지 말고, 식 (2-3)에 근거하여 생각해야 할 것이다.

또 다른 예로써, 동전을 두 번 던진다고 할 때 앞면이 한 번도 안 나올 수 있고, 앞면이 한 번만 나올 수도 있고, 앞면이 두 번 모두 나올 수도 있다. 그러므로 X = 앞면의 수라고 하면, X가 가질 수 있는 값들은 0, 1, 2이고, X의 확률분포는

X	0	1	2
$f_X(x)$	1/4	1/2	1/4

이다. 이때, X의 기대값, 즉 앞면이 몇 번 나오리라고 기대할 수 있는가를 구해 보면

$$\mu = E(X) = 0 \times \frac{1}{4} + 1 \times \frac{1}{2} + 2 \times \frac{1}{4} = 1$$

이고, X의 분산은

$$\sigma^2 = Var(X) = (0-1)^2 \times \frac{1}{4} + (1-1)^2 \times \frac{1}{2} + (2-1)^2 \times \frac{1}{4} = \frac{1}{2}$$

이다.

2.5 베르누이분포

이제, 확률변수 X의 구체적인 분포로서 가장 간단한 형태의 분포를 소개하기로 한다. 어떤 조사나 실험에 있어 두 가지의 조사결과만이 가능한 경우가 있다. 즉, 특정인을 지지하는가 지지하지 않는가? 정각에 도착을 했는가 연착했는가? 부도를 냈는가 내지 않았는가? 등등 두 가지 중에 어떤 일이 일어났는가를 조사하는 경우이다. 이와 같은 경우에 어느 하나를 성공이라 부르고 다른 하나를 실패라고 하자. 그러면, 변수 X는

두 가지만 나타나는 경우

$$X = \begin{cases} 1, & \text{성공일 경우} \\ 0, & \text{실패일 경우} \end{cases}$$

로 표현되는데, 이와 같은 확률변수는 베르누이(Bernoulli)**분포**한다고 한다. 좀더 구체적으로 설명하면

베르누이 분포

$$P(X=1) = p = \text{성공일 확률}$$

라 할 경우, X는

$$f_X(x) = p^x(1-p)^{1-x}, \quad x = 0, 1 \tag{2-5}$$

의 분포에 따른다고 한다(p. 41 참조).

베르누이분포는 백분비(비율)로 얻어지는 자료를 다루는 데 필요한 분포이다. 예를 들면, A회사 제품의 시장점유율이 40%라고 하자. 전체 시장(모집단)의 구성원 각각이 A제품 고객인가 아닌가를 나타내기 위해서 변수 X를

$$X = \begin{cases} 1, & A\text{회사 고객일 경우} \\ 0, & A\text{회사 고객이 아닐 경우} \end{cases}$$

로 하면

$$P(X=1) = P(A\text{회사 고객}) = 0.40 = A\text{회사 점유율}$$
$$P(X=0) = P(\text{타회사 고객}) = 0.60$$

이며, X의 확률분포는

$$f_X(x) = (0.4)^x (0.6)^{1-x}, \quad x = 0, \ 1$$

이 되는 것이다. 물론 $f_X(0) = P(X=0) = 0.60$이며, $f_X(1) = P(X=1) = 0.40$이다.

그리고 이를 그래프로 나타내면,

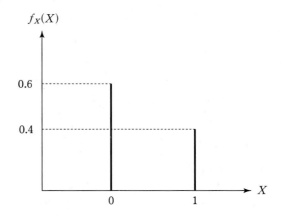

이다.

이제 앞 절에서 정의한 기대값(평균)과 분산을 구해 보면 X가 베르누이분포할 때, X의 평균(기대값)은

$$\mu = E(X) = 0(1-p) + 1(p) = p$$

이며, X의 분산은

$$\sigma^2 = Var(X) = E[(X-\mu)^2]$$
$$= (0-p)^2(1-p) + (1-p)^2 p = p(1-p)$$

가 된다.

2.6 정규분포

우리 주위의 많은 자료(변수)들은 정규분포를 한다고 해도 과언이 아니다. 실제로 어떤 변수에 대해 많은 수의 데이터를 얻었을 경우, 그 자료들의 그래프를 얻어 보면 **정규분포**라는 분포에 가까운 것을 알 수 있다. 더욱이, 거의 모든 통계이론이 정규분포를 배경으로 이루어져 있기 때문에 정규분포를 이해하는 것은 매우 중요한 일이다.

정규분포

우선 정규분포는 평균을 중심으로 **좌우대칭**이다. 그리고 퍼짐의 정도를 표준편차로 나타낼 수 있는데, 분포 모양은 [그림 2-4]와 같다. 정규분포하는 변수 X의 확률분포는 바로 [그림 2-4]의 곡선의 형태인데, 이를 식으로 나타내면

좌우대칭

$$f_X(x) = \frac{1}{\sqrt{2\pi}\,\sigma} e^{-\frac{(x-\mu)^2}{2\sigma^2}}, \quad -\infty < x < \infty \qquad (2\text{-}6)$$

이다. 식 (2-6)에서 e는 무리수로서 2.718로 계산하면 된다. 모집단의 평

그림 2-4   정규분포

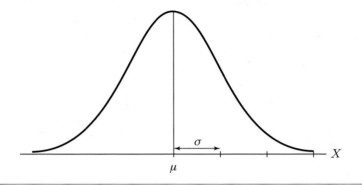

균(μ)과 표준편차(σ)의 크기에 따라 정규분포의 모양은 상당히 뾰족할 수도 있고 납작한 형태의 펑퍼짐한 형태일 수도 있다. [그림 2-5]는 여러 가지 형태의 정규분포를 나타내고 있는데, [그림 2-5(A)]는 평균은 같은데 표준편차가 다른 경우이고, [그림 2-5(B)]는 표준편차는 같은데 평균이 다른 경우이다.

확률변수 X가 평균 μ, 분산 σ^2을 갖는 정규분포를 한다고 할 때,

$$X \sim N(\mu,\ \sigma^2)$$

그림 2-5   정규분포의 여러 가지 형태

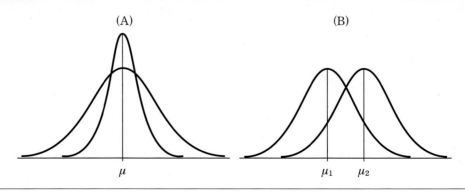

으로 표현하기로 하자.

또한 이산형 확률분포인 베르누이분포에서는 $f_X(x)$가 그 자체로서 확률을 나타내지만 연속적인 변수의 하나인 정규분포에서는 $f_X(x)$가 [그림 2-4]의 곡선식이지 그 자체가 확률을 나타내는 것은 아니다. 따라서 정규분포에서의 확률은 곡선 아래 부분의 면적을 구하는 것과 같은데, 확률을 구하기 위해 어떤 정규분포이든지 **표준화**(standardization)를 시켜 표준화된 정규분포로 바꾸면 된다.

표준화

표준화 정규분포

이제, 평균이 μ이고 분산이 σ^2인 변수 X가 정규분포를 한다고 할 때,

$$X \sim N(\mu,\ \sigma^2)$$

으로 표현하자. 그러면 표준화는

$$Z = \frac{X-\mu}{\sigma} \tag{2-7}$$

로써 정의된다. 즉, 표준화시키는 대상인 변수(X)에서 그의 평균을 뺀 것을 표준편차로 나누는 것을 표준화시킨다고 한다.

표준화 정규분포 확률변수

여기서 Z를 **표준화 정규분포 확률변수**라고 부른다. 또한, 이와 같이 표준화를 시키게 되면, X의 측정단위가 무엇이든지 간에 Z는 단위가 없는 변수가 되는데, 이는 분모, 분자의 단위가 서로 상쇄되기 때문이다. 그리고 Z의 평균은 0, 표준편차는 1이 된다.

즉,

$$Z \sim N(0,\ 1)$$

이다. 이를 그림으로 나타내면 [그림 2-6]과 같다.

그림 2-6 표준화 정규분포

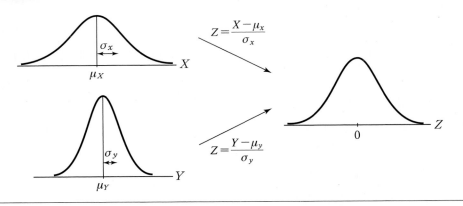

이제, 정규분포에서의 확률을 구해 보기로 하자. 예를 들어, 어느 매장의 일일 입장고객수(X)는 평균 75명, 표준편차 8명(분산 64명^2)의 정규분포를 한다고 하자. 이 매장에 하루 75명에서 83명의 고객이 올 확률은 얼마나 되는가를 구해 보자. 우선, X의 확률분포를 그래프로 얻으면 [그림 2-7]과 같고, 우리는 음영 부분의 면적이 얼마나 되는가를 계산해야 되는데, X를 표준화시키면 [그림 2-8]과 같이 되어 **표준화 정규분포표**([부록 1])에서 0.3413임을 찾을 수 있다. 이를 식으로 표현하면 다음과 같다.

표준화
정규분포표

그림 2-7 정규분포에서의 확률계산

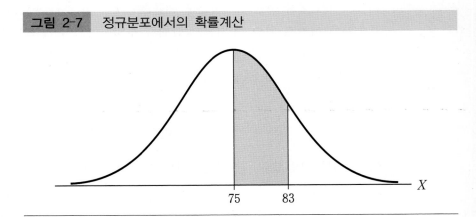

그림 2-8	표준화 정규분포의 확률

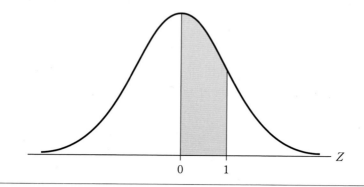

$$P(75<X<83)=P\left(\frac{75-75}{8}<\frac{X-75}{8}<\frac{83-75}{8}\right)$$
$$=P(0<Z<1.0)=0.3413$$

이다. [부록 1]의 표는 소수점 아래 두 자리까지의 Z값들에 대한 [그림 2-8]의 음영 부분에 대한 확률면적이 나와 있다. 여기서 유의할 점은 표준화는 정규분포에만 적용되는 것이 아니라는 점이다.

표준화의
일반적 사용

이제, 정규분포와는 별개로 표준화의 개념을 자세히 알아보기로 하자. 어떤 자료를 X라고 표현해 보자. 그리고 X는 5, 7, 7, 13이라고 하자. 그러면, $E(X)=(5+7+7+13)/4=8$이고, $Var(X)=9$이므로 $\sigma=3$이다. 따라서 X를 표준화시키면

$$Z=\frac{X-8}{3}$$

이므로, 각각의 X값에 대한 Z값들은

$$(X=5)는\ Z=(5-8)/3=-1,$$
$$(X=7)은\ Z=(7-8)/3=-1/3,$$
$$(X=13)은\ Z=(13-8)/3=5/3$$

이 되고, Z의 평균은 0, 분산은 1임을 알 수 있다. X의 단위가 명이라면 X는 평균 8명, 표준편차 3명이지만, Z의 단위는 없다.

표준화시키면
단위가 없음

다음과 같은 예를 통하여, 표준화의 활용범위를 생각해 보는 것도 매우 필요한 일이다. 어느 회사에서 A와 B부장이 그들 각각의 부하직원을 평가한 자료(100점 만점)가 다음과 같다고 하자.

A부장	김×× 55	이×× 50	박×× 60	김×× 55
B부장	최×× 70	정×× 80	유×× 90	

A부장과 B부장은 서로 자신만의 척도를 가지고 평가를 하였기 때문에 A부장의 부하직원들은 모두 B부장의 직원들보다 못한 사람들이라고 할 수는 없다. 즉, B부장이 평가한 70점이 A부장이 평가한 55점보다 낫다고 할 수 없다. 그러므로 A부장의 평가점수 4개를 표준화시키고, B부장의 평가점수 3개를 표준화시켜 모든 직원 7명에 대한 표준화 점수를 얻어야 함이 당연하다.

	평균($\bar{x}$)	표준편차(s)
A부장	55	3.54
B부장	80	8.16

따라서, A와 B부장의 부하직원들의 평가점수를 표준화시킨 결과는 다음과 같다.

A부장	B부장
$55 \rightarrow \dfrac{55-55}{3.54} = 0$	$70 \rightarrow \dfrac{70-80}{8.16} = -1.23$
$50 \rightarrow \dfrac{50-55}{3.54} = -1.41$	$80 \rightarrow \dfrac{80-80}{8.16} = 0$
$60 \rightarrow \dfrac{60-55}{3.54} = 1.41$	$90 \rightarrow \dfrac{90-80}{8.16} = 1.23$
$55 \rightarrow \dfrac{55-55}{3.54} = 0$	

결국은 A부장으로부터 60점을 평가받은 박××가 직원들 7명 중에서 가장 높은(1.41) 평가를 받은 사람이라고 할 수 있게 된다. 그리고 그 다음으로는 B부장의 90점이다.

이와 같이 표준화의 적용범위는 매우 다양하다. 왜냐하면, 자료가 단위를 가짐으로써 서로 비교하기에 어려움이 있을 경우 표준화를 함으로써 단위를 없애줄 수 있기 때문이다.

CASE STUDY   정규분포

어느 가전제품의 수명시간(X)은 평균 1,000시간, 표준편차 100시간의 정규분포를 한다고 한다. 이 회사의 마케팅팀에서는 판촉효과를 위해 구입 후 750시간을 사용하지 못하고 고장이 날 경우, 제품 구입가격을 전액 보상하겠다는 품질보증을 하고자 한다.

그러면, 이러한 내용의 품질보장에 따른 보상액은 어느 정도나 될까를 생각해 보아야 할 것이다. 이 문제는 결국 수명시간이 750시간 이하일 확률을 구하는 문제이므로,

$$P(X < 750) = P\left(\frac{X-1,000}{100} < \frac{750-1,000}{100}\right) = P(Z < -2.50)$$

이다. 표준화 정규분포는 0을 기준으로 좌우대칭이므로 $P(Z<-2.50)$ $=P(Z>2.50)$이고 표준화 정규분포표에서 $P(0<Z<2.50)=0.4938$ 이므로

$$P(Z > 2.50) = 0.5 - P(0 < Z < 2.50) = 0.5 - 0.4938 = 0.0062$$

이다. 따라서, 10,000대를 판매할 경우 62대에 대해 보상해 주어야 하는데, 보상액과 품질보증에 따른 판매증가액을 검토하여야 할 것이다. 물론, 보장기간을 750시간으로 할 것인지 더 연장을 해야 하는지의 여부도 결정할 수 있을 것이다.

2.7 결합분포와 상관계수

앞에서는 이산형 확률분포와 연속형 확률분포 각각의 대표적인 분포인 베르누이분포와 정규분포를 설명하였다. 여기서는, 어떤 두 가지 변수의 분포를 고려해 보기로 하자.

즉, 키와 몸무게, 수입과 지출, 직원의 수와 내방객의 수 등과 같이 두 개의 변수가 있을 경우, 각각 X, Y라 표현하면 (X, Y)의 분포가 되며 이를 $f_{XY}(x, y)$로 표시할 수 있다. 예로써, A부서와 B부서의 결근자의 수를 각각 X, Y라 할 경우, (X, Y)의 분포가 다음과 같이 얻어졌다고 하자.

X \ Y	0	1	2	3	$f_X(x)$
0	0.05	0.05	0.10	0.00	0.2
1	0.05	0.10	0.25	0.10	0.5
2	0.00	0.15	0.10	0.05	0.3
$f_Y(y)$	0.1	0.3	0.45	0.15	1.0

결합확률분포   앞의 예에서 설명한 이와 같은 $f_{XY}(x, y)$를 X와 Y의 **결합확률분포** (joint probability distribution)라 부른다. 물론, A부서와 B부서 모두 결근자가 없을 확률은 $P(X = 0, Y = 0) = 0.05$, $\cdots$, A부서에 결근자가 2명, B부서에는 3명일 확률은 $P(X = 2, Y = 3) = 0.05$이다.

한계확률분포   그리고 X만의 분포는 $f_X(x)$, Y만의 분포는 $f_Y(y)$이며 각각 **한계** (marginal)**확률분포**라 부른다. 즉,

X	0	1	2
$f_X(x)$	0.2	0.5	0.3

Y	0	1	2	3
$f_Y(y)$	0.1	0.3	0.45	0.15

이며, 위의 표에서 보는 바와 같이 $f_{XY}(x, y)$의 표의 주변에 나타내게 된다.

조건확률분포   또한, X가 주어졌을 경우 Y의 분포를 **조건**(conditional)**확률분포**라 부른다. 예를 들면, A부서의 결근자(X)가 1명으로 주어졌을 경우 B부서의 결근자수(Y)에 대한 확률을 $P(Y \mid X = 1)$로 표현하면 Y가 취하는 값, {0, 1, 2, 3}에 대한 확률은 각각

$$P(Y=0 \mid X=1),\ P(Y=1 \mid X=1),\ P(Y=2 \mid X=1),\ P(Y=3 \mid X=1)$$

로 표현된다. 그러므로 $X=1$로 주어졌을 경우(조건) Y의 확률분포를 $f_{Y \mid X}(y \mid x=1)$로 표현하며, Y의 각 값 {0, 1, 2, 3}에 대한 확률을

$$f_{Y \mid X}(0 \mid x=1) \Longleftrightarrow P(Y=0 \mid X=1)$$
$$f_{Y \mid X}(1 \mid x=1) \Longleftrightarrow P(Y=1 \mid X=1)$$
$$f_{Y \mid X}(2 \mid x=1) \Longleftrightarrow P(Y=2 \mid X=1)$$
$$f_{Y \mid X}(3 \mid x=1) \Longleftrightarrow P(Y=3 \mid X=1)$$

로 표현하는 것이다. 물론, $f_{Y \mid X}(y \mid x=1)$를 $X=1$로 주어졌을 때 Y의 조건확률분포라 부르기 때문에 ($y=0,\ 1,\ 2,\ 3$)

$$f_{Y \mid X}(0 \mid x=1)+f_{Y \mid X}(1 \mid x=1)+f_{Y \mid X}(2 \mid x=1)+f_{Y \mid X}(3 \mid x=1)=1.0$$

이 된다. 주어진 A부서와 B부서 결근자수에 대한 결합확률분포값들로 위의 조건확률을 구해 보면

$$f_{Y \mid X}(0 \mid x=1)=0.1,\ \ f_{Y \mid X}(1 \mid x=1)=0.2,\ \ f_{Y \mid X}(2 \mid x=1)=0.5,$$
$$f_{Y \mid X}(3 \mid x=1)=0.2$$

이다.

       그리고 조건확률은 X 각각의 값이 주어졌을 때 Y의 분포, Y 각각

의 값이 주어졌을 때 X의 분포 모두가 가능하다. 즉,

$$f_{Y|X}(y|x=0), \quad f_{Y|X}(y|x=1), \quad f_{Y|X}(y|x=2)$$
$$f_{X|Y}(x|y=0), \quad f_{X|Y}(x|y=1), \quad f_{X|Y}(x|y=2), \quad f_{X|Y}(x|y=3)$$

의 조건확률분포가 가능하다.

물론, 어느 경우의 조건확률도 구할 수 있다. 예를 들면, $Y=2$일 때의 X의 조건확률은

X	0	1	2
$f_{X|Y}(x\|y=2)$	$\dfrac{0.10}{0.45}$	$\dfrac{0.25}{0.45}$	$\dfrac{0.10}{0.45}$

로 그 분포가 얻어진다.

앞의 표에 나타나 있는 $f_{XY}(x, y)$의 분포를 그래프로 나타내면, [그림 2-9]와 같다. 이 예는 X와 Y가 각각 이산형인 경우의 결합분포인데, X와 Y가 모두 정규분포하는 결합분포 $f_{XY}(x, y)$는 [그림 2-10]과 같은 모양이 될 것이다.

그림 2-9 $f_{XY}(x, y)$의 형태

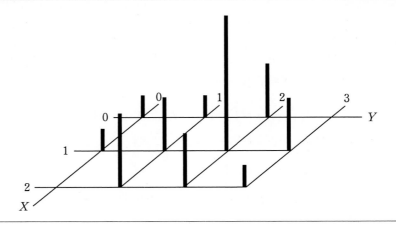

| 그림 2-10 | 두 변수가 정규분포를 하는 경우 |

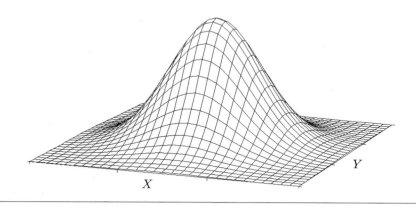

독립

여기서, 두 개의 확률변수가 있을 경우, 두 변수들의 **독립**에 대한 정의는 다음과 같다. 즉, X와 Y의 결합확률분포 $f_{XY}(x, y)$가 X의 한계확률분포 $f_X(x)$와 Y의 한계확률분포 $f_Y(y)$의 곱으로 표현될 때, X와 Y는 독립이고 그 역도 성립한다. 즉,

$$f_{XY}(x, y) = f_X(x)f_Y(y) \iff X와\ Y는\ 독립$$

이다.

그러나 실제로 두 변수 X와 Y가 연속적인 변수일 경우에는 (X, Y)의 결합분포를 찾는다는 것이 매우 어려울 뿐만 아니라 다루기도 쉽지 않다. 따라서 X와 Y를 적당한 구간으로 나누어 범주형 변수(등간변수)로 전환시킨 후 (X, Y)의 결합분포를 찾는 것이 바람직하다.

예를 들면, 성인 남자의 키(X)와 몸무게(Y)를 조사할 경우 X와 Y는 모두 연속형 변수이므로 연속형의 $f_{XY}(x, y)$가 존재하지만, X와 Y를 각각 구간으로 나누어 다음과 같은 표의 $f_{XY}(x, y)$를 얻는다는 것이다.

다시 말하면, 이 경우, X와 Y에 대해 연속형 자료로 얻어 필요한 분석을 할 수 있으나 (X, Y)의 분포형태를 파악하려면 다음의 표와 같이 얻어질 수 있고, 실제로 이와 같이 정리된 자료(분포)를 대상으로 분석하

는 것이 효과적인 경우가 많다.

X \ Y	~45	46~65	66~85	86~105	106~
~165	0.08	0.04	0.02	0.00	0.00
166~170	0.02	0.06	0.08	0.01	0.00
171~175	0.01	0.08	0.12	0.02	0.01
176~180	0.00	0.02	0.13	0.05	0.03
181~185	0.00	0.00	0.04	0.06	0.06
186~	0.00	0.00	0.01	0.02	0.03

상관계수
공분산

확률변수가 2개 이상일 경우에는 변수들간의 **상관계수**(correlation coefficient)를 정의하게 된다. 상관계수를 정의하기에 앞서, X와 Y의 공분산(covariance)이라는 것을 알아야 하는데, 공분산이란 X의 편차들과 Y의 편차들을 서로 곱한 것들에 대한 평균(기대값)이다. 즉,

$$Cov(X, Y) = E[(X - \mu_X)(Y - \mu_Y)] \tag{2-8}$$
$$= \sum_i \sum_j (x_i - \mu_X)(y_j - \mu_Y) f_{XY}(x, y)$$

로 정의된다. 그러므로 공분산으로 X와 Y의 관계, 즉 X가 커질 때 Y가 커지는지($+$관계) Y가 작아지는지($-$관계)와 그 정도를 알 수가 있다. 그러나 공분산은 X의 측정단위와 Y의 측정단위가 곱해진 단위를 갖게 되고, X나 Y의 측정단위 크기에 따라 공분산의 크기가 달라진다. 간단한 예로써, X＝작업시간, Y＝월급여라고 하고 다음과 같은 X와 Y의 결합확률분포가 주어졌다고 하자.

(단위: $X=1$시간, $Y=$만원)

X \ Y	100	200
2	0.3	0.1
4	0.1	0.5

$E(X) = \mu_X = 3.2$
$E(Y) = \mu_Y = 160$

그러면, 공분산은

$$Cov(X, Y) = E[(X - \mu_X)(Y - \mu_Y)]$$
$$= (2 - 3.2)(100 - 160)(0.3) + (2 - 3.2)(200 - 160)(0.1)$$
$$+ (4 - 3.2)(100 - 160)(0.1) + (4 - 3.2)(200 - 160)(0.5)$$
$$= 28.0 \quad (1시간 \times 만원)$$

로 얻어지고 그 단위는 (1시간×만원)이 된다. 그러나 만일 Y의 단위를 1,000원으로 하게 되면, 똑같은 결합확률분포에 대해 공분산은 280(1시간 ×천원)으로 계산된다는 것이다.

(단위: X=1시간, Y=천원)

X \\ Y	1,000	2,000
2	0.3	0.1
4	0.1	0.5

$E(X) = \mu_X = 3.2$
$E(Y) = \mu_Y = 1,600$

따라서, 얻어진 공분산의 크기만으로는 X와 Y의 관계가 어느 정도 인지는 가늠할 수가 없다. 그러므로 공분산의 단위를 제거하여 **상관계수**를 정의하는 것이다. **상관계수**는 공분산을 X와 Y 각각의 표준편차로 나눈 것이다. 즉, 상관계수를

상관계수

$$\rho = Corr(X, Y) = \frac{Cov(X, Y)}{\sqrt{Var(X)} \sqrt{Var(Y)}} \tag{2-9}$$

로 정의한다. 그러면, 공분산의 단위가 X의 표준편차 단위와 Y의 표준 편차 단위로 상쇄되어 상관계수(ρ: rho로 읽음)는 단위가 없는(unitless) 값 으로 얻어지며

$$-1 \leq \rho \leq 1$$

이다.

따라서, 단위를 갖지 않는 상관계수로써 두 변수 간의 관련정도를 계산하는 것이다.

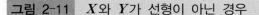
그림 2-11 X와 Y가 선형이 아닌 경우

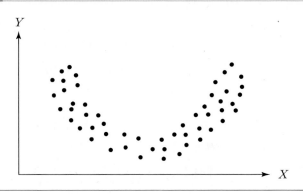

피어슨
상관계수

그러나 여기서 정의한 상관계수(일반적으로 피어슨(Pearson)의 상관계수라고도 한다)란 X와 Y가 연속형 변수이면서 선형의 관계에 있을 경우에 유용하다. X와 Y가 연속형 변수가 아닌 경우에는 분류된 자료(제 6 장 참조)에서 관련도(measure of association)나 비모수적 방법으로 상관관계를 찾을 수 있을 것이다.

또, X, Y가 [그림 2-11]과 같이 선형의 관계가 아닌 경우, 상관계수 값은 0에 가까운 값으로 얻어지지만 X^2과 Y 간에는 상당히 높은 상관계수가 존재하게 된다.

상관계수에 영향을 미치는 요인은 크게 두가지로 나누어 볼 수 있다. 즉, 자료의 범위를 제한할 경우와 집단들을 어떻게 결합시키는 가에 따라 상관계수의 값은 매우 다르게 얻어질 수 있음을 유의해야 한다.

예를 들어, 전국 고등학교 학생들의 수능시험성적과 IQ에 대한 상관계수를 얻어보면 그 값이 크게 나타나지만(예, $r=0.8$), 수능시험성적이 320점 이상인 학생들만을 대상으로 수능시험성적과 IQ에 대한 상관계수를 얻으면 그 값이 작게(예, $r=0.2$) 나타날 것이다.

[그림 2-12]에는 두 가지 경우의 산포도가 나타나 있는데, 자료의 범위를 제한할 경우 상관계수가 낮게 얻어지는 것이 일반적 현상이다.

또한, 두 변수간의 상관계수는 어떤 집단을 대상으로 얻을 것인가에

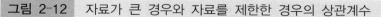
그림 2-12   자료가 큰 경우와 자료를 제한한 경우의 상관계수

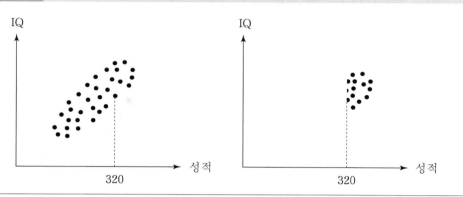

따라 큰 차이를 보일 수도 있다. 예를 들면, 전체 표본을 남자와 여자로 나눈 경우, 남자와 여자 각 집단에서는 뚜렷한 상관관계를 보이고 있지만, 전체 표본에 대한 상관계수는 매우 낮은 결과를 얻을 수 있다는 것이다.

[그림 2-13]은 수학(X)과 영어(Y)의 점수간에 얻어진 산포도이다. 남자의 경우 X와 Y는 비교적 높은 양(+)의 상관관계를 보이고 있으며, 여학생들은 비교적 높은 음(−)의 상관관계에 있다. 그러나 남녀를 모두 합하여 전체 학생들의 수학과 영어성적은 거의 상관이 없는 것으로 얻어질 수 있다는 것이다. 이 예는 전체 학생들을 대상으로 얻어진 낮은 상관

그림 2-13   수학(X)과 영어(Y)의 점수간에 얻어진 산포도

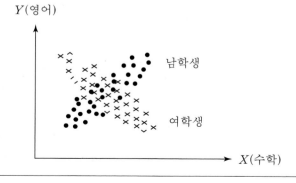

그림 2-14   집단들을 결합할 경우의 여러 가지 형태

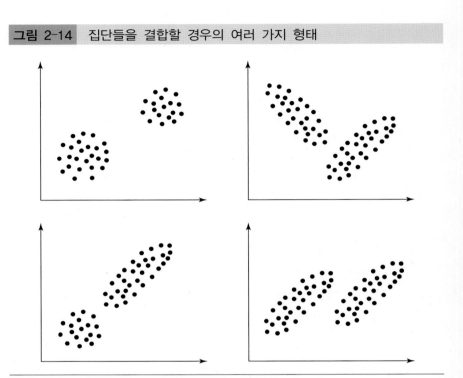

계수 때문에 수학과 영어성적 간에는 상관이 없다는 결론을 내린다면 매우 위험하다는 것을 보여주고 있다. 따라서, 남학생과 여학생 그룹으로 나누어 상관관계를 설명하는 것이 바람직한 결과가 될 것이다.

이와 같은 극단적인 경우 이외에도 [그림 2-14]와 같이 집단별 상관계수와 집단들을 결합한 경우의 상관계수간의 비교를 고려해 보아야 할 경우도 있을 것이다.

피어슨의 상관계수는 연속적인 변수들에 대한 직선적 상관관계를 구하는 데 적절하다고 하였다. 그러나 뒤에서 다루게 되는 가변수(dummy variable) 형태의 자료들에 대해서는 어떤 방법으로 상관관계를 측정할 수 있는가?

화이계수(phi coefficient)는 두 개의 변수 X와 Y가 각각 두 가지로 분류되어 있는 경우, X와 Y의 상관계수를 얻는 데 사용된다. 예를 들어,

성별(X)과 합격 여부(Y) 간의 상관계수를 얻기 위하여 다음과 같이 자료가 얻어졌다고 하자.

X \ Y	0(불합격)	1(합격)
0(여자)	8	4
1(남자)	12	16

이 자료에 대해 X와 Y의 상관계수를 얻는다면, 다음과 같이 정의되는 화이계수를 이용해야 하는데, 화이계수는

$$\phi = \frac{P_C - P_X P_Y}{\sqrt{P_X(1-P_X)P_Y(1-P_Y)}}$$

로 계산된다.

여기서,

$$P_C = (X=1,\ Y=1)인\ 사람의\ 비율$$
$$P_X = (X=1)인\ 사람의\ 비율$$
$$P_Y = (Y=1)인\ 사람의\ 비율$$

이다. 따라서 위의 자료에 대한 화이계수는

$$\phi = \frac{\dfrac{16}{40} - \left(\dfrac{28}{40}\right)\left(\dfrac{20}{40}\right)}{\sqrt{\left(\dfrac{28}{40}\right)\left(1-\dfrac{28}{40}\right)\left(\dfrac{20}{40}\right)\left(1-\dfrac{20}{40}\right)}} = 0.22$$

이다.

2.8 기대값과 분산의 응용

여기서는 기대값(expectation)에 관한 응용 및 연산관계를 설명하기로 한다. 확률변수 X가 이산형인 경우, 즉 X가 $\{x_1, x_2, \cdots, x_p\}$ 중에서의 어떤 값을 취할 경우에 대한 설명을 하기로 한다. 다시 말하면, 확률변수 X가 x_1일 확률을 $f_X(x_1)$, x_2일 확률은 $f_X(x_2)$, $\cdots$ 등일 경우에 대해 기대값에 관련된 여러 가지 형태를 살펴본다.

X	x_1	x_2	$\cdots$	x_p
$f_X(x)$	$f_X(x_1)$	$f_X(x_2)$	$\cdots$	$f_X(x_p)$

(1) 확률변수 X가 x_i를 취할 확률이 $f_X(x_i)$, $i=1, \cdots, p$일 때 X의 기대값은 다음과 같이 정의된다.

$$E(X) = \sum_{i=1}^{p} x_i f_X(x_i) = \mu_X$$

(2) 상수 c의 기대값은 c이다.

$$E(c) = \sum_{i=1}^{p} c f_X(x_i) = c \sum_{i=1}^{p} f_X(x_i) = c \times 1 = c$$

(3) 확률변수 X에 a를 곱한 것의 기대값은 X의 기대값에 a를 곱한 것과 같다.

$$E(aX) = \sum_{i=1}^{p} a x_i f_X(x_i) = a \sum_{i=1}^{p} x_i f_X(x_i) = aE(X) = a\mu_X$$

(4) 확률변수 X에 a를 곱하여 b를 더한 것의 기대값은 X의 기대값에 a를 곱하여 b를 더한 것과 같다.

$$E(aX+b) = \sum_{i=1}^{p} (ax_i + b)f_X(x_i) = \sum_{i=1}^{p} (ax_i f_X(x_i) + bf_X(x_i))$$

$$= \sum_{i=1}^{p} ax_i f_X(x_i) + \sum_{i=1}^{p} bf_X(x_i))$$

$$= a \sum_{i=1}^{p} x_i f_X(x_i) + b \sum_{i=1}^{p} f_X(x_i)) = aE(X) + b$$

(5) 확률변수 X의 분산은 다음과 같이 정의된다.

$$Var(X) = E[(X-\mu_X)^2] = \sum_{i=1}^{p} (x_i - \mu_X)^2 f_X(x_i) = \sigma_X^2$$

(6) 확률변수 X의 분산은 X^2의 기대값에서 X의 기대값 제곱을 뺀 것과 같다.

$$Var(X) = E[(X-\mu_X)^2] = E[X^2 - 2X\mu_X + (\mu_X)^2]$$

$$= E(X^2) - E[2X\mu_X] + E(\mu_X^2)$$

$$= E(X^2) - 2\mu_X E(X) + \mu_X^2 = E(X^2) - \mu_X^2$$

(7) 상수 c의 분산은 0이다.

$$Var(c) = E[(c-E(c))^2] = E[(c-c)^2] = 0$$

(8) 확률변수 X에 a를 곱하여 b를 더한 것의 분산은 X의 분산에 a^2를 곱한 것과 같다.

$$Var(aX+b) = E[(aX+b) - E(aX+b)^2]$$

$$= E[aX+b - (aE(X)+b)^2]$$

$$= E[aX+b - a\mu_X - b^2] = E[a(X-\mu_X)^2]$$

$$= a^2 E[(X-\mu_X)^2] = a^2 Var(X) = a^2 \sigma_X^2$$

이제는 두 개의 확률변수 X와 Y에 대한 확률분포가 주어졌을 경우를 생각해 보자. 다만, X가 $\{x_1, x_2, \cdots, x_p\}$의 값을 취하고, Y가 $\{y_1, y_2,$

···, y_q }의 값을 취하는 이산형인 경우로 한정하여, X와 Y에 대한 기대값과 공분산, 분산 등에 대해 알아보기로 한다. X와 Y가 연속적인 확률변수일 경우에는 적분을 해야 하기 때문에 여기서는 X와 Y가 이산형인 경우로 국한한 것이다. 즉, X와 Y의 결합분포 $f(x_i, y_j)$, $i = 1,$ ···, p, $j = 1,$ ···, q가 다음과 같이 표현되는 경우이다.

X \\ Y	y_1	y_2	···	y_q	$f_X(x)$
x_1	$f(x_1, y_1)$	$f(x_1, y_2)$	···	$f(x_1, y_q)$	$f_X(x_1)$
x_2	$f(x_2, y_1)$	$f(x_2, y_2)$	···	$f(x_2, y_q)$	$f_X(x_2)$
⋮	⋮	⋮		⋮	⋮
x_p	$f(x_p, y_1)$	$f(x_p, y_2)$	···	$f(x_p, y_q)$	$f_X(x_p)$
$f_Y(y)$	$f_Y(y_1)$	$f_Y(y_2)$	···	$f_Y(y_q)$	1.0

(1) 확률변수 X와 Y의 합에 대한 기대값은 각각의 기대값 합과 같다.

$$
\begin{aligned}
E(X+Y) &= \sum_i \sum_j (x_i + y_j) f(x_i, y_j) \\
&= \sum_i \sum_j x_i f(x_i, y_j) + \sum_i \sum_j y_j f(x_i, y_j) \\
&= \sum_i x_i \sum_j f(x_i, y_j) + \sum_j y_i \sum_i f(x_i, y_j) \\
&= \sum_i x_i f(x_i) + \sum_j y_i f(y_j) \\
&= E(X) + E(Y) \\
&= \mu_X + \mu_Y
\end{aligned}
$$

(2) 확률변수 X에 a를 곱한 것과 확률변수 Y에 b를 곱한 것의 합에 대한 기대값은 X의 기대값에 a를 곱한 것과 Y의 기대값에 b를 곱한 것의 합과 같다.

$$
\begin{aligned}
E(aX + bY) &= E(aX) + E(bY) \\
&= aE(X) + bE(Y)
\end{aligned}
$$

$$= a\mu_X + b\mu_Y$$

(3) 확률변수 X와 Y의 공분산은 다음과 같이 정의된다.

$$Cov(X,\ Y) = E[(X-\mu_X)(Y-\mu_Y)] = \sigma_{XY}$$

(4) 공분산은 다음과 같은 식으로 정의될 수도 있다.

$$
\begin{aligned}
Cov(X,\ Y) &= E[(X-\mu_X)(Y-\mu_Y)] \\
&= E[XY - \mu_Y X - \mu_X Y + \mu_X \mu_Y] \\
&= E(XY) - \mu_Y E(X) - \mu_X E(Y) + \mu_X \mu_Y \\
&= E(XY) - \mu_X \mu_Y = E(XY) - E(X)E(Y)
\end{aligned}
$$

(5) 확률변수 X에 a를 곱한 것과 확률변수 Y에 b를 곱한 것의 공분산은 두 변수 X와 Y의 공분산에 ab를 곱한 것과 같다.

$$
\begin{aligned}
Cov(aX,\ bY) &= E[(aX - a\mu_X)(bY - b\mu_Y)] \\
&= E[a(X-\mu_X)b(Y-\mu_Y)] \\
&= ab E[(X-\mu_X)(Y-\mu_Y)] \\
&= ab\ Cov(X,\ Y)
\end{aligned}
$$

(6) 확률변수 X와 확률변수 Y의 합에 대한 분산은 각 확률변수의 분산의 합과 두 확률변수의 공분산에 2를 곱한 것의 합과 같다.

$$
\begin{aligned}
Var(X+Y) &= E[\{(X+Y) - E(X+Y)\}^2] \\
&= E[\{X - E(X) + Y - E(Y)\}^2] \\
&= E[\{X - E(X)\}^2 + \{Y - E(Y)\}^2 + 2\{X - E(X)\}\{Y - E(Y)\}] \\
&= E[(X-\mu_X)^2] + E[(Y-\mu_Y)^2] + 2E[(X-\mu_X)(Y-\mu_Y)] \\
&= Var(X) + Var(Y) + 2\ Cov(X,\ Y)
\end{aligned}
$$

Note 확률변수 X와 확률변수 Y가 독립이면 두 변수의 공분산은 0이다. 따라서, X와 Y가 독립일 경우

$$Var(X+Y) = Var(X) + Var(Y)$$

이다. 그러나 공분산이 0이라고 해서 X와 Y가 독립인 것은 아니다.

(7) 확률변수 $(aX+bY)$에 대한 분산은 다음과 같다.

$$Var(aX+bY) = a^2 Var(X) + b^2 Var(Y) + 2ab\, Cov(X,\ Y)$$

(8) 확률변수 $(aX+bY+cZ)$에 대한 분산은 다음과 같다.

$$Var(aX+bY+cZ)$$
$$= a^2 Var(X) + b^2 Var(Y) + c^2 Var(Z)$$
$$+ 2ab\, Cov(X,\ Y) + 2ac\, Cov(X,\ Z) + 2bc\, Cov(Y,\ Z)$$

이 절에서 다룬 것들은 다양한 경우에 대해 기대값의 개념을 응용한 것들이다. 통계학의 고급과정, 재무관리, 신용분석 등의 내용을 이해하기 위해 필요한 개념들이기 때문에 여기서 소개한 것이다.

제2장 | 연·습·문·제

EXERCISES

1. 동전을 두 번 던진다고 하자.
   (a) 표본공간을 구하라.
   (b) 앞면이 한번인 경우의 사상(E)을 구하라.
   (c) $P(E)$는 얼마인가?
   (d) 앞면이 두번인 경우의 사상(F)을 구하라.
   (e) 첫번째 앞면이 나왔을 경우, 두번째도 앞면이 나올 확률을 조건확률로 표현하고, 그 값은 얼마인가?

2. 박스에 25개의 전구가 있다. 그 중에서 5개는 적어도 30일 동안 고장이 나지 않는 정품이고, 10개는 하루 밖에 작동이 되지 않으며, 나머지 10개는 불량품이어서 불이 켜지지 않는다고 하자. 임의로 하나의 전구를 꺼냈을 때, 그 전구는 불이 켜졌고 1주일 동안 사용할 수 있는 확률을 구하라.

3. X의 확률분포가 다음과 같다.

X	1	2	4	6	12
$f_X(x)$	0.08	0.27	0.10	0.33	0.22

   (a) 막대그래프를 그려라.
   (b) $E(X)$를 구하라.
   (c) $P\{2 \leq X \leq 7\}$을 구하라.

4. 다음 확률분포에 대하여 물음에 답하라.

X	0	1	2	3
$f_X(x)$	0.3	0.4	0.2	0.1

(a) $P\{X \geq 2\}$와 $P\{0 < X \leq 2\}$를 구하라.

(b) $E(X)$, $Var(X)$를 구하라.

5. X와 Y의 결합확률분포가 다음과 같다.

X＼Y	0	1	2
0	0.1	0.3	0.05
1	0.2	0.25	0.1

(a) $P\{X = Y\}$, $P\{X > Y\}$의 값들을 구하라.

(b) $X + Y$의 분포는?

(c) $E(X)$, $E(Y)$, $Var(X)$, $Var(Y)$를 구하라.

(d) $Cov(X, Y)$, $Corr(X, Y)$를 구하라.

(e) $2X + Y$의 분포를 구하라.

(f) $E(2X + Y)$, $Var(2X + Y)$를 구하라.

6. 확률변수 X의 확률분포는

$$f_x(x) = kx, \quad 0 \leq x \leq 6$$

(a) k를 구하라.

(b) $E(X)$를 구하라.

(c) $Var(X)$를 구하라.

7. 표준화 정규분포에서 다음의 값을 구하라.

(a) $P(-1.23 < Z < 0.53)$

(b) $P(0.46 < Z < 2.31)$

(c) $P(Z > 1.28)$

8. 300명 여성들의 키에 대한 자료는 평균 160cm, 표준편차 5cm의 정규분포를 한다고 한다.

(a) 162cm보다 크고 172cm보다 작은 여성은 몇 명인가?

(b) 몇 cm 이하의 여성들이 30%에 해당하는가?

9. 김철수의 네 차례에 걸친 시험성적은 다음과 같다.
(시험성적은 정규분포한다)

시 험	김철수 성적	전체 학생들의 성적	전체 학생들의 표준편차
1차	86	85	5
2차	90	85	10
3차	60	55	5
4차	74	72	5

(a) 김철수의 평균성적은?

(b) 교수는 학생들의 시험성적을 각각 표준화시켜서 평균을 한 후, 평균 78, 표준편차 6으로 최종점수를 내리려고 한다. 이 경우, 김철수의 최종성적은?

(c) 위의 두 가지 방법 중에서 보다 좋은 평가방법은 무엇인가? 그 이유는?

10. X의 확률분포가 다음과 같다고 하자.

$$f_X(x) = \binom{3}{x}\left(\frac{2}{3}\right)^x\left(\frac{1}{3}\right)^{3-x}, \ x = 0, \ 1, \ 2, \ 3$$

여기서, $\binom{3}{x} = {}_3C_x = \dfrac{3!}{x!\,(3-x)!}$ 로 계산한다. 예를 들면,

$\binom{3}{1} = {}_3C_1 = \dfrac{3!}{1!\,2!} = \dfrac{3\times2\times1}{1\times2\times1} = 3$이다.

(a) $E(X)$를 구하라.

(b) $Var(X)$을 구하라

(c) X의 표준화 변수, Z에 대한 확률분포를 구하라.

11. 본문에서 X와 Y의 공분산은

$$Cov(X, Y) = E[(X-\mu_X)(Y-\mu_Y)]$$

로 정의하였다. 이제, X와 Y의 표본(관찰값)이 주어졌을 때 X와 Y의 공분산은

$$\frac{\sum_{i=1}^{n}(x_i-\bar{x})(y_i-\bar{y})}{n-1}$$

로 계산된다. 따라서, 상관계수(r)는

$$r_{XY}=\frac{\sum(x_i-\bar{x})(y_i-\bar{y})}{\sqrt{\sum(x_i-\bar{x})^2}\sqrt{\sum(y_i-\bar{y})^2}}$$

이다.

제 1 장의 연습문제 [7]번 문제에 나와 있는 밀수액(X)과 구금자수(Y)의 자료에 대한 상관계수를 구하라.

12. 다음은 세 가지 증권, A, B, C의 기대수익률과 분산 및 공분산 자료이다.

증권	A	B	C
기대수익률	6%	8%	12%

[분산-공분산(단위: %^{2})]

	A	B	C
A	$\sigma_A^2=500$	$\sigma_{AB}=100$	$\sigma_{AC}=100$
B	$\sigma_{BA}=100$	$\sigma_B^2=700$	$\sigma_{BC}=200$
C	$\sigma_{CA}=100$	$\sigma_{CB}=200$	$\sigma_C^2=200$

(a) 세 가지 증권을 20%, 30%, 50%로 투자하려고 한다. 이 경우, 기대수익률을 구하라.

(b) 이 포트폴리오($A=20\%$, $B=30\%$, $C=50\%$)의 위험(분산)을 구하라.

제 **3** 장 표본에 대한 설명과 이해

앞에서 살펴본 확률분포는 얻고자 하는 자료(X)의 모집단 전체에 대한 분포로서 이론적인 분포이다. 현실적으로 모집단 전체를 조사할 수는 없는 것으로 간주하기 때문에 모집단 전체는 미지의 집단이고 따라서 이론적으로 설명할 수밖에 없다. 그러므로 실제로 자료를 얻는 과정이나 방법에 대해 보다 이론적인 체계를 이해할 필요가 있다.

3.1 표본

표본

　　표본이란 이론적으로 설명할 수밖에 없는 모집단의 일부로서 모집단으로부터 실제로 얻어 낸 구체적인 자료들을 말한다. 즉, 20세 성인의 월소비액(X)으로 정의된 모집단으로부터 1,000개의 구체적인 자료를 얻었다면 이를 표본이라고 한다. 다시 말하면 표본은 변수 X의 1,000개 관찰값들을 말하며

$$\{x_1, x_2, \cdots, x_{1,000}\}$$

로 표현한다.

변수로서의
표본

　　그러나 통계학의 이론 전개과정을 이해하기 위해서는 표본을 구체적인 관찰값들로서뿐만 아니라, **변수로서의 표본**을 이해할 필요가 있다. 이제, 크기 n의 표본을

$$\{X_1, X_2, \cdots, X_n\}$$

이라고 표현해 보자. 변수로서의 표본이란 구체적인 값들을 얻기 이전의 표본에 대한 이론적 정의이다. 즉, X_1은 첫 번째 얻어질 어떤 값, X_2는 두 번째 얻어질 어떤 값, $\cdots$, X_n은 n번째 얻어질 어떤 값을 나타내고 있다. 이를테면 실제로 얻어진 표본 $\{x_1, x_2, \cdots, x_n\}$은 이론적인 표본 $\{X_1,$

표본의
두 가지 표현

$X_2, \cdots, X_n\}$의 구현된(realized) 값들일 뿐이다. 우리는 물론 두 가지 표현 모두를 표본이라고 한다.

　　앞에서 언급한 대로 확률변수는 확률분포를 한다. 그러므로 표본 $\{X_1, X_2, \cdots, X_n\}$에서 각각의 X_i들은 확률변수이고 확률분포를 하는데 바로 모집단(확률변수 X)의 분포와 같은 분포를 하게 된다. 즉,

$$X_1, X_2, \cdots, X_n \sim i.i.d.\ f_X(x) \tag{3-1}$$

그림 3-1 모집단과 표본

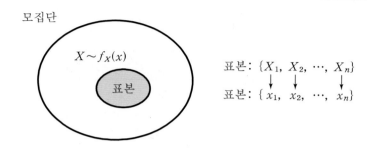

똑같이 독립적
으로 분포한다

이다. 여기서 *i.i.d.*는 **똑같이 독립적으로 분포한다**(identically independently distributed)의 약자이다. 따라서, X들의 하첨자들은 표본을 나타내기 위한 부호일 뿐 아무 의미가 없다고 생각하면 된다. 다시 말하면, 똑같이 분포한다는 것은 표본을

$$\underbrace{\{X, X, \cdots, X\}}_{n개}$$

로 표현할 수도 있다는 것이다. 그러나 이보다는 $\{X_1, X_2, \cdots, X_n\}$으로 간결하게 표현하는 것으로 이해하기 바란다.

　예를 들어, 수능시험을 치른 50만 명 학생들의 성적(X: 모집단)분포는 평균 μ, 분산 σ^2의 정규분포를 한다고 하자. 그러면, 모집단을 구성하고 있는 X의 값들이 50만 개 존재한다는 것이고 몇 점씩인지는 모르는 상태이다. 이때 [그림 3-1]과 같이 n개의 표본을 얻을 경우, $\{X_1, X_2, \cdots, X_n\}$으로 표현할 수 있는데, 50만 개의 X 중에서 n개의 X를 얻는다는 의미이다. 따라서 $\{X_1, X_2, \cdots, X_n\}$ 모두 평균이 μ이고 분산이 σ^2인 정규분포를 한다고 하는 것이다. 물론 X들끼리는 서로 독립이다. 여기서

독립

(이론적으로 복잡하게 표현되지만) **독립**이라는 것은 표본들끼리 서로 영향을 미치지 않는다는 뜻으로 이해하자(제 2 장 제 7 절 참조).

그림 3-2	변수로서의 표본과 관찰값으로서의 표본

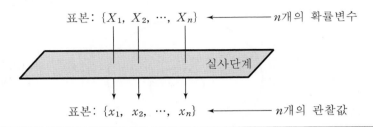

확률변수들로서의 표본을 이해하는 것은 매우 중요한 일이다. 왜냐하면, 앞으로의 통계이론 전개가 모두 표본으로부터 시작되기 때문이다. 그리고 모집단과 확률변수, 표본의 관계가 확실해야만 통계분석기법들의 내용과 그 결과물을 확실하게 이해할 수 있기 때문이다. 다시 한번 강조하면 [그림 3-2]와 같은 과정으로 이론적인 변수들로서의 표본이 실제로 자료를 얻는 과정을 거쳐 구체적으로 컴퓨터에 입력하게 되는 n개의 표본값, $\{x_1, x_2, \cdots, x_n\}$들로 얻어진다는 것이다.

여기서, 다시 한번 변수로서의 표본을 설명해 보자. 직장인들은 현금을 얼마나 지니고 다니는가를 알아보려고 한다. 그러면,

$$X = 직장인의\ 소지금액$$

이 정의될 수 있고, 직장인 전체(모집단)를 대상으로 일정한 크기의 표본을 얻고자 할 것이다. 그리고 그 표본은

$$\{X_1, X_2, \cdots, X_n\}$$

으로 표현할 수 있는데, X_1은 첫 번째 (표본)대상인 직장인의 소지금액, X_2는 두 번째 대상인 직장인의 소지금액 등을 나타낸다고 이해하면 된다. 이렇게 소지금액을 확률변수로 표시하는 것이 하나도 이상한 일이 아니다. 「나도 현재 얼마나 소지하고 있는지 모른다」는 관점에서 직장인 개개인의 소지금액은 변수(X_i)이기 때문이다. 물론, 길거리(현장)에 나가

직장인을 붙잡고 물어보아 얻어진 소지금액(데이터)들로, 실제로 n크기의 표본 $\{x_1, x_2, \cdots, x_n\}$을 얻게 되는 것이다.

3.2 통계량

흔히들 어떤 수치를 통계라고 한다. 이를테면, 전 세계의 연도별 사망자수 통계, 통화량 통계, 자동차 통계 등등 통계라고 표현하는 것의 정확한 용어는 **통계량**(statistic)이다. 통계량이란 표본으로부터 얻어진 어떤 것으로 정의된다. 즉, $\{X_1, X_2, \cdots, X_n\}$ 또는 $\{x_1, x_2, \cdots, x_n\}$으로부터 얻어진 결과를 통계량이라고 한다.

통계량

예를 들면, $\overline{X}, \overline{x}, S^2, s^2, X_1, (x_1 + x_2)/2, \cdots$ 등 통계량의 형태는 무수히 많다. 여기서 중요한 것은 확률변수 형태의 표본, $\{X_1, X_2, \cdots, X_n\}$으로부터 얻어진 통계량은 하나의 또 다른 확률변수로서 어떤 분포를 한다는 것이다. 즉, 앞의 예 중에서 $\overline{X}, S^2, X_1$은 어떤 분포를 한다는 점이다.

확률변수로서의
통계량은 분포
를 갖는다

이제, 모집단과 표본의 관계로부터 통계량을 이해해 보자. 모집단의 크기가 N이라고 한다면 표본의 크기 n은 N에 비해 훨씬 작은 값일 것이다. 표본은 모집단으로부터 얻어지는 것임은 물론이다. 그러면, 통계량은 어떤 목적으로 얻는 것일까? 모집단에 대해 알고자 하는 어떤 값을 **파라미터**(parameter)라고 하는데, 파라미터 값을 직접적으로 알 수는 없으므로 표본으로부터 얻어진 값, 통계량으로써 파라미터를 알아내자는 것이다. 이와 같은 과정을 추정이라고 하는데 뒤(제 4 장)에서 다루게 될 것이다.

파라미터

파라미터 중에서도 가장 중요한 것은 역시 평균이다. 즉, 모집단(X)

> **그림 3-3** 파라미터와 통계량

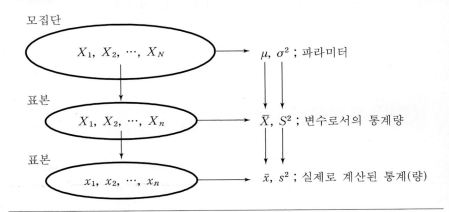

의 무수히 많은 값들을 대표하는 하나의 값으로 평균이라는 개념을 사용하기 때문에 평균으로써 그 모집단의 특성을 한마디로 표현하고자 하는 경우가 많다.

수많은 대학생들의 등록금 인상액 평균, 서울시 세대별 전력사용량 평균, 어느 건설회사의 월평균 사고건수, 수많은 고객들의 만족도 등등 우리가 알고자 하는 것은 평균이라는 파라미터인 경우가 허다하다.

그러면, 모집단의 평균을 알아보고자 할 경우, 우리는 어떻게 할 것인가? 당연히 모집단으로부터 표본을 얻고 표본의 평균을 구함으로써 모집단의 평균에 관한 궁금증을 해결할 수 있을 것이다.

[그림 3-3]은 모집단과 파라미터, 이에 대응되는 표본과 통계량의 관계를 나타내고 있다. 모집단의 크기가 N일 경우, 모집단으로부터 표본 크기 n의 표본을 얻어서 모집단에 대해 알고 싶은 파라미터 값들을 통계량으로써 추정하게 된다는 과정을 보여 주고 있다. 이에 대한 구체적인 설명은 제 4 장 추정에서 다루게 된다.

3.3 표본평균($\overline{X}$)의 분포

모집단으로부터 얻게 되는 표본의 평균은 표본이 어떻게 얻어졌느냐에 따라 그 표본평균값이 다르게 된다. 이를테면, 모집단이 1,000개의 개체로 구성되어 있을 경우, 1,000개 중에서 어떤 개체들이 선택되느냐에 따라 표본의 구성이 달라지므로 1,000개에서 100개를 고르는 경우의 수 ($_{1,000}C_{100}$), 즉 $_{1,000}C_{100} = 6.4E+139 = 6.4 \times 10^{139}$개나 되는 서로 다른 표본의 구성(조합)이 가능하다.

따라서, 이론상으로 6.4E+139개의 표본평균값들이 있을 수 있는데, 그 표본평균값들 중에는 같은 값도 있겠고 서로 다른 값들도 있을 것이다. 이렇게 표본평균값들이 여러 개 존재할 수 있으므로 표본평균값들의 분포가 있게 되고 이를 **표본평균의 분포**라 하는 것이다.

표본평균의 분포

예를 들어, {0, 1, 2, …, 14}의 값들을 갖고 있는 15개의 카드로 모집단이 구성되어 있다고 하자. 이 모집단으로부터 표본크기 $n=6$의 표본을 얻고자 할 때, 얻어질 수 있는 가능한 표본들의 수는 $_{15}C_6$, 즉, 5005개의 서로 다른 표본들이 있게 된다. 이를테면,

$$\{2, \ 4, \ 6, \ 8, \ 10, \ 12\} \quad \rightarrow \quad \overline{x} = 7$$
$$\{1, \ 4, \ 3, \ 7, \ 8, \ 13\} \quad \rightarrow \quad \overline{x} = 6$$
$$\vdots$$
$$\{14, \ 0, \ 7, \ 10, \ 9, \ 8\} \quad \rightarrow \quad \overline{x} = 8$$
$$\vdots$$

등의 서로 다른 표본들이 존재하므로 각 표본들에 대한 표본평균값들이 5,005개 얻어질 수 있다. 이들 5,005개의 표본평균값들은 가장 작은 값 ($\overline{x} = 2.5$, {0, 1, 2, 3, 4, 5})에서 가장 큰 값($\overline{x} = 11.5$, {9, 10, 11, 12, 13, 14}) 사이에 분포되어 있을 것이고 그 중에서는 같은 값들도 있을 것이다. 이들

표본평균의
표본분포

5,005개의 표본평균값들의 분포를 **표본평균의 표본분포**(sampling distribution of sample means)라고 하는데, 복잡한 용어이므로 간단히 표본평균의 분포 ($\overline{X}$의 분포)라고 부르기로 하자. 물론, 우리들은 실제에 있어 단 하나의 표본, $\{x_1, x_2, \cdots, x_n\}$과 그로부터 단 하나의 표본평균값 $\overline{x}$를 얻게 되는 것이다.

이와 같은 사실을 이론적으로 설명해 보면 다음과 같다. 이론적인 표본, $\{X_1, X_2, \cdots, X_n\}$은 n개의 확률변수로 구성되어 있다. 각각의 X_i는 모집단의 분포, 즉 $f_X(x)$의 확률분포를 한다고 하였다. 그러면, 표본평균 $\overline{X}$는

$$\overline{X} = \frac{X_1 + \cdots + X_n}{n}$$

$\overline{X}$의 평균과
분산

이므로 $\overline{X}$ 또한 확률변수이고 확률분포를 한다는 것이다. $\overline{X}$가 어떤 분포의 형태를 갖는가는 잠시 후에 알아보기로 하고, 먼저 확률변수 $\overline{X}$의 평균과 분산을 구해 보면 다음과 같다. 즉,

$$E(\overline{X}) = \mu \tag{3-2}$$

$$Var(\overline{X}) = \sigma_{\overline{X}}^2 = \frac{\sigma^2}{n} \tag{3-3}$$

이다.

이론적으로 생각해 볼 때, 모든 가능한 표본평균값들의 평균은 전체의 평균, 즉 모집단의 평균이 될 것은 당연한 결과이다. 또, 표본평균들의 분산은 모집단의 분산을 표본의 크기 n으로 나눈 것으로 얻어진다. 다음의 연산과정을 이해할 수 있다면([제 2 장 제 7 절 참고]) 통계학이론을 이해하는 데에 좋은 배경이 될 것이다.

$$E(\overline{X}) = E\left(\frac{X_1 + \cdots + X_n}{n}\right) = \frac{1}{n}E(X_1 + \cdots + X_n)$$

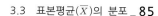
$$= \frac{1}{n}[E(X_1) + \cdots + E(X_n)]$$

$$= \frac{1}{n}[\mu + \cdots + \mu] = \mu \tag{3-4}$$

$$Var(\overline{X}) = E(\overline{X} - \mu)^2$$

$$= E\left[\frac{X_1 + \cdots + X_n - n\mu}{n}\right]^2$$

$$= \frac{1}{n^2}E[(X_1 - \mu) + \cdots + (X_n - \mu)]^2$$

$$= \frac{1}{n^2}E[(X_1 - \mu)^2 + \cdots + (X_n - \mu)]^2 + 2(X_1 - \mu)(X_2 - \mu)$$

$$+ \cdots + 2(X_{n-1} - \mu)(X_n - \mu)]$$

$$= \frac{1}{n^2}[E(X_1 - \mu)^2 + \cdots + E(X_n - \mu)^2 + 2E(X_1 - \mu)(X_2 - \mu)$$

$$+ \cdots + 2E(X_{n-1} - \mu)(X_n - \mu)]$$

$$= \frac{1}{n^2}(\sigma^2 + \cdots + \sigma^2 + 0 + \cdots + 0) = \frac{\sigma^2}{n} \tag{3-5}$$

그러면, $\overline{X}$는 어떤 분포의 형태를 갖는가? 이에 대한 해답은 다음의
중심극한정리   중심극한정리(Central Limit Theorem)가 해결해 준다.

[중심극한정리(Central Limit Theorem)**]**

> 모집단이 어떤 분포를 하더라도 표본의 크기가 충분히 클 경우, $\overline{X}$
> 는 정규분포한다고 할 수 있다.

여기서, 표본의 크기가 충분히 클 경우란 경험적으로 $n = 30$ 이상일
경우를 말한다. 그러므로 식 (3-2)와 식 (3-3)의 결과를 사용하여 중심극
한정리를 간단히 요약하면,

$$\overline{X} \sim N\left(\mu, \ \frac{\sigma^2}{n}\right)$$

으로 표현할 수 있고 ~은 근사적으로 분포한다는 부호이다.

중심극한정리는 표본평균의 분포를 정규분포로 취급해도 좋다는 가이드라인을 설정해 주는 중요한 정리이다. 왜냐하면, 모집단의 자료들이 (확률변수 X가) 어떤 분포를 하는지 모르더라도 표본평균 $\overline{X}$에 대한 분포가 정규분포한다고 할 수 있는 근거를 제공해 주기 때문이다. 그러나 표본의 크기가 작을 경우, 예를 들어 $n = 10$일 경우에 $\overline{X}$의 분포가 정규분포를 따른다고 하기에는 큰 무리가 될 수 있다. 그러므로 이런 경우에는 비모수적(nonparametric) 방법에 의해 자료를 분석하는 것이 현명하다. 물론 모집단이 정규분포하면 표본의 크기에 관계없이 $\overline{X}$는 정확하게 정규분포한다.

그러면, 여기서 표본크기가 30 이상일 때만 중심극한정리를 적용시킬 수 있는 것인가를 생각해 보자. 모집단이 정규분포한다면 표본크기가 5라 할지라도 표본평균 $\overline{X}$의 분포는 정규분포하기 때문에, 모집단이 정규분포와 비슷한 분포를 한다면 표본크기가 30보다 작을 경우라도 $\overline{X}$의 분포는 정규분포한다고 할 수 있을 것이다. 다만, 30이라는 기준은 통계학자들이 경험적으로 설정한 숫자일 뿐, 중심극한정리를 적용하는 데 절대적인 기준은 아니다.

여기서, 중심극한정리를 잘 보여주는 [그림 3-4]를 살펴보자. [그림 3-4]에는 3개의 서로 다른 모집단(또는 확률변수 X)이 있다. 예를 들어, 균등분포 (I) 첫 번째 모집단은 일정구간에서 균등하게 분포하는 균등분포(uniform dist.)인데 $n = 2$일 경우, $\overline{X}$는 삼각형분포를 하며 $n = 5$일 때는 완만한 정상의 산봉우리 형태의 $\overline{X}$ 분포를 얻게 된다. 그러나 $n = 30$인 경우가 되면, $\overline{X}$의 분포가 정규분포에 거의 근사한 분포가 되는 것이다. 이 결과들은, 물론, 시뮬레이션의 결과이다. (II)와 (III)의 형태를 갖는 모집단 분포에 대해서도 표본의 크기가 $(n = 2)$, $(n = 5)$, $(n = 30)$일 경우들에 대한

그림 3-4 3가지 모집단에 대한 $\overline{X}$의 분포

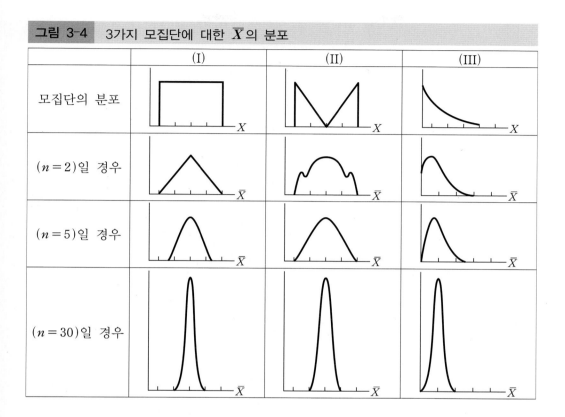

표본평균($\overline{X}$)의 분포가 점차 정규분포에 근사해감을 볼 수 있다.

 **예 3-1**

전화의 수신벨 종류는 A, B, C, D 네 가지가 있는데, A는 신호음이 4번 울리는 것이고, B는 8번, C는 12번, D는 20번 울리는 것이라고 하자. 즉,

A	B	C	D
4	8	12	20

이다.

두 사람에게 임의로 전화를 하여 들리는 신호음 수를 얻어 보고자 할 경우 가능한 표본은 16가지가 된다.

$$(AA) \quad (BA) \quad (CA) \quad (DA)$$
$$(AB) \quad (BB) \quad (CB) \quad (DB)$$
$$(AC) \quad (BC) \quad (CC) \quad (DC)$$
$$(AD) \quad (BD) \quad (CD) \quad (DD)$$

여기서, (A, B, C, D)가 모집단이고 그 값들은 (4, 8, 12, 20)이며, 표본크기 2로 얻어진 표본들의 표본평균들은 위의 조합에 따라

$$
\begin{array}{cccc}
4 & 6 & 8 & 12 \\
6 & 8 & 10 & 14 \\
8 & 10 & 12 & 16 \\
12 & 14 & 16 & 20
\end{array}
$$

이 되며, 표본평균들의 도수분포는

$\overline{X}$	4	6	8	10	12	14	16	20
도수	1	2	3	2	3	2	2	1

가 된다.

이제 모집단의 평균과 분산, 표본들의 평균과 분산을 구해 보면

$$\mu = \frac{(4+8+12+20)}{4} = 11$$

$$\sigma^2 = \frac{140}{4} = 35$$

$$\mu_{\overline{X}} = E(\overline{X}) = \frac{(4 \times 1 + 6 \times 2 + \cdots 16 \times 2 + 20 \times 1)}{16} = 11$$

$$\sigma_{\overline{X}}^2 = Var(\overline{X}) = \frac{280}{16} = \frac{35}{2} = 17.5$$

가 됨을 확인할 수 있다.

여기서 표본의 크기를 3, 4, 5, …로 크게 하면 할수록 표본평균($\overline{X}$)

의 분포가 가운데 쪽으로 집중될 것을 예상할 수 있고, 표본의 크기가 상당히 크다면 정규분포와 같은 모양의 분포를 한다는 것이다.

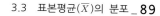

CASE STUDY

     병원에서 환자들이 도착하여 진료를 받기까지의 대기시간은 환자들이나 의사들에게 모두 필요할 수 있는데 그 대기시간을 잘 분석·조정해야만 한다. 즉, 환자들의 입장에서 보면 약속시간 정각에 도착하지 못할 경우 대기시간 내에 도착하면 대기자 명단의 뒤로 빠지게 되는 불행을 면할 수 있을 것이고 대기시간이 너무 길어 오래 기다리면 무료함으로 짜증이 나거나 또 자신들의 약속 스케줄(경제활동) 때문에 그 병원을 찾지 않을 수도 있을 것이다. 의사들의 입장에서는 대기시간을 활용하여 환자를 보는 데에 따른 돌발적인 일들(X-ray를 찍거나 검사자료 요구 등)을 처리하는 시간을 확보할 수 있다. 그러므로 의사들은 적정한 평균 대기시간을 파악하여 환자들의 수를 효과적으로 정해 놓아야만 한다.

     예를 들어, 어느 종합병원에서는 모든 소아과 의사들에게 각자 파악한 환자들의 대기시간을 보고해 달라고 요청하였다. 전체 50명의 소아과 의사들이 보고한 모든 대기시간 자료들의 평균은 24.7분, 표준편차는 19.3분이었다. 의사들은 각자 자신의 컴퓨터에 입력되어 있는 모든 환자들의 대기시간을 보고하였기 때문에 평균 24.7분, 표준편차 19.3분은 그 종합병원을 방문한 소아과 환자들 전체(모집단)의 평균(μ)과 표준편차(σ)가 될 것이다.

     어느 소아과 의사는 병원의 종합기획실에 보고된 소아과 의사 전체 50명의 평균($\mu = 24.7$), 표준편차($\sigma = 19.3$)를 모르고 있는 상태에서 자신의 진료시간을 효율적으로 운영하기 위해서는 환자들의 평균 대기시간이 22분 정도일 것으로 생각해 왔다. 그는 자신의 생각을 확인하기 위해서 환자들 대기시간들 중에서 100개의 자료를 뽑아 표본평균을 구하여 그 값이 19분에서 25분 사이에 있으면 현재까지 해 오던 방식으로 환자들과 약속하면 될 것이라고 생각하였다.

1) 그 소아과 의사가 얻은 표본의 평균($\overline{X}$)은 어떤 분포를 하는가?

$$\overline{X} \sim N\left(24.7, \ \frac{19.3^2}{100}\right)$$

2) 그 의사의 표본평균이 (19분~25분) 사이에서 얻어질 확률은?

$$
\begin{aligned}
P[19 < \overline{X} < 25] &= P\left[\frac{19-24.7}{19.3/10} < \frac{\overline{X}-24.7}{19.3/10} < \frac{25-24.7}{19.3/10}\right] \\
&= P[-2.95 < Z < 0.15] \\
&= P[-2.95 < Z < 0] + P[0 < Z < 0.15] \\
&= P[0 < Z < 2.95] + P[0 < Z < 0.15] \\
&= 0.4984 + 0.0596 = 0.5580
\end{aligned}
$$

3) 그의 표본평균이 (19분~25분)사이에서 얻어질 확률이 55.8%라는 것은 상당히 높은 가능성을 나타내고 있다. 다시 말하면, 그가 전체 소아과 환자들의 평균대기시간이 22분 정도 된다고 믿을 가능성이 55.8%나 된다. 즉, 환자들과의 약속 시스템을 바꾸어야 함에도 바꾸지 않을 오류를 범하게 될 것이다.

CASE STUDY

기업이나 공장에서 작업시간이 기준으로 정해 둔 표준작업시간과 차이가 있을 경우 그 이유를 분석하여 작업을 독려한다든지 표준작업시간을 조정해야만 한다. 왜냐하면 작업시간은 비용과 직결되어 있기 때문이다.

예를 들어, 실험실에서 특정의 실험을 수행하는 데 평균 45분

걸린다고 알려져 있다. 그러나 지난달에 기록된 실험시간의 평균은 60분이라고 한다면 어떤 문제가 있다는 것을 알 수 있다. 즉, 실험자들이 비효율적으로 시간을 사용하여 15분이나 더 걸렸는지, 또는 새로 도입된 실험기기들을 다루는 데 더 시간이 걸리는지 등을 판단해야만 할 것이다. 만일 새로운 기기들을 조작하는 데 시간이 더 걸린다고 판단되면 표준작업시간을 늘려 잡아야만 할 것이다.

공장에서 제품의 불량률은 일정한 정도의 수준으로 유지되어야 한다고 한다. 하루에 생산되는 제품 1,000개 중에서 불량품은 평균(μ) 24개 표준편차(σ)는 2.7개로 분포하는 것이 바람직하다고 알려져 있다. 불량품이 더 많게 되면 당연히 문제가 될 것이고 불량품이 적게 되어도 비용이 상승하여 회사 입장에서는 평균 24개 정도 불량품이 나오도록 관리하고자 한다. 이 회사에서는 불량품을 잘 관리하기 위해 표본으로 49일간의 불량품 개수를 얻어 평균값이

$$\left(\mu - 2\frac{\sigma}{\sqrt{n}},\ \mu + 2\frac{\sigma}{\sqrt{n}}\right)$$

사이에 있으면 제대로 관리되고 있다고 판단하고 그 범위 밖에 표본평균값이 있으면 공정에 문제가 있다고 판단하기로 하였다. 다시 말하면,

$$\left(24 - 2\frac{2.7}{\sqrt{49}},\ 24 + 2\frac{2.7}{\sqrt{49}}\right) = (23.23,\ 24.77)$$

사이에 표본평균값이 얻어지면 공정을 그대로 유지하고 그 범위 밖에 표본평균값이 얻어지면 공정을 검토하기 위해 생산라인을 세워야 한다.

또, 실제로 기계의 낙후로 말미암아 불량품 평균(μ)이 25개인데도 불구하고 표본평균값이 (23.23, 24.77) 사이에서 얻어져 공정히 그대로 유지될 확률은 얼마인가를 구해 보자. 이때, 표본평균($\overline{X}$)의

분포는 $\overline{X} \sim N(25,\ 2.7/\sqrt{49})$이므로,

$$P(23.23 < \overline{X} < 24.73) = P\left(\frac{23.23-25}{2.7/7} < \frac{\overline{X}-25}{2.7/7} < \frac{24.77-25}{2.7/7}\right)$$

$$= P(-4.59 < Z < 0.60) = 0.2743$$

즉, 27.4%의 확률로 얻어진다.

그리고 공정에 아무런 문제가 없는 데도($\mu=24$) (23.23, 24.77) 밖의 범위에서 표본평균($\overline{X}$)이 얻어질 확률은 얼마인가를 구하면 다음과 같다.

$$1 - P(23.23 < \overline{X} < 24.77) = 1 - P\left(-2.0 < \frac{\overline{X}-24}{2.7/7} < 2.0\right)$$

$$= 1 - 0.9544 = 0.0456$$

즉, 4.56%이다.

3.4 표본비율의 분포

비율

비율이란 특정 성질을 갖는 개체들의 전체에 대한 백분비로서 성공률, 불량률, 지지율, 사망률, 시청률, 부도율 등을 말한다. 예를 들어, 서울시 유권자(모집단)들의 특정인에 대한 지지율 p를 생각해보자. 그러면 지지율을 조사하기 위한 자료에 대한 확률변수는

$$X = \begin{cases} 1, & \text{지지할 경우} \\ 0, & \text{지지하지 않을 경우} \end{cases}$$

베르누이
분포

로 정의될 것이고 X는 베르누이분포한다고 한다. 모집단으로부터 표본 $\{X_1, X_2, \cdots, X_n\}$을 얻는다고 할 때 X_i들은 $\{1, 0\}$ 중의 한 값을 취할 것이고

$$X_1 + X_2 + \cdots + X_n = \text{지지자의 수}$$

표본비율 $\hat{p}$

로 나타날 것이다. 따라서 표본으로부터 얻어지는 **표본비율 $\hat{p}$**(p hat으로 읽음)은

$$\hat{p} = \frac{\text{지지자의 수}}{n} = \frac{X_1 + X_2 + \cdots + X_n}{n} \tag{3-6}$$

이 된다(여기서 $\hat{p}$은 확률변수이다). 즉, $\hat{p}$은 이 경우에 표본평균의 개념이기 때문에 n이 충분히 클 경우, 중심극한정리에 따라서,

$$\hat{p} \sim N\left(p, \frac{p(1-p)}{n}\right) \tag{3-7}$$

으로 간주된다. 여기서, $E(X) = \mu = p$, $Var(X) = \sigma^2 = p(1-p)$임은 앞의 베르누이분포에서 얻은 결과이다.

　　표본비율의 분포는 베르누이분포하는 자료(모집단)에 대한 중심극한 정리의 적용 예일 뿐이다. 가장 단순한 분포인 베르누이분포를 하는 모집 단으로부터 얻어지는 표본평균(여기서는 $\hat{p}$)도 표본의 크기만 충분하다면 정규분포에 근사한다는 것이다.

　　물론, 이 경우 표본의 크기가 작다면 무의미하다. 비율이란 표본크기 가 작을 경우 안정적(stable)이지 못하여 그 용도에 한계가 있기 때문이 다. 어느 야구선수의 타율이 10타석에 0.60이라면 그의 타율에 큰 의미를 부여할 수 있겠는가?

예 3-2

어느 감기약 치유율은 90%라고 알려져 있다. 올해에 유행하고 있는 감기에 대해서도 90%의 치유율을 보장할 수 있는가를 알아보고자 100명의 감기환자에게 감기약을 투여하였다. 이들 중 치유된 사람들의 비율이 (85%, 95%) 내에 들어 있을 확률은 얼마일까?

먼저, 중심극한정리에 따라 $\hat{p}$의 분포는

$$\hat{p} \sim N\left(90, \ \frac{90(100-90)}{100}\right)$$

이라고 할 수 있으므로,

$$P[85 < \hat{p} < 95]$$
$$= P\left[\frac{85-90}{\sqrt{(90)(10)/100}} < \frac{\hat{p}-90}{\sqrt{(90)(10)/100}} < \frac{95-90}{\sqrt{(90)(10)/100}}\right]$$
$$= P[-1.67 < Z < 1.67]$$
$$= 0.9050$$

이다.

3.5 표본분산의 분포

카이제곱분포

표본분산(S^2)의 분포는 이해하기에 쉽지 않은 분포이다. 표본분산의 분포를 설명하기 전에 먼저 **카이제곱분포**(Chi-Square Distribution)를 소개하기로 하자.

[카이제곱분포(Chi-Square Distribution)**]**

> 모집단이 정규분포를 할 때, 이 모집단으로부터 얻은 표본, $\{X_1, X_2, \cdots, X_n\}$으로써
>
> $$\chi^2 = \sum_{i=1}^{n} \left(\frac{X_i - \mu}{\sigma} \right)^2$$
>
> 를 얻으면, χ^2은 자유도 n인 카이제곱분포한다고 한다.

여기서, 자유도가 n임을 유의해 보자. $\sum (X_i - \mu)^2 / \sigma^2$의 분자에 있는 $\sum (X_i - \mu)^2$을 보면, 독립적인 것들의 수는 n개다.

표준화정규분포
변수들의
제곱합

말하자면 카이제곱분포는 표준화 정규분포변수들의 제곱합으로 얻어지는 ($(X_i - \mu)/\sigma$들을 제곱하여 합한 것에 대한) 이론적인 분포이다. 또, 카이제곱분포는 자유도를 갖는데, 자유도가 커지면 커질수록 정규분포에 근사하게 된다. 자유도 1, 4, 6의 카이제곱분포 형태는 [그림 3-5]와 같다. [그림 3-5]에서 자유도가 커질수록 빠른 속도로 정규분포에 접근해 감을 볼 수 있다. 이 분포는 분류된 자료의 분석, 판별분석 등에서 다루

그림 3-5 카이제곱분포의 형태

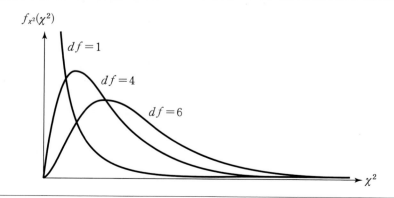

게 되는 분포이다.

　참고로 자유도가 n인 카이제곱(χ^2) 분포의 확률분포식은

$$f(\chi^2) = \frac{1}{\Gamma(n/2)2^{n/2}}(\chi^2)^{\frac{n}{2}-1} e^{-\chi^2/2}, \quad \chi^2 > 0$$

이지만 현재로서는 의미를 둘 필요가 없다.

　이제, 표본으로부터 표본분산을 얻으면

$$S^2 = \frac{\sum(X_i - \overline{X})^2}{n-1} \tag{3-8}$$

이다. 그러나 이를 약간 변형시켜 $(n-1)S^2/\sigma^2$에 대한 분포를 고려해 보자. 즉,

$$\frac{(n-1)S^2}{\sigma^2} = \frac{\displaystyle\sum_{i=1}^{n}(X_i - \overline{X})^2}{\sigma^2} = \sum_{i=1}^{n}\left(\frac{X_i - \overline{X}}{\sigma}\right)^2 \tag{3-9}$$

는 자유도 $(n-1)$의 카이제곱분포를 하게 된다. 식 (3-9)의 분자에서 자유도가 $(n-1)$인 것은 이미 알고 있는 사실이다. 식 (3-9)와 앞의 카이제곱분포 정의를 비교해 보면 μ를 $\overline{X}$로써 대입(추정)한 것에 차이가 있는데, μ를 $\overline{X}$로 추정했기에 자유도를 하나 잃게 된다고도 설명한다. 그리고 S^2 자체의 분포보다는 $[(n-1)/\sigma^2]S^2$의 분포를 얻어야 한다는 점도 유의해야 할 것이다.

　또한, 식 (3-9)는 σ^2에 대한 추정에서나 가설검증에서 유용하게 사용될 것이다. 비교적 복잡한 형태이지만 금융권에서 관심이 많은 위험(risk)이 분산(σ^2)을 토대로 측정되는 만큼 잘 이해해 두기를 바란다.

3.6 표본추출방법

실제 조사업무에서 표본을 제대로 얻는 것은 곧 작업의 성패를 가름할 만큼 중요한 일이다. 그러므로 성공적인 조사업무를 위해서는 모집단을 잘 대표할 수 있는 표본의 추출방법을 제대로 이해해야만 할 것이다. 먼저, 표본을 얻기 위해서는 모집단에 대한 대표성이 확실히 보장될 수 있는 추출방법을 선정해야 하는데, 크게 확률적 추출과 비확률적 추출로 구분할 수 있다.

그러나 좋은 표본을 추출하기 위한 가장 좋은 방법이 있더라도 현실적인 제한(시간, 비용 등)이 있기 때문에 가장 좋은 방법으로 표본을 추출하지 못하는 경우가 허다하게 일어난다는 것을 또한 이해해야 할 것이다.

3.6.1 확률적 추출

모집단을 구성하고 있는 모든 요소가 표본으로 선정될 수 있으며 다음과 같이 네 가지 방법이 있다.

(1) 단순무작위추출(simple random sampling)

단순무작위추출

모집단을 구성하고 있는 각 개체가 표본으로 뽑힐 가능성이 같도록 하는 추출방법이다. 예를 들어, 10명의 농구선수들이 있는데 이들 중 3명을 선택하고자 할 경우 $_{10}C_3$ =120가지의 선수들 조합이 가능하다. 다시 말하면, 120개의 서로 다른 표본들이 가능한데, 이들 중 하나의 표본을 얻게 되는 것이다. 또, 각 선수가 표본으로 뽑힐 가능성은 30%이다. 그러면, 단순무작위추출방법을 어떻게 적용시킬 것인가?

먼저, 10명의 선수에게 0부터 9까지의 값을 부여한 후 {0, 1, 2, …, 9} 중에서 임의로 세 개의 숫자를 선택하고 그 숫자를 부여받은 선수를 택하는 방법이 곧 단순무작위추출에 의한 표본추출방법이 된다. 이제, 1,000명으로 구성되어 있는 모집단으로부터 $n=100$ 크기의 표본을 선택하는 과정을 살펴보자. 먼저, 1,000명에게 0부터 999의 일련번호를 부여한다면, 어떤 번호를 100개 뽑을 것인가가 문제인데 컴퓨터통계패키지를 이용하여 [0, 1] 사이의 값 중에서 임의로(randomly) 소수점 아래 세 자리 수로 100개의 난수(random number)를 생성(generate)시키면 될 것이다. 이를테면

$$0.719, \ 0.008, \ 0.450, \ \cdots, \ 0.501$$

의 난수를 얻어 소수점 뒤의 값들을 이용, 그 번호에 해당하는 사람들을 표본으로 선택한다는 것이다.

(2) 층화추출(stratified sampling)

층화추출

모집단을 성격에 따라 여러 집단(층)으로 구분한 다음 각 층에서 일정크기의 표본을 얻는 방법이다. 여기에서 모집단을 여러 집단(층)으로 나눌 경우 각 집단(층) 내에서 개체들이 조사의 목적에 동질적(homogeneous)이어야 할 것이다. 예를 들면, 승용차 보유자들을 대상으로 소비자 의식조사를 한다고 할 때 승용차 보유자들을 집단으로 나눈다면 소형차, 준중형차, 중형차, 준대형차, 대형차 보유를 기준으로 5개의 층(집단)으로 나누는 것이 바람직할 것이다. 각 층내에 속한 사람들은 차의 크기/가격이 비슷한 승용차들을 타고 있으므로 동질적이라고 볼 수 있다.

(3) 군집추출(cluster sampling)

군집추출

모집단이 몇 개의 집단들로 구성되어 있다고 간주하고 그 집단들 중에서 몇 개의 소집단을 뽑아 그 집단들의 구성요소들을 모두 표본으로 추출하는 방법이다. 예를 들면, 서울시가 25개 구 540개의 동으로 구성되어 있을 때 조사의 목적에 따라 1개 구만 선택하여 그 구에 살고 있는 가구 전체를 표본으로 삼거나, 각 구에서 몇 개씩의 동을 선택하여 그 동에 살고 있는 모든 가구들을 대상으로 조사하는 방법이다. 이 방법은 시간과 경비를 줄이는 데 도움이 될 것이다.

(4) 체계적 추출(systematic sampling)

체계적 추출

모집단의 요소들에 일련번호를 부여하고 매 10번째 또는 매 1,000번째 번호에 해당하는 표본을 얻는 방법이다. 예를 들면, 10,000명 중 100명을 표본으로 얻고자 할 때 100명당 1명씩을 선택하면 되므로 1~100 중의 한 값을 임의로 선택한 후(25라 하자), 25, 125, 225, …, 9,925의 100개를 얻을 수 있다. 또는, 전화번호부를 이용하여 전화조사를 하고자 할 때, 몇 page마다 3번째 줄 5번째 전화번호들을 표본으로 선택할 수 있다.

3.6.2 비확률적 추출

모집단에 대한 정보가 없거나 확률적 추출이 어려울 경우 연구자의 주관에 의해 추출한다.

(1) 편의추출(convenience sampling)

편의추출

용어 그대로 편리하게 표본을 추출하는 방법이다. 표본은 모집단을 대표해야만 한다는 전제가 되어 있을 경우, 시간과 비용을 줄이면서도 모집단을 대표하는 데 손색이 없는 표본추출방법이 있다면 편의추출방법이라고 할 수 있을 것이다. 예를 들면, 주부들의 구입상품에 대한 불만족 표현방식에 대한 조사를 한다고 할 때, 초·중·고등학교 학생들을 통하여 어머니로부터 설문응답을 받는 방법이 편의추출방법의 하나라고 볼 수 있다.

(2) 판단추출(judgement sampling)

판단추출

모집단의 특성에 대해 잘 알고 있는 전문가의 판단에 따라 표본을 추출하는 방법을 말한다. 어느 정도의 바이어스(bias)는 각오하더라도 모집단 중 일부인 특정 집단에 대해서만 표본을 추출할 수도 있다는 것이다.

제3장 | 연·습·문·제

EXERCISES

1. 어느 큰 모집단의 자료는 평균 10, 표준편차 3의 분포를 한다고 한다.
   표본크기를 64로 할 경우,
   (a) $P(9 < \overline{X} < 11)$을 구하라.
   (b) $P(\overline{X} > 11)$을 구하라.

2. 평균 50, 표준편차 10인 정규분포하는 모집단으로부터 표본크기 25로 표본을 얻었
   을 때, 표본평균이 53.9보다 클 확률을 구하라.

3. 분산이 10인 정규분포 모집단으로부터 표본크기 15의 표본을 얻었을 때, 표본분산
   (S^2)이 16.92보다 클 확률은 어느 정도인가?
   [힌트] [부록 4] 카이제곱표 참조

4. [예 3-1]에서 표본크기를 3으로 하여 표본평균들의 분포와 $\mu_{\overline{X}}$, $\sigma_{\overline{X}}^2$을 구하라.

5. 다섯명의 영업사원(M, N, O, P, Q)이 어느 특정한 날에 판매한 자동차 대수는 다음
   과 같다.

영업사원	M	N	O	P	Q
판매대수	1	2	3	4	4

   (a) 영업사원 두 명을 임의로 선택할 경우 표본, $\{X_1, X_2\}$의 구성(10가지)을 표현
       하라.
   (b) $\overline{X}$의 분포를 구하라.
   (c) $E(\overline{X})$, $Var(\overline{X})$를 구하라.

6. 세 사람의 투표자(A, B, C)가 있다. A는 K를 지지하고 B와 C는 K를 지지하지 않는다. 세 사람을 대상으로 임의로 두 번 전화를 하여 K의 지지 여부를 묻는다고 하자(B에게 두 번 전화할 수도 있다).

 (a) 표본 $\{X_1, X_2\}$의 구성(9가지)과 각 표본에서의 지지율을 구하라.

 (b) 표본비율(지지율)의 분포를 구하라.

 (c) 위에서 구한 표본비율, $\hat{p}$의 평균과 분산을 구하고, $E(\hat{p}) = \dfrac{1}{3}$, $Var(\hat{p}) = \dfrac{1}{9}$임을 확인하라.

7. 확률변수 X는 다음과 같은 분포를 한다.

 (a) X를 표준화시키고, 표준화변수(Z)에 대한 분포를 구하라.

 (b) 표본을 $\{X_1, X_2\}$로 할 경우, $\overline{X}$의 분포를 구하고 이를 그래프로 나타내라.

 (c) 표본을 $\{X_1, X_2, X_3\}$로 할 경우 $\overline{X}$의 분포를 구하고 이를 그래프로 나타내라.

 (d) 일반적인 표본, $\{X_1, X_2, \cdots, X_n\}$에 대한 $\overline{X}$의 분포를 구하라(다만, $n \geq 30$일 때).

 (e) (b)에서 구한 $\overline{X}$의 분포를 표준화시키고, 표준화변수(Z)에 대한 분포를 구하라.

8. 자본금이 3억에서 5억인 중소기업체들의 설립 후 1년 이내 부도율은 40%라고 한다. 표본으로 3개의 중소기업체를 구한다면 그 표본은 $\{X_1, X_2, X_3\}$로 표현될 것이다. 이때

$$X_i = \begin{cases} 1, & \text{부도가 난 경우} \\ 0, & \text{부도가 나지 않은 경우} \end{cases} , \quad i = 1, 2, 3$$

이라고 하자.

 (a) X_1, X_2, X_3는 각각 어떤 분포를 하는가?

 (b) X_1을 표준화시키고, 표준화된 변수(Z)의 분포를 구하라.

 (c) $\overline{X} = (X_1 + X_2 + X_3)/3$은 무엇을 의미하는가? $\overline{X}$의 분포를 구하라.

제**4**장

무엇을 알아보고 싶은가 (추정)

추정(estimation)이란 모르는 값을 추측하여 알아내는 것을 말한다. 추정이라는 개념은 장래시점의 모르는 값을 추측하여 알아내는 예측(forecast)과는 구별되어 사용되지만, 추정의 범주에 예측을 포함시켜 생각해도 무방하다.

어느 슈퍼에서 1일 평균판매액이 얼마인가를 추정한다고 할 때 어느 특정한 하루의 판매액으로 추정하는 것보다는 며칠에 걸쳐 얻어진 판매액들의 평균값으로 추정하는 것이 바람직할 것이다. 다른 예로써, 어느 초등학교 전교생 중에서 가장 키가 큰 학생은 몇 cm가 될 것인가를 알고 싶을 경우, 표본으로 50명 학생들의 키를 얻는다고 할 때, 50명의 표본값들 중에서 가장 큰 값으로 전교생 최장신의 키를 추정할 수 있을 것이다. 이와 같이 우리가 알아내고자 하는 값을 파라미터라고 할 때 그 파라미터가 무엇인가에 따라 추정하는 방법도 달라진다. 그리고 파라미터에 대해 「어느 한 값으로 추정할 것인가?」 또는, 그 파라미터가 「어느 구간에 들어 있을 것인가?」의 추정목적에 따라 점추정과 구간추정으로 나누어진다.

4.1 점추정

점추정

점추정(point estimation)이란 모집단의 파라미터값을 추정함에 있어 표본으로부터 얻은 통계량으로써 추정하는 것을 말한다. 즉, 모집단의 파라미터를 추정하기 위해 표본을 얻는다면 그 표본은

$$\{X_1, X_2, \cdots, X_n\}$$

이 될 것이고, 이 표본으로부터 얻을 수 있는 통계량들 중에서 어떤 통계량으로 추정할 것인가를 결정해야 한다. 먼저, 특정한 통계량을 추정의 목적으로 사용할 때 그 통계량을 **추정량**(estimator)이라고 부른다. 그리고 구체적으로 얻어진 표본값들, $\{x_1, x_2, \cdots, x_n\}$으로부터 계산된 그 추정량의 구체적인 값을 **추정치**(estimate)라고 부른다.

추정량

추정치

모집단의 평균(μ)을 추정하기 위한 추정량(통계량)은 무수히 많은데 어떤 추정량이 바람직한 추정량인가를 살펴보자. 표본 $\{X_1, X_2, \cdots, X_n\}$으로부터 얻을 수 있는 무수히 많은 추정량들 중에서 몇 가지 예를 다음과 같이 들어보자.

(a) $A = \dfrac{(X_1 + X_n)}{2}$

(b) $B = 2X_1 - X_2$

(c) $C = \dfrac{(X_1 + \cdots + X_n)}{n}$

(d) $D = Median$

그러면, 바람직한 추정량을 선택하는 기준은 무엇인가? 그 기준으로는 **불편성**(unbiasedness)과 **효율성**(efficiency) 등이 있다. 첫째, 불편성이란 추정량의 기대값이 추정하고자 하는 파라미터일 경우 그 추정량을 **불편추정량**이라고 부른다. 앞에서 들은 네 가지 추정량들 중에서는 A, B, C

불편성
효율성
불편추정량

는 불편추정량이고 D는 불편성을 갖지 못하는데 그 이유는 아래와 같다.

[불편성(unbiasedness)**]**

(a) $E(A) = E\left[\dfrac{(X_1 + X_n)}{2}\right] = \mu$

(b) $E(B) = E[2X_1 - X_n] = \mu$

(c) $E(C) = E\left[\dfrac{(X_1 + \cdots + X_n)}{n}\right] = \mu$

(d) $E(D) = E[Median] \neq \mu$, 다만 분포가 대칭일 경우 등호성립

둘째, 효율성이란 두 개의 추정량이 있을 때, 보다 작은 분산을 갖는
추정량을 **보다 효율적**이라고 한다. 추정량의 분산이 작다는 것은 그 추정
량의 값들이 좁은 범위 내에 분포한다는 것을 뜻하므로 효율적인 추정량
이 보다 좋은 추정량이 된다는 것이다. 위의 A, B, C 추정량에 대한 분
산은 다음과 같다.

보다 효율적

[효율성(efficiency)**]**

(a) $Var(A) = Var\left[\dfrac{(X_1 + X_n)}{2}\right] = \dfrac{\sigma^2}{2}$

(b) $Var(B) = Var[2X_1 - X_n] = 5\sigma^2$

(c) $Var(C) = Var\left[\dfrac{(X_1 + \cdots + X_n)}{n}\right] = \dfrac{\sigma^2}{n}$

그러므로 가장 바람직한 추정량이란 앞에서 설명한 두 가지 기준을
모두 만족하는 추정량인데, 이를 **최소분산불편추정량**(minimum variance
unbiased estimator)이라고 한다. 다시 말하면, 불편성을 만족하는 추정량들
중에서(무수히 많다) 가장 작은 분산을 갖는 추정량을 최소분산불편추정
량이라고 하는 것이다.

최소분산불편
추정량

[최소분산불편추정량(minimum variance unbiased estimator)]

> 1. $\overline{X}$는 μ의 최소분산불편추정량이다.
> 2. S^2은 σ^2의 최소분산불편추정량이다(다만, X가 정규분포일 경우).

　　주지하는 바와 같이 어떤 파라미터를 추정하기 위해서는 표본을 얻게 되고 표본으로부터 가장 좋은 추정량을 얻는 이론적 배경이 무엇인지를 설명하였다. 예로써, 모집단의 평균(μ)을 추정하기 위해서는 표본평균($\overline{X}$)이 가장 좋은 추정량이라는 것이다. 실제로 표본값들을 얻으면, $\{x_1, x_2, \cdots, x_n\}$, 이로부터 계산된 표본평균값 $\bar{x}$로써 μ를 추정하게 되는 것이므로, $\bar{x}$를 μ의 가장 좋은 추정치(값)라고 부른다는 것이다.

　　이제, $\bar{x}$가 μ를 추정하는 데에 좋은 추정치라는 것을 다른 각도에서 이해해 보도록 하자. 제 3 장의 중심극한정리로부터 표본의 크기가 크다면, $\overline{X}$의 분포는 정규분포로 취급하여도 무방하다고 하였다. 즉, [그림 4-1]에서 n이 크면 $\overline{X}$의 분포형태가 점점 뾰족하게 되고 실제로 얻어진 $\bar{x}$의 값은 μ와 가까이 위치하게 될 것임을 볼 수 있다. 또한, 극단적으로 표본크기(n)가 무한대(∞)라면 표본평균은 곧 모집단평균이다.

| 그림 4-1 | 표본평균의 분포와 $\bar{x}$의 위치 |

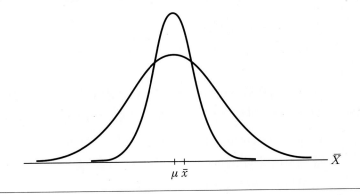

표준오차

여기서, $\overline{X}$의 표준편차$(\sigma/\sqrt{n})$를 $\overline{X}$의 **표준오차**(standard error)라고 부른다. 즉, 단순한 확률변수(X)에 대해서는 표준편차라고 부르지만 어떤 통계량의 표준편차는 그 통계량의 표준오차라고 구분하여 부르는 것이다.

그리고 S^2은 물론 $S^2 = \sum(X_i - \overline{X})^2/(n-1)$인데 자유도 $(n-1)$로 나누어주어야 하는 이유는 바로 S^2이 σ^2의 최소분산불편추정량이기 때문이다(n으로 나누면 최소분산불편추정량이 되지 못함).

이제는 모집단의 비율(p)에 대해 알아보자. 제 3 장 제 4 절에서 보았던 것처럼, 표본에서 얻어진 표본비율$(\hat{p})$은 바로 표본평균이다([식 3-6]). 물론, 모집단 자료(X)의 평균이 p인 것도 제 2 장 제 4 절에서 다룬바이기 때문에, p의 가장 좋은 추정량은 $\hat{p}$임을 알 수 있다. 또한, n이 충분히 클 때 중심극한정리를 이용하여

$$\hat{p} \sim N\left(p, \ \frac{p(1-p)}{n}\right)$$

라고 할 수 있음은 앞에서 다룬 바 있다.

예 4-1

대관령 산기슭에 10,000평짜리 감자밭이 있다. 이 감자밭을 평가하는 기준으로 감자의 질, 감자의 수, 감자의 크기(무게) 등이 있는데 감자의 무게는 얼마나 되는가를 알아보고자 한다. 그리고 물론 감자알이 얼마나 고른가(분산)도 알아볼 필요가 있을 것이다. 즉 땅 속에 있는 수백만 개의 감자들 평균무게(μ)와 분산(σ^2)을 추정하는 문제이다. 먼저, 표본을 어떻게 얻을 것인가? 정상적인 사고를 하는 사람이라면, 밭을 크게 4등분 정도로 하여 각 등분 지역에서 $n/4$개씩 표본을 얻고자 할 것이고, 이를 표본

$$\{X_1, X_2, \cdots, X_n\}$$

으로 삼을 것이다. 그리고, 표본평균 $\overline{X}$와 표본분산 S^2을 구하여 μ와 σ^2를 추정해야 한다는 것이다. 실제로, 호미를 가지고 n개 감자를 캐어 내 표본값들을 얻으면

$$\{x_1, x_2, \cdots, x_n\}$$

이 되고, 이로부터 $\bar{x}$, s^2을 계산하면 이것들이 μ와 σ^2의 가장 좋은 추정 치가 된다.

표본의 크기(n)는 어느 정도가 적당할까? 이에 대한 설명은 제 4 장 제 8 절에 있으니 참고하기 바란다.

예 4-2

양어장에 수를 헤아릴 수 없을 만큼의 광어들이 있다. 이 광어들 중에서 가장 무거운 광어의 무게는 얼마일까 하는 것이 궁금하다고 하자. 이런 경우 역시 표본을 통하여 파라미터값(가장 큰 무게)을 추정해야 하는데 표본을 구하여 그 표본 중에 가장 큰 무게로 추정하게 된다(이론적 이유 는 설명하지 않는다. 그러나, 상식적으로 다른 좋은 방법이 있겠는가?). 굳이 그 추정량을 표현하면

$$\max\{X_1, X_2, \cdots, X_n\}$$

이다.

위의 두 가지 예에서 보았듯이 통계학 이론은 우리 일상생활과 상식 을 기초로 하고 있다. 항상, 상식적이고 논리적인 사고로 이론 전개과정 을 이해하려고 노력할 필요가 있음을 다시 한번 지적해 둔다.

4.2 구간추정

구간추정

일상생활에서 확실히 알지 못하는 어떤 값에 대한 표현으로 「어떤 정도이다」라고 한다. 이를테면, 이 지점에서 산 정상까지 걸리는 시간은 40~50분 정도라고 하거나, 그 회사 과장 연봉이 5,000~6,000만원 정도 된다고 한다. 이렇게 (모집단에 대해서) 모르는 어떤 값(파라미터)을 추정하는 데 있어 하나의 값으로 추정하는 것이 아니고 구간으로 추정하는 것을 **구간추정**이라고 한다.

이와 같이 모집단의 파라미터를 추정함에 있어 표본으로부터 얻어진 하나의 값으로 추정을 하는 것(점추정)보다는 그 파라미터가 어느 구간 내에 들어 있을 것으로 표현(추정)하는 것이 더 적절한 경우가 있을 것이다. 예를 들어, 어느 제품의 시장점유율이 37%라고 점추정하는 것보다는 (35%, 39%) 내에 있다고 표현하는 것이 필요한 경우이다.

신뢰수준

구간추정(interval estimation)이란 **신뢰수준**(confidence level)이 일정하게 주어지고 파라미터가 들어 있는 구간을 찾는 작업을 말하는데 어떤 파라미터(θ(theta(쎄타)라 읽음)라 하자)에 대한 $(1-\alpha)100\%$ 신뢰수준의 신뢰구간 $[L, U]$는

$$P[L < \theta < U] = 1 - \alpha$$

신뢰구간

를 만족하게 된다. 이 때, L과 U는 각각 통계량(확률변수)이며 $[L, U]$를 θ에 대한 $(1-\alpha)100\%$ 신뢰수준의 **신뢰구간**이라고 한다. 여기서 신뢰수준을 $(1-\alpha)$로 표현하는 이유는 α라는 값이 다음의 제 5 장에서 다루어지기 때문이다.

그러면, 신뢰수준이라는 것은 왜 필요한가? 예를 들어, 현재 타고 있는 전철 1량 내에 들어 있는 사람들의 평균연령(μ)은 어떤 구간 내에 있을까를 추정한다고 할 때 (10세, 70세)로 추정한다면 추정의 의미가 상실

된다. 왜냐하면, 평균연령이 10세 이상이고 70세 이하일 것은 당연하기 때문이다. 다시 말하면, 평균연령이 (10세, 70세) 범위 내에 있다는 것은 100% 믿을 수 있다는 말이다.

신뢰구간의 폭 과 신뢰수준 그러므로 구간추정을 하고자 할 경우 그 구간의 폭은 어느 정도까지로 한정되어야 하며, 그 결과를 신뢰할 만한 수준이 결정되어야 한다는 것이다. 신뢰수준으로서 95%를 사용하는 것이 일반적이지만 꼭 95%이어야만 하는 것은 아니다. 신뢰수준을 99%로 한다면 신뢰구간의 폭이 95%일 때보다는 넓어지게 된다. 다시 말하면, 95% 신뢰수준에서의 신뢰구간이 (8, 12)이라면, 99% 신뢰수준일 경우에는 (7.5, 12.5)가 될 수 있다는 것이다.

신뢰구간의 폭을 어느 정도의 크기로 한정하는가 하는 문제는 우리들의 일상대화에서도 찾아 볼 수 있다. 즉, 어떤 작업을 하는 데는 서너 시간 걸린다고 추정한다면 신뢰구간이 (3시간, 4시간)이라는 이야기이고, 신뢰구간의 폭은 1시간이다. 아마도 어느 누구도 그 작업의 소요시간이 2시간에서 10시간 걸린다고 대답(추정)하지는 않을 것이다. 또, 주머니에 동전이 몇 개나 있느냐고 할 때 너댓 개로 답하는 것이나, 입원기간이 (7, 8)일 또는 (2, 3)주 될 것이라고 추정을 하지 (7, 10)일 또는 (2, 5)주 될 것이라고 말하지는 않는다.

4.3 평균(μ)에 대한 신뢰구간 추정

모집단의 평균에 대한 구간추정을 한다고 할 때 표본평균 $\overline{X}$를 도구로 삼아야 하는 것은 당연하다. 왜냐하면 제 1 절에서 설명한 바와 같이 μ를 점추정할 때 $\overline{X}$가 가장 적합하기 때문이다. 그러면, $\overline{X} \sim N(\mu, \sigma^2/n)$인 사실을 이용하여 $(1-\alpha)100\%$ 신뢰수준에서의 신뢰구간을 얻어보기

| 그림 4-2 | $P(-z_{\alpha/2} < Z < z_{\alpha/2}) = 1 - \alpha$ |

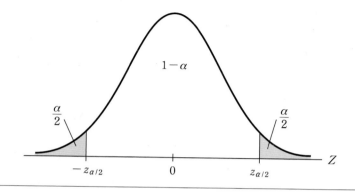

로 하자.

먼저, $\overline{X}$를 표준화하면

$$Z = \frac{\overline{X} - \mu}{\sigma / \sqrt{n}} \tag{4-1}$$

인데, 표준화정규분포 변수 Z의 분포에 대해 그림과 같이 $(1-\alpha)$를 정 (正) 가운데 할당하면 [그림 4-2]와 같다.

이제, [그림 4-2]를 식으로 나타내 보면,

$$P[-z_{\alpha/2} < Z < z_{\alpha/2}] = 1 - \alpha$$

$$\Rightarrow P\left[-z_{\alpha/2} < \frac{\overline{X} - \mu}{\sigma / \sqrt{n}} < z_{\alpha/2}\right] = 1 - \alpha$$

$$\Rightarrow P\left[-z_{\alpha/2} \frac{\sigma}{\sqrt{n}} < \overline{X} - \mu < z_{\alpha/2} \frac{\sigma}{\sqrt{n}}\right] = 1 - \alpha$$

$$\Rightarrow P\left[-\overline{X} - z_{\alpha/2} \frac{\sigma}{\sqrt{n}} < -\mu < -\overline{X} + z_{\alpha/2} \frac{\sigma}{\sqrt{n}}\right] = 1 - \alpha$$

$$\Rightarrow P\left[\overline{X} - z_{\alpha/2} \frac{\sigma}{\sqrt{n}} < \mu < \overline{X} + z_{\alpha/2} \frac{\sigma}{\sqrt{n}}\right] = 1 - \alpha \tag{4-2}$$

가 된다. 위 식은 μ가 $\overline{X} - z_{\alpha/2}(\sigma/\sqrt{n})$ 보다 크고 $\overline{X} + z_{\alpha/2}(\sigma/\sqrt{n})$ 보다 작을 확률이 $(1-\alpha)$이다는 것이다.

그러므로, 다시 말하면, μ에 대한 $(1-\alpha)100\%$ 신뢰수준의 신뢰구간은

$$\left(\overline{X} - z_{\alpha/2} \frac{\sigma}{\sqrt{n}}, \ \overline{X} + z_{\alpha/2} \frac{\sigma}{\sqrt{n}} \right) \tag{4-3}$$

가 된다.

이제는 $\alpha = 0.05$, 즉 95% 신뢰수준에서의 신뢰구간을 생각해 보자. [그림 4-2]에서 오른쪽 꼬리와 왼쪽 꼬리부분이 0.025이므로 표준화정규분포표[부록 1]에서 0.475에 해당하는 z값을 찾으면 $z = 1.96$이 된다. 즉, 95% 신뢰수준에서의 μ에 대한 신뢰구간은

$$\left(\overline{X} - 1.96 \frac{\sigma}{\sqrt{n}}, \ \overline{X} + 1.96 \frac{\sigma}{\sqrt{n}} \right)$$

으로 얻어지게 된다.

그러나 이 신뢰구간은 σ값을 모르기 때문에 실제로 사용될 수가 없다. 그러므로 σ 또한 표본으로부터 추정량을 얻어 대체해야 하는데 표본의 표준편차 S를 사용할 수밖에 없다. 여기서, σ 대신 S를 사용해야 한다면 앞의 식 (4-1)에서부터 σ를 S로 바꾸어

$\overline{X}$와 S'가
혼합된 형태

$$T = \frac{\overline{X} - \mu}{S/\sqrt{n}} \tag{4-4}$$

를 사용해야 한다. 이때, T는 Z과 다른 새로운 변수로서 자유도 $(n-1)$의

t-분포

t-분포를 하게 되는 것이다(자유도는 S의 자유도). 이 t-분포의 형태는 표준화정규분포와 같이 좌우대칭이지만 표준화정규분포보다 봉우리가 낮은 분포이다([그림 4-3]). 더욱이, 자유도가 작을 때는 납작한 모양이지만, 자유도가 커질수록 봉우리가 높아져 표준화정규분포가 된다. [부록 2]에는 t-분포표가 있는데 오른쪽 꼬리부분의 면적에 대한 자유도별 t값이 수록되어 있다. 또, [부록 2]에서 자유도가 ∞일 때 오른쪽 꼬리면적이

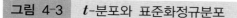

그림 4-3 t-분포와 표준화정규분포

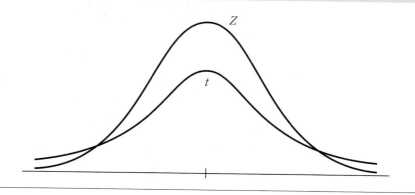

0.025인 t값이 1.96으로써 자유도가 커질수록 표준화정규분포에 근사한 분포를 한다는 것을 알 수 있다.

그러면, 앞의 전개과정 식들을 식 (4-2), [그림 4-4]에 기초하여 전개하면 결과적으로 μ에 대한 $(1-\alpha)100\%$ 신뢰수준의 신뢰구간은

$$\left(\overline{X}-t_{\alpha/2}\frac{S}{\sqrt{n}},\ \overline{X}+t_{\alpha/2}\frac{S}{\sqrt{n}}\right) \qquad (4\text{-}5)$$

를 얻게 된다.

특히, 언급하고 넘어갈 것은 식 (4-3)의 결과는 식 (4-5)를 유도하고 이해하기 위한 것뿐이라는 사실이다. 일반 통계학 교재에 σ를 알 경우에

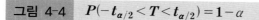

그림 4-4 $P(-t_{\alpha/2}<T<t_{\alpha/2})=1-\alpha$

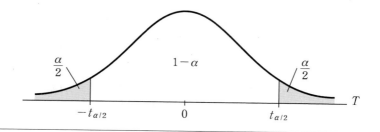

는 식 (4-3), σ를 모를 경우에는 식 (4-5)를 사용하는 것으로 소개되어 있는데, σ를 알 경우라는 것은 우리가 전제할 수 있는 것이 아니다. 그러므로 실제 자료를 얻어 신뢰구간을 얻어야 하는 식 (4-5)만을 사용할 수밖에 없다.

예 4-3

표본의 크기가 14일 경우의 평균(μ)에 대한 95% 신뢰수준의 신뢰구간은 다음과 같다. 먼저 95% 신뢰수준에 대한 t값은 $1-\alpha=0.95$이므로 $\alpha/2=0.025$이다. 따라서 자유도 13에서 $t_{\alpha/2}=t_{.025}=2.160$이다. 그러므로 95% 신뢰수준의 신뢰구간은

$$\left(\overline{X}-2.160\frac{S}{\sqrt{14}},\ \overline{X}+2.160\frac{S}{\sqrt{14}}\right)$$

이다.

예 4-4

어느 상점에서는 특정 상품이 하루에 평균 몇 개나 팔릴 것인가를 알아보기 위해 20일 동안 조사한 결과 $\bar{x}=32$, $s=12$를 얻었다. 이 자료로써 μ에 대한 95% 신뢰수준의 신뢰구간을 구하면 다음과 같다. 여기서, 자유도 19의 $t_{.025}$값은 2.093이므로

$$\left(32-2.093\frac{12}{\sqrt{20}},\ 32+2.093\frac{12}{\sqrt{20}}\right) \Rightarrow (26.38,\ 37.62)$$

이다.

4.4 비율(p)에 대한 신뢰구간 추정

비율에 대한 추정은 모집단이 베르누이분포하는 특수한 경우의 평균(μ)에 대한 추정이나 마찬가지이다. 즉, 모집단의 비율에 대한 점추정량은 표본비율($\hat{p}$)이고 구간추정도 앞에서 설명한 과정과 같이 진행된다. 표본비율($\hat{p}$)은 표본의 크기가 충분히 클 경우

$$\hat{p} \sim N\left(p, \ \frac{p(1-p)}{n}\right) \tag{4-6}$$

의 분포를 하므로 이를 표준화하여 p에 대한 $(1-\alpha)100\%$ 신뢰수준의 신뢰구간을 얻는 과정을 다음과 같이 유도해 볼 수 있다.

$$P\left[-z_{\alpha/2} < \frac{\hat{p}-p}{\sqrt{\dfrac{p(1-p)}{n}}} < z_{\alpha/2}\right] = 1-\alpha$$

$$\Rightarrow P\left[\hat{p} - z_{\alpha/2}\sqrt{\frac{p(1-p)}{n}} < p < \hat{p} + z_{\alpha/2}\sqrt{\frac{p(1-p)}{n}}\right] = 1-\alpha \tag{4-7}$$

즉, 결과적으로 $(1-\alpha)100\%$ 신뢰수준의 p에 대한 신뢰구간은

$$\left(\hat{p} - z_{\alpha/2}\sqrt{\frac{p(1-p)}{n}}, \ \hat{p} + z_{\alpha/2}\sqrt{\frac{p(1-p)}{n}}\right) \tag{4-8}$$

이다.

$\hat{p}$의 표준오차   그러나 여기서도 $\hat{p}$의 표준오차, $\sqrt{\dfrac{p(1-p)}{n}}$ 의 추정량을 얻어 대체하게 되는데(p를 $\hat{p}$으로 추정한 것) 결국,

$$\left(\hat{p} - z_{\alpha/2}\sqrt{\frac{\hat{p}(1-\hat{p})}{n}}, \ \hat{p} + z_{\alpha/2}\sqrt{\frac{\hat{p}(1-\hat{p})}{n}}\right) \tag{4-9}$$

p에 대한 $(1-\alpha)100\%$ 신뢰수준의 신뢰구간   가 실제로 사용할 수 있는 p에 대한 $(1-\boldsymbol{\alpha})100\%$ 신뢰수준의 신뢰구간이다.

여기서, 식 (4-6)은 표본의 크기가 클 경우에 얻어지는 것이기 때문에 식 (4-9)의 결과도 근사적으로 얻어진 것으로서 이해해야 한다.

특히, 지적하고자 하는 것은 $\overline{X}$에 대해서는 t-분포를 정의했지만 여기서는

$$\frac{\hat{p} - p}{\sqrt{\dfrac{\hat{p}(1-\hat{p})}{n}}}$$

의 분포를 구할 수 없다(이론적으로 불가능). 그리고 $\hat{p}$은 표본의 크기가 충분히 크다는 전제하에서 사용하는 것으로 이해하기 바란다.

예 4-5

어느 신용카드회사에서는 20대 가입자들의 연체율(p)에 대한 99%신뢰수준의 신뢰구간을 얻기 위하여 20대 가입자 150명을 대상으로 조사한 결과 15명이 연체를 하였다.

그러면, $\hat{p}$ =15/150=10%이고, $z_{.005}$ =2.575이므로 99% 신뢰수준에서의 신뢰구간은

$$\left(10 - 2.575\sqrt{\frac{10(90)}{150}},\ 10 + 2.575\sqrt{\frac{10(90)}{150}}\right)$$

$\Rightarrow$ (10-2.575(2.45), 10+2.575(2.45))

$\Rightarrow$ (3.69, 16.31)

이다. 이 경우, 90% 신뢰수준의 신뢰구간은 표준화정규분포로부터 $z_{.05}$ =1.645를 얻어

$\Rightarrow$ (10-1.645(2.45), 10+1.645(2.45))

$\Rightarrow$ (5.97, 14.03)

이다.

4.5 분산(σ^2)에 대한 신뢰구간 추정

σ^2의 추정량

모집단의 분산도 마찬가지로 파라미터이므로 표본으로부터 추정해야만 한다. 앞의 제 1 절에서 분산에 대한 가장 좋은 추정량(최소분산불편추정량)은 표본분산,

$$S^2 = \frac{\sum (X_i - \overline{X})^2}{(n-1)} \tag{4-10}$$

이고, 분산에 대해 구간추정을 할 경우에는 S^2의 분포를 사용해야 한다.

표본분산, S^2에 관련된 분포는 제 3 장 제 5 절에서 다루었던

$$\frac{(n-1)S^2}{\sigma^2} \sim \chi^2_{(n-1)}; \text{ 자유도 } (n-1)\text{의 카이제곱분포} \tag{4-11}$$

를 사용해야 하며, $(1-\alpha)100\%$ 신뢰수준에서의 신뢰구간은 평균에서와 같은 과정으로 얻어진다. 즉, 자유도 $(n-1)$의 카이제곱분포의 양쪽 꼬리 부분을 $\alpha/2$되게 하면 [그림 4-5]와 같고, 이를 식으로 나타내면

그림 4-5 자유도 $(n-1)$의 χ^2분포

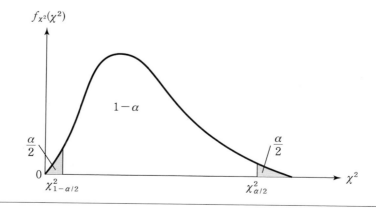

$$P\left[\chi^2_{1-\alpha/2} < \frac{(n-1)S^2}{\sigma^2} < \chi^2_{\alpha/2}\right] = 1-\alpha$$

$$\Rightarrow P\left[\frac{\chi^2_{1-\alpha/2}}{(n-1)S^2} < \frac{1}{\sigma^2} < \frac{\chi^2_{\alpha/2}}{(n-1)S^2}\right] = 1-\alpha$$

$$\Rightarrow P\left[\frac{(n-1)S^2}{\chi^2_{\alpha/2}} < \sigma^2 < \frac{(n-1)S^2}{\chi^2_{1-\alpha/2}}\right] = 1-\alpha \qquad (4\text{-}12)$$

가 된다. 따라서 $(1-\alpha)100\%$ 신뢰수준에서의 σ^2에 대한 신뢰구간은

$$\left(\frac{(n-1)S^2}{\chi^2_{\alpha/2}}, \frac{(n-1)S^2}{\chi^2_{1-\alpha/2}}\right) \qquad (4\text{-}13)$$

로 얻어지게 된다. [그림 4-5]에서 $\chi^2_{\alpha/2}$와 $\chi^2_{1-\alpha/2}$는 각각 오른쪽 꼬리 부분의 면적이 $\alpha/2$와 $1-\alpha/2$인 자유도 $(n-1)$의 카이제곱분포값을 나타내고 있음을 유의해야 할 것이다. 예를 들어, 95% 신뢰수준에서 표본의 크기가 15일 경우, [부록 4]에서

$$\chi^2_{0.025,\ 14} = 26.119,\ \chi^2_{0.975,\ 14} = 5.929$$

이다.

예 4-6

표본크기를 30으로 하여 얻어진 표본으로부터 표본분산을 구한 결과, $s^2 = 9$이었다. 모집단의 분산에 대한 95% 신뢰수준의 신뢰구간은

$$\left(\frac{(29)9}{45.722}, \frac{(29)9}{16.047}\right) \Rightarrow (5.71,\ 16.26)$$

이다.

4.6 서로 독립인 두 집단의 평균들 차이에 대한 신뢰구간 추정*

이제까지는 하나의 모집단에 대한 문제를 설명하는 데 치중하였다. 그러나 자료분석의 목적이 두 집단을 비교하는 경우라면, 어떻게 해야 하는가를 설명해 보기로 한다. 이를테면, 남자와 여자의 월 저축액을 비교하고자 한다든지, 서울특별시와 인근 도시(수도권) 거주자들의 승용차 월 주행거리나 가구당 월 외식액을 비교하고자 할 경우 등이다. 사실은 모집단이 두 개일 뿐이지 하나의 모집단인 경우와 이론적 전개과정은 흡사하다.

두 개의 서로 독립인 두 모집단의 평균들을 비교하기 위한 목적으로 그림과 같이 각각의 모집단으로부터 표본 $\{X_1, \cdots, X_{n_1}\}$, $\{Y_1, \cdots, Y_{n_2}\}$를 얻는다고 하자. 그리고 두 집단의 평균간의 차이, 즉 $(\mu_X - \mu_Y)$에 초점을 맞추어 보자.

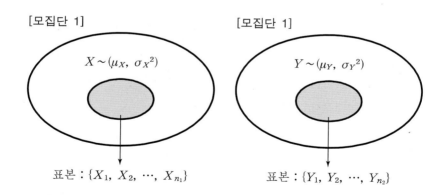

[모집단 1]   [모집단 1]

$X \sim (\mu_X, \sigma_X^2)$ $Y \sim (\mu_Y, \sigma_Y^2)$

표본 : $\{X_1, X_2, \cdots, X_{n_1}\}$ 표본 : $\{Y_1, Y_2, \cdots, Y_{n_2}\}$

먼저 μ_X의 가장 좋은 추정량은 $\overline{X}$, μ_Y의 가장 좋은 추정량은 $\overline{Y}$이므로, $(\mu_X - \mu_Y)$에 대한 가장 좋은 추정량은 $(\overline{X} - \overline{Y})$가 될 것이다.

그러면, $(\overline{X} - \overline{Y})$의 분포는 무엇일까? 하나의 표본평균($\overline{X}$)에 대한 분

포에서와 마찬가지로(중심극한정리를 이용하여), $(\overline{X} - \overline{Y})$도 정규분포를 하고 $(\overline{X} - \overline{Y})$의 평균은 $(\mu_X - \mu_Y)$, 분산은 $(\sigma_X^2/n_1 + \sigma_Y^2/n_2)$이다. 즉,

$$(\overline{X} - \overline{Y}) \sim N\left(\mu_X - \mu_Y, \ \frac{\sigma_X^2}{n_1} + \frac{\sigma_Y^2}{n_2}\right) \tag{4-14}$$

이다. 여기서, $E(\overline{X} - \overline{Y}) = \mu_X - \mu_Y$임은 당연하며 $Var(\overline{X} - \overline{Y})$는 제 2 장 제 7 절을 바탕으로 이해할 수 있을 것이다. 즉,

$$E(\overline{X} - \overline{Y}) = E(\overline{X}) - E(\overline{Y}) = \mu_X - \mu_Y \tag{4-15}$$

$$Var(\overline{X} - \overline{Y}) = Var(\overline{X}) + Var(\overline{Y}) = \frac{\sigma_X^2}{n_1} + \frac{\sigma_Y^2}{n_2} \tag{4-16}$$

이다(X와 Y들은 독립이다). 그러면, $(\overline{X} - \overline{Y})$를 표준화시켜

$$Z = \frac{(\overline{X} - \overline{Y}) - (\mu_X - \mu_Y)}{\sqrt{\dfrac{\sigma_X^2}{n_1} + \dfrac{\sigma_Y^2}{n_2}}} \tag{4-17}$$

을 얻게 되는데, 앞의 제 3 절에서 다루었던 과정에서와 똑같은 원리로 파라미터 σ_X^2과 σ_Y^2을 추정해야만 한다.

물론, σ_X^2은 [모집단 1]의 분산, σ_Y^2은 [모집단 2]의 분산을 나타내기 때문에

$$\sigma_X^2 \text{은 } \{X_1, X_2, \cdots, X_{n_1}\} \text{로부터}$$
$$\sigma_Y^2 \text{은 } \{Y_1, Y_2, \cdots, Y_{n_2}\} \text{로부터}$$

각각

$$S_X^2 = \frac{\sum (X_i - \overline{X})^2}{n_1 - 1} \tag{4-18}$$

그림 4-6 t-분포(자유도 : $n_1 + n_2 - 2$)

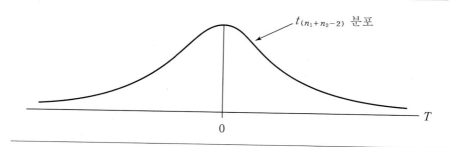

$$S_Y^2 = \frac{\sum (Y_i - \overline{Y})^2}{n_2 - 1} \qquad (4\text{-}19)$$

으로 추정될 수 있다.

그러나 σ_X^2과 σ_Y^2이 같다면, 즉 $\sigma_X^2 = \sigma_Y^2 = \sigma^2$이라면 σ^2을 추정하기 위한 표본은 $\{X_1, \cdots, X_{n_1}\}$과 $\{Y_1, \cdots, Y_{n_2}\}$ 모두가 되므로 이들을 합하여(pool) σ^2을 추정한다. 즉, σ^2의 추정량은

합하여

$$S_{pooled}^2 = \frac{\sum_{i=1}^{n_1} (X_i - \overline{X})^2 + \sum_{i=1}^{n_2} (Y_i - \overline{Y})^2}{(n_1 - 1) + (n_2 - 1)} \qquad (4\text{-}20)$$

이다. 이 경우, S_{pooled}^2의 자유도는 $(n_1 + n_2 - 2)$이다. 따라서 식 (4-20)의 S_{pooled}^2을 식 (4-17)에 대입하면, 식 (4-4)에서와 마찬가지로,

$$T = \frac{(\overline{X} - \overline{Y}) - (\mu_X - \mu_Y)}{\sqrt{\dfrac{S_{pooled}^2}{n_1} + \dfrac{S_{pooled}^2}{n_2}}} \qquad (4\text{-}21)$$

가 되는데, T는 자유도 $(n_1 + n_2 - 2)$의 t-분포를 한다([그림 4-6]).

그러므로 $(\mu_X - \mu_Y)$에 대한 $(1-\alpha)100\%$ 신뢰수준에서의 신뢰구간은

$$P[-t_{\alpha/2} < T < t_{\alpha/2}] = 1 - \alpha$$

$$\Rightarrow P\left[-t_{\alpha/2} < \frac{(\overline{X} - \overline{Y}) - (\mu_X - \mu_Y)}{S_{pooled}\sqrt{\dfrac{1}{n_1} + \dfrac{1}{n_2}}} < t_{\alpha/2}\right] = 1 - \alpha$$

$$\Rightarrow P\left[(\overline{X} - \overline{Y}) - t_{\alpha/2} S_{pooled}\sqrt{\frac{1}{n_1} + \frac{1}{n_2}} < (\mu_X - \mu_Y) < \right.$$

$$\left. (\overline{X} - \overline{Y}) + t_{\alpha/2} S_{pooled}\sqrt{\frac{1}{n_1} + \frac{1}{n_2}}\right] = (1 - \alpha) \qquad (4\text{-}22)$$

로부터, $(\mu_X - \mu_Y)$의 신뢰구간은

$$\left((\overline{X} - \overline{Y}) - t_{\alpha/2} S_{pooled}\sqrt{\frac{1}{n_1} + \frac{1}{n_2}}, \ (\overline{X} - \overline{Y}) + t_{\alpha/2} S_{pooled}\sqrt{\frac{1}{n_1} + \frac{1}{n_2}}\right) \ (4\text{-}23)$$

로 얻어진다.

만일, σ_X^2과 σ_Y^2이 같지 않다면, σ_X^2과 σ_Y^2에 대한 추정량은 각각 식 (4-18)과 식 (4-19)로 얻을 수밖에 없다. 이 경우에는 신뢰구간이

$$\left((\overline{X} - \overline{Y}) - t_{\alpha/2}\sqrt{\frac{S_X^2}{n_1} + \frac{S_Y^2}{n_2}}, \ (\overline{X} - \overline{Y}) + t_{\alpha/2}\sqrt{\frac{S_X^2}{n_1} + \frac{S_Y^2}{n_2}}\right) \quad (4\text{-}24)$$

가 되는데 $t_{\alpha/2}$값은 자유도

$$d.f. = \frac{\left(\dfrac{s_X^2}{n_1} + \dfrac{s_Y^2}{n_2}\right)^2}{\dfrac{(s_X^2/n_1)^2}{n_1 - 1} + \dfrac{(s_Y^2/n_2)^2}{n_2 - 1}} \qquad (4\text{-}25)$$

의 t-분포로부터 얻어진 값을 사용한다. 식 (4-25)로 계산된 자유도는 정

수가 아닐 수 있으므로 그 값에 가까운 정수로 자유도를 정하면 될 것이다.

앞에서 설명한 부분은 제5장에서 다시 설명될 것이다. 그리고 표본값들이 얻어질 때, 그 값들을 컴퓨터에 입력하여 통계패키지(SAS, SPSS 등)를 사용하면 결과 값들을 얻을 수 있다.

예 4-7

어느 회사에서는 여자 직원들과 남자 직원들의 주당 근무시간에 차이가 있는가를 알아보기 위해서 여자직원 중 14명, 남자직원중 7명을 표본으로 하여 주(週) 근무시간을 조사한 결과 다음과 같았다. 여자직원들의 근무시간(μ_X)과 남자직원들의 근무시간(μ_Y)의 차이에 대한 95% 신뢰구간을 구해 보기로 하자.

여자직원	남자직원
$n_1 = 14$	$n_2 = 7$
$\bar{x} = 53.0$	$\bar{y} = 43.4$
$s_X^2 = 96.8$	$s_Y^2 = 102.0$

먼저, 여자직원들 14명의 자료로 얻은 표본분산(s_X^2)이 96.8, 남자직원 7명의 자료로 얻은 표본분산(s_Y^2)이 102.0이므로 두 집단(여자직원, 남자직원)의 주당 근무시간 분산은 같다고 가정하자($\sigma_X^2 = \sigma_Y^2$).

그러면, 먼저 식 (4-20)의 s_{pooled}^2 을 얻어야 하는데

$$s_{pooled}^2 = \frac{(n_1-1)s_X^2 + (n_2-1)s_Y^2}{n_1+n_2-2}$$

$$= \frac{(13)(96.8)+(6)(102.0)}{14+7-2} = 98.44$$

이고 자유도 19의 $t_{.025}$값은 $t_{.025}(19) = 2.093$이므로 식 (4-23)에 대입하여

95% 신뢰수준의 $(\mu_X - \mu_Y)$에 대한 신뢰구간은

$$\Big((53.0 - 43.4) - 2.093 \sqrt{98.44} \sqrt{\frac{1}{14} + \frac{1}{7}},$$

$$(53.0 - 43.4) + 2.093 \sqrt{98.44} \sqrt{\frac{1}{14} + \frac{1}{7}}\Big)$$

$$\Rightarrow (0.187,\ 19.413)$$

로 얻어진다.

4.7 짝으로 이루어진 자료들의 차에 대한 신뢰구간 추정*

제 6 절에서는 서로 독립인 두 모집단의 평균들 차이에 대해 다루었지만, 여기서는 하나의 대상에서 두 개의 자료를 얻는 경우, 그 차이의 평균에 대한 문제를 다룬다. 이를테면, 프로야구 선수들의 왼쪽 팔 힘과 오른쪽 팔 힘간의 차에 대한 평균이라거나 직장인들의 출근 소요시간과 퇴근 소요시간 차이의 평균 등은 서로 독립적인 두 집단을 비교하는 것이 아니라, 한 사람에 대한 두 가지 자료를 비교하고자 하는 문제들이다. 즉, 힘이 좋은 야구선수는 왼쪽 팔 힘이나 오른쪽 팔 힘 모두 강할 것이고, 힘이 없는 선수는 왼쪽이나 오른쪽 모두 힘이 약할 것이므로 왼쪽과 오른쪽 팔 힘은 서로 관련이 있는데 이 경우 두 가지 팔 힘의 차이에 대한 평균에 관심이 있는 것이다. 직장인의 출근과 퇴근 소요시간도 개개인의 출근과 퇴근 소요시간의 차이에 관심이 있는 것이다. 특히, 어떤 계기(사건)나 시점을 전후로 상황이 변했는가를 측정하는 문제들은 전형적인 짝으로 된 자료의 문제들이다. 이를테면, 혈압환자들이 특정약을 복용했

이전과 이후의
차이

그림 4-7 **짝으로 된 자료의 모집단**

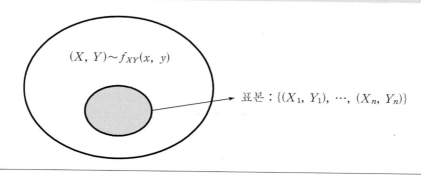

을 때 혈압이 낮아지는가를 다루는 문제라든지 특정한 사건을 계기로 차이가 발생했는지 등의 문제들이다.

이러한 짝으로 이루어진 자료들에 대한 모집단의 구조는 다음과 같다. [그림 4-7]에서와 같이 모집단은 두 가지 자료들을 나타내는 확률변수, X와 Y로 구성되는데

X와 Y의 차이를 $D=X-Y$라고 할 때, D의 평균은 μ_D가 된다. 이때 모집단으로부터 얻어진 표본은 $\{(X_1, Y_1), \cdots, (X_n, Y_n)\}$이며 이들로부터

$$D_1 = X_1 - Y_1, \ D_2 = X_2 - Y_2, \ \cdots, \ D_n = X_n - Y_n \qquad (4\text{-}26)$$

을 얻으면, 짝으로 이루어진 자료들의 차이 평균의 문제는 [그림 4-8]과 같이 D라는 변수의 모집단 평균(μ_D)에 대한 신뢰구간을 얻는 문제가 될 것이다.

그러면, μ_D에 대한 $(1-\alpha)100\%$ 신뢰수준의 신뢰구간은 제 3 절에서와 같이

$$\left(\overline{D} - t_{\alpha/2} \frac{S_D}{\sqrt{n}}, \ \overline{D} + t_{\alpha/2} \frac{S_D}{\sqrt{n}} \right) \qquad (4\text{-}27)$$

그림 4-8   짝으로 된 모집단의 변형

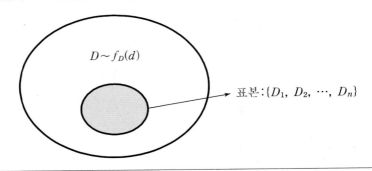

$$D \sim f_D(d)$$

표본: $\{D_1,\ D_2,\ \cdots,\ D_n\}$

가 된다. 여기서, $\overline{D}$와 S_D는 각각 D_i들의 평균, 표준편차이다. 다시 말하면, 하나의 모집단에 대한 문제로서 제 3 절의 X를 D로 바꾸어 놓고 생각해 보면 충분히 이해할 수 있을 것이다.

예 4-8

어떤 제품에 대한 광고를 하기 위하여 A타입과 B타입의 광고물을 제작하였다. 두 가지 광고물의 효과에 대한 반응을 10명에게 측정한 결과 다음과 같은 자료를 얻었다. 두 가지 광고물 반응 차이의 평균에 대한 90% 신뢰수준의 신뢰구간을 구하면 다음과 같다.

피조사자	1	2	3	4	5	6	7	8	9	10
A타입	78	63	72	89	91	49	68	76	85	55
B타입	71	44	61	84	74	51	55	60	77	39
d	7	19	11	5	17	-2	13	16	8	16

우선, 표본수(n)가 작기 때문에 10개의 d값들이 정규분포한다는 가정이 필요하다. 차이(d)들의 평균이 $\overline{d} = 11.0$, 표준편차는 $s_d = 6.53$, 자유도 $(10-1)$의 $t_{.05}$값은 1.833이므로 μ_D에 대한 신뢰구간은

$$\left(\overline{d}-t_{.05}\frac{s_d}{\sqrt{n}}, \ \overline{d}+t_{.05}\frac{s_d}{\sqrt{n}}\right)$$

$$\Rightarrow \left(11.0-1.833\frac{6.53}{\sqrt{10}}, \ 11.0+1.833\frac{6.53}{\sqrt{10}}\right)$$

$$\Rightarrow (7.22, \ 14.78)$$

이다.

4.8 표본크기의 결정*

모집단으로부터 표본을 얻고자 할 때 바람직한 표본의 크기는 얼마
나 되어야 하는가 하는 문제도 고려해 볼 필요가 있다. 상식적으로 표본
의 크기가 크면 클수록 정확도가 높은 결과를 얻을 수 있지만, 시간적·
금전적 문제가 수반된다. 그리고 표본의 크기는 모집단의 크기에 따라 결
정된다는 사실도 당연하다.

표본크기와
정확도

모집단의 크기가 N일 경우, 표본비율 $\hat{\boldsymbol{p}}$의 분산은 이론적으로 정확
하게

$$Var(\hat{\boldsymbol{p}}) = \frac{p(1-p)}{n}\left(\frac{N-n}{N-1}\right) \tag{4-28}$$

이다. 그러면, 신뢰구간은 (원칙적으로)

$$\left(\hat{\boldsymbol{p}}-z_{\alpha/2}\frac{\sqrt{\hat{\boldsymbol{p}}(1-\hat{\boldsymbol{p}})}}{n}\sqrt{\frac{N-n}{N-1}}, \ \hat{\boldsymbol{p}}+z_{\alpha/2}\frac{\sqrt{\hat{\boldsymbol{p}}(1-\hat{\boldsymbol{p}})}}{n}\sqrt{\frac{N-n}{N-1}}\right) \tag{4-29}$$

정도

이 될 것인바, 주어진 **정도**(precision; 신뢰구간의 폭)의 결과를 얻기 위해

표본의 크기(n)를 어느 정도 크게 해야 하는가를 고려해 보자.

신뢰구간의 폭   이제, **신뢰구간의 폭**을 결정해 주는

$$z_{a/2}\frac{\sqrt{\hat{p}(1-\hat{p})}}{n}\sqrt{\frac{N-n}{N-1}} \qquad (4\text{-}30)$$

오차의 한계   를 **오차의 한계**(허용오차의 범위)라고 부르는데 오차의 한계(정도)를 주어진 값 d_0로 하자. 그러면

$$d_0 = z_{a/2}\frac{\sqrt{\hat{p}(1-\hat{p})}}{n}\sqrt{\frac{N-n}{N-1}} \qquad (4\text{-}31)$$

으로부터 n을 구하면 된다.

그러나 n의 크기를 여유 있게(가급적이면 큰 값으로) 하기 위해서 $\hat{p}$ 대신 0.5를 대입하여 n의 크기를 정하는 것이 바람직하므로(식 (4-31)에서 $\hat{p}=0.5$일 때 n이 최대가 됨)

$$d_0 = (0.5)(z_{a/2})\sqrt{\frac{N-n}{n(N-1)}} \qquad (4\text{-}32)$$

으로부터 표본의 크기 n을 결정한다.

만일, 모집단의 수를 일정한 값(N_0)으로 알고 있고 표본의 크기를 특정한 값(n_0)으로 정했을 경우라면, 위의 식을 통하여 d_0를 구하게 되는 **표본오차**   데 이 값을 오차의 한계 또는 **표본오차**(sampling error)라고 부르게 되는 것이다.

식 (4-28)에서 $(N-n)/(N-1)$은 모집단의 크기가 유한(N)일 경우, 이론적으로 얻어지는 값이다. 앞의 식 (4-6)에서 보았던 $Var(\hat{p}) = p(1-p)/n$은 모집단의 크기가 무한(∞)일 때라고 이해하면 된다. 여기서는 모집단의 크기에 따라 표본의 크기가 결정될 수 있다는 점을 반영하기 위하여 식 (4-28)을 사용하게 되는 것이다.

예 4-9

주요 언론사에서는 특별한 시점(창립일, 특정 정책발표)에 여론조사를 하여 그 내용을 발표한다. 그 내용과는 별도로 그 조사의 오차의 한계(또는 표본오차)를 밝히고 있는데, 예를 들어 1,000명을 대상으로 전화조사를 했을 경우, 「신뢰수준 95%에서 오차의 한계는 ±3.1%이다」고 한다. 이는 식 (4-32)에서

$$0.5 \times 1.96 \times \frac{1}{\sqrt{1,000}} = 0.031$$

로 계산된 것이다. 물론 모집단의 크기(N)를 고려하지 않고 계산한 결과이다.

또한, 이 조사의 내용 중에 대통령에 대한 지지율(p)이 얻어(추정)졌고 그 값이 45%라면, 지지율의 신뢰구간은 대략

$$(0.45 - 0.031, \ 0.45 + 0.031) \ \Rightarrow \ (0.419, \ 0.481)$$

로 얻어지게 됨을 알 수가 있다.

CASE STUDY **표본추출방법과 추정**

어떤 모르는 값을 추정한다는 것은 결코 간단한 문제가 아니다. 무엇을 알고 싶은 경우, 그 무엇이 정확히 정의되어야 하고 그것을 추정하기 위해서는 표본을 얻어야 한다는 점도 이해가 될 것이다. 우리의 일상생활에서 표본을 얻는 행위는 무수히 많다. 예를 들어 국이나 찌게의 간을 맞추어 보는 행위도 이를테면 표본을 통하여 그 맛을 평가(추정)하는 것이다. 국이나 찌게의 간을 볼 때 한두 번 휘젓고 한 숟가락을 뜨는 것이 바람직한 표본추출과 추정의 과정이 아니겠는가?

그러므로 얻어질 표본의 어떤 것(추정량)으로 알고 싶은 값(파라미터)을 추정하느냐도 중요하지만, 어떻게 표본을 얻어야 하는가 하는 문제(표본추출)도 추정과 밀접한 관계가 있다. 그리고 이러한 모든 일련의 작업들이 상식에 기초하여 여러 사람들의 의견을 종합하여 합리적으로 이루어져야 한다는 것도 이해될 것이다.

구체적인 예로, 어느 큰 항아리에 콩이 담겨져 있다고 할 때 그 항아리에 들어 있는 콩의 수는 몇 개일까를 알아보고자 한다고 하자. 과연, 우리들은 어떤 방법으로 콩의 수를 추정할 수 있을 것인가? 하루종일 앉아서 모든 콩의 수를 셀 것인가? 작은 그릇을 사용하여 한 그릇에 담기는 콩의 수를 세고, 그 항아리의 콩은 작은 그릇 몇 개로 퍼낼 수 있을 것인가를 알아볼 것인가? 콩의 수를 알아보고자 하는 문제이지만 콩 하나의 무게를 기준으로 바꾸어 생각함으로써 콩의 수를 추정하는 것이 더욱 바람직한 것은 아닐까? 등등 표본을 얻는 방법과 추정의 방법을 동시적으로 다양하게 고려하여야 할 것이다. 정답은 없다. 주어진 환경에서 최선을 다 하는 것이 최선이다.

CASE STUDY   매춘여성의 수

중앙일보(2000년 1월 11일자)에 커다란 Box 기사로 「매춘여성 150만」, 이 중에서 「미성년이 50만」이라는 타이틀이 눈에 띈다. 기자의 설명에 의하면 전국에 유흥업소가 40만 개가 넘고, 매춘여성은 150만 명으로 추산된다고 하였다. 이러한 추산방식이 어디에 근거한 것인지는 모르겠지만, 150만 명의 매춘부가 어느 정도나 사실일까를 상식적인 차원에서 검토해 보기로 하자.

1999년도 통계청자료에 의하면, 우리나라 인구는 4,686만 명, 이 중에서 여자는 2,324만 명이다. 그리고 여성 중 매춘을 할 수 있

는 연령대를 14세부터 35세까지로 할 때, 이 연령대의 여성은 870만 명이다. 그러면, 870만 명 중에서 150만 명이 매춘여성이라는 이야기인데, 신문기사대로라면 이 연령대의 여성 6명 중 1명(17%)이 매춘을 하고 있다는 말이다.

특히 미성년자의 매춘여성이 50만 명이라는 추계는 더욱 실소를 자아낼 수밖에 없는 통계이다. 즉, 14세에서 18세 여성은 전국적으로 184만 명 정도인데, 이 중 50만 명이 매춘을 한다면(27%), 미성년 여성 중 적어도 4명에 1명은 매춘여성이라는 주장이다.

실제로 미성년 매춘여성의 수를 제대로 추정하기는 매우 어렵겠지만 어림짐작으로 추정한다면 어느 정도일까? 물론, 구체적인 조사설계에 따라 추정을 해야 하겠지만, 중·고등학교에 다니는 14세에서 18세 연령층(중2~고3)에 대해 지역적으로 나누고 연령별로 학생과 학생이 아닌 집단으로 나누어 조사한 결과, 학생 중 3%, 비학생 중 10% 같은 방법으로 조잡하게나마 추정치를 얻을 수 있을 것 같다. 그 결과, 미성년자 20명 중 1명(5%)이 매춘을 한다면 어느 정도 수긍할 수 있는 통계라고 생각되는데 이럴 경우 전체 미성년 여성 중 9만 명이 된다.

1. 세 명의 남자키(X)가 170, 171, 172인 모집단과 두 명의 여자(Y)가 162, 166인 모집단이 있다고 하자. 두 모집단은 서로 독립이라고 하고 표본으로 1명씩 선택했을 경우
   (a) 남자표본(1명)의 표본평균과 여자표본(1명)의 표본평균 차에 대한 분포를 구하라.
   (b) $(\overline{X}-\overline{Y})$의 평균((a)에서 얻어진 분포의 평균)과 X의 평균 μ_X, Y의 평균 μ_Y를 구하고 $\mu_{\overline{X}-\overline{Y}} = \mu_X - \mu_Y$임을 확인하라.
   (c) $(\overline{X}-\overline{Y})$의 분산, $\sigma_{\overline{X}-\overline{Y}}^2$와 $\sigma_{\overline{X}}^2$, $\sigma_{\overline{Y}}^2$을 구하고 $\sigma_{\overline{X}-\overline{Y}}^2 = \sigma_{\overline{X}}^2 + \sigma_{\overline{Y}}^2$임을 확인하라.

2. 새로 개발된 차 81대를 대상으로 주행 테스트를 한 결과 평균 $15km/l$, 표준편차 $2km/l$이 얻어졌다. 신뢰수준 95%에서 이 모델의 l당 평균 주행거리 신뢰구간을 구하여라.

3. 특정 제품 A의 선호와 비선호를 알아보기 위해 1,000명을 대상으로 조사한 결과 A를 선호하는 사람들이 520명임을 알게 되었다. 제품 A의 선호율에 대해
   (a) 신뢰수준 90%의 신뢰구간을 구하라.
   (b) 신뢰수준 95%의 신뢰구간을 구하라.
   (c) 만일 4,000명을 대상으로 조사했을 때, A를 2,080명이 선호했다면 신뢰수준 95%에서 A선호율에 대한 신뢰구간을 구하고 (b)의 결과와 비교하라.

4. 본문의 식 (4-2)에 대해, Z 대신

$$T = \frac{\overline{X}-\mu}{S/\sqrt{n}}$$

을 대입할 경우,

$$P\left(\overline{X} - t_{\alpha/2}\frac{S}{\sqrt{n}} < \mu < \overline{X} + t_{\alpha/2}\frac{S}{\sqrt{n}}\right) = 1 - \alpha$$

임을 보이라.

5. 어느 금융기관의 일일 방문고객 수는 정규분포한다고 한다. 이 금융기관에서 10일 간의 방문고객 수를 얻은 결과는 다음과 같다.

$$\{172,\ 169,\ 176,\ 170,\ 174,\ 173,\ 168,\ 172,\ 173,\ 170\}$$

(a) 이 금융기관의 일일 방문고객수 평균 μ와 표준편차 σ를 추정하라.

(b) 평균 μ에 대한 95% 신뢰구간을 구하라.

6. 정규분포하는 모집단으로부터 표본 $\{X_1, X_2, \cdots, X_n\}(n \geq 3)$을 얻어 다음과 같은 추정량을 고려하고 있다.

$$U_1 = \frac{X_1 + \cdots + X_n}{n},\ U_2 = \frac{2X_1 + 2X_2 + X_3}{5},\ U_3 = \frac{3X_1 + X_2 + X_3}{5}$$

(a) 평균 μ에 대한 불편추정량은 어떤 것들인가?

(b) 가장 분산이 작은 추정량은 무엇인가?

7. 운동경기를 무척 좋아하는 사람들의 성비를 알아보고자 한다. 임의로 선택된 축구팬 들 600명 중에서 20명이 여성이었다고 하자. 이제, 신뢰수준 95%에서 오차의 한계 가 5%를 넘지 않도록 하려고 할 때

(a) 표본의 크기가 충분히 큰가를 판단하라.

(b) 표본크기가 최소한 얼마 이상이어야 하겠는가?

8. 앞의 CASE STUDY에 나와 있는 큰 항아리 안에 담겨 있는 콩의 수를 추정하는 최 적의 방법을 논의하라. 최적의 방법이란, 물론 가장 편하고 짧은 시간 내에 추정할 수 있는 방법을 말한다.

9. 모집단의 크기가 1,000인 경우, 모집단의 평균 μ에 대해 95% 신뢰수준에서 신뢰구간의 폭을 20으로 하고자 한다(오차의 한계 10). 표본의 크기를 어느 정도로 해야 하는가 하는 문제를 생각해 보자.

우선, 모집단의 크기가 1,000이라면, $\overline{X}$의 분산은

$$Var(\overline{X}) = \frac{\sigma^2}{n}\left(\frac{1,000-n}{1,000-1}\right)$$

이 된다. 그러므로 식 (4-3)에서 신뢰수준 95%의 신뢰구간 폭은

$$2(1.96)\frac{\sigma}{\sqrt{n}}\sqrt{\frac{1,000-n}{999}}$$

인데, σ를 모르므로 간단하게 예비표본(pilot sample)을 얻어 σ를 추정하여 사용할 수밖에 없다. 즉, 예비표본으로부터 얻어진 표본의 표준편차값 s를 사용하여

$$2(1.96)\frac{s}{\sqrt{n}}\sqrt{\frac{1,000-n}{999}} = 20$$

으로부터 n의 값을 구하면 된다.

이 경우는, 모집단 평균(μ)에 대한 것으로서 사용 용도는 극히 제한적이다. 그러나 평균에 대해 이해하기 위해서 필요한 설명이라고 이해하기 바란다.

이제, 양어장에는 10,000마리의 광어가 있다고 하자. 이 양어장의 광어 전체를 구입하고자 하는데, 평균무게(μ)에 대해 95% 신뢰수준에서 오차의 한계를 0.5kg으로 구간추정하고자 한다면 몇 마리를 표본으로 얻어야 하는가? 단, $s = 2$kg이다.

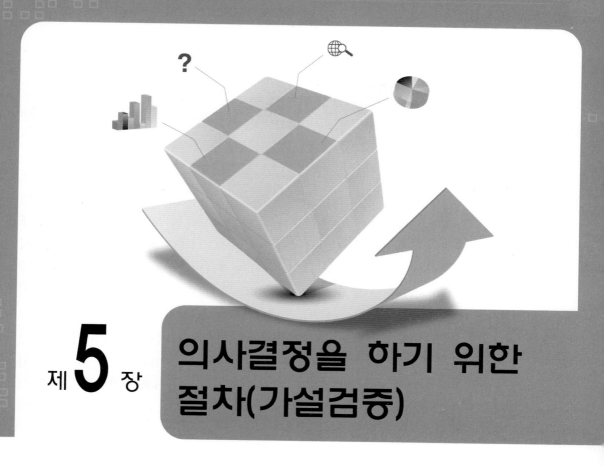

제 5 장

의사결정을 하기 위한 절차(가설검증)

모집단에 대한 어떤 주장, 기술(description), 또는 가정을 가설(hypothesis)이라고 부르는데 이 가설의 타당성 여부를 판단하는 일련의 과정을 가설검증(hypothesis test)이라고 한다. 예를 들면, 금융실명제 실시는 고소득층 사람들의 경제활동을 위축시켰다던가, 고등학교 학생들의 학력이 매년 낮아지고 있다든가, 취학연령 아동의 키는 여자가 남자보다 크다 등등을 가설이라고 할 수 있다.

5.1 귀무(영)가설과 대립가설

귀무가설

대립가설

영가설

모집단에 대해 알아보고자 하는 바를 가설로 표현하고자 할 때 **귀무 가설**(null hypothesis)과 **대립가설**(alternative hypothesis)의 두 가지로 나누어 가설을 설정한다. 귀무가설(또는 **영가설**)과 대립가설은 특정한 문제에 대해서는 특정한 형태로 표현되지만, 대체로「새로운 주장」,「흥미 대상이 되는 가설」, 또는「전에 알고 있던 것과 같지 않은 사실」등의 내용을 대립가설(H_1으로 표기)로 설정하고, 대립가설과 상반되는 가설을 귀무가설(H_0로 표기)로 삼는다.

예를 들면, 찌그러진 동전이 있을 경우 이 동전은 앞면과 뒷면이 나올 확률이 같지 않을 것이라는 의심(흥미)이 일어나며 이를 검증하기 위한 가설을 세운다면 대립가설은 앞면과 뒷면이 나올 확률은 다르다가 될 것이고 귀무가설은 앞면과 뒷면이 나올 확률이 같다[P(앞면)$=P$(뒷면)]가 될 것이다.

또,「어느 창구에서의 대기시간은 평균 10분 이상이다」라는 주장을 제기하고자 할 경우, 대립가설은 $\mu > 10$, 귀무가설은 $\mu \leq 10$으로 설정하게 된다는 것이다.

그 밖에도,「어느 특정후보에 대한 유권자 전체의 지지율이 20%도 안 될 것이다」라는 주장(사실)을 가설검증하기 위해서는 대립가설이 $p < .20$, 귀무가설은 $p \geq .20$으로 만들어야 한다.

앞의 예들에 대한 가설을 정리하면 다음과 같다.

예 5-1

찌그러진 동전의 예

$$H_0 : P(\text{앞면}) = 0.5$$

$$H_1 : P(앞면) \neq 0.5$$

예 5-2

창구에서의 대기시간 평균의 예

$$H_0 : \mu \leq 10 \,(또는 \ \mu = 10)$$
$$H_1 : \mu > 10$$

예 5-3

특정후보 지지율의 예

$$H_0 : p \geq 0.20 \,(또는 \ p = 0.20)$$
$$H_1 : p < 0.20$$

양측검증
단측검증

　　위의 예에서 [예 5-1]과 같은 경우를 **양측검증**(two-sided test), [예 5-2]와 [예 5-3]과 같이 크다, 작다의 방향이 결정된 가설의 검증을 **단측검증**(one-sided test)이라고 부른다. 여기서, 주목해야 할 점은 등호(=)는 H_0에만 들어간다는 점이다. 그 이유는 귀무가설이 옳다는 가정하에서 가설검증의 과정이 수행되기 때문인데, 귀무가설을 전제로 가설검증을 함으로써 대립가설의 내용이 쉽게 뒷받침되지 못하게 하는(다시 말해서, H_0를 기각하기 어렵게 하는) 작용을 한다.

　　또, 단측검증은 이미 방향(크다 또는 작다)에 대해서는 정해진 경우이고(크다고 인정은 되는데 정말 그런가 또는 낮아진 것은 맞는데 정말 낮아졌다고 주장할 수 있는가), 양측검증은 다만 달라졌다고 주장할 수 있는가를 검증하는 것이라고 보면 된다. 그리고 [예 5-2]와 [예 5-3]에서 H_0의 내용에 부등호($<$, $>$)는 사용하지 않는 경우도 있는데 이미 알려져 있는 사실을 그대로 식으로 표현한 경우라고 이해하기 바란다. 다시 말하면, $H_0 : \mu \le 10$이라고 표현하는 것이 이론적으로 맞지만 이해하기 편하게 $H_0 : \mu = 10$이라고 표현하기도 한다는 것이다.

5.2 검증통계량과 귀무가설의 기각역

이미 설명한 대로 가설이란 모집단에 대한 기술이기 때문에 이를 검증하기 위해서는 표본(자료)을 얻어, 특정한 검증의 목적에 맞는 통계량을 찾아야 할 것이다. **검증통계량**(test statistic)이란 통계량으로서 검증의 목적으로 사용하는 것을 말한다. 따라서, 주어진 문제에 대한 가설검증에 대해서 그 문제에 맞는 검증통계량이 존재하기 마련이다. 그리고 이 검증통계량의 구체적인 값이 어느 범위에 있을 경우 귀무가설(H_0)을 기각할 것인가, 다시 말하면, 대립가설이 뒷받침(주장)되기 위해서는 검증통계량의 값이 어느 범위에 있을 경우인가를 결정해야 하는데 이를 **귀무가설의 기각역**(rejection region of H_0)이라고 부른다. 앞에서 언급한 세 가지 예에 대한 검증통계량과 귀무가설의 기각역을 살펴보자.

검증통계량

귀무가설의 기각역

예 5-1

[계속] 찌그러진 동전의 앞면과 뒷면이 나올 확률이 같은가의 문제에 대한 가설을 검증하려면 그 동전을 몇 차례 던져서 얻어진 결과로써 의사결정을 해야 할 것이다. 만일 100번을 던질 경우(표본) 앞면이 나오는

횟수가 너무 적거나 너무 많으면 그 동전은 찌그러졌기 때문에 너무 적게 또는 너무 많이 앞면이 나왔다고 판단할 수 있을 것이다.

이때, 정상적인 동전이라면 앞면이 나올 확률이 0.5이므로 100번을 던질 경우 앞면이 50번 나올 것으로 기대할 수 있다. 그러므로 앞면이 50에 가까운 횟수(이를테면 49, 51, 48, 52 등)가 나올 때 그 찌그러진 동전은 앞면과 뒷면이 나올 확률이 같다고 할 수 있을 것이다. 따라서 검증통계량과 H_0의 기각역은 다음과 같다.

$$검증통계량 : X = 앞면의\ 횟수(100번\ 중)$$
$$H_0\ 기각역 : X < 50 - ⓐ\ 또는\ X > 50 + ⓐ$$

예 5-2

[계속] 어느 창구에서 고객들이 평균적으로 10분 이상 기다리는가를 검증하기 위해서는 일정한 수의 고객들을 대상으로 대기시간을 조사하여 그 고객들의 대기시간 평균($\overline{X}$)으로써 판단함이 타당하다. 즉, 모집단 평균(μ)에 대한 가설이므로, 표본으로부터 얻는 표본평균($\overline{X}$)을 검증통계량으로 삼아야 한다(μ를 추정하기 위해서 $\overline{X}$를 사용했던 것과 같은 이유이다).

그러나 표본평균이 정확히 10분이어서는 「$H_1 : \mu > 10$」을 주장하기는 어렵다. 적어도 표본평균값이 「10분보다는 어느 정도 큰 값」보다는 커야만 「$H_1 : \mu > 10$」이라고 주장할 수 있을 것이다.

이 문제의 검증통계량과 H_0의 기각역은 다음과 같다.

$$검증통계량 : \overline{X}$$
$$H_0\ 기각역 : \overline{X} > 10 + ⓑ$$

[계속] 어느 후보에 대한 유권자 전체의 지지율(p)이 20%가 안 되는가를 알기 위한 문제도 (모집단의 비율에 대한 문제이므로) 표본비율을 통하여 의사결정해야 할 것이다. 즉, 1,000명의 표본을 선택할 경우 응답자들 중에서 그 후보 지지율(p)을 구하여 표본비율이 「0.20보다도 어느 정도 작은 값」보다도 작을 때, 유권자 전체의 지지율(p)은 20%가 안 된다는 사실을 주장할 수 있을 것이다.

검증통계량과 H_0 기각역은 다음과 같다.

$$검증통계량 : \hat{\boldsymbol{p}}$$

$$H_0 \text{ 기각역} : \hat{\boldsymbol{p}} < 0.2 - ⓒ$$

여기서 설명하고 있는 H_0의 기각역이란 구체적인 표본값들로써 계산된 검증통계량의 값이 기각역 범위에 있으면 H_0를 기각하고 대립가설(H_1)의 내용을 받아들일 수 있다는 것이다. 그리고 위의 세 가지 예에서 표현된 ⓐ, ⓑ, ⓒ는 앞으로 통계이론에서 구해야 하는 값들이다.

특히, 제 6 장부터 다루게 되는 문제들은 여러 가지 통계분석기법으로서 각각의 기법에 맞는 가설의 형태(H_0와 H_1)가 있기 마련이고, 그 가설을 검증하기 위한 특정한 검증통계량이 존재한다. 그리고 검증통계량에 의하여 H_0의 기각역을 정하게 됨은 물론이다.

특정의 가설
검증에 대한
특정의
검증통계량

통계학의 이론은 우리들이 합리적인 사고를 할 때 얻어지는 것을 논리적으로 표현해 놓은 것이라고 편하게 생각하자. 그러면 이 교재에서 다루고 있는 내용들이 하나하나 연결되면서 쉽게 받아들여지고 이해될 수 있을 것이다.

5.3 유의수준

　　모집단에 대한 어떤 주장이 맞는가를 판단하기 위해서는 표본을 얻어 표본으로부터 구해진 결과를 이용해야 한다는 것은 당연하다. 그러나 모집단 전체에 대해서는 영원히 모르는 것이기 때문에, 가설 검증의 과정을 거쳐 의사결정을 할 때 과오(오류)를 범할 수도 있을 것이다. 왜냐하면 (하나님만이 알고 있을) 모집단 전체에 대한 값이 어떻다는 판단을 하는 데 표본을 통하여 사람이 결정하기 때문이다.

　　먼저, 귀무(영)가설의 내용이 옳은 데도 불구하고 귀무(영)가설을 기각하는 과오가 있다. 앞의 예에서 그 동전은 절묘하게도 균형있게 찌그러져 있어 진실로 앞면이 나올 확률이 0.5라고 하자. 그럼에도 불구하고 100번을 던져 본 결과 앞면이 21번밖에 나오지 않아 마치 찌그러진 동전이므로 귀무가설($H_0 : P($앞면$)=0.50$)을 기각했다면 오류(과오)를 범한 것이 되는데, 이러한 과오를 **제 1 종과오**(Type Ⅰ error)라고 부른다. 사실, 정상적인 동전이라도 100번 중 앞면이 21번 나올 수도 있기 때문이다. 이러한 제 1 종과오를 범할 확률을 **유의수준**(significance level)이라고 부르며, α로 표시한다. 즉, 유의수준은

제1종과오

유의수준 α

$$\alpha = P(\text{제 1 종과오 범함}) = P(H_0 \ \text{기각} \mid H_0 \ \text{참}) \tag{5-1}$$

로 표현되며 일반적으로 $\alpha = 0.05(5\%)$를 사용한다. 여기서 「H_0 기각 | H_0 참」이라는 표현은 H_0가 참으로 주어졌는데 H_0를 기각한다는 것을 말한다.

　　유의수준 α를 좀더 자세히 설명하면 다음과 같다. 예를 들어,

$$H_0 : \mu = \mu_0 \quad \text{v.s.} \quad H_1 : \mu \neq \mu_0$$

그림 5-1	양측검증에서의 유의수준 α와 H_0의 기각역

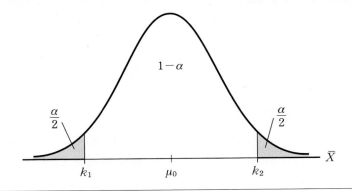

을 가설검증한다고 하자. 여기서 μ_0는 어떤 주어진 값을 나타내는 데 상식적으로 생각해도 표본평균값이 μ_0와 너무 큰 차이가 난다면 H_0를 기각하게 될 것이다.

우선, 귀무가설(영가설)이 맞는다(H_0 참)라는 가정하에서 검증통계량 $\overline{X}$의 분포를 얻어 보면 그 분포는

$$\overline{X} \sim N\left(\mu_0, \, \frac{\sigma^2}{n}\right) \tag{5-2}$$

가 된다. [그림 5-1]에서 보는 바와 같이 모집단의 평균이 μ_0이더라도 표본평균의 값들은 아주 작은 값에서 아주 큰 값까지 얻어질 수가 있다.

만일 표본평균값이 k_1보다 작거나 또는 k_2보다 클 경우, 그 표본평균값은 μ_0와 너무 큰 차이가 나는 것이므로 설령 평균이 μ_0인 모집단에서 얻어진 표본평균값이라 할지라도 H_0를 기각하는 잘못된 의사결정을 내릴 수밖에 없다. 다시 말하면, 그러한 의사결정을 내릴 수밖에 없는 범위에 해당되는 확률(음영으로 표현된 부분)을 유의수준(α)이라고 부른다는 것이다. 실제로는 유의수준값을 얼마로 하느냐에 따라서 k_1과 k_2값이 정해질 것이며 표본평균값이 k_1보다 작거나 k_2보다 클 때 H_0를 기각하게 된다는 것이다.

여기서 설명한 유의수준을 뒤에서(제 5 절) 설명하게 되는 컴퓨터의 계산결과인 유의확률(p-value)과 비교해서 이해하면 유의수준과 p-value 를 보다 확실히 이해할 수 있을 것이다.

[제 1 종의 과오]

제 1 종의 과오란 귀무가설의 내용이 참(true)인 데도 불구하고 귀무가설을 기각하는 결정을 내릴 때의 과오를 말한다고 하였다. 이와 같은 과오는 재판부에서도 일어나는 과오이다.

지난 1997년 9월에 이태원의 햄버거가게에서 살인사건이 일어났다. 어떤 남자 대학생이 화장실에서 소변을 보고 있는 중 미군 두 명(A와 B)이 들어가서 그 대학생을 칼로 찔러 죽인 사건이다. 검찰은 범인은 A이다라고 수사결과를 발표하고 A를 살인죄로 기소하였다. 재판부는 이 사건에 대해 판결(의사결정)을 해야 하는데, 가설검증의 문제로서

$$H_0 : \text{범인은 } A \text{이다}$$
$$H_1 : \text{범인은 } A \text{가 아니다}$$

이라고 표현할 수 있다.

그러나 2년여를 재판하면서 대법원은 결국 귀무가설(H_0)을 기각하고 A를 석방하라는 판결을 하였다(재판부에서는 그렇다고 B가 범인이다라는 결론을 내리지는 않는다). 만일, A가 진짜 범인임에도 불구하고 A를 석방하였다면 재판부는 제 1 종의 과오를 범한 것이다.

여기서 분명한 것은 살아있는 미군 A와 B는 누가 범인인지 알고 있다는 점이다. 즉, 진짜 범인이 A일 수도 있다는 점이다. 이 사건은 B에 대한 재수사를 제대로 하지도 못한 채 미궁으로 빠져 버려 그 부모의 한을 남기고 있다. 그 대학생의 어머니는 전국에 전단을 뿌리며 한을 달래고 있다. 그 이후 이 사건이 영화로 만들어지기도 했다. 현재(2013년)는 B를 국내로 송환하려고 하고 있다.

5.4 가설검증의 예

5.4.1 μ에 대한 가설검증

우리가 어떤 가설을 세우고 그 가설을 검증한다는 것은 결국 수량화 된 자료의 평균에 대한 가설검증일 경우가 대부분이다. 그러므로 모집단 평균에 대한 가설검증은 가장 자주 다루게 되는 것일 뿐 아니라 가설검 증의 과정을 이해하는 데에 기초가 된다. 앞 절에서 살펴본 바와 같이 모 집단의 평균이 특정한 값(μ_0)이라고 할 수 있는가 없는가를 판단하는 문 제는

$$H_0 : \mu = \mu_0 \quad \text{v.s.} \quad H_1 : \mu \neq \mu_0$$

로 표현될 수 있다.

이 가설검증은, 물론 표본에서 얻어진 표본평균($\overline{X}$)을 수단으로 가설 검증해야 할 것이고 얻어진 표본평균값이 μ_0에서 멀리 떨어져 있다면 H_0를 기각해야 할 것이다. 그러면 얼마나 멀리 떨어져 있을 때(예 5-1에 서 ⓐ) H_0를 기각할 것인가를 구체적으로 알아보기로 하자.

우리가 사용해야 할 검증통계량은 $\overline{X}$이고, $\overline{X}$의 분포는

$$\overline{X} \sim N\left(\mu, \ \frac{\sigma^2}{n}\right)$$

이다. 이를 표준화시키면

$$Z = \frac{\overline{X} - \mu}{\sigma / \sqrt{n}} \tag{5-3}$$

인데, σ를 모르므로 σ 대신 S를 사용하면(제 4 장 제 3 절)

$$T = \frac{\overline{X} - \mu}{S/\sqrt{n}} \tag{5-4}$$

로서 자유도 $(n-1)$의 t-분포를 한다. 그러면, 앞의 유의수준(α)을 정의한 식

$$\alpha = P[H_0 \ 기각 \mid H_0 \ 참]$$
$$= P[H_0 \ 기각 \mid \mu = \mu_0] \tag{5-5}$$

으로부터, H_0를 채택할 확률은

$$1 - \alpha = P[H_0 \ 채택 \mid \mu = \mu_0] \tag{5-6}$$

가 된다.

α와 $(1-\alpha)$의
관계

그리고 $(1-\alpha)100\%$ 신뢰수준에서의 신뢰구간을 구하는 과정에서와 같이([식 (4-2)])

$$(1-\alpha) = P\left[-t_{\alpha/2} < \frac{\overline{X} - \mu}{S/\sqrt{n}} < t_{\alpha/2} \,\middle|\, \mu = \mu_0\right]$$
$$= P\left[-t_{\alpha/2} < \frac{\overline{X} - \mu_0}{S/\sqrt{n}} < t_{\alpha/2}\right] \quad (\mu \ 대신 \ \mu_0를 \ 대입한 \ 결과)$$
$$= P\left[-t_{\alpha/2}\frac{S}{\sqrt{n}} < \overline{X} - \mu_0 < t_{\alpha/2}\frac{S}{\sqrt{n}}\right]$$
$$= P\left[\mu_0 - t_{\alpha/2}\frac{S}{\sqrt{n}} < \overline{X} < \mu_0 + t_{\alpha/2}\frac{S}{\sqrt{n}}\right] \tag{5-7}$$

을 얻게 된다. 그러면 식 (5-7)로부터 α를 구하면, α는

$$\alpha = P\left[\overline{X} < \mu_0 - t_{\alpha/2}\frac{S}{\sqrt{n}} \ \ 또는 \ \ \overline{X} > \mu_0 + t_{\alpha/2}\frac{S}{\sqrt{n}}\right] \tag{5-8}$$

이다. 이를 그림으로 나타내면 [그림 5-2]와 같다.

[그림 5-2]를 보면, 검증통계량인 표본평균$(\overline{X})$의 실제로 얻어진 값

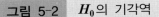

그림 5-2　H_0의 기각역

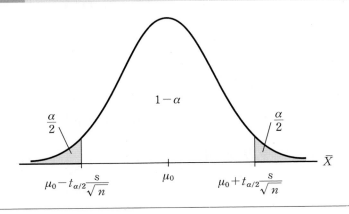

$(\bar{x})$이 $\mu_0 - t_{\alpha/2}\dfrac{s}{\sqrt{n}}$ 보다 작거나 $\mu_0 + t_{\alpha/2}\dfrac{s}{\sqrt{n}}$ 보다 큰 값일 때, 그 표본평균값$(\bar{x})$은 귀무가설의 μ_0값과 큰 차이가 나는 것이므로 모집단의 평균은 μ_0가 아니라고 의사결정하게 된다는 것이다.

다시 말하면, [그림 5-2]의 표본평균$(\bar{X})$의 분포는 모집단의 평균이 μ_0일 때 (즉, H_0 참일 때) 실현 가능한 모든 표본평균값들의 분포를 나타내고 있다. 그러나 실제로 표본을 얻어 계산된 표본평균값이 $\mu_0 - t_{\alpha/2}(s/\sqrt{n})$보다 작거나 $\mu_0 + t_{\alpha/2}(s/\sqrt{n})$보다 큰 위치에 있다면 모집단 평균이 μ_0가 아니라고 판단할 수밖에 없고 이러한 오류(제 1 종과오)를 범할 확률은 α(유의수준)라는 것이다. 그리고 위의 두 값을 **임계치**(critical value)라고 부른다. 왜냐하면, 임계치들을 기준으로 전혀 다른 의사결정을 내려야 하기 때문이다. 그러나 표본평균의 값$(\bar{x})$이 임계치를 기준으로 아주 조금 차이가 난다고 해서 서로 다른 의사결정을 내린다는 것은 경우에 따라 비합리적이다.

그러므로 유의수준(α)을 어떤 값(일반적으로 5%)으로 미리 정해두고 의사결정을 하는 것보다 뒤의 제 5 절에서 설명하는 p-value값을 제시하

유의수준과 기각역의 관계

임계치

며 의사결정을 하는 것이 보다 타당하다고 할 것이다. 이 점은 뒤에서 다시 설명하기로 한다.

앞에서 구한 귀무가설(H_0)의 기각역

$$\overline{X} < \mu_0 - t_{\alpha/2}\frac{S}{\sqrt{n}} \quad \text{또는} \quad \overline{X} > \mu_0 + t_{\alpha/2}\frac{S}{\sqrt{n}} \tag{5-9}$$

은 다음과 같이 표현될 수도 있다. 즉,

$$\frac{\overline{X}-\mu_0}{S/\sqrt{n}} < -t_{\alpha/2} \quad \text{또는} \quad \frac{\overline{X}-\mu_0}{S/\sqrt{n}} > t_{\alpha/2} \tag{5-10}$$

이다. 즉, 표본으로부터 얻어진 표본평균($\overline{x}$)과 표본의 표준편차(s), 주어진 모집단의 평균값(μ_0)으로써 $t = (\overline{x}-\mu_0)/(s/\sqrt{n})$을 구하여 t의 절대값, $|t|$가 $t_{\alpha/2}$값보다 클 때 H_0를 기각하는 의사결정을 한다는 것이다.

그림 5-3　표본으로부터 구한 t값에 대한 H_0의 기각역

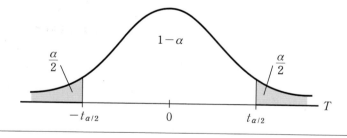

어느 창구의 고객대기시간은 평균 11분이라고 알려져 있다. 특정시간대의 고객대기시간은 정규분포한다고 하고 표본을 얻어본 결과 8, 10, 10, 7, 9, 12, 10, 8, 7, 9분이었을 경우, α =0.05로 하고 특정시간대의 고객대기시간은 11분이 아닌가 하는 문제를 가설검증하고자 한다.

먼저, 가설을 세우면

$$H_0 : \mu = 11 \quad \text{v.s.} \quad H_1 : \mu \neq 11$$

이고, 검증통계량은 $\overline{X}$이다. 그러므로 10개의 표본값들로써 표본평균과 표준편차를 구하면 $\bar{x}=9$, $s^2 = 22/9 = 2.44$이다.

이 가설검증에 대한 H_0의 기각역은 $t_{.025(9)} = 2.26$을 사용하여

$$\overline{X} < 11 - (2.26)\frac{(1.56)}{\sqrt{10}} \ \text{또는} \ \overline{X} > 11 + (2.26)\frac{(1.56)}{\sqrt{10}}$$

$\Rightarrow \overline{X} < 9.88$ 또는 $\overline{X} > 12.12$

이다.

그리고 $\bar{x}=9$는 기각역에 포함되므로 H_0를 기각하고, 특정시간대의 대기시간은 11분이 아니라고 주장할 수 있다.

또는, 식 (5-10)을 이용할 경우 $\bar{x}=9$, $s=1.56$, $\mu_0=11$을 사용하여

$$t = \frac{9-11}{1.56/\sqrt{10}} = -4.05$$

이고, $|t| = 4.05$는 $t_{.025(9)} = 2.26$보다 큰 값이므로 H_0를 기각한다는 의사결정을 내릴 수 있다.

예 5-5

10개 프로야구단의 중심타선에 있는 선수들의 타율은 평균 0.300이라고 한다. 어느 프로구단의 중심타선에 속하는 선수 5명의 타율이 0.319, 0.283, 0.341, 0.327, 0.299이었을 경우, 이 프로구단의 중심타선은 평균 0.300보다 높다고(단측검증) 할 수 있는가를 가설검증하고자 한다(유의수준 1%).

우선, 가설은

$$H_0 : \mu = 0.3 \quad \text{v.s.} \quad H_1 : \mu > 0.3$$

이다. 선수들의 타율은 정규분포한다고 하고, $\bar{x} = 0.314$, $s^2 = 0.00053$ ($s = 0.023$)이다. 자유도 $(5-1) = 4$에서 오른쪽 꼬리부분이 1%인 t값은 $t_{.01(4)} = 3.75$이므로 H_0의 기각역은

$$\overline{X} > 0.3 + (3.75)\frac{0.023}{\sqrt{5}}$$

$$\Rightarrow \overline{X} > 0.339$$

이다. 따라서($\bar{x} = 0.314$), 유의수준 1%에서 H_0를 기각할 수 없다.

5.4.2 비율(p)에 대한 가설검증

모집단의 비율을 가설검증할 경우도 모집단의 평균을 가설검증하는 문제와 유사하다. 예를 들어, 어느 기업의 제품 시장점유율이 기존에 알려져 있는 시장점유율(p_0)을 기준으로 낮아졌다고 평가할 수 있을 것인가를 알아보고자 한다면, 가설의 형태는

$$H_0 : p = p_0 \quad \text{v.s.} \quad H_1 : p < p_0 \tag{5-11}$$

> **그림 5-4** $H_0 : p = p_0$ v.s. $H_1 : p < p_0$의 H_0의 기각역

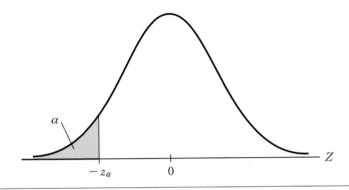

가 될 것이다. 여기서 이론적으로는, H_0의 「 = 」 보다는 「 ≥ 」이 사용되는 것이 바람직하다. 왜냐하면, H_0와 H_1의 내용에 모든 실수가 포함되어야 하기 때문이다. 그러나 우리가 관심을 갖고 있는 것은 $H_1 : p < p_0$이므로 H_0의 형태에 대해서는 크게 신경을 쓰지 않아도 좋다. 위의 가설검증은 단측검증으로서 시장점유율이 주어진 값(p_0)보다 작아졌다고 주장할 수 있는가를 알아보고자 하는 것이다. 다시 말하면, 시장점유율이 높아진 징후는 전혀 없고 낮아진 것 같은데, 정말 낮아졌는가를 확인하는 것이 가설검증의 목적이다. 따라서 이 경우에는 유의수준(α)이 왼쪽에만 할당되어서 [그림 5-4]와 같다.

[그림 5-4]의 내용을 구체적으로 설명하면 다음과 같다. 비율에 대한 가설검증의 검증통계량은 표본비율($\hat{p}$)이고 표본비율은 중심극한정리에 의하여 정규분포로 간주할 수 있다. 즉,

$$\hat{p} \sim N\left(p, \ \frac{p(1-p)}{n}\right) \tag{5-12}$$

이다. 따라서 평균에 대한 가설검증의 경우와 마찬가지로

$$\alpha = P(H_0 \ 기각 \mid p = p_0)$$

$$= P\left(\frac{\hat{p} - p}{\sqrt{\dfrac{p(1-p)}{n}}} < -z_\alpha \mid p = p_0\right)$$

$$= P\left(\frac{\hat{p} - p_0}{\sqrt{\dfrac{p_0(1-p_0)}{n}}} < -z_\alpha\right) \quad (p \text{ 대신 } p_0\text{를 대입한 결과})$$

$$= P\left(\hat{p} < p_0 - z_\alpha \sqrt{\frac{p_0(1-p_0)}{n}}\right) \tag{5-13}$$

가 된다. 그러므로 식 (5-13)은 H_0의 기각역을 나타내는 바, 표본을 얻어 계산된 표본비율 값이 p_0보다 $z_\alpha \sqrt{p_0(1-p_0)/n}$ 이상 작을 경우, 모집단의 비율이 p_0보다 낮아졌다고 결론을 내린다는 것이다. 식 (5-13)의 전개 과정에서 p_0가 대입되어지는 이유는 제 3 절과 제 4 절의 평균에 대한 가설검증과 마찬가지로 H_0가 참이라는 전제하에서 검증통계량의 분포를 얻는다는 점과 유의수준 α의 의미를 함께 생각해야 하기 때문이다.

그러므로 유의수준 α에서 $H_0 : p = p_0$ v.s. $H_1 : p < p_0$의 기각역은 [그림 5-5]와 같이

$$\hat{p} < p_0 - z_\alpha \sqrt{\frac{p_0(1-p_0)}{n}} \tag{5-14}$$

이다. 이를 다시 정리하면

표본과 H_0로부터 계산된 z값

$$\frac{\hat{p} - p_0}{\sqrt{\dfrac{p_0(1-p_0)}{n}}} < -z_\alpha \tag{5-15}$$

이다. 다시 말하면 [그림 5-4]에 대응되는 식 (5-15)의 H_0 기각역이나 [그림 5-5]에 대응되는 식 (5-14)의 기각역이나 마찬가지이다.

또한, 우측검증의 문제로서

$$H_0 : p = p_0 \quad \text{v.s.} \quad H_1 : p > p_0$$

| 그림 5-5 | $H_0 : p = p_0$ v.s. $H_1 : p < p_0$의 H_0의 기각역 |

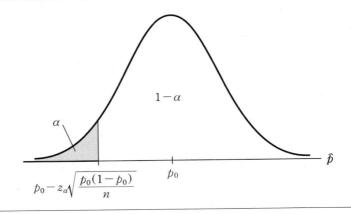

를 고려해 보자. 이러한 가설검증의 문제라면 $\hat{p}$이 어떤 범위에 있을 경우 H_0를 기각할 것인가?

5.5 유의확률(p-value)

앞에서 다룬 가설검증의 절차로써 가설검증의 개념, 과정을 이해할 수 있는데, 통계패키지(package)를 사용할 경우 p-value의 개념 또한 분명히 이해해야만 한다. 왜냐하면, 대체로 통계패키지는 일정한 절차에 의하여 계산된 값만이 얻어지도록 프로그램되어 있을 뿐, 구체적인 가설이나 유의수준(α)이 주어지지 않기 때문이다. 그러므로 통계패키지를 이용하여 가설검증을 할 때 p-value를 이해해야 하는데, 일차적으로 p-value란 실제로 계산된 검증통계량의 값으로부터 꼬리부분의 면적이라고 이해하면 된다.

그리고 p-value는 어떤 가설검증의 문제인가에 따라 그 문제에 맞는

그림 5-6	$\boldsymbol{p}$-value(평균에 대한 양측검증)의 경우

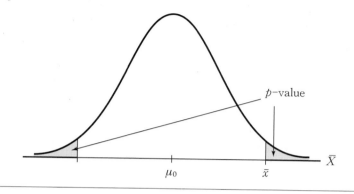

특정한 방법으로 계산되어지기 때문에 앞으로 다루는 가설검증의 문제마다 p-value가 얻어지는 방법을 알아야 할 것이다.

이를테면, 통계패키지에서는 평균에 대한 가설검증의 문제에 대해서 사용자가 양측검정, 즉

$$H_0 : \mu = \mu_0 \quad \text{v.s.} \quad H_1 : \mu \neq \mu_0$$

와 같은 가설검증의 문제를 다루고 있는 것으로 가정하고 p-value의 계산과정이 프로그램되어 있다. 이 경우의 p-value는 [그림 5-6]과 같이 얻어지는바, 이를 식으로 나타내면

$$
\begin{aligned}
p\text{-value} &= 2P[\overline{X} > \bar{x}] \\
&= 2P\left[\frac{\overline{X} - \mu_0}{S/\sqrt{n}} > \frac{\bar{x} - \mu_0}{s/\sqrt{n}}\right] \\
&= 2P[T > t] \qquad\qquad (5\text{-}16)
\end{aligned}
$$

이다. 여기에서, $\bar{x}$는 표본으로부터 실제로 얻어진 표본평균값이며, s도 표본으로부터 실제로 계산된 (표본)표준편차이다. 그러므로 $\bar{x}$로부터 꼬리부분의 면적을 두 배한 값으로 p-value가 계산된다. 여기서, 두 배를 하는 이유는 양측검증의 문제로 상정되어 p-value가 계산되기 때문이다.

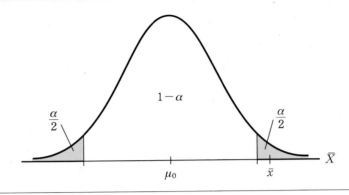

그림 5-7   유의수준 α와 p-value

다시 말하면, 통계패키지는 사용자가 양측검증을 하고자 하는지 단측검증을 하고자 하는지 모르기 때문에 평균에 대한 가설검증의 문제는 무조건 양측검증에 대한 p-value를 계산해서 사용자에게 제공해 준다는 것이다.

그러면, 앞 절에서 설명한 유의수준과 p-value는 밀접한 관계가 있음을 알 수 있다. 즉, 계산된 p-value가 아주 작다면 입력된 자료(표본)들의 표본평균값($\bar{x}$)이 H_0의 기각역에 위치하고 있다는 것이므로 H_0를 기각하면 된다([그림 5-7] 참조).

유의확률   일반적으로 p-value를 **유의확률**(significant probability)라고도 부르는데, α를 일정한 값(예로써 $\alpha = 5\%$)으로 미리 부여하고 가설검증하는 것보다는 (계산된) p-value값이 작을 경우 p-value 수준에서 H_0를 기각한다고 하면 된다. 또는 p-value값 수준에서 유의적이다라고 한다. 다시 말하면, 통계패키지로부터 p-value가 계산되어 얻어졌을 경우, 그 값이 그다지 크지 않다면(10%보다 작다면)

의사결정의   (i) p-value값 수준에서 H_0를 기각한다.
세 가지 표현   (ii) p-value값 수준에서 유의적이다.

(iii) p-value값 수준에서 H_1의 내용이 뒷받침된다.

의 세 가지 중 어느 하나로 의사결정을 표현하면 된다.

만일, p-value값이 매우 작다면(0.1%보다 작다면) 가설검증의 결과가 매우 유의적이다. 또는, H_1의 내용이 강력히 뒷받침된다고 표현된다는 것이다.

굳이 유의수준 $\alpha = 5\%$를 기준으로 한다면 p-value가 0.05보다 작을 경우 H_0를 기각하고, 0.05보다 클 경우 H_0를 기각하지 못한다.

유의확률의 의미에 대해 다시 한번 생각해 보자. 유의확률은 실제로 얻어진 표본값으로부터 계산된 제1종의 과오를 범할 확률이다. 즉, $H_0 : \mu = \mu_0$가 참인 데도 표본평균값이 μ_0와 차이가 나서 H_0를 기각하게 되는 위험의 정도를 나타내는 값이다.

여기에서는 $H_0 : \mu = \mu_0$ v.s. $H_1 : \mu \neq \mu_0$라는 형태의 가설검증의 문제에 대해 p-value의 개념과 구하는 방법을 설명하였다. 그러나 p-value 라는 값은 앞으로 자주 접하게 되는 개념으로서, p-value값이 작으면 H_0 를 기각하면 된다. 그러므로 H_0의 내용이 무엇인지를 알아야 함은 당연하다.

기각하는
가설의 내용을
알아야 함

보고서나 논문에서는 가설검증을 할 때, 일반적으로 귀무가설과 대립가설의 내용을 구체적으로 밝히지 않고 단순히 「가설」을 설정한다. 그러나 이때 그 「가설」의 내용이 귀무가설에 해당하는 것인지 대립가설에 해당되는 내용인지를 분명히 알고 있어야만 한다. 예를 들어, 통계패키지로부터 p-value가 아주 작게 나온 경우라고 하자. 그러면 H_0를 기각하는 것인데 설정한 「가설」이 H_0의 내용에 해당하는 것이면 그 「가설」은 기각되는 것이고, 설정한 「가설」의 내용이 H_1에 해당하는 것이면 그 「가설」은 뒷받침되는 것이다. 물론, p-value가 큰 경우에도 같은 논리로 그 「가설」에 대해 결정해야 한다.

앞으로 다루게 될 여러 가지 형태의 가설검증 문제에서 각각의 가설검증 문제마다 반드시 H_0와 H_1이 존재하고, 그에 맞는 검증통계량이 존재하며, H_0가 참이라는 전제하에서 그 검증통계량의 분포로부터 p-value 가 얻어지게 됨을 다시 한번 강조한다.

5.6 분산(σ^2)에 대한 가설검증

모집단의 분산도 파라미터의 하나로서 어떤 특정한 값을 갖는다고 할 수 있는가 하는 문제에 대해 가설검증이 필요할 것이다. 분산이라는 개념은 위험(risk) 또는 안정성(stability)을 측정하는 데 사용될 수 있기 때문에 중요한 개념 중 하나이다. 이에 대해 간단히 예를 들면, 투자 A는 1억 범위 내에서 벌 수도 있고 잃을 수도 있다고 하고, 투자 B는 벌거나 잃을 수 있는 범위가 1천만원이라고 하자. 그러면, 투자 A가 투자 B보다 더 위험한 투자이다. 또, 볼링 경기에서 130에서 190까지 치는 사람보다 150에서 170까지 치는 사람이 보다 안정적인 경기를 한다고 할 수 있다는 것이다.

이제, 모집단의 분산에 대한 가설검증을 알아보기로 하자. 모집단의 분산이 특정한 값(σ_0^2)인가를 검증하는 문제는

$$H_0 : \sigma^2 = \sigma_0^2 \quad \text{v.s.} \quad H_1 : \sigma^2 \neq \sigma_0^2$$

로 표현되는데, 검증통계량으로 S^2를 사용한다. 왜냐하면, S^2이 σ^2에 대한 가장 좋은 추정량이기 때문이다. 앞에서 평균에 대한 가설검증을 다루었을 때와 마찬가지로, H_0가 맞는다는 전제하에서 S^2의 분포, 즉

$$\frac{(n-1)S^2}{\sigma_0^2} \sim \chi^2_{(n-1)}$$

그림 5-8	$(n-1)S^2/{\sigma_0}^2$의 분포와 H_0의 기각역(양측검증)

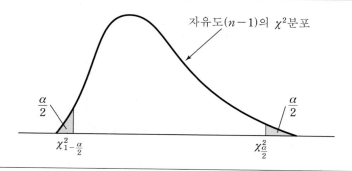

의 분포를 사용하여 가설검증하게 된다. 이때, 유의수준 α에서 H_0를 기각하는 범위(기각역)은 [그림 5-8]으로부터 얻어질 수 있고

$$\frac{(n-1)S^2}{{\sigma_0}^2} > \chi^2_{\frac{\alpha}{2}} \quad \text{또는} \quad \frac{(n-1)S^2}{{\sigma_0}^2} < \chi^2_{1-\frac{\alpha}{2}}$$

가 된다. 다시 정리하면

$$S^2 > \frac{{\sigma_0}^2}{(n-1)} \chi^2_{\frac{\alpha}{2}} \quad \text{또는} \quad S^2 < \frac{{\sigma_0}^2}{(n-1)} \chi^2_{1-\frac{\alpha}{2}}$$

가 유의수준 α에서의 H_0 기각역이 된다.

모집단 분산에 대한 단측검증의 설명을 통하여, H_0의 기각역을 설정하는 문제를 더욱 자세히 이해해 보자. 즉,

$$H_0 : \sigma^2 = {\sigma_0}^2 \quad \text{v.s.} \quad H_1 : \sigma^2 > {\sigma_0}^2$$

의 단측검증(우측검증)을 하고자 할 경우, 유의수준 α는 어느 쪽에 있어야 하는가?

앞의 평균(또는 비율)에서와 마찬가지로 σ^2의 추정량 S^2의 값이 ${\sigma_0}^2$보다 큰 값보다 더 커야만 H_0를 기각할 수 있는 것이어서 유의수준 α는 오른쪽 꼬리에 놓이게 되고([그림 5-9]), H_0의 기각역은

| 그림 5-9 | 분산에 대한 우측검증의 기각역 |

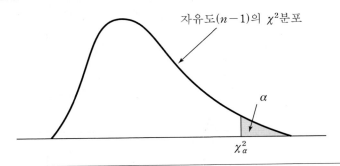

$$S^2 > \frac{{\sigma_0}^2}{(n-1)} \chi_\alpha^2$$

가 된다.

5.7 두 모집단간의 차에 대한 검증

　　이제까지는 하나의 모집단에 대해서 통계학의 이론적인 전개과정을 다루었다. 이러한 통계학의 이해를 바탕으로 실제로 우리가 당면하게 되는 현실적 문제들을 생각해 본다. 여기서 다루고자 하는 문제는 두 개의 집단들을 비교하기 위한 것으로서, 분석의 목적, 자료의 형태에 따라 어떤 과정으로 두 집단에 대한 차이를 가설검증할 수 있는가를 알아보기로 하자. 우선, 서로 독립적인 두 집단에 대한 비교를 하고자 할 경우를 다루고, 다음 절에서는 짝으로 이루어진 자료들의 경우와 두 집단의 비율차이에 대한 경우들도 다룬다.

두 개의 서로 독립인 모집단들이 있다고 하자. 즉, 도시지역과 농촌
지역, 남자와 여자, 서울과 부산, A은행과 B은행 등등 서로 다른 두 개의
집단들에 대해 조사하고자 하는 변수의 평균들이 같다고 할 수 있는지의
여부를 가설검증하는 문제를 생각해 보자.

　　두 개의 서로 독립인 모집단에 대해서 어떤 조사하고자 하는 평균값
들이(μ_1, μ_2라고 하자) 차이가 있는지의 여부를 알아보기 위한 가설검증의
틀을 생각해 본다. 먼저, 조사하고자 하는 변수를 [모집단 1]에 대해서는
X라 하고 [모집단 2]에 대해서는 Y라 하자. 그리고 그 평균들을 각각
μ_1, μ_2라고 하고 분산들을 각각 σ_1^2, σ_2^2이라고 하자. 그러면, 가설은

$$H_0 : \mu_1 = \mu_2 \Leftrightarrow \mu_1 - \mu_2 = 0$$
$$H_1 : \mu_1 \neq \mu_2 \Leftrightarrow \mu_1 - \mu_2 \neq 0 \qquad (5\text{-}17)$$

가 된다.

　　즉, 귀무가설은 두 집단간에는 차이가 없다는 것이고 대립가설은 두
집단간에 차이가 존재한다는 것이다. 그러면, [모집단 1]과 [모집단 2]에
서 각각(서로 다른 크기의) 표본을 얻게 될 것이고, 표본평균 $\overline{X}$와 $\overline{Y}$간에
얼마나 차이가 나느냐에 따라 모집단 평균들간에 차이가 있다고 할 것인
지 없다고 할 것인지를 결정하게 된다. 즉, [모집단 1]에서 $\{X_1,\ X_2,\ \cdots,$

그림 5-10　서로 독립인 두 모집단과 표본들

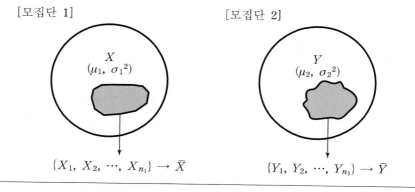

$X_{n_1}\}$, [모집단 2]에서 $\{Y_1, Y_2, \cdots, Y_{n_2}\}$를 표본으로 얻는다면 [모집단 1]의 평균($\mu_1$)에 대응되는 표본평균은 $\overline{X}$가 될 것이고 [모집단 2]의 평균(μ_2)에 대응되는 표본평균은 $\overline{Y}$가 될 것이다([그림 5-10]).

　앞의 가설에서 두 집단간에 차이가 없다는 표현은 곧 $\mu_1 - \mu_2 = 0$이므로 검증통계량은 $(\overline{X} - \overline{Y})$가 된다. 그리고 $(\overline{X} - \overline{Y})$의 분포는

$$\overline{X} - \overline{Y} \sim N\left(\mu_1 - \mu_2,\ \frac{\sigma_1^2}{n_1} + \frac{\sigma_2^2}{n_2}\right) \qquad (5\text{-}18)$$

에 따른다. 그리고 $(\overline{X} - \overline{Y})$를 표준화시키면

$$Z = \frac{(\overline{X} - \overline{Y}) - (\mu_1 - \mu_2)}{\sqrt{\dfrac{\sigma_1^2}{n_1} + \dfrac{\sigma_2^2}{n_2}}} \qquad (5\text{-}19)$$

이다. 여기서, 모집단의 분산들인 σ_1^2과 σ_2^2은 모르는 값들(파라미터)이므로 역시 추정을 하여 대입해야만 하는데 (A) 두 집단의 분산들이 같을 경우도 있을 수 있고, (B) 두 모집단 분산들이 다를 경우도 있을 수 있다.

　물론, (A)와 (B)의 어느 경우인지는 얻어진 표본에 따라 또 다른 가설검증의 절차에 의해 결정될 것이므로

(A) $H_0 : \sigma_1^2 = \sigma_2^2$

(B) $H_1 : \sigma_1^2 \neq \sigma_2^2$ 　　　　　(5-20)

에 대해 먼저 가설검증을 해야만 한다. 그러나 이에 대한 가설검증의 과정은 여기서 설명하지 않고[제 5 장 제10절 참조], 예를 통하여 그 사용법과 결과만을 설명하기로 한다. 물론, 여기서 설명되는 것은 모집단이 하나인 경우의 평균에 대한 가설검증의 원리와 제 4 장 제 5 절에서 설명한 두 집단 차의 신뢰구간에 대한 것과 유사한 내용이다.

$\sigma_1^{\,2} = \sigma_2^{\,2} = \sigma^2$인 경우

서로 독립인 두 집단들의 평균 차에 대한 검증을 위해 $\sigma_1^{\,2} = \sigma_2^{\,2}$의 가정이 타당한가의 여부를 먼저 검증하고 타당한 경우에는 다음과 같은 과정으로 가설검증을 하게 된다.

통합분산추정량   즉, $\sigma_1^{\,2} = \sigma_2^{\,2}$일 경우 두 개의 모집단 분산이 같으므로 두 표본을 합하여(pool) σ^2을 추정하게 되는데 그 추정량은 다음과 같다. 즉,

$$S_{pooled}^2 = \frac{\sum (X_i - \overline{X})^2 + \sum (Y_i - \overline{Y})^2}{(n_1 - 1) + (n_2 - 1)} \tag{5-21}$$

이다(식 (4-20) 참조).

그러므로 식 (5-19)의 $\sigma_1^{\,2}$과 $\sigma_2^{\,2}$ 대신에 S_{pooled}^2을 이용하면

$$T = \frac{(\overline{X} - \overline{Y}) - (\mu_1 - \mu_2)}{S_{pooled}\sqrt{\dfrac{1}{n_1} + \dfrac{1}{n_2}}} \tag{5-22}$$

이 되고, 이는 자유도 $(n_1 + n_2 - 2)$의 t-분포를 하게 된다.

그러면 귀무가설(영가설)에서 $(\mu_1 - \mu_2)$값이 0으로 되어 있으므로 $(\overline{X} - \overline{Y})$가 0으로부터 얼마나 멀리 떨어져 있느냐에 따라 H_0를 기각하거나 기각하지 못하는 의사결정을 하게 될 것이다. 그러므로 유의수준 α에서의 H_0의 기각역은

$$\overline{X} - \overline{Y} < 0 - t_{\alpha/2,\,(n_1+n_2-2)} S_{pooled}\sqrt{\frac{1}{n_1} + \frac{1}{n_2}}$$

$$\text{또는,} \quad \overline{X} - \overline{Y} > 0 + t_{\alpha/2,\,(n_1+n_2-2)} S_{pooled}\sqrt{\frac{1}{n_1} + \frac{1}{n_2}} \tag{5-23}$$

이다. 식 (5-23)의 기각역은

$$\frac{(\overline{X} - \overline{Y}) - 0}{S_{pooled}\sqrt{\dfrac{1}{n_1} + \dfrac{1}{n_2}}} < -t_{\alpha/2,\,(n_1+n_2-2)}$$

또는, $$\frac{(\overline{X}-\overline{Y})-0}{S_{pooled}\sqrt{\dfrac{1}{n_1}+\dfrac{1}{n_2}}} > t_{\alpha/2,\,(n_1+n_2-2)} \tag{5-24}$$

로 표현될 수도 있다. 통계패키지로써 자료를 입력하여 서로 독립인 두 집단 차에 대한 검증을 할 경우, 통계패키지는 식 (5-24)의 계산된 t값을 제공해 주며 이 t값에 대한 p-value를 알려준다.

$\sigma_1^2 \neq \sigma_2^2$인 경우

이 경우에는 식 (5-19)에서 σ_1^2과 σ_2^2 대신 각각 $\{X_1, \cdots, X_{n_1}\}$과 $\{Y_1, \cdots, Y_{n_2}\}$로부터 추정한 값, S_1^2과 S_2^2을 사용할 수밖에 없다. 그러면, 식 (5-19)는

$$T = \frac{(\overline{X}-\overline{Y})-(\mu_1-\mu_2)}{\sqrt{\dfrac{S_1^2}{n_1}+\dfrac{S_2^2}{n_2}}} \tag{5-25}$$

가 되며 제 4 장 제 6 절에서와 같이 식 (5-25)의 T는 자유도

$$d.f. = \frac{(s_1^2/n_1+s_2^2/n_2)^2}{(s_1^2/n_1)^2/(n_1-1)+(s_2^2/n_2)^2/(n_2-1)} \tag{5-26}$$

의 t-분포를 한다.

통계패키지에서는 이상에서 다룬 두 가지 경우, 즉 $\sigma_1^2 = \sigma_2^2$인 경우와 $\sigma_1^2 \neq \sigma_2^2$인 경우를 모두 계산해 준다. 그러면, 어느 경우의 결과를 사용해야 하는가 하는 문제가 제기되는데 통계패키지는 또한 식 (5-20)의 $H_0 : \sigma_1^2 = \sigma_2^2$에 대한 가설검증의 p-value를 제공해 주므로 그 값을 기초로 사용자가 판단하여 의사결정을 하면 될 것이다. 두 집단의 분산에 대한 가설검증의 이론적 배경은 제 7 장 제10절에서 다룬다.

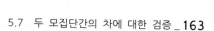

예 5-6

어느 제품을 판매하는 데 서울지역과 부산지역 대리점들의 월 판매액 평균이 같은지를 알아보기 위하여 각 지역에서 표본으로 각각 8개씩의 대리점을 선택하여 월 판매액들을 조사한 결과 다음과 같았다.

서울지역(X)	1,857	1,700	1,829	1,644	1,566	1,063	1,712	1,679
부산지역(Y)	1,844	2,340	1,645	2,275	2,137	1,627	2,152	2,130

서울지역의 표본평균($\bar{x}$)과 표준편차(s_1), 부산지역의 표본평균($\bar{y}$)과 표준편차(s_2)는 각각 다음과 같이 얻어진다.

$$\bar{x}=1631.25 \qquad s_1=248.1$$
$$\bar{y}=2018.75 \qquad s_2=276.9$$

```
DATA example;
   INPUT reg $ sale @@;
   CARDS;
   x 1857 y 1844
   x 1700 y 2340
   x 1829 y 1645
   x 1644 y 2275
   x 1566 y 2137
   x 1063 y 1627
   x 1712 y 2152
   x 1679 y 2130
RUN;
PROC TTEST DATA=example;
      CLASS reg;
      VAR sale;
RUN;
```

```
                              TTEST PROCEDURE
Variable: SALE
---------------------------------------------------------------------
REG  N       Mean       Std Dev    Std Error  Variances      T    DF  Prob>|T|
x    8  1631.2500000  248.11388514  87.72150535  Unequal   −2.9479 13.8  0.0107
y    8  2018.7500000  276.88974082  97.89530669  Equal     −2.9479 14.0  0.0106

For H0:  Variances are equal, F'=1.25   DF=(7,7)  Prob>F'=0.7796
```

그리고 SAS의 계산결과로 얻어진 $H_0 : \sigma_1^2 = \sigma_2^2$의 가설검증 결과 p-value가 0.7796이므로 H_0를 기각하지 못한다(식 (5-20) 참조). 따라서 $\sigma_1^2 = \sigma_2^2 = \sigma^2$인 경우에 해당되고 식 (5-24)에 있는 t-값은

$$t = \frac{(\bar{x} - \bar{y}) - 0}{S_{pooled}\sqrt{\dfrac{1}{n_1} + \dfrac{1}{n_2}}} = \frac{1631.25 - 2018.75}{262.9\sqrt{\dfrac{1}{8} + \dfrac{1}{8}}}$$

$$= -2.9479$$

이 된다.

이제 실제로 계산된 t-값으로부터 p-value를 얻으면

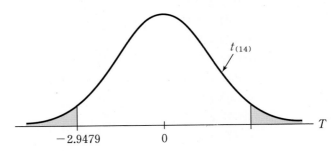

SAS의 계산결과는 p-value=0.0106이다. 따라서

H_0 : 서울과 부산지역의 대리점들 월판매액은 같다

를 p-value 1.06% 수준에서 기각한다.
이 문제를 SPSS로 해결하려면 다음과 절차를 따른다.

SPSS [절차5-6-1]

SPSS 데이터편집기에 자료를 입력한다. 여기서 두 집단을 구분하는 변수(지역)를 입력해야 하는 것은 당연하다.

	지역	판매액	변
1	1.00	1857.00	
2	1.00	1700.00	
3	1.00	1829.00	
4	1.00	1644.00	
5	1.00	1566.00	
6	1.00	1063.00	
7	1.00	1712.00	
8	1.00	1679.00	
9	2.00	1844.00	
10	2.00	2340.00	
11	2.00	1645.00	
12	2.00	2275.00	
13	2.00	2137.00	
14	2.00	1627.00	
15	2.00	2152.00	
16	2.00	2130.00	

SPSS [절차5-6-2]

분석→평균비교→독립표본 T 검증 메뉴를 선택한 후, **검증변수**에 판매액을, **집단변수**에 지역을 옮겨 놓는다.

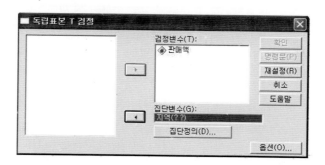

SPSS [절차5-6-3]

지역(??)을 정의하기 위해 **집단정의**를 클릭한 후, **집단1**에 1, **집단2**에 2를 입력한다.

SPSS [절차5-6-4]

위에서 **계속**을 누르면 **독립표본 T검증** 창으로 돌아오는데 **확인**을 하면, 계산된 출력결과를 얻게 된다. 여기서 F값을 보면 1.014(유의확률 0.331)로 계산되었는데 SAS의 결과(1.25)와 차이가 있다. 이는 서로 다른 검증방법을 사용했기 때문이다.

집단통계량

	지역	N	평균	표준편차	평균의 표준오차
판매액	1.00	8	1631.2500	248.11389	87.72151
	2.00	8	2018.7500	276.88974	97.89531

독립표본 검정

		Levene의 등분산 검정		평균의 동일성에 대한 t-검정					차이의 95% 신뢰구간	
		F	유의확률	t	자유도	유의확률 (양쪽)	평균차	차이의 표준오차	하한	상한
판매액	등분산이 가정됨	1.014	.331	-2.948	14	.011	-387.50000	131.44791	-669.42773	-105.57227
	등분산이 가정되지 않음			-2.948	13.835	.011	-387.50000	131.44791	-669.74400	-105.25600

출력결과에 대한 해석은 물론 SAS의 경우와 같다.

5.8 짝으로 된 자료에 대한 검증

앞절에서는 서로 다른(독립인) 두 모집단간에 차이가 있는가를 다루었으나, 유사한 문제로서 서로 관련이 있는 두 집단간의 차이를 검증해야 할 경우를 고려해 보자.

짝으로 된 자료   **짝**(pair)**으로 얻어지는 자료**란 사람의 오른쪽 팔과 왼쪽 팔의 완력(또는 길이), 약을 복용하기 전과 후의 몸무게, 아버지와 아들의 키, 기업체들의 지난해와 올해의 부채율 등과 같이 하나의 개체에 대한 두 가지 자료들이다. 이러한 자료들은 한 묶음으로 생각될 수 있는 블록(block)에 대해 얻어지는 두 가지의 자료들을 말한다.

이와 같이 짝으로 된 자료들은 두 집단의 자료들로 생각될 수도 있지만, 모집단이 개체 또는 블록에 대한 두 가지 자료들로 구성되어 있는 것이므로 앞 절에서 다룬 것과는 다르다.

[그림 5-11]은 짝으로 된 자료의 모집단과 표본을 나타내고 있는데, 두 가지 자료들의 평균이 같은가를 다루는 문제는 표본 : $\{(X_1, Y_1), \cdots, (X_n, Y_n)\}$로부터 $D_1 = X_1 - Y_1, \cdots, D_n = X_n - Y_n$을 얻을 때 D들의 평균이 0인가를 가설검증하는 문제이다. 즉, 모집단이 하나인 경우와 같다.

그림 5-11   **짝으로 된 모집단과 표본**

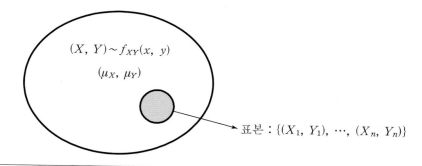

즉,

$$H_0 : \mu_D = 0 \quad \text{v.s.} \quad H_1 : \mu_D \neq 0$$

을 검증하기 위한 표본은 결국

$$\{D_1, D_2, \cdots, D_n\}$$

이며, 이 문제는 제 4 장 제 7 절에서 다룬 내용과 같다.

　여기서 주목해야 할 것은 가설검증하고자 하는 문제가 앞에서 설명한 서로 독립인 두 모집단의 비교인지 한 모집단의 두 가지 자료 집단의 비교인지를 분명하게 구별해야 한다는 것이다. 왜냐하면, 두 가지 분석기법이 판이하게 다르기 때문이다.

예 5-7

어느 기관에서 컴퓨터시스템을 도입하기 이전과 이후의 부서별 1주간 사고발생의 수를 조사한 결과 다음과 같았다($n = 10$).

부서	A	B	C	D	E	F	G	H	I	J
이전(X)	45	73	46	124	33	57	77	34	26	11
이후(Y)	36	60	44	121	35	51	83	29	24	17

시스템 도입 이전보다 도입 이후에 사고발생이 현저히 줄어들었다고 할 수 있는가를 검증해 보기로 하자.

이 문제는 컴퓨터시스템 도입 이전의 자료들과 이후의 자료들을 서로 독립적이라고 생각하고 다루면 안 될 문제이다. 부서라는 블록에서 일어난, 도입 이전과 이후의 사고발생 차이에 관한 두 가지 자료들의 비교 문제이다. 따라서 표본으로 10개 부서에서 얻어진 자료들의 차이를 구하면($D = X - Y$),

$$d_1 = 9, \quad d_2 = 13, \quad d_3 = 2, \quad d_4 = 3, \quad d_5 = -2$$
$$d_6 = 6, \quad d_7 = -6, \quad d_8 = 5, \quad d_9 = 2, \quad d_{10} = -6$$

```
DATA example;
   INPUT x y @@;
   d=x−y;
   CARDS;
    45  36
    73  60
    46  44
   124 121
    33  35
    57  51
    77  83
    34  29
    26  24
    11  17
RUN;
PROC MEANS DATA=example MEAN STD T PRT;
      VAR d;
RUN;
```

	Analysis Variable : D		
Mean	Std Dev	T	Prob>|T|
2.6000000	6.1137368	1.3448276	0.2116

인데, 이 표본값들로써

$$H_0 : \mu_D \leq 0 \quad \text{v.s.} \quad H_1 : \mu_D > 0$$

을 가설검증하는 문제이다. 여기서 검증하고자 하는 가설이 시스템 도입 이후 사고발생이 줄어들었는가이므로 그 내용을 대립가설로 설정한 것이고 단측검증의 문제가 된다. SAS에서는 양측검증의 문제로 판단하여 p-value를 구해 주므로, 이 가설검증의 경우에는 SAS가 계산한 p-value값을 반으로 나누어야만 할 것이다. 이 예에서는 $\bar{d}=2.6$, $s_d = 6.11$이므로

$$t = \frac{2.6 - 0}{6.11/\sqrt{10}} = 1.345$$

이고 자유도 9의 t-분포에서 양측검증의 p-value는(SAS 결과) 0.2116 이다.

    따라서, 「사고발생이 줄어들었다고 할 수 있는가」라는 가설이 0.106 수준에서 뒷받침된다고(유의적이라고) 할 수 있다. 만일 유의수준을 5% 라고 미리 정해 두고 가설검증을 한다면 10.6%는 5%보다 크므로 H_0를 기각할 수 없을 것이다.

    그러므로 p-value 10.6%수준에서 H_1이 뒷받침된다는 표현은 사고 발생이 줄었다고 할 수 있는 근거가 상당히 낮다(약하다)는 표현으로 생 각하면 될 것이다.

SPSS [절차5-7-1]
짝으로 된 자료를 검증하기 위해서 데이터 편집기에서 자료를 이전과 이후 짝으로 입력한다.

파일(F)	편집(E)	보기(V)	데이터(D)

	이전	이후
1	45.00	36.00
2	73.00	60.00
3	46.00	44.00
4	124.00	121.00
5	33.00	35.00
6	57.00	51.00
7	77.00	83.00
8	34.00	29.00
9	26.00	24.00
10	11.00	17.00

1 : 이전   45

SPSS [절차5-7-2]
분석→평균비교→대응표본 T검증 메뉴를 선택한 후, 변수 이전을 클릭하면 현재선택 변수1에 등록되고, 이후를 선택하면 현재선택 변수2에 등록이 되 는데, 이전과 이후 2개 변수를 화살표를 사용하여 대응변수로 보낸다.

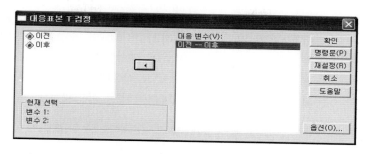

SPSS [절차5-7-3]

이제 **확인**을 누르면 출력결과를 얻을 수 있다.

대응표본 검정

		대응차							유의확률 (양쪽)
		평균	표준편차	평균의 표준오차	차이의 95% 신뢰구간		t	자유도	
					하한	상한			
대응 1	이전 - 이후	2.60000	6.11374	1.93333	-1.77350	6.97350	1.345	9	.212

이제, 앞에서 설명한(제 5 장 제 4 절) 하나의 모집단에 대한 평균의 가설검증, 즉

$$H_0 : \mu = \mu_0 \quad \text{v.s.} \quad H_1 : \mu \neq \mu_0$$

을 통계패키지로 해결하는 문제에 대해 설명해 보자. 짝으로 된 자료의 가설검증에서와 마찬가지로 SAS에서는 PROC MEANS라는 명령어를 사용하게 되는데 그 이유는 위의 가설을

$$H_0 : \mu - \mu_0 = 0 \quad \text{v.s.} \quad H_1 : \mu - \mu_0 \neq 0$$

로 바꾸어 생각하기 때문이다. 즉, 모든 자료(표본값들)에서 μ_0를 뺀 값들에 대하여 PROC MEANS를 적용시키면 될 것이다.

금융업계 신입사원들의 근속일수(X)는 정규분포한다고 하자. 회사를 떠

난 9명의 사원들의 근속일수를 얻어본 결과 다음과 같았을 때 신입사원
들의 근속일수는 1,950일이라고 주장할 수 있겠는가?

먼저, 「금융업계 신입사원들의 근속일수는 1,950일이다」를 「가설」이라고
하면, 이 「가설」은 귀무가설(H_0)의 내용이다(제 1 절 참조). 왜냐하면, 이
문제에 대한 귀무가설과 대립가설은 반드시

$$H_0 : 금융업계\ 신입사원들의\ 근속일수는\ 1,950일이다.$$
$$\Longleftrightarrow \mu = 1,950$$
$$H_1 : \sim H_0 \Longleftrightarrow \mu \neq 1,950$$

로 설정해야만 하기 때문이다. 그리고 아래의 프로그램에서 $Z = X$
$-1,950$으로 새로운 변수를 생성하여 변수 Z에 대해 PROC MEANS를
적용시키면 된다. 그 결과, p-value가 0.4929로 얻어지므로, H_0를 기각
할 수 없다. 즉, 9개의 자료에 의하면 금융업계 신입사원들의 근속일수
는 1,950일이라고 주장할 수 있다.

```
DATA one;
    INPUT x @@;
    z=x−1950;
    CARDS;
    2000 1975 1900 2000 1950
    1850 1950 2100 1975
RUN;
PROC MEANS DATA=one MEAN STD T PRT;  ☞ 변수 z에 대한 평균,
        VAR z;                           표준편차, t−통계량,
                                          p-value를 출력하라
RUN;                                      는 옵션
```

Analysis Variable : Z

Mean	Std Dev	T	Prob>|T|
16.6666667	69.5970545	0.7184212	0.4929

SPSS에서는 간단히 평균비교 → 일표본 T검증 메뉴로 해결할 수 있는
데 검증값(1950)을 입력하면 된다.

5.9 두 모집단 비율들의 차에 대한 검증

두 개의 집단들로부터 얻게 되는 비율들 간에 차이가 있는가 하는 것도 우리가 다루고자 하는 문제일 수 있다. 제 7 절에서 다룬 문제를 평균이 아니라 비율의 측면에서 응용한 것으로서 예를 들면, 독감 예방주사를 맞은 사람들과 맞지 않은 사람들의 독감 감염률 간의 차이, 서울과 경기도 간의 중소기업 부도율 간의 차이, A지역과 B지역의 K씨에 대한 지지율 차이, A지역과 B지역의 시장점유율 차이 등의 문제를 제기해 보자.

하나의 모집단에서 비율의 문제는 제 2 장에서 다루었던 것과 마찬가지로 베르누이분포하는 변수(X)에 대한 평균(p)의 문제이다. 여기서는 두 개의 집단에 대한 비율 간의 차이에 대한 문제를 다루고자 하는데, 모집단을 그림으로 나타내면 [그림 5-12]와 같다.

[그림 5-12]에서 [모집단 1]과 [모집단 2]의 평균이 각각 p_1과 p_2라고 할 때, 두 개의 비율값이 같다고 할 수 있는가 하는 문제를 가설검증하고자 하면 가설은

그림 5-12 두 집단의 비율 차

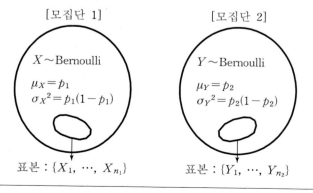

$$H_0 : p_1 = p_2 \quad \Rightarrow \quad p_1 - p_2 = 0$$
$$H_0 : p_1 \neq p_2 \quad \Rightarrow \quad p_1 - p_2 \neq 0 \tag{5-28}$$

이 될 것이고, 이 가설검증을 위하여 각 집단에서 얻은 표본을 $\{X_1, \cdots, X_{n_1}\}$, $\{Y_1, \cdots, Y_{n_2}\}$라고 하자.

그러면, 각 모집단에서 얻어지는 표본비율은

$$\hat{p}_1 = \frac{\sum_{i=1}^{n_1} X_i}{n_1}, \quad \hat{p}_2 = \frac{\sum_{i=1}^{n_2} Y_i}{n_2} \tag{5-29}$$

가 될 것이며, $(\hat{p}_1 - \hat{p}_2)$이 검증통계량이다. 그리고 $(\hat{p}_1 - \hat{p}_2)$은

$$(\hat{p}_1 - \hat{p}_2) \sim N\left(p_1 - p_2, \ \frac{p_1(1-p_1)}{n_1} + \frac{p_1(1-p_2)}{n_2}\right) \tag{5-30}$$

의 분포를 하는데, 여기서 $(\hat{p}_1 - \hat{p}_2)$의 표준오차,

$$\sqrt{\frac{p_1(1-p_1)}{n_1} + \frac{p_1(1-p_2)}{n_2}} \tag{5-31}$$

의 추정량은 귀무가설이 옳다고 가정하고 표본들을 합(pool)했을 경우의 (이것은 식 (5-21)의 통합분산추정량을 구할 때와 같은 원리임)

$$\hat{p} = \frac{\sum X_i + \sum Y_i}{n_1 + n_2} \tag{5-32}$$

를 이용하여 구한다. 즉, 식 (5-31)의 표준오차 추정량은

$$\sqrt{\hat{p}(1-\hat{p})\left(\frac{1}{n_1} + \frac{1}{n_2}\right)} \tag{5-33}$$

로 추정하여 사용한다. 따라서 $(\hat{p}_1 - \hat{p}_2)$의 표준화 변수는

$$Z = \frac{(\hat{p}_1 - \hat{p}_2) - (p_1 - p_2)}{\sqrt{\hat{p}(1-\hat{p})\left(\dfrac{1}{n_1} + \dfrac{1}{n_2}\right)}} \qquad (5\text{-}34)$$

로써 계산된다(여기서 $\hat{p}$은 추정치임).

예 5-9

어느 회사 제품의 시장점유율이 A지역과 B지역 간에 차이가 있는가를 알아보고자 한다. A지역, B지역 각각 80명씩을 조사한 결과 A지역은 56명, B지역은 44명이 이 회사 제품을 사용하고 있을 경우, A지역의 시장점유율이 B지역보다 높다고 할 수 있겠는가?

이 회사에서 알아보고자 하는 것은 A지역의 시장점유율(p_B)이 B지역의 시장점유율(p_B)보다 높은 값이므로 귀무가설과 대립가설은

$$H_0 : p_A \leq p_B \Leftrightarrow p_A - p_B \leq 0$$
$$H_1 : p_A > p_B \Leftrightarrow p_A - p_B > 0$$

이다.

A와 B지역에서 얻은 표본비율은 기각 $\hat{p}_A = 56/80 = 0.70$, $\hat{p}_B = 0.55$이고, A와 B지역 표본을 합하였을 경우 점유율은

$$\hat{p} = \frac{56+44}{80+80} = \frac{100}{160} = 0.625$$

이다. 따라서 식 (5-34)의 검증통계량값은

$$z = \frac{(0.70-0.55)-0}{\sqrt{(0.625)(0.375)\left(\dfrac{1}{80}+\dfrac{1}{80}\right)}} = \frac{0.15}{\sqrt{0.00586}} = 1.96$$

이다. 그러므로 p-value는 0.025로 얻어지므로 p-value 2.5% 수준에서

A지역의 시장점유율이 B지역의 시장점유율보다 높다고 할 수 있다. 다시 말해서, A지역이 B지역보다 높지도 않으면서 높다고 주장하는 과오를 범할 확률은 0.025이라는 것이다.

5.10 두 집단 분산간의 차에 대한 가설검증

이 주제를 다루기 위해서는 F-분포라는 분포를 소개해야만 한다. 그러나 F-분포는 제 7 장 분산분석에서 다루어지는 개념이다. 하지만 이 주제가 앞의 제 7 절에서 다룬 두 모집단간의 평균에 대한 검증문제에도 관련이 있기 때문에 이 절에서는 문제해결의 요령만을 설명하기로 한다. 이론적 배경을 이해하기에 앞서 통계패키지로부터 얻어지는 결과로써 당분간은 문제를 해결할 수 있을 것이다. 다시 말하면, 가설과 p-value만을 보고 가설검증을 할 수 있을 것이다.

앞의 제 7 절에서 다루었던 식 (5-20)을 살펴보자. 즉, 두 집단의 분산들이 같은가(H_0) 또는 다른가(H_1)를 결정하는 문제인데, 가설검증을 위하여 두 집단에서 각각 표본을 얻어야 함은 물론이다.

[예 5-6]의 SAS 결과물에는 두 집단 분산간의 차에 대한 검증통계량과 그에 대한 p-value가 나와 있다. 즉, SAS 결과물의 제일 밑에 있는

$$\text{For H0 : Variances are equal}$$

에 대한 검증통계량을 F'으로 이해하고 그의 p-value(prob $> F'$)를 기준으로 분산간의 차에 대한 의사결정을 할 수 있다. 이 예에서는 p-value가 0.7796으로 얻어져 H_0를 기각할 수 없다. SAS의 출력결과를 다시 보면 다음과 같다.

```
                              TTEST PROCEDURE
Variable: SALE
------------------------------------------    -------------------------------
REG N      Mean          Std Dev       Std Error  Variances      T    DF    Prob>|T|
x   8   1631.2500000   248.11388514   87.72150535  Unequal    -2.9479  13.8   0.0107
y   8   2018.7500000   276.88974082   97.89530669  Equal      -2.9479  14.0   0.0106

For H0: Variances are equal, F'=1.25  DF=(7,7)  Prob>F'=0.7796
```

　　여기서 SPSS의 출력결과를 보면 SAS의 출력결과와 검증통계량의 값이 다르게 얻어지는 것을 확인할 수 있다. 앞의 [예 5-6]의 SPSS 실습 [절차 5-6-4]를 다시 보면

집단통계량

	지역	N	평균	표준편차	평균의 표준오차
판매액	1.00	8	1631.2500	248.11389	87.72151
	2.00	8	2018.7500	276.88974	97.89531

독립표본 검정

		Levene의 등분산 검정		평균의 동일성에 대한 t-검정						
		F	유의확률	t	자유도	유의확률 (양쪽)	평균차	차이의 표준오차	차이의 95% 신뢰구간 하한	상한
판매액	등분산이 가정됨	1.014	.331	-2.948	14	.011	-387.50000	131.44791	-669.42773	-105.57227
	등분산이 가정되지 않음			-2.948	13.835	.011	-387.50000	131.44791	-669.74400	-105.25600

　　SPSS는 두 집단 분산이 같은가를 검증하기 위해 Levene 검증방법 (디폴트)을 사용하기 때문에 F값이 1.014로 계산되는 것이고, 유의확률 값에서도 차이가 난다는 점을 알아두기 바란다.

1. 다음의 각 경우에 대해 귀무가설의 기각역을 구하고 가설검증하라.

  (a) $H_0 : \mu = 3{,}000$ v.s. $H_1 : \mu \neq 3{,}000$

  $\overline{x} = 2{,}958$, $s = 39$, $n = 8$, $\alpha = 0.05$

  (b) $H_0 : \mu = 6$ v.s. $H_1 : \mu > 6$

  $\overline{x} = 6.3$, $s = 0.3$, $n = 7$, $\alpha = 0.01$

  (c) $H_0 : \mu = 22$ v.s. $H_1 : \mu < 22$

  $\overline{x} = 13$, $s = 6$, $n = 17$, $\alpha = 0.05$

  (d) $H_0 : p = 0.10$ v.s. $H_1 : p > 0.10$

  $\hat{p} = 0.13$, $n = 200$, $\alpha = 0.10$

  (e) $H_0 : p = 0.05$ v.s. $H_1 : p < 0.05$

  $\hat{p} = 0.04$, $n = 1{,}124$, $\alpha = 0.05$

  (f) $H_0 : p = 0.90$ v.s. $H_1 : p \neq 0.90$

  $\hat{p} = 0.73$, $n = 125$, $\alpha = 0.01$

2. 어느 금융기관의 창구에서 고객의 대기시간이 2,500초를 넘으면 고객의 불만이 높아진다고 한다. 이 금융기관은 고객의 대기시간을 7번 측정하여 다음과 같은 결과를 얻었다.

$$\{2610,\ 2750,\ 2420,\ 2510,\ 2540,\ 2490,\ 2680\}$$

  (a) 이 금융기관의 고객 대기시간 평균이 2,500초를 넘는다고 할 수 있는가를 검증하기 위한 가설을 세우라.
  (b) 유의수준 5%에서 가설검증하라.
  (c) 유의수준을 10%로 할 경우에는 결과가 다르게 되는가?
  (d) p-value를 구하여 (b)와 (c)의 결과와 비교하고 평가하라.

3. 똑같은 시험문제에 대해 A회사의 40명 직원과 B회사의 40명 직원들에 대해 다음과 같은 도수분포표를 얻었다.

<table>
<tr><td colspan="2" align="center">A회사</td><td colspan="2" align="center">B회사</td></tr>
<tr><td align="center">점수</td><td align="center">도수</td><td align="center">점수</td><td align="center">도수</td></tr>
<tr><td align="center">$90-99$</td><td align="center">8</td><td align="center">$90-99$</td><td align="center">7</td></tr>
<tr><td align="center">$80-89$</td><td align="center">12</td><td align="center">$80-89$</td><td align="center">8</td></tr>
<tr><td align="center">$70-79$</td><td align="center">13</td><td align="center">$70-79$</td><td align="center">15</td></tr>
<tr><td align="center">$60-69$</td><td align="center">7</td><td align="center">$60-69$</td><td align="center">10</td></tr>
</table>

(a) A회사와 B회사의 평균과 분산을 각각 구하라.

(b) A회사와 B회사 직원들의 분산이 같은가를 검증하라(통계패키지 사용).

(c) 유의수준 1%에서 B회사의 성적이 A회사보다 낮다고 할 수 있는가를 가설검증하라.

4. 분산이 같은 정규분포하는 두 개의 모집단으로부터 다음과 같이 표본이 각각 얻어졌다고 할 때 유의수준 5%에서

$$H_0 : \mu_1 = \mu_2 \quad \text{v.s.} \quad H_1 : \mu_1 \neq \mu_2$$

를 가설검증하라.

모집단 1	모집단 2
4.8	5.0
5.2	4.7
5.0	4.9
4.9	4.8
5.1	

5. 정규분포하는 모집단으로부터 다음과 같은 시나리오하에서 $H_0 : \sigma^2 = 9$의 기각역을 구하라.

(a) $H_1 : \sigma^2 > 9$, $n = 20$, $\alpha = 0.01$ (b) $H_1 : \sigma^2 \neq 9$, $n = 20$, $\alpha = 0.01$

(c) $H_1 : \sigma^2 < 9$, $n = 12$, $\alpha = 0.05$ (d) $H_1 : \sigma^2 < 9$, $n = 12$, $\alpha = 0.01$

6. 두 개의 정규분포 모집단에서 각각 표본을 얻어 정리한 값들이 다음과 같을 경우, 두 모집단 평균간에 차이가 있는가를 가설검증하라. 유의수준을 10%로 하고 두 집단의 분산은 같다고 가정하라.

모집단 1	모집단 2
$n = 100$ $\sum x = 270$ $\sum x^2 = 765$	$n = 100$ $\sum y = 254$ $\sum y^2 = 685$

7. 서로 독립인 두 개의 집단에 대해 얻어진 표본값들이 다음과 같다.

모집단 1	16	21	12	24	22	17	19	17	25	28
모집단 2	23	31	13	19	23	17	28	26	28	25

이 자료에 대해

$$H_0 : \mu_1 + 1 = \mu_2$$
$$H_1 : \mu_1 + 1 \neq \mu_2$$

를 가설검증하라.

8. 조깅화 A와 B의 내구력에 차이가 있는가를 알아보기 위하여 10명의 사람들에게 A와 B를 각각 한 달씩 사용하게 한 후 운동화의 사용잔여기간을 측정하였다. A의 내구력이 B보다 좋다고 할 수 있는가를 유의수준 5%에서 가설검증하라.

조깅화＼사람	1	2	3	4	5	6	7	8	9	10
A	27	35	19	39	34	32	15	26	18	17
B	23	28	16	31	38	30	17	22	15	16

9. 분산이 같은 두 개의 독립적인 정규분포 모집단으로부터 다음과 같이 표본을 얻을 경우, $H_0 : \mu_1 = \mu_2$의 기각역을 구하라.

(a) $H_1 : \mu_1 \neq \mu_2$ $\quad n_1 = 10,$ $\quad n_2 = 10,$ $\quad \alpha = 0.05$

(b) $H_1 : \mu_1 > \mu_2$ $\quad n_1 = 8,$ $\quad n_2 = 4,$ $\quad \alpha = 0.10$

(c) $H_1 : \mu_1 < \mu_2$ $\quad n_1 = 6,$ $\quad n_2 = 5,$ $\quad \alpha = 0.01$

10. 맞벌이 부부들의 여가시간 만족에 대한 조사를 하기 위해 여성근로자 100명, 남성근로자 100명을 표본으로 얻었다. 남성근로자들 100명 중에 여가시간을 만족하는 사람은 56명, 여성 100명 중에는 40명이 만족한다고 할 때 맞벌이 여성 근로자들이 남성들에 비해 덜 만족한다고 할 수 있는가를 가설검증하라.

11. 본문에서는 제 2 종의 과오(Type Ⅱ error)에 대해 소개하지 않았다. 제 2 종의 과오란 귀무가설이 거짓일 때 귀무가설을 채택하는(기각하지 못하는) 과오를 말하고, 이런 과오를 범할 확률을 베타(β)로 표현한다. 베타를 계산하는 방법에 대해 구체적인 예를 들어 설명해 보기로 한다.

백열구 제조회사는 백열구의 평균 수명시간이 1,000시간, 표준편차는 40시간이라고 주장하고 있다. 백화점에서는 평균 수명시간이 1,000시간이 되지 못하면 그 백열구 제조회사의 납품을 받지 않기로 하고 64개의 표본을 얻어 가설검증하고자 한다. 그러면 가설은

$$H_0 : \mu = 1,000 \quad \text{v.s.} \quad H_1 : \mu < 1,000$$

이 될 것이고 유의수준 5%에서 H_0의 기각역은 대략

$$\overline{X} < 992\text{시간}$$

이 된다(이 결과를 확인하라). 이를테면, H_0의 채택역은 $\overline{X} > 992$시간이다. 이제 H_0가 참이 아니라면, 즉 $\mu = 1,000$이 아니면 H_1의 내용에 따라 μ는 1,000보다 작은 값이 될 수 있다. 예를 들어, (1) 977 (2) 982 (3) 987 (4) 992 (5) 997 등의 값이 맞는데 H_0를 기각하지 못하게 된다면, 이 때의 확률들은 각각 얼마인가를 계산하게 되고 이를 베타(β)라고 하는 것이다. 즉, (1) $\mu = 977$일 경우 H_0를 채택할 확률은 다음 그림과 식에서 보는 바와 같이

$$\beta(977의\ 경우) = P(\overline{X} > 992 \mid \mu = 977) = P\left(\frac{\overline{X} - 977}{40/8} > \frac{992 - 977}{40/8}\right)$$

$$= P(Z > 3.0) = 0.001$$

이 된다. (2) $\mu = 982$라면 앞에서와 마찬가지로

$$\beta(982일\ 경우) = P(\overline{X} > 992 \mid \mu = 982) = P\left(\frac{\overline{X} - 982}{40/8} > \frac{992 - 982}{40/8}\right)$$

$$= P(Z > 2.0) = 0.02$$

로 계산된다.

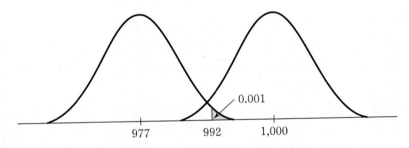

(a) 위에 열거한 (3) 987 (4) 992 (5) 997에 대해 β값을 각각 구하라.
(b) 평균이 1,000이 아닌 다른 값들(예를 들면, 앞에서 열거한 다섯 가지)에 대해 beta를 구하여 그래프를 얻게 되는데 이를 OC(Operating Characteristic) Curve라고 한다. 이 예에서는

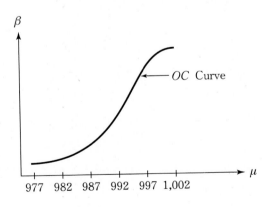

의 형태로 얻어지게 되는바, 정확한 OC Curve를 그려라.

분류되어지는 자료에 대한 분석

일반적으로 통계적으로 분석하고자 하는 자료들의 대부분은 연속적인 자료(continuous data)의 형태를 갖고 있다. 즉, 수의 직선 상에서 실수값(real value)으로 측정된 자료들이 우리 주변에 많을 뿐만 아니라, 연속적인 자료들을 정규분포의 가정하에서 분석할 수 있는 통계기법이 기본적으로 개발되어 있기 때문에 연속적인 자료에 보다 익숙해 있음이 사실이다.

여기서는, 몇 가지 항목으로 분류되어 있는 자료의 형태를 분석하는 기법에 대해 설명하고자 한다. 예를 들면, 네 가지의 색(A, B, C, D) 중에서 가장 좋아하는 색을 조사한 자료, 다섯 가지로 분류되는 직업에 대하여 각 직업에 종사하는 사람들의 수, 결혼의 형태(연애, 중매, 중매＋연애)에 관하여 어떤 방식으로 결혼했는가에 대해 조사된 자료 등이다.

분류된 자료
범주형 자료

이미 분류되어 있는 카테고리(category)들 중 어디에 속하는가를 조사한 자료를 **분류된 자료**(categorized data), 또는 **범주형 자료**라고 부른다. 더욱이, 연속적인 자료라 할지라도 경우에 따라서는 분류된 자료로 전환시킬 수 있을 것이다. 이를테면, 연령에 대한 자료는 연속적인 자료이지만 분석의 목적에 따라 연령을 다섯 가지의 항목으로 분류하여(20대, 30대, 40대, 50대, 60 이상) 각 연령대에 몇 명씩인가를 조사하였다면 분류된 자료가 되는 것이다. 실제로, 소득에 대한 자료는 분류된 자료로서 얻는 것이 바람직한데, 그 이유는 「귀하의 소득은 얼마나 됩니까?」라고 주관식으로 질문하는 것보다, 「① 200만원 이하 ② 201만원~300만원 ③ 301만원~400만원 ④ 401만원 이상」으로 질문하는 것이 효과적이기 때문이다.

6.1 다항분포

분류된 자료란 각 조사대상 자료가 여러 가지로 분류된 항목 중 한 항목에 속하는 경우이다. 즉, 분류된 항목의 수를 k개라고 할 때, 표본값이 k중의 하나로 얻어질 경우이다. 이를테면, 주사위를 던질 경우 분류된 항목인 1~6까지의 눈금 중 하나로 나타날 경우이다. 그러므로 표본의 크기를 n으로 할 경우, k개의 각 항목에 몇 개씩으로 분류되는데 그 결과는 다음 [표 6-1]과 같다.

[표 6-1] 다항분포의 예

항목	1	2	⋯	k	
출현횟수	X_1	X_2	⋯	X_k	$\displaystyle\sum_{i=1}^{k} X_i = n$
확률	p_1	p_2	⋯	p_k	$\displaystyle\sum_{i=1}^{k} p_i = 1$

[표 6-1]은 n개의 표본이 k개 항목 각각에 $(X_1, X_2, \cdots, X_k)$씩 출현되는 것을 보여주고 있다. 그리고 표본 각각은 k개 항목 중 하나에 반드시 포함되므로 $\displaystyle\sum_{i=1}^{k} X_i = n$의 관계가 성립된다. 또한, 각 항목에 대한 (출현)확률을 $(p_1, p_2, \cdots, p_k)$로 표현할 때, $\displaystyle\sum_{i=1}^{k} p_i = 1$이다.

예를 들면, 주사위를 100번 던질 경우 (표본의 크기 = 100), 1번 눈금은 X_1번, $\cdots$, 6번 눈금은 X_6번 나타날 것이며 $\displaystyle\sum_{i=1}^{6} X_i = 100$이 된다. 그리고 각 눈금이 나타날 확률은 1/6이므로 $p_i = 1/6$, $i = 1, 2, \cdots, 6$이 된다는 것이다.

다항분포 이와 같이, 분류된 자료에 대한 변수, $(X_1, X_2, \cdots, X_k)$의 분포를 다**항분포**(multinomial distribution)라고 부르며, 그 분포식의 형태는

$$f_{X_1, \cdots, X_k}(x_1, \cdots, x_k) = \frac{n!}{x_1! \cdots x_k!} p_1^{x_1} \cdots p_k^{x_k} \tag{6-1}$$

이다. 여기서, k개의 변수, $(X_1, X_2, \cdots, X_k)$들은 n개의 표본을 통하여 관찰(측정)되는 것인데, 이들의 합은 반드시 n이 되므로 $\left(\displaystyle\sum_{i=1}^{k} X_i = n\right)$, k개 변수들 중 독립적인 변수들의 수는 $(k-1)$이다. 또한, 각 확률변수 X_i에 대한 기댓값은

$$E(X_i) = np_i, \quad i = 1, \cdots, k \tag{6-2}$$

이다. 즉, i번째 항목에 대한 출현기대횟수는 np_i가 된다는 것이다. 예를

들면, 정상적인 주사위를 100번 던질 경우, 3번 눈금이 나올 기대횟수, $E(X_3)$는 $100 \times (1/6)$라는 것이다.

이항분포

　　　　앞에서 설명한 k가지 분류 항목에 대한 다항분포의 특이한 예가 **이항분포**(binomial distribution)이다. 이항분포는 분류 항목의 수가 두 개인 경우로서, 제 2 장에서 소개한, 베르누이분포의 n개 표본에 대한 결과로도 설명될 수 있을 것이다.

　　　　이러한 분류된 자료들로써 분석할 수 있는 내용은 (i) 적합성검증 (ii) 독립성검증 (iii) 동질성검증 등이 있는데, 차례대로 검증방법들을 알아보기로 하자.

6.2　적합성검증

적합성검증

　　　　적합성검증(Goodness-Of-Fit Test)이란 어떤 자료가 주어진 분포를 한다고 할 수 있는가를 검증하는 것이다. 다시 말하면, 수집된 어떤 자료가 정규분포한다고 할 수 있는가? 또는 새로 얻어진 자료가 전에 알고 있었던 어떤 분포에 따른다고 할 수 있는가 등을 검증하고자 하는 것이다. 예를 들면, 100명의 학생들 성적이 얻어졌을 때, 이 성적 자료가 정규분포에 적합하다고 할 수 있는가를 가설검증하고자 할 때, 또는 다섯 가지의 색상들에 대한 선호색상 분포가 $A=30\%$, $B=15\%$, $C=10\%$, $D=25\%$, $E=20\%$인가를 검증하기 위해서 200명에 대한 다섯 가지에 대한 선호색상을 조사하는 경우 등이다.

　　　　우선, 주사위에 대한 문제를 예로 들어보자. 정상적인 주사위라면 각 눈금이 나올 확률은 1/6이다. 그러나 한 구석이 떨어져 나간 주사위가 있을 때, 이 깨어진 주사위의 각 눈금이 나올 확률이 정상적인 주사위처럼 1/6일까를 알아보고 싶은 경우, 적합성검증을 한다는 것이다. 이 경우

의 가설은

H_0 : 그 주사위의 각 눈금이 나올 확률은 정상적인 주사위와 같다

$(\Leftrightarrow \ p_1 = 1/6, \ p_2 = 1/6, \ \cdots, \ p_6 = 1/6)$

H_1 : 그 주사위는 정상적인 주사위가 아니다

$(\Leftrightarrow$ 적어도 하나의 등호가 성립하지 않는다$) \ \Leftrightarrow \ {\sim}H_0$

가 된다. 그러면 그 깨어진 주사위를 몇 번 던져(표본의 크기) 볼 것인가를 결정하고, 각 눈금이 나온 결과로써 가설검증을 수행하면 될 것이다. 이를테면, 주사위를 100번 던지면 1번 눈금이 X_1번, $\cdots$, 6번 눈금이 X_6번 나올 것이고, H_0가 옳다고 할 경우 **기대도수**는 각 눈금에 대해 E_i $= 100 \times (1/6)$이 되는데 실제로 얻어지게 되는 **관찰도수** X_i와 기대도수 E_i간의 차이(괴리)가 얼마나 큰가에 따라 영가설(H_0)의 기각 여부가 결정된다.

이제, k가지로 분류된 적합성검증의 절차를 정형화시켜 보자. 적합성검증의 가설은

$H_0 : p_1 = p_{10}, \ p_2 = p_{20}, \ \cdots, \ p_k = p_{k0}$ (6-3)

H_1 : 적어도 하나의 등호가 성립하지 않는다 $\Leftrightarrow \ {\sim}H_0$

가 되며, 검증통계량은

$$X^2 = \sum_{i=1}^{k} \frac{(X_i - E_i)^2}{E_i} \qquad\qquad (6\text{-}4)$$

이다. 여기서 X_i는 관찰도수, E_i는 기대도수인데 기대도수는 H_0에 나와 있는 주어진 확률 $(p_{10}, p_{20}, \cdots, p_{k0})$들을 이용하여 얻어진다. 즉, $E_i = np_{i0}, \ i = 1, \ \cdots, \ k$이다. 여기서 사용된 두 번째 하첨자의 0은 주어진 어떤 값을 나타내는 표현방법일 뿐이다.

그러면 표본의 크기(n)가 충분히 클 때, 식 (6-4)의 검증통계량 X^2은 자유도 ($k{-}1$)의 χ^2-분포를 하게 된다. 여기서 주목해야 할 것은 분류

기대도수

관찰도수

관찰도수와
기대도수의
차이

된 자료에 대한 가설검증은 표본의 크기가 충분히 커야 하고, 기대도수 (E_i)가 5보다 작은 항목의 수가 전체 항목 수의 20%를 넘을 경우 가설검증 결과를 사용하는 것은 부적절하다. 만일, [$E_i < 5$]인 항목의 수가 20%를 넘는다면 기대도수가 5보다 작은 항목들을 이웃 항목과 통합시켜 기대도수가 5보다 크도록 조정하여야 된다. 이와 같은 가이드라인을 **크레머법칙**(Cramer Rule)이라고 한다.

크레머법칙

예 6-1

자동차메이커에서는 5가지의 색상으로 승용차를 판매하고자 계획하고 A색상 30%, B색상 15%, C색상 10%, D색상 25%, E색상 20%의 비율로 하기로 하였다. 그리고 250명의 고객층을 대상으로 (A, B, C, D, E) 색상 중 선호색상에 대한 자료를 얻어 고객들의 선호색상 분포가 자동차메이커의 계획 비율에 적합한가를 알아보고자 한다. 즉, 다음의 표에 나와 있는 관찰도수(X_i)들과 기대도수(E_i)들로써 검증통계량을 얻으면

	A	B	C	D	E
관찰도수(X_i)	90	30	35	55	40
H_0의 확률(p_{i0})	.30	.15	.10	.25	.20
기대도수 $E_i = 250 \times p_{i0}$	75	37.5	25	62.5	50

$$X^2 = \sum_{i=1}^{5} \frac{(X_i - E_i)^2}{E_i}$$

$$= \frac{(90-75)^2}{75} + \frac{(30-37.5)^2}{37.5} + \frac{(35-25)^2}{25} + \frac{(55-62.5)^2}{62.5} + \frac{(40-50)^2}{50}$$

$$= 3 + 1.5 + 4 + 0.9 + 2 = 11.4$$

가 된다. 여기서 X^2은 자유도 (5-1)=4의 카이제곱분포를 하므로 [부록 4]에서

$$0.01 < p\text{-value} < 0.025$$

임을 알 수 있다.

적합성검증은 SPSS로써 간단하게 수행될 수 있다. 그 절차는 다음과
같다.

SPSS [절차6-1-1]
SPSS 데이터 편집기에 다음과 같이 자료를 입력한다.

색상	관찰도수
1.00	90.00
2.00	30.00
3.00	35.00
4.00	55.00
5.00	40.00

SPSS [절차6-1-2]
먼저 **데이터→가중케이스** 메뉴를 선택하여 관찰도수에 가중치를 부여하
도록 해야 한다. 즉, **가중케이스** 창에서 **가중케이스 지정**을 선택하고 관찰
도수를 **빈도변수**로 옮겨야 한다. 그리고 **확인**을 누른다.

SPSS [절차6-1-3]
그러면 데이터편집기 창으로 돌아오는데 **분석→비모수검증→카이제곱검증**
을 선택한다. **카이제곱검증** 창에서는 색상을 **검증변수**로 옮기고 **기댓값**에
서 **값**을 선택한 후 기대도수를 각자가 계산하여 순서대로 입력하여야 한

다. 즉, 75를 입력한 후 **추가**를 클릭하면 아래에 있는 창으로 75가 저장되며, 다시 37.5를 입력하고 **추가**를 클릭하는 방법으로 5개의 기대도수 값들을 저장해야 한다. **정확**이나 **옵션** 서브메뉴는 디폴트로 하여도 된다. 그리고 확인버튼을 누른다.

카이제곱검정	
관찰도수	검정변수(T): 색상 / 확인 명령문(P) 재설정(R) 취소 도움말
기대범위 · 데이터로부터 얻기(G) · 지정한 범위 사용(S) 하한(L): 상한(U):	기대값 · 모든 범주가 동일(I) · 값(V): 추가(A) 75 바꾸기(C) 37.5 제거(E) 25 62.5 50 정확(X)... 옵션(O)...

SPSS [절차6-1-4]

SPSS 출력결과는 다음과 같다.

색상

	관측수	기대빈도	잔차
1.00	90	75.0	15.0
2.00	30	37.5	-7.5
3.00	35	25.0	10.0
4.00	55	62.5	-7.5
5.00	40	50.0	-10.0
합계	250		

검정 통계량

	색상
카이제곱[a]	11.400
자유도	4
근사 유의확률	.022

a. 0 셀 (.0%)은(는) 5보다 작은 기대빈도를 가집니다. 최소 셀 기대빈도는 25.0입니다.

앞에서 설명한 대로 얻어진 자료가 특정분포를 하는가의 여부를 검증하는 것 또한 적합성검증에 해당된다(이 부분에 대해서는 다음의 구체적인 예를 들어 설명하고자 하는데, 경우에 따라 어려울 수도 있기 때문에 필요하지 않은 경우 건너뛰어도 무방할 것이다).

예 6-2

다음의 50명의 성적을 순서대로 나열한 것이다. 이 자료가 정규분포에 적합한가를 검증하고자 한다.

[50명의 성적 자료]

23	23	24	27	29	31	32	33	33	35
36	37	40	42	43	43	44	45	48	48
54	54	56	57	57	58	58	58	58	59
61	61	62	63	64	65	66	68	68	70
73	73	74	75	77	81	87	89	93	97

이 문제에 대한 가설은

$$H_0 : 이\ 자료는\ 정규분포한다$$

v.s.

$$H_1 : 이\ 자료는\ 정규분포하지\ 않는다$$

이다. 우선 연속형 자료를 분류된 자료로 바꾸어야 적합성검증이 가능할 것이다. 따라서 자료들의 범위(23~97)를 고려하여 구간(항목)을 [0, 20), [20, 40), [40, 60), [60, 80), [80, 100), [100,)의 6개로 나눈다. 그러면, 정규분포를 한다고 전제하고 (H_0 참), 각 구간의 확률값을 얻어야만 기대도수를 구할 수가 있다. 이를 위하여, 먼저 50개의 자료로부터 평균 $\bar{x}=55.04$, $s=19.01$을 구한다. 그리고 6개의 구간에 대한 표준화를 시킨 후 표준화정규분포로부터 누적확률을 구한다. 그 결과는 다음의 표에 나타나 있다.

b_j	20	40	60	80	100
$\dfrac{(b_j-\bar{x})}{s}$	-1.84	-0.79	0.26	1.31	2.36
$F\left(\dfrac{(b_j-\bar{x})}{s}\right)$	0.03	0.21	0.60	0.91	0.99

위의 표에서 $F(-1.84)=0.03$, $F(-0.79)=.21$ 등은 표준화정규분포에서 얻어진 누적확률이므로 6개 구간들에 대한 확률은

[0, 20)	[20, 40)	[40, 60)	[60, 80)	[80, 100)	[100,)	합계
0.03	0.18	0.39	0.31	0.08	0.01	1.0

이 된다. 따라서 각 구간의 확률에 표본의 수 $n=50$을 곱하여 얻어진 기대도수와 50개 자료로부터 각 구간에 대한 관찰도수를 정리하면 다음과 같다.

	[0, 20)	[20, 40)	[40, 60)	[60, 80)	[80, 100)	[100,)
X_i	0	12	18	15	5	0
E_i	1.5	9.0	19.5	15.5	4.0	0.5

그런데 기대도수(E_i)가 5보다 작은 구간의 수가 전체 6개 구간 중 3개(50%)이므로 크레머법칙에 따라 해당구간들을 이웃 구간에 통합시키게 된다. 즉,

	[0, 40)	[40, 60)	[60, 80)	[80,)
X_i	12	18	15	5
E_i	10.5	19.5	15.5	4.5

을 토대로 검증통계량의 값을 계산하게 된다.

그러면 $X^2=0.395$가 얻어지며 자유도 $(4-1-2)=1$의 χ^2-분포에서의 유의수준 5%의 값이 3.841이므로 H_0을 기각할 수는 없다. 자유도에서 2를 뺀 것은 $\bar{x}$와 s, 두 개의 추정값들을 구하여 이용했기 때문이다.

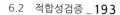

앞에서의 설명은 문제 해결 방법을 설명한 것이다. 그러나 이 문제는 SPSS에서 콜모고로프-스미르노프(Kolmogorov – Smirnov)검증 방법으로 간단하게 해결할 수 있으며, 다음의 절차를 따라 수행한다.

콜모고로프-
스미르노프
검증 방법

SPSS [절차6-2-1]

데이터편집기에 50명의 성적을 입력하고. **분석→비모수검증→일표본 K-S** 메뉴를 선택한다. 그리고 성적 변수를 **검증변수**로 옮기고 **검증분포**에서 **정규**를 선택한 후 **확인**을 하면 된다.

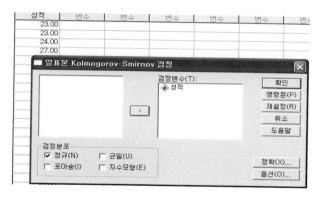

SPSS [절차6-2-2]

출력결과는 다음과 같으며 이 자료는 정규분포한다고 할 수 있다. 콜모고로프-스미르노프검증의 귀무(영)가설은 H_0: 자료는 정규분포한다이고 유의확률 0.898이므로 이 자료는 정규분포한다는 결론을 얻을 수 있다.

일표본 Kolmogorov-Smirnov 검정

		성적
N		50
정규 모수[a,b]	평균	55.0400
	표준편차	19.00479
최대극단차	절대값	.081
	양수	.069
	음수	-.081
Kolmogorov-Smirnov의 Z		.573
근사 유의확률(양측)		.898

a. 검정 분포가 정규입니다.
b. 데이터로부터 계산.

어느 회사는 고객들의 등급별 기여도 분포가 다음과 같아야 한다고 생각하고 있다.

등급	1	2	3	4	5	6	7
확률	0.03	0.05	0.23	0.3	0.2	0.15	0.04

고객 100명을 대상으로 등급을 책정한 결과

등급	1	2	3	4	5	6	7
관찰도수	6	3	18	22	28	20	3

으로 얻어졌을 경우, 회사가 고려하고 있는 기여도 분포가 올바른가를 가설검증하려고 한다. 먼저, 가설은

$$H_0 : p_1=.03, \quad p_2=.05, \quad p_3=.23, \quad p_4=.3,$$
$$p_5=.2, \quad p_6=.15, \quad p_7=.04$$
$$H_1 : \text{고려하고 있는 분포가 아니다}$$

이다. 그리고 H_0를 전제하여 기대도수를 구해 보면

등급	1	2	3	4	5	6	7
기대도수	3	5	23	30	20	15	4

이므로, 기대도수가 5보다 작은($E_i < 5$) 셀의 수가 29%(2/7)나 된다. 그러므로 이 자료 자체에 대한 카이제곱검증은 무의미하고 기대도수가 5보다 작은 등급들을 통합하여 가설검증해야만 한다. 즉, 1등급과 2등급을 통합하여

등급	(1, 2)	3	4	5	6	7
관찰도수	9	18	22	28	20	3
기대도수	8	23	30	20	15	4

로 정리하면 $E_i < 5$인 셀은 여섯 개 중에서 하나이고 이 자료로써 카이제곱검증을 하여 그 결과를 사용하는 데 아무런 문제가 없을 것이다.

이 예의 문제를 SAS로 해결하기 위한 프로그램과 그 결과는 다음과 같다. SAS는 적합성검증에 대한 명령어가 없어 다소 복잡한 프로그래밍을 해야 하지만, SPSS로는 이 문제를 간단히 해결할 수 있을 것이다.

SAS의 출력결과 ②는 자료를 그대로 입력한 결과이고 크레머법칙에 따라 등급 1과 2를 통합했을 경우, p-value는 13.25%이다.

① SAS 프로그램

```
DATA example;
   INPUT x p;
   ex=100*p;
   chi=((x−ex)**2)/ex;
cum_chi+chi;
df=_N_−1;
p_value=( −PROBCHI(cum_chi, df));
   cards;
    6 0.03
    3 0.05
   18 0.23
   22 0.3
   28 0.2
   20 0.15
    3 0.04

RUN;
PROC PRINT DATA=example;
   VAR cum_chi df p_value;
RUN;
```

② 위의 프로그램에 대한 출력결과

obs	cum_chi	df	p_value
1	3.0000	0	.
2	3.8000	1	0.0512
3	4.8870	2	0.0868
4	7.0203	3	0.0712
5	10.2203	4	0.0368
6	11.8870	5	0.0363
7	12.1370	6	0.0589

③ 자료를 통합했을 경우의 출력결과

obs	cum_chi	df	p_value
1	0.1250	0	.
2	1.2119	1	0.2709
3	3.3452	2	0.1877
4	6.5452	3	0.0878
5	8.2119	4	0.0841
6	8.4619	5	0.1325

SPSS [절차6-3-1]

자료를 데이터편집기에 입력한다.

등급	관찰도수
1.00	6.00
2.00	3.00
3.00	18.00
4.00	22.00
5.00	28.00
6.00	20.00
7.00	3.00

SPSS [절차6-3-2]

데이터→가중케이스 메뉴를 선택한 후 가중케이스 지정을 선택하고 관찰도수를 빈도변수로 옮긴다. 확인을 하면 데이터편집기 창이 다시 나타난다.

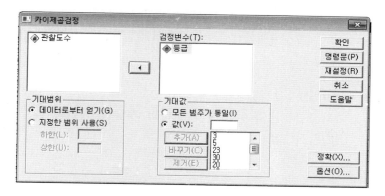

SPSS [절차6-3-3]

분석→비모수검증→카이제곱검증 메뉴를 선택하여 **검증변수**에 **등급, 기댓값**에서 **값**을 클릭한 후, 기대도수들을 입력, **추가**하는 방법으로 기대도수들을 저장한다.

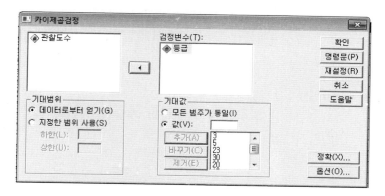

SPSS [절차6-3-4]

출력결과는 다음과 같다. 여기서 전체 7개의 셀 중 3개 셀의 기대도수가 5보다 작으므로, Cramer-Rule에 저촉되며 이 결과를 사용하는 것은 바람직하지 않다. 따라서 1등급과 2등급을 통합하여 다시 카이제곱검증을 수행하여야 한다. 결과를 비교해보면, Cramer-Rule을 적용하지 않았을 경우에는 유의적(0.059)이며 Cramer-Rule을 적용하게 되면 비유의적(0.133)이 된다.

등급

	관측수	기대빈도	잔차
1.00	6	3.0	3.0
2.00	3	5.0	-2.0
3.00	18	23.0	-5.0
4.00	22	30.0	-8.0
5.00	28	20.0	8.0
6.00	20	15.0	5.0
7.00	3	4.0	-1.0
합계	100		

검정 통계량

	등급
카이제곱 [a]	12.137
자유도	6
근사 유의확률	.059

a. 2 셀 (28.6%)은(는) 5보다 작은 기대빈도를
   가집니다. 최소 셀 기대빈도는 3.0입니다.

SPSS [절차6-3-5]

처음 두 개의 등급을 통합하여 자료를 입력한 후, 새롭게 얻은 결과는
다음과 같다.

등급

	관측수	기대빈도	잔차
1.00	9	8.0	1.0
2.00	18	23.0	-5.0
3.00	22	30.0	-8.0
4.00	28	20.0	8.0
5.00	20	15.0	5.0
6.00	3	4.0	-1.0
합계	100		

검정 통계량

	등급
카이제곱 [a]	8.462
자유도	5
근사 유의확률	.133

a. 1 셀 (16.7%)은(는) 5보다 작은 기대빈도를
   가집니다. 최소 셀 기대빈도는 4.0입니다.

6.3 독립성검증

분류된 자료들에 대한 가장 중요한 분석 목적은 변수들 간의 독립성을 검증할 수 있다는 데에 있을 것이다. 특히, 여기서는 두 가지 변수(성질)들에 대해서 분류된 자료들이 있을 경우 두 변수들 간에는 관련이 없는지, 관련이 있다면 어느 정도 있는지를 알아내는 기법들을 소개한다.

분할표

두 가지 변수(성질)들 각각의 여러 분류(항목, 구분)들에 대한 조합(combination)들의 도수(frequency)를 정리해 놓은 표를 **분할표**(contingency table)라고 부른다.

[표 6-2]는 A변수의 p가지 구분(항목)과 B변수의 q가지 구분들에 대한 조합에 속하는 도수들을 나열해 놓은 분할표이다.

[표 6-2] $(p \times q)$분할표

A \\ B	B_1	$\cdots$	B_j	$\cdots$	B_q	합
A_1	X_{11}	$\cdots$	X_{1j}	$\cdots$	X_{1q}	n_{1+}
$\vdots$	$\vdots$		$\vdots$		$\vdots$	$\vdots$
A_i	X_{i1}	$\cdots$	X_{ij}	$\cdots$	X_{iq}	n_{i+}
$\vdots$	$\vdots$		$\vdots$		$\vdots$	$\vdots$
A_p	X_{p1}	$\cdots$	X_{pj}	$\cdots$	X_{pq}	n_{p+}
합	n_{+1}	$\cdots$	n_{+j}	$\cdots$	n_{+q}	n

여기서 X_{ij}의 i는 행의 번호(A_i 항목) j는 열의 번호(B_j 항목)를 나타내고 있으며 n_{i+}는 i번째 행의 합$\left(\sum_{j=1}^{q} X_{ij}\right)$, n_{+j}는 j번째 열의 합$\left(\sum_{i=1}^{p} X_{ij}\right)$을 나타낸다. [표 6-2]와 같이 행의 수는 p, 열의 수는 q인 분할표를 $(p \times q)$

$(p \times q)$분할표

분할표라고 한다. 그리고 각 조합에 몇 개의 도수가 나타날 것인가를 모

[표 6-3] 직업과 연령에 대한 분할표 예

연령 직업	30 이하	30대	40대	50대	60 이상	합
자영업	20	60	120	80	20	300
사무관리	50	100	60	30	10	250
주부	30	60	40	15	5	150
기타	20	15	15	30	20	100
합	120	235	235	155	55	800

르는 상태에서 X_{ij}는 (확률)변수이다.

예를 들면, 여성 고객 800명에 대해 직업(A)과 연령(B)에 대한 분할
표는 직업을 자영업, 사무관리직, 주부, 기타의 네 가지로, 연령을 30세까
지 30대, 40대, 50대, 60 이상의 다섯 가지로 구분할 경우, [표 6-3]과 같
이 얻어질 수 있다.

[표 6-3]의 직업은 명목변수이고 연령은 연속적인 변수이지만 구간
으로 분류해 놓은 것이다. 이와 같이, 어떤 형태의 자료에 대해서도 분할
표 작성이 가능하고, 분할표가 구성되면 두 변수간에 독립인지 아닌지 여
부를 가설검증할 수 있기 때문에 여기서 설명하고 있는 독립성검증은 그
독립성검증   활용범위가 매우 넓다. 또 분할표의 **독립성검증**을 일반적으로 **분할표검증**
분할표검증   이라고도 부르고 이를 Crosstab검증이라고도 부른다.

그러면, 독립성검증의 절차에 대해 설명해 보기로 하자. 우선, 가설은

$$H_0 : A와\ B는\ 독립이다$$
$$H_1 : A와\ B는\ 독립이\ 아니다 \tag{6-5}$$

로 설정되는데 H_0의 「A와 B는 독립이다」는 것을 수식으로(이론적으로)
표현하면

$$H_0 : p_{ij} = p_i \times p_j, \quad 모든\,(i,\ j)에\ 대해 \tag{6-6}$$

이다. 여기서, p_{ij}는 i번째 행과 j번째 열에 해당되는 확률이고 p_i는 i번째

행의 확률, p_j는 j번째 열의 확률을 나타낸다.

그리고 이 가설을 검증하기 위한 검증통계량은

$$X^2 = \sum_{i=1}^{p} \sum_{j=1}^{q} \frac{(X_{ij} - E_{ij})^2}{E_{ij}} \qquad (6-7)$$

이다. 이 검증통계량의 형태는 식 (6-4)와 기본적으로 그 형태가 같다.

그러면, 기대도수 E_{ij}는 어떻게 얻어질 수 있는가? 적합성검증에서 H_0에 나타난 값들로서 기대도수를 구한 것과 마찬가지로 여기서도 H_0을 이용하여(즉, A와 B가 독립이라는 가설하에서) 기대도수를 구해야 한다 (가설검증은 항상 H_0가 참이라는 전제하에 수행된다).

즉, $E_{ij} = n \times p_{ij} = n \times p_i \times p_j$이므로,

$$\hat{E}_{ij} = n \times \left(\frac{n_{i+}}{n}\right) \times \left(\frac{n_{+j}}{n}\right) \qquad (6-8)$$

로 계산된 값을 사용한다. 다시 말하면, p_i를 (n_{i+}/n)으로 p_j를 (n_{+j}/n)으로 추정하여 계산한 것이다. 이때, 식 (6-7)의 X^2은 자유도 $(p-1) \times (q-1)$의 카이제곱분포를 하게 된다.

다음의 예는 독립성검증을 하고 그 결과를 자세하게 설명하고 있는 좋은 예이다.

예 6-4

어느 카드회사에서는 고객의 등급(A, B, C, D; A가 높은 등급임)과 카드사용액간에 관련이 있을 것으로 생각되어, 독립성검증을 하기 위하여 다음과 같이 분할표를 얻었다. 즉, 860명의 고객(표본)들의 사용(구입)액과 등급을 조사하여, 구입액은 다섯 등급으로 만들고 등급은 네 가지로 나누어 정리하였다.

다음의 표에 나타난 숫자들은 관찰도수(X_{ij})들의 값이고 식 (6-8)에 따라 계산된 기대도수들의 값은 [카드사용액과 등급의 기대도수] 표에 나타나 있다.

[카드사용액과 등급의 분할표]

등급 구입액	A	B	C	D
10만원 이하	21	42	60	5
10~20	15	122	45	14
20~40	94	100	16	30
40~70	120	65	20	18
70만원 이상	32	9	12	20

[카드사용액과 등급의 기대도수]

등급 구입액	A	B	C	D
10만원 이하	41.97	50.31	22.77	12.95
10~20	64.27	77.03	34.87	19.83
20~40	78.70	94.33	42.70	24.28
40~70	73.12	87.64	39.67	22.56
70만원 이상	23.94	28.69	12.99	7.38

그러므로 검증통계량 X^2의 값은

$$X^2 = \sum_{i=1}^{5} \sum_{j=1}^{4} \frac{(X_{ij} - E_{ij})^2}{E_{ij}} = 252.058$$

이고, 자유도 (5-1)(4-1)=12의 χ^2-분포에서 p-value는 0.001로 얻어지게 되는 것이다.

이에 대한, SAS의 프로그램과 계산결과는 표 ①과 같다.

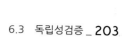

① SAS 프로그램과 계산결과

```
DATA example;
    INPUT buy $ class $ count @@;
    CARDS;
    a 1  21 a 2  42 a 3 60 a 4   5
    b 1  15 b 2 122 b 3 45 b 4  14
    c 1  94 c 2 100 c 3 16 c 4  30
    d 1 120 d 2  65 d 3 20 d 4  18
    e 1  32 e 2   9 e 3 12 e 4  20
RUN;


PROC FREQ DATA=example;
    TABLE buy*class/CHISQ EXPECT;
    WEIGHT count;
RUN;
```

TABLE OF MONEY BY Class					
MONEY Frequency Expected Percent Row Pct Col Pct	Class				
	A	B	C	D	Total
10만원 이하	21 41.972 2.44 16.41 7.45	42 50.307 4.88 32.81 12.43	60 22.772 6.98 46.88 39.22	5 12.949 0.58 3.91 5.75	128 14.88
10-20만원	15 64.27 1.74 7.65 5.32	122 77.033 14.19 62.24 36.09	45 34.87 5.23 22.96 29.41	14 19.828 1.63 7.14 16.09	196 22.79
20-40만원	94 78.698 10.93 39.17 33.33	100 94.326 11.63 41.67 29.59	16 42.698 1.86 6.67 10.46	30 24.279 3.49 12.50 34.48	240 27.91
40-70만원	120 73.123 13.95 53.81 42.55	65 87.644 7.56 29.15 19.23	20 39.673 2.33 8.97 13.07	18 22.559 2.09 8.07 20.69	223 25.93
70만원 이상	32 23.937 3.72 43.84 11.35	9 28.691 1.05 12.33 2.66	12 12.987 1.40 16.44 7.84	20 7.3849 2.33 27.40 22.99	73 8.49
Total	282 32.79	338 39.30	153 17.79	87 10.12	860 100.00

STATISTICS FOR TABLE OF MONEY BY Class

Statistic	DF	Value	Prob
Chi-Square	12	252.058	0.001
Likelihood Ratio Chi-Square	12	250.783	0.001
Mantel-Haenszel Chi-Square	1	27.945	0.001
Phi Coefficient		0.541	
Contingency Coefficient		0.476	
Cramer's V		0.313	
Sample Size=860			

표 ① 계산결과에 나타난 값들은 표의 가장 왼쪽 위에 표현되어 있는 것
과 마찬가지로 관찰도수, 기대도수, 전체 중에서 %, 각 행을 100%로 할
때의 %, 각 열을 100%로 할 때의 %들이다. 그리고 검증통계량 X^2의
값은 X^2=252.058이고 자유도 (12)에서의 이에 대한 p-value(Prob)는
0.001이다. 따라서 구입액과 등급간에는 연관이 있다고 판단된다.

그러면, 어떤 이유에서 구입액과 등급간에 관련이 있다고 이야기할 수
있는가? 이는 검증통계량

$$X^2 = \sum\sum \frac{(X_{ij} - E_{ij})^2}{E_{ij}}$$

을 구성하고 있는 20개의 $(X_{ij} - E_{ij})^2/E_{ij}$ 값들 중에서 X^2을 크게 하는
데에 기여한 cell들은 어떤 cell들인가를 찾아봄으로써 알 수 있다.
왜냐하면, X^2의 값이 크면 클수록 두 변수(구입액과 등급)간에 관련이
높은 것을 시사하기 때문이다. 따라서, SAS에서의 $(X_{ij} - E_{ij})$의 값(분할
표에서의 잔차)과 각 cell의 $(X_{ij} - E_{ij})^2/E_{ij}$ 값(Cell Chi-Square)들을 정리
해 보면 표 ②와 같다. 이 표로부터 Cell Chi-Square이 큰 cell들을 찾
고, 그 cell들의 잔차(Deviation)부호를 고려하여 구입액과 등급간의 관계
를 설명할 수 있다.

② Deviation과 Cell Chi-Square

TABLE OF MONEY BY Class					
MONEY Frequency Deviation Cell Chi-Square	Class A	B	C	D	Total
10만원 이하	21 −20.97 10.479	42 −8.307 1.3717	60 37.228 60.86	5 −7.949 4.8795	128
10−20만원	15 −49.27 37.771	122 44.967 26.25	45 10.13 2.943	14 −5.828 1.713	196
20−40만원	94 15.302 2.9755	100 5.6744 0.3414	16 −26.7 16.693	30 5.7209 1.348	240
40−70만원	120 46.877 30.051	65 −22.64 5.8505	20 −19.67 9.7556	18 −4.559 0.9214	223
70만원 이상	32 8.0628 2.7158	9 −19.69 13.514	12 −0.987 0.075	20 12.615 21.55	73
Total	282	338	153	87	860

즉, (C등급, 10만원 이하)가 60.86, (B등급, 10∼20만원)가 26.25, (A등급, 40∼70만원)가 30.05로 기대보다 많은 사람들이 있는 cell들이며(+ 부호), (A등급, 10∼20만원)이 37.771로 기대보다 적은 사람이 있는 cell(− 부호)이다.

따라서, 전체적으로 등급이 높은(A등급) 고객들의 구입액이 많고, 등급이 낮을수록(D등급) 고객들은 적은 구입액을 나타낸다고 구입액과 등급의 관계를 설명할 수 있다.

SPSS [절차6-4-1]

먼저 자료를 입력하는 방법은 구입액과 등급에 따라 관찰도수가 다르므로 (1 1 21), (1 2 42) 등의 방법으로 입력한다.

구입액	등급	관찰도수
1.00	1.00	21.00
1.00	2.00	42.00
1.00	3.00	60.00
1.00	4.00	5.00
2.00	1.00	15.00
2.00	2.00	122.00
2.00	3.00	45.00
2.00	4.00	14.00
3.00	1.00	94.00
3.00	2.00	100.00
3.00	3.00	16.00
3.00	4.00	30.00
4.00	1.00	120.00
4.00	2.00	65.00
4.00	3.00	20.00
4.00	4.00	18.00
5.00	1.00	32.00
5.00	2.00	9.00
5.00	3.00	12.00
5.00	4.00	20.00

SPSS [절차6-4-2]

먼저 이 자료들이 분할표의 빈도변수라는 것을 지시하기 위하여, **데이터**
→가중케이스 메뉴를 선택한 후, **가중케이스 지정**을 클릭하고 관찰도수를
빈도변수로 옮겨 놓고 **확인**을 누른다.

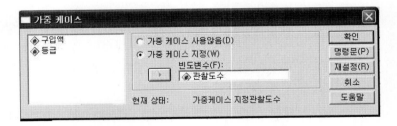

SPSS [절차6-4-3]

데이터편집기 창으로 돌아오면, **분석→기술통계량→교차분석** 메뉴를 선택
한 후, **교차분석** 창에서 **행**에는 구입액, **열**에는 등급을 옮겨 놓는다.

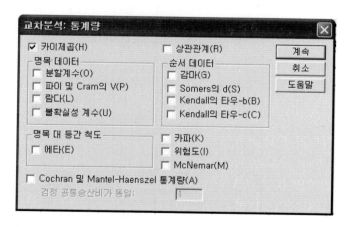

SPSS [절차6-4-4]

교차분석 창의 서브메뉴인 **통계량**을 선택한다. **교차분석: 통계량** 창에서 필요한 통계량들을 클릭하여 선택하고 계속을 누른다. 여기서는 **카이제곱**만을 선택하였다.

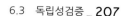

SPSS [절차6-4-5]

또한 **셀** 서브메뉴를 선택하여 필요한 값들을 클릭하면 되는데 여기서는 **관찰도수, 기대도수,** 각 **퍼센트**를 선택하였다. 그리고 **계속**을 눌러 **교차분석** 창으로 돌아와 **확인**을 누르면 출력결과가 나타난다.

교차분석: 셀 출력

빈도
- ☑ 관측빈도(O)
- ☑ 기대빈도(E)

계속
취소
도움말

퍼센트
- ☑ 행(R)
- ☑ 열(C)
- ☑ 전체(T)

잔차
- ☐ 표준화하지 않음(U)
- ☐ 표준화(S)
- ☐ 수정된 표준화(A)

정수가 아닌 가중값
- ⦿ 셀 수 반올림(N)
- ◯ 셀 수 절삭(L)
- ◯ 조정 없음(M)
- ◯ 케이스 가중값 반올림(W)
- ◯ 케이스 가중값 절삭(H)

SPSS [절차6-4-6]

출력 결과 중 교차표에 여러 가지 값들이 나타난다. 그리고 카이제곱 값은 252.058이다.

구입액 * 등급 교차표

			등급				전체
			1.00	2.00	3.00	4.00	
구입액	1.00	빈도	21	42	60	5	128
		기대빈도	42.0	50.3	22.8	12.9	128.0
		구입액의 %	16.4%	32.8%	46.9%	3.9%	100.0%
		등급의 %	7.4%	12.4%	39.2%	5.7%	14.9%
		전체 %	2.4%	4.9%	7.0%	.6%	14.9%
	2.00	빈도	15	122	45	14	196
		기대빈도	64.3	77.0	34.9	19.8	196.0
		구입액의 %	7.7%	62.2%	23.0%	7.1%	100.0%
		등급의 %	5.3%	36.1%	29.4%	16.1%	22.8%
		전체 %	1.7%	14.2%	5.2%	1.6%	22.8%
	3.00	빈도	94	100	16	30	240
		기대빈도	78.7	94.3	42.7	24.3	240.0
		구입액의 %	39.2%	41.7%	6.7%	12.5%	100.0%
		등급의 %	33.3%	29.6%	10.5%	34.5%	27.9%
		전체 %	10.9%	11.6%	1.9%	3.5%	27.9%
	4.00	빈도	120	65	20	18	223
		기대빈도	73.1	87.6	39.7	22.6	223.0
		구입액의 %	53.8%	29.1%	9.0%	8.1%	100.0%
		등급의 %	42.6%	19.2%	13.1%	20.7%	25.9%
		전체 %	14.0%	7.6%	2.3%	2.1%	25.9%
	5.00	빈도	32	9	12	20	73
		기대빈도	23.9	28.7	13.0	7.4	73.0
		구입액의 %	43.8%	12.3%	16.4%	27.4%	100.0%
		등급의 %	11.3%	2.7%	7.8%	23.0%	8.5%
		전체 %	3.7%	1.0%	1.4%	2.3%	8.5%
전체		빈도	282	338	153	87	860
		기대빈도	282.0	338.0	153.0	87.0	860.0
		구입액의 %	32.8%	39.3%	17.8%	10.1%	100.0%
		등급의 %	100.0%	100.0%	100.0%	100.0%	100.0%
		전체 %	32.8%	39.3%	17.8%	10.1%	100.0%

카이제곱 검정

	값	자유도	점근 유의확률 (양측검정)
Pearson 카이제곱	252.058[a]	12	.000
우도비	250.783	12	.000
선형 대 선형결합	27.945	1	.000
유효 케이스 수	860		

a. 0 셀 (.0%)은(는) 5보다 작은 기대 빈도를 가지는 셀입니다. 최소 기대빈도는 7.38입니다.

6.4 관련도 측정

앞 절에서 다룬 두 개 변수들 간의 독립성검증의 보완작업으로 두 개 변수들 간의 관련을 어떻게 측정할 수 있는가를 생각해 보자. 연속적인 값들을 갖는 두 변수들의 상관관계는 상관계수로서 측정할 수 있는데 반해, 분류된 자료인 분할표에서의 두 변수간의 상관관계를 **관련도**(measure of association)라고 부른다. 관련도를 측정하는 방법은 여러 가지가 있는데, 그 중에서 몇 가지만을 소개하기로 한다.

관련도

6.4.1 ϕ(phi)

이것은 (2×2)분할표에 적합한 관련도 측도로 알려져 있다. 즉, 두 개 변수들이 각각 두 가지로 분류되어 있는 분할표에 적용되는데 그 계산식은

$$\phi = \sqrt{\frac{X^2}{n}}$$

화이

이다. 화이(ϕ)는 검증통계량의 값(X^2)을 표본의 크기(n)로 나눈 것의 제곱근인데, n이 크면 클수록 X^2의 값이 커질 수 있기 때문에 X^2을 n으로 나눈 것이다. 그러나 최대값의 한도가 없기 때문에 그다지 좋은 관련도는 아니다.

6.4.2 크레머(Cramer) V

크레머 V

크레머 V는 (2×2)분할표보다 차원이 큰 $(p \times q)$분할표에 대해 화이(ϕ)를 수정한 것이다. 다음 식에서 볼 수 있는 것과 마찬가지로 p나 q가 2일 때는 화이와 그 값이 같다. 즉,

$$V = \frac{\phi}{\sqrt{\min\{(p-1),\ (q-1)\}}}$$

6.4.3　분할계수(contingency coefficient) C

분할계수

분할표에서의 관련도를 나타내는 데 일반적으로 사용되는 것이 분할계수이다. 분할계수는 상관계수처럼 0보다 크고 1보다 작은 범위 내에서 그 값을 갖는다. 일반적으로 널리 사용되는 관련도이다.

$$C = \sqrt{\frac{X^2}{X^2 + n}}$$

6.4.4　람다(lambda)

람다

분할표를 구성하고 있는 두 변수들이 명목변수일 때 람다를 사용하는 것이 좋다. 람다는 A와 B 두 변인의 인과관계에 따라 두 가지로 얻어지게 되는 것도 다른 관련도들과 다른 점이다. 람다의 정의식을 이해하기 위해 구체적인 예를 들어 설명해 보자. 먼저, 람다는

$$\lambda = \frac{\left(\begin{array}{c}A\text{변수의 최대 범주로}\\A\text{를 예측할 때 발생하는 오차}\end{array}\right) - \left(\begin{array}{c}B\text{변수의 각 범주에서}\\A\text{변수의 최대 범주로}\\A\text{를 예측할 때 발생하는 오차}\end{array}\right)}{A\text{변수의 최대 범주로 } A\text{를 예측할 때 발생하는 오차}}$$

로 정의된다.

예를 들어 대학의 기부금 입학제도에 대한 태도(찬성과 반대)와 지역(수도권, 중부, 남부)에 대한 분할표가 [표 6-4]와 같을 때 두 변수 간의 관련도를 람다로 측정해 보자(두 변수 모두 명목변수).

이 분할표에서의 관심은 지역에 따라 기부금 입학제도를 어떻게 생각하고 있는가이다. 따라서, 기부금 입학제도에 대한 태도를 A라고 하고,

[표 6-4] 기부금 입학제도와 지역에 대한 분할표

태도(A) \ 지역(B)	수도권	중부	남부	합계
찬성	274	146	88	508
반대	708	222	49	979
합계	982	368	137	1,487

지역을 B라고 하여 1,487명에 대해서 기부금 입학제도에 대한 태도를 예측한다면 반대(979명)가 찬성(508명)보다 많으므로 모두(1,487명)가 반대한다고 예측할 때 508명의 오차가 얻어진다. 다시 말하면, A변수의 최대범주가 반대 979명이므로 모든 사람이 반대한다고 예측할 때 잘못 예측한 것이 508이라는 것이다.

그리고 B변수(지역)의 각 범주에서 기부금 입학제도에 대한 태도를 예측한다면 수도권지역 사람일 경우에는 「반대」, 중부권지역 경우에도 「반대」, 남부권지역 경우에는 「찬성」으로 예측해야 할 것이고, 이때 오차는 각각 274, 146, 49로 얻어지므로

$$\lambda = \frac{508 - (274 + 146 + 49)}{508} = 0.077$$

이다. 이 경우, 인과관계는 지역에 따라 기부금 입학제도에 대한 태도를 알아보고자 하는 것이므로, 지역(B)을 원인, 태도(A)를 결과로 취급하여

$$\lambda(A \mid B) = 0.077$$

로 표현한다는 것이다. 이에 대한 SAS의 계산결과는 다음과 같다. SAS에서는 A와 B의 인과관계를 모르므로 $\lambda(A \mid B)$, $\lambda(B \mid A)$ 모두에 대한 계산결과를 제공하고 있는데 적절한 람다값을 사용자가 판단해야 할 것이다.

[SAS 계산결과]

Lambda Asymmetric R|C 0.077
Lambda Asymmetric C|R 0.000

6.5 **동질성검증**

동질성검증

　　여러 개의 집단들에 대해서 어떤 변수(A)의 분포가 동일하다고 할 수 있는가를 검증하는 방법을 **동질성검증**(homogeneity test)이라고 한다. 예를 들면, 연령대에 따라 사형제도에 대한 의견이 같다고 할 수 있는가? 지역에 따라 대통령후보들에 대한 지지비율이 같다고 할 수 있는가? 등의 문제들을 해결하는 방법이다. 따라서, 자료의 형태는 앞에서 보았던 분할표와 같으나, 여기서는 각 집단으로부터 얻어진 표본의 크기가 미리 정해져 있는 점이 다르다.

　　[표 6-5]는 동질성검증을 하기 위해 얻어진 자료의 형태이다. 즉, 독립성검증의 경우와는 다르게 각 부모집단에서 얻어진 A변수에 대한 관찰도수를 정리해 놓은 것이다. 여기서 r과 c는 각각 부모집단의 수, A변수의 분류항목 수를 나타내는 것이다.

　　표본크기는 각각 $n_1, n_2, \cdots, n_r$이고 총 표본의 크기는 $n = \sum\limits_{i=1}^{r} n_i$가 될 것이다. 그리고 가설은

$$H_0 : r\text{개 집단들에 대한 } A\text{변수의 분포는 동일하다}$$
$$H_1 : r\text{개 집단들의 } A\text{분포가 같지는 않다}$$

가 되는데, 동질성검증의 절차는 독립성검증에서의 절차와 같다.

[표 6-5] 동질성검증의 자료

부모집단 ＼ A	A_1	A_2	$\cdots$	A_c	합계
1	X_{11}	X_{12}	$\cdots$	X_{1c}	n_1
2	X_{21}	X_{22}	$\cdots$	X_{2c}	n_2
$\vdots$	$\vdots$	$\vdots$		$\vdots$	$\vdots$
r	X_{r1}	X_{r2}	$\cdots$	X_{rc}	n_r

동질성검증과
독립성검증의
차이

동질성검증과 독립성검증은 가설의 표현이 다르고 자료를 얻는 방법이 다를 뿐 검증의 과정은 똑같음에 유의해야 한다. 강조하건대, 독립성검증은 전체 표본에 대해서 두 가지 변수에 대한 분할표를 얻어 검증하는 것이고, 동질성검증은 각 집단에 대해 표본을 할당한 후 한 가지 변수에 대한 분포를 얻어 검증하는 것이다.

예 6-5

다음은 3개 지역본부의 사고처리건수 분포가 같은가를 알아보기 위해 얻은 자료이다. 즉, A지역 본부에서는 표본으로 471개의 점포를, B지역에서는 362개, C지역에서는 254개의 점포를 대상으로 사고처리건수를 범주형자료 형태로 정리한 것이다.

지역 \ 건수	0	1~5	6~10	11~15	16~20	21~25	26~30	31 이상	n_i
A	27	154	147	8	55	34	12	34	471
B	17	125	90	3	63	27	2	35	362
C	17	88	65	3	38	17	3	23	254

여기서의 분석 목적은 3개 지역본부의 사고처리건수 분포가 비슷한가를 알아보기 위한 것이므로, 동질성검증에 해당되고, 각 지역에서 주어진 표본의 크기만큼 표본을 구하였다.

이 문제에 대한 가설은

H_0 : 세 지역본부의 사고처리건수 분포는 같다

H_1 : 세 지역본부의 사고처리건수 분포가 모두 같지는 않다

가 되며, SAS 결과물을 얻으면 가설검증의 검증통계량 값이 $X^2 =$ 18.132, p-value=20.1%이기 때문에 귀무(영)가설을 기각할 수 없다는 결론을 얻게 된다.

① SAS의 프로그램

```
DATA example;
   INPUT reg $ cat $ count @@;
   CARDS;
   a 1 27 a 2 154 a 3 147 a 4  8
   b 1 17 b 2 125 b 3  90 b 4  3
   c 1 17 c 2  88 c 3  65 c 4  3
   a 5 55 a 6 34 a 7 12 a 8 34
   b 5 63 b 6 27 b 7  2 b 8 35
   c 5 38 c 6 17 c 7  3 c 8 23
RUN;
PROC FREQ DATA=example;
      TABLE reg*cat/CHISQ EXPECT;
      WEIGHT count;
RUN;
```

② 출력결과

Row Pct Col Pct	1	2	3	4	5	6	7	8	Total
a	27	154	147	8	55	34	12	34	471
	26.431	159.02	130.86	6.0662	67.595	33.798	7.3661	39.864	
	2.48	14.17	13.52	0.74	5.06	3.13	1.10	3.13	43.33
	5.73	32.70	31.21	1.70	11.68	7.22	2.55	7.22	
	44.26	41.96	48.68	57.14	35.26	43.59	70.59	36.96	
b	17	125	90	3	63	27	2	35	362
	20.315	122.22	100.57	4.6624	51.952	25.976	5.6615	30.638	
	1.56	11.50	8.28	0.28	5.80	2.48	0.18	3.22	33.30
	4.70	34.53	24.86	0.83	17.40	7.46	0.55	9.67	
	27.87	34.06	29.80	21.43	40.38	34.62	11.76	38.04	
c	17	88	65	3	38	17	3	23	254
	14.254	85.757	70.569	3.2714	36.453	18.226	3.9724	21.498	
	1.56	8.10	5.98	0.28	3.50	1.56	0.28	2.12	23.37
	6.69	34.65	25.59	1.18	14.96	6.69	1.18	9.06	
	27.87	23.98	21.52	21.43	24.36	21.79	17.65	25.00	
Total	61	367	302	14	156	78	17	92	1087
	5.61	33.76	27.78	1.29	14.35	7.18	1.56	8.46	100.00

STATISTICS FOR TABLE OF REG BY CAT			
Statistic	DF	Value	Prob
Chi-Square	14	18.132	0.201
Likelihood Ratio Chi-Square	14	18.512	0.184
Mantel-Haenszel Chi-Square	1	0.230	0.632
Phi Coefficient		0.129	
Contingency Coefficient		0.128	
Cramer's V		0.091	

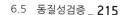

앞의 〔예 6-4〕에서와 동일한 절차를 수행한다. 여기서는 SPSS 데이터 편집기의 변수보기를 설명해보기로 한다.

SPSS 〔절차6-5-1〕
SPSS 데이터편집기에 자료를 입력한 후, 편집기 아래 쪽의 **변수보기**를 선택하면 변수이름을 원하는 대로 입력할 수 있다. 그리고 **값**을 클릭하면 변수의 값에 대한 설명을 할 수 있다.

	이름	유형	자리수	소수점이하자리	설명	값
1	지역	숫자	8	2		{1.00, 지역 A...
2	건수	숫자	8	2		없음
3	관찰도수	숫자	8	2		없음

SPSS 〔절차6-5-2〕
즉, **변수값**에 1을, **변수값 설명**에 지역 A를 입력한 후, **추가**를 누르면 아래 공간에 저장된다. 이러한 절차를 반복하여 각 변수의 값이 설명하는 바를 저장하면 출력결과에는 입력된 변수값에 대해 설명된 값으로 출력된다.

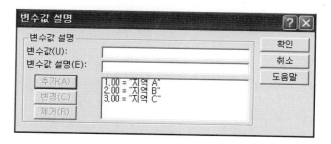

SPSS 〔절차6-5-3〕
출력결과는 다음과 같다. 물론 SAS에 의한 출력결과와 동일한 값들이 얻어졌음을 확인할 수 있다.

지역 * 건수 교차표

			건수								전체
			1.00	2.00	3.00	4.00	5.00	6.00	7.00	8.00	
지역	지역 A	빈도	27	154	147	8	55	34	12	34	471
		기대빈도	26.4	159.0	130.9	6.1	67.6	33.8	7.4	39.9	471.0
		지역의 %	5.7%	32.7%	31.2%	1.7%	11.7%	7.2%	2.5%	7.2%	100.0%
		건수의 %	44.3%	42.0%	48.7%	57.1%	35.3%	43.6%	70.6%	37.0%	43.3%
		전체 %	2.5%	14.2%	13.5%	.7%	5.1%	3.1%	1.1%	3.1%	43.3%
	지역 B	빈도	17	125	90	3	63	27	2	35	362
		기대빈도	20.3	122.2	100.6	4.7	52.0	26.0	5.7	30.6	362.0
		지역의 %	4.7%	34.5%	24.9%	.8%	17.4%	7.5%	.6%	9.7%	100.0%
		건수의 %	27.9%	34.1%	29.8%	21.4%	40.4%	34.6%	11.8%	38.0%	33.3%
		전체 %	1.6%	11.5%	8.3%	.3%	5.8%	2.5%	.2%	3.2%	33.3%
	지역 C	빈도	17	88	65	3	38	17	3	23	254
		기대빈도	14.3	85.8	70.6	3.3	36.5	18.2	4.0	21.5	254.0
		지역의 %	6.7%	34.6%	25.6%	1.2%	15.0%	6.7%	1.2%	9.1%	100.0%
		건수의 %	27.9%	24.0%	21.5%	21.4%	24.4%	21.8%	17.6%	25.0%	23.4%
		전체 %	1.6%	8.1%	6.0%	.3%	3.5%	1.6%	.3%	2.1%	23.4%
전체		빈도	61	367	302	14	156	78	17	92	1087
		기대빈도	61.0	367.0	302.0	14.0	156.0	78.0	17.0	92.0	1087.0
		지역의 %	5.6%	33.8%	27.8%	1.3%	14.4%	7.2%	1.6%	8.5%	100.0%
		건수의 %	100.0%	100.0%	100.0%	100.0%	100.0%	100.0%	100.0%	100.0%	100.0%
		전체 %	5.6%	33.8%	27.8%	1.3%	14.4%	7.2%	1.6%	8.5%	100.0%

카이제곱 검정

	값	자유도	점근 유의확률 (양측검정)
Pearson 카이제곱	18.132a	14	.201
우도비	18.512	14	.184
선형 대 선형결합	.230	1	.632
유효 케이스 수	1087		

a. 3 셀 (12.5%)은(는) 5보다 작은 기대 빈도를 가지는 셀입니다. 최소 기대빈도는 3.27입니다.

제6장 │ 연·습·문·제

EXERCISES

1. 다음은 500명 크기의 표본으로 얻어진 자료이다.

$$H_0 : p_1 = 0.1, \; p_2 = 0.1, \; p_3 = 0.5, \; p_4 = 0.1, \; p_5 = 0.2$$

에 대해 가설검증하고자 한다.

분류	1	2	3	4	5	합계
X	27	62	241	69	101	500

(a) 기대도수를 구하라.

(b) X^2값을 구하라.

(c) 이 경우, 대립가설은?

(d) 이렇게 얻어진 자료는 귀무가설(H_0)을 기각하기에 충분한 근거가 있는가를 판단하라(유의수준 5%).

2. 주사위를 600번 던진 결과 1부터 6 눈금이 나온 횟수는 다음과 같다. 이 주사위는 정상적인 주사위라고 판단할 수 있겠는가를 가설검증하라(유의수준 5%).

눈금	1	2	3	4	5	6
횟수	95	110	90	85	112	108

3. 기업의 최고경영자들에게 우편설문조사를 수행하기 위하여 1,000명의 CEO들에게 설문지를 보낸 결과 234명만이 응답을 해 주었다. 연구수행자는 무응답편지 (nonresponse bias) 문제가 있는 것은 아닌가 하여 기업들의 매출액을 기준으로 1,000개 기업들의 매출액 분포와 응답한 기업들의 매출액 분포가 같은가를 검증하려 한다. 주어진 자료로써 가설검증하라.

매출액	1,000개 기업	응답한 기업(234개)
<2억 5천만원	10	13
2억 5천만~7억 5천만	28	28
7억 5천만~15억	20	17
15억~20억	8	7
20억~40억	16	15
40억~70억	9	10
70억~90억	3	3
>90억 이상	6	7
	100%	100%

4. 세 개의 ○× 문제에 대해 완전히 추측으로 답할 경우, 세 개 중 정답의 수를 X라 하면, X는 이항분포한다고 한다. 그리고 X의 분포식은

$$f_X(x) = \binom{3}{x}(0.5)^x(0.5)^{3-x}, \quad x = 0, \ 1, \ 2, \ 3$$

이 된다. 즉,

X	$f_X(x)$
0	0.125
1	0.375
2	0.375
3	0.125

이다.
 100명의 학생들에게 세 개의 ○× 문제를 출제하여 정답의 수에 대한 분포를 얻은 결과이었다고 할 때, 학생들이 단순히 추측으로 시험을 보았다고 할 수 있겠는가? 참고로, $\binom{3}{2} = {}_3C_2 = \dfrac{3!}{2!\,(3-1)!} = \dfrac{3 \times 2 \times 1}{2 \times 1 \times 1} = 3$으로 계산한다.

정답수	학생수
0	8
1	45
2	40
3	7

(a) 가설을 세우라.

(b) 유의수준을 5%로 하여 가설검증하라.

5. 지난 4년간의 과일생산량 자료가 다음과 같을 때, 과일종류들의 생산량과 연도는 독립적인가를 가설검증하라(유의수준 5%).

년도 \ 과일	사과	배	복숭아	딸기
4년 전	50	50	10	10
3년 전	55	50	8	12
2년 전	35	50	20	14
1년 전	60	50	12	14

6. 신제품에 대한 마케팅 전략을 수립하고자, 전국 소비자를 대상으로 소비자 태도를 우편으로 조사하였다. 전국을 서울, 경기/충청, 영남, 호남, 강원, 제주로 크게 6개 권역으로 하고 '귀하의 가장 중요한 가치관은 무엇인가?'에 대한 질문 항목에 대한 결과를 정리한 표이다.

중요한 가치관	서울	경기/충청	영남	호남	강원	제주
자존심	154	147	55	34	8	12
안전	147	152	62	26	5	6
대인관계	125	90	63	27	3	2
성취감	88	65	38	17	3	3
책임감	74	55	23	24	1	2
체면	65	72	31	4	5	1
소속감	63	49	24	10	4	6
엔조이	34	23	11	8	3	2
합계	750	653	307	150	32	34

(a) 지역과 중요가치관 간에는 독립적이라고 할 수 있는가를 가설검증하라. 이 경우, Crammer-Rule에 대해 검토하고 가설검증하라.

(b) 서울과 경기/충청 지역 간에 자존심에 대한 비율이 같은가를 가설검증하라(제 5 장 제 9 절 참조).

(c) 만일 각 지역에 표본의 수를 각각 (747, 653, …, 34)로 하여 면접조사된 결과라면, 지역별로 중요한 가치관의 분포가 일치하는가를 가설검증할 수 있다. 이 경우, 검증의 결과에 대해 설명하고 위의 (a)와 어떤 차이가 있는가를 논의하라.

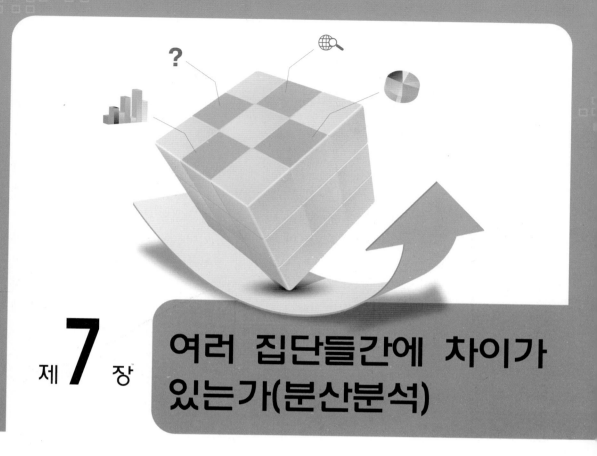

제 **7** 장

여러 집단들간에 차이가 있는가(분산분석)

분산분석은 세 개 이상의 집단들의 평균들간에 차이가 있는가를 검증할 수 있는 기본적인 통계분석기법이다. 다시 말하면, 어떤 이유(인자)에 의하여 집단들간에 서로 다른 특성이 있는가를 밝혀볼 수 있는 분석기법이라 할 것이다. 예를 들면, 어느 회사에서 제품의 판매 촉진을 위하여 신문, 라디오, TV의 세 가지 광고매체를 이용하였을 때 이 세 가지 광고매체들의 광고효과간에 차이가 있는가를 알아보는 경우 또는 수도권, 충청권, 영남권, 호남권 등의 네 지역들간에 가구당 월 저축액 평균들이 같은가를 알아보는 경우 등에 대해서 분산분석의 방법을 사용한다. 분산분석은 이렇게 여러 집단간의 평균들의 차이를 알아보는 수단 이외에도 회귀분석에서 그 분석과정의 중요한 부분을 차지하기 때문에 분산분석을 이해하는 것이야말로 실제로 자료를 처리·분석하는 데 필수적이라 할 수 있다.

7.1 분산분석의 원리: F-분포

비교하고자 하는 집단들간에 차이가 있는가 하는 문제는 집단들의 평균이 같다고 할 수 있는가를 알아보는 문제이다. 간단히 말하면, 이 경우 각 집단들로부터 표본을 얻고 그 표본들의 표본평균값들이 얼마나 큰 차이가 나는지를 구해 보면 될 것이다. 얻어진 표본평균의 값들이 비슷하면 모집단들의 평균들은 같다고 할 것이고, 크게 차이나는 것이 있다면 모집단들의 평균들이 모두 같다고 할 수는 없을 것이다. 이러한 분산분석의 문제를 해결하기 위한 전제조건은, 집단들이 서로 독립이고 각 집단에서 자료들은 정규분포하며, 일정한 분산을 갖는다는 것이다.

(전제)
독립, 정규분포,
등분산

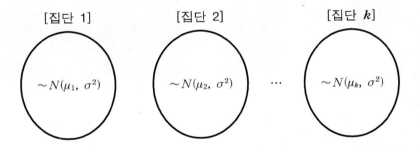

[집단 1]   [집단 2]   [집단 k]

$\sim N(\mu_1,\ \sigma^2)$ $\sim N(\mu_2,\ \sigma^2)$ ... $\sim N(\mu_k,\ \sigma^2)$

이러한 세 가지 조건(가정)들에 대해서는 뒤에서 더 설명하기로 하고 여기서는 가상의 예를 가지고 분산분석의 원리를 생각해 보자.

세 개의 서로 다른(독립인) 모집단들의 점수 평균이 같은가를 알아보기 위해 표본크기 4의 표본들을 얻었다고 하자([표 7-1]). 여기서 얻어진 표본평균($\bar{y}_1 = 4$, $\bar{y}_2 = 6$, $\bar{y}_3 = 5$)들이 서로 다른 값을 갖는 것은 모집단들의 평균들(μ_1, μ_2, μ_3)이 다르기 때문에 차이가 있는 것인지 또는 모집단들의 평균들이 같은 데도 불구하고 표본을 추출하는 과정에서 발생한 것인지를 의사결정하는 문제가 곧 분산분석의 문제인 것이다.

[표 7-1] 분산분석의 가상 예

모집단 1	모집단 2	모집단 3
3	5	3
4	7	5
5	6	5
4	6	7
$\bar{y}_1 = 4$	$\bar{y}_2 = 6$	$\bar{y}_3 = 5$

먼저 가설은

H_0 : 세 개 집단들의 평균들이 같다 $\Leftrightarrow$ $\mu_1 = \mu_2 = \mu_3$

H_1 : $\sim H_0$

이다. 대립가설(H_1)의 $\sim H_0$은 「H_0가 아니다」라는 의미이다.

　　가설검증의 절차에 필요한 검증통계량은 얻어진 표본평균들이 얼마나 떨어져(차이가) 있는가로써 얻어져야 할 것이다. 다시 말하면, 각 집단에서 얻어진 표본평균값들의 차이가 크지 않다면 귀무가설(H_0)이 맞는 것이고, 표본평균값들간에 큰 차이가 있다면 H_0를 기각해야 할 것은 당연한 일이다. 그러므로 표본평균값들이 서로 떨어져 있는 정도를 표본평균들의 분산으로 측정하여 표본평균들의 분산이 크다면 표본평균들의 차이가 큰 것이므로 H_0를 기각하게 될 것이다. 이렇게, 분산분석(ANalysis Of VAriance: ANOVA)은 표본평균들의 분산을 분석함으로써 평균간에 차이가 있는가를 결정하는 통계기법이다. 그리고 표본평균들의 분산은 표본값들의 단위에 따라 크기가 다르기 때문에 표본평균들의 분산이 갖는 단위를 제거할 수 있도록 검증통계량은 얻어져야 할 것이다.

　　그러므로 다음과 같이 모집단의 분산을 두 가지 방법으로 추정하여 그 비율(ratio)로써 검증통계량을 만든다. 우선, 분산분석을 수행할 수 있는 전제조건 중 하나가 모든 집단들에 있어 분산(σ^2)이 같다는 것이므로 이 가정하에서 분산의 두 가지 추정방법을 생각해 보자.

　　첫째로, 표본평균들의 분산($\sigma_{\bar{Y}}^2$)으로부터 모집단의 분산(σ^2)을 추정

표본평균들의 분산

하는 방법이다. 즉, 앞에서(제 3 장 표본이론) 설명한 대로 $Var(\overline{Y}) = \sigma_{\overline{Y}}^2$ $= \sigma^2/n$의 관계식으로부터 $\sigma^2 = n\sigma_{\overline{Y}}^2$이므로 실제로 얻어진 표본평균들 $(\overline{y}_1, \overline{y}_2, \overline{y}_3)$로부터 표본평균들의 분산의 추정치$(\hat{\sigma}_{\overline{Y}}^2)$를 얻어 분산$(\sigma^2)$의 추정치, $\hat{\sigma}^2$을 구할 수 있다. 다시 말하면,

$$\hat{\sigma}^2 = n\hat{\sigma}_{\overline{Y}}^2$$

그룹간 분산

으로부터 $\hat{\sigma}^2$을 얻게 되는데 이를 **그룹간**(between-groups) **분산**이라고 부르며,

$$\hat{\sigma}_{between}^2 = n\hat{\sigma}_{\overline{Y}}^2 \tag{7-1}$$

으로 표현한다(그룹간 분산은 표본평균들의 분산을 기초로 얻어진 분산이며, 그룹간 분산의 단위를 제거하기(표준화) 위한 절차가 필요하다).

[표 7-1]의 자료에 대해 식 (7-1)의 그룹간 분산을 얻기 위해서 먼저 표본평균들의 분산 추정치, $\hat{\sigma}^2$를 구해 보면 다음과 같다. 즉, 표본평균값들$(\overline{y}_1, \overline{y}_2, \overline{y}_3)$의 분산을 얻기 위하여는 먼저, 이 값들의 평균을 구해야 한다. 즉, $\overline{\overline{y}} = (\overline{y}_1 + \overline{y}_2 + \overline{y}_3)/3 = (4 + 6 + 5)/3 = 5$이며, 이를 대평균(세 개의 표본들을 모두 합한 것의 평균 또는 12개 자료의 평균)이라고 부른다. 그러면

$$\hat{\sigma}_{\overline{Y}}^2 = \frac{(\overline{y}_1 - \overline{\overline{y}})^2 + (\overline{y}_2 - \overline{\overline{y}})^2 + (\overline{y}_3 - \overline{\overline{y}})^2}{3-1}$$

$$= \frac{(4-5)^2 + (6-5)^2 + (5-5)^2}{3-1} = 1$$

로 얻어진다. 여기서 자유도는 $(3-1) = 2$이다(그 이유는?). 그러므로 그룹간 분산은

$$\hat{\sigma}_{between}^2 = n\hat{\sigma}_{\overline{Y}}^2 = 4 \times 1 = 4$$

으로 얻어진다. 물론, 각 집단에서 얻는 표본의 크기(n)는 달라도 된다. 하지만 설명이 좀더 복잡해지므로 여기서는 각 집단으로부터 같은 크기의 표본을 얻은 경우를 설명하고 있다.

둘째로, 모든 집단들의 분산이 같다는 가정하에서 통상적인 분산(σ^2)의 추정치를 얻는 방법은 제4장 제6절에서 다룬 것과 같이 각 집단에서 얻어진 표본들을 **통합**(pool)하여 σ^2의 추정치를 얻는 방법이다. 즉, 각 표본 내에서 표본값과 표본평균 간의 차이(편차)들을 제곱하여 합한 후 그 자유도로 나눈다.

통합

$$\hat{\sigma}^2_{within} = \frac{\sum_{j=1}^{n}(y_{1j}-\bar{y}_1)^2 + \sum_{j=1}^{n}(y_{2j}-\bar{y}_2)^2 + \sum_{j=1}^{n}(y_{3j}-\bar{y}_3)^2}{(n-1)+(n-1)+(n-1)} \qquad (7\text{-}2)$$

으로 얻어진다. 여기서, 자유도는 $3(n-1)$이다. 이 분산의 추정치는 각 그룹(표본) 내에서 표본값(y_{ij})과 표본평균 간의 차이로부터 구해지는 것이므로 **그룹내**(within-groups) 분산이라고 부르고 $\hat{\sigma}^2_{within}$으로 표현한다.

그룹내 분산

[표 7-1]의 자료에 대해서 그룹내 분산을 구해 보면,

$$\hat{\sigma}^2_{within}$$

$$= \frac{(3-4)^2+\cdots+(4-4)^2+(5-6)^2+\cdots+(6-6)^2+(3-5)^2+\cdots+(7-5)^2}{(4-1)+(4-1)+(4-1)}$$

$$= \frac{12}{9}$$

이다. 그리고 이제 앞에서 구한 분산 σ^2의 두 가지 추정치, $\hat{\sigma}^2_{between}$과 $\hat{\sigma}^2_{within}$의 비율을 구하면

두 가지 분산의 비율

$$F = \frac{\hat{\sigma}^2_{between}}{\hat{\sigma}^2_{within}} = \frac{4}{12/9} = 3 \qquad (7\text{-}3)$$

인데, F값은 두 가지 분산추정치들의 단위가 상쇄되어(표준화) 단위를 갖

지 않는다. 또한, 모집단의 분산들이 같다는 가정하에서 얻어진 분산의 추정치(그룹내 분산)를 기준으로(분모) 표본평균들의 값들이 얼마나 떨어져 있는가로부터 얻어진 그룹간 분산이 크면 클수록 모집단의 평균들이 같지 않다는 것을 의미하는 것이므로(H_0 기각), F는 분산분석을 수행하기 위한 적절한 검증통계량이 된다.

F-분포

이제 **F**-분포라는 새로운 분포를 소개한다. F분포는 카이제곱분포하는 변수들로써 얻어지는데 다음과 같이 정의된다.

$$F = \frac{\chi_1^2/d_1}{\chi_2^2/d_2} \sim F_{(d_1, \, d_2)}$$

즉, 카이제곱분포하는 변수(χ_1^2)를 그의 자유도(d_1)로 나눈 것과 χ_1^2과 독립이면서 카이제곱분포하는 다른 변수(χ_2^2)를 그의 자유도(d_2)로 나눈 것의 비율을 F라고 할 때, 이 F는 F-분포한다고 한다. 그리고 F-분포는 자유도를 두 개 갖는데, 두 개의 순서는 분자의 자유도(d_1)와 분모의 자유도(d_2) 순서이다. 몇 개의 F-분포 형태는 [그림 7-1]과 같다.

따라서, 식 (7-3)은 자유도(2, 9)의 F분포를 하는 검증통계량의 값이며 $F = 3$은 $F(2, 9)$의 분포상에서 오른쪽 꼬리부분의 면적이 0.10에 해당

그림 7-1 F-분포의 몇 가지 형태

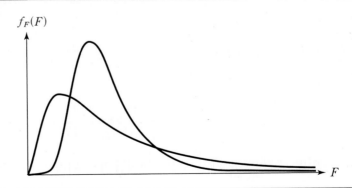

되는 값이다(p-value$=0.10$).

7.2 분산분석의 가정

분산분석은 앞 절에서 설명한대로 비교하고자 하는 여러 개의 모집단들로부터 얻은 자료들을 바탕으로 모집단들의 평균간에 차이가 있는가를 의사결정하는 방법이다. 이 절에서는 이를 좀더 체계적으로 설명하여 어떤 자료들에 적용할 수 있는가를 알아보기로 한다.

먼저, 분산분석을 적용할 수 있는 모집단의 구조는 다음 [그림 7-2]와 같다. 이 그림에서 $Y_1, \cdots, Y_k$는 조사하고자 하는 관찰대상에 대한 확률변수이며 하첨자$(1, \cdots, k)$는 단순히 집단간의 구별을 위한 것이다. 이를테면, k개 공단의 만 20세 근로자 월급을 조사할 경우, 근로자 월급을 확률변수 Y로 하는데, 공단 1의 만 20세 근로자들의 월급을 Y_1으로, $\cdots$, 공단 k의 만 20세 근로자들의 월급을 Y_k로 표시하자는 것이다. 각 집단의 월급을 나타내는 변수는 정규분포한다고 가정하고, 공단 1의 평균은

그림 7-2 k개 모집단의 구조

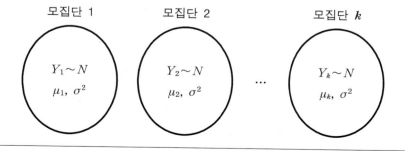

[표 7-2]   각 모집단에서 얻어지는 표본들(확률변수)

표본 1	표본 2	...	표본 k
Y_{11}	Y_{21}	...	Y_{k1}
Y_{12}	Y_{22}	...	Y_{k2}
$\vdots$	$\vdots$	...	$\vdots$
Y_{1n}	Y_{2n}	...	Y_{kn}

μ_1, $\cdots$, 공단 k의 평균은 μ_k이며, 모든 집단들의 분산은 일정한 값(σ^2)을 갖는다고 가정한다. 이제 각 모집단으로부터 표본을 얻게 되는데, 그 표본들은 [그림 7-3]과 같다.

다시 말하면, 각각의 모집단으로부터 표본크기 n의 표본을 얻을 때 모집단의 번호를 첫 번째 하첨자로 하고 표본의 번호를 두 번째 하첨자로 표현하면 표본들은 [표 7-2]와 같이 표현할 수 있다.

여기서 확률변수로 표현된 Y_{ij}를 평균과 오차의 합으로 표현하면

$$Y_{ij} = \mu_i + \varepsilon_{ij}, \quad i = 1, \cdots, k \qquad j = 1, \cdots, n \qquad (7\text{-}4)$$

인데, Y_{ij}는 i번째 공단에서 얻어질 표본 중 j번째 근로자에 대한 월급을 나타내는 확률변수, μ_i는 공단 i의 만 20세 근로자들의 평균월급, ε_{ij}는 그 근로자(i번째 공단의 j번째 근로자)가 평균보다 더 받거나 덜 받는 몫에

그림 7-3 모집단과 표본

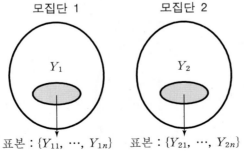

오차, ε

대한 설명할 수 없는 이유를 함축하고 있는 확률변수로서 **오차**(error)라고 부른다(ε를 epsilon이라고 읽는다). 흔히 자료의 통계적 처리를 위하여, 특히 분산분석의 수행을 위하여 이 오차항은 평균 0, 분산 σ^2값을 갖는 정규분포한다고 가정한다. 따라서 만 20세 근로자들의 월급 Y_{ij}는 평균을 μ_i, 분산을 σ^2로 갖는 정규분포 확률변수로 간주되는 것이다.

확률변수의 구조

통계이론에서 오차(error)는 매우 중요한 역할을 한다. 제 2 장에서부터 소개하고 설명한 확률변수(Y)를 평균과 오차의 합으로 정의해 보자. 즉,

$$Y = (Y의\ 평균) + (오차) = E(Y) + \varepsilon$$
$$= \mu + \varepsilon$$

으로 확률변수를 분할하여 생각하면, Y가 여러 가지 다른 값을 갖는다는 것은 오차(ε)가 다른 값을 갖기 때문이다. 오차란 참값(여기서는 파라미터 μ)과의 차이이고 그 차이는 클 수도 있고 작을 수도 있으며 $+$값, $-$값을 갖는다. 예를 들어 신궁 김씨의 50m거리 1라운드(12번 시도) 성적을 Y라고 하자. 그러면, Y는 (0, 120) 사이의 값을 취하며 한 라운드 성적은 매번 다를 수 있다는 것인데, 그 이유를 오차로 설명하는 것이다. 즉, 김씨가 50m 과녁을 12번 쏠 때, 김씨의 평균(μ)값은 누구도 모른다. 그의 컨디션에 따라 Y값은 달라질 수 있는데, 여러 가지 원인이 함축되어 있는 오차가 다른 값을 갖기 때문이다.

그리고 오차의 평균은 0이다. 더욱이 오차(ε)가

$$\varepsilon \sim N(0,\ \sigma^2)$$

이라고 가정을 하면, $Y = \mu + \varepsilon$은

$$Y \sim N(\mu,\ \sigma^2)$$

이 되는 것이다.

모집단 모형   이제 식 (7-4)와 같이 **모집단 모형**을 설정하고, 얻어진 자료를 바탕
으로 두 가지 방법(그룹간, 그룹내)으로써 분산 σ^2을 추정한 후, 그 추정값
들의 비율을 사용하여 귀무가설과 대립가설

$$H_0 : \mu_1 = \cdots = \mu_k$$
$$H_1 : \text{적어도 두 개의 모집단 평균들이 같지 않다} \qquad (7\text{-}5)$$

에 대한 가설검증을 하게 된다. 이 때 두 가지로 추정된 분산값들의 비율
은 F분포한다는 이론적 배경이 필요하기 때문에, 분석하고자 하는 자료
들(Y_{ij})이 정규분포해야만 분산분석은 유효하다. 다행스럽게도 대부분의
수치자료들이 정규분포의 가정을 충족하지만 경우에 따라, 자료의 수가
아주 적거나 정규분포하는 자료가 아닌 경우에는 다른 분석방법을 모색
해 보아야 할 것이다(제 8 절 참조).

분산분석법의 목적은 앞에서 설명한대로 평균들간의 차에 대한 검증
인데, 실제로는 모집단 평균 μ_i를 보다 구체적으로 표현하여 검증하게 된
다. 간단한 예로써, 만 20세 근로자들이 구로공단, 안산공단, 구미공단 세
공단에서 같은 월급을 받는가를 알아보고자 할 때 세 모집단들의 만 20
세 근로자들의 평균월급을 각각 μ_1(구로), μ_2(안산), μ_3(구미)라고 하자.
그리고 세 공단에서 일하는 모든 만 20세 근로자들의 전체 평균월급을 μ
(대평균)라고 하자.

$\boldsymbol{\mu}$(대평균)=세 공단 전체의 평균

그러면, $\alpha_1 = \mu_1 - \mu$, $\alpha_2 = \mu_2 - \mu$, $\alpha_3 = \mu_3 - \mu$라고 할 때 α_1은 구로공단의 평균이 세 공단 전체평균보다 얼마나 많은지(또는 적은지)를 나타내주는 값이고 마찬가지로 α_3는 구미공단과 전체와의 차이를 나타내는 값이다. 만일 $\mu_1 = \mu_2 = \mu_3$이라면 $\alpha_1 = \alpha_2 = \alpha_3 = 0$이 된다. 따라서, 「세 공단의 월급 수준(평균)은 같다」라는 귀무가설은

$$H_0 : \text{세 공단의 평균들은 같다}$$
$$\Leftrightarrow \mu_1 = \mu_2 = \mu_3$$
$$\Leftrightarrow \alpha_1 = \alpha_2 = \alpha_3 = 0$$

인자

처리

처리효과

이다. 이때, 서로 다른 세 개의 공단들을(공단이라는 인자에 대한 세 가지 수준) **처리**(treatment)라고 부르며 α_i는 i번째 모집단(공단)의 효과(고유값)를 나타내는 값이 되는데 α_i를 i번째 **처리효과**(treatment effect)라고 부른다. 그리고 앞에서 설명한 대로

$$\mu_i = \mu + \alpha_i, \quad i = 1, \ 2, \ 3 \tag{7-6}$$

1인자 분산분석

의 관계가 있다. 그리고 이와 같이 하나의 인자만을 대상으로 할 경우의 분산분석을 **1인자**(1-way 또는 1-factor) **분산분석**이라 한다.

더욱이, 모집단의 평균들이 두 개의 인자들의 여러 가지 수준들에 의해 결정된다고 간주할 수도 있을 것이다. 즉, 위의 공단 예에서 만 20세 근로자들의 월급이 공단의 차이뿐만 아니라 성별(남, 여)에 따라 다른가를 알아보고자 할 수도 있을 것이다. 이때는 1인자 분산분석의 확장으로 2인자(공단과 성) 분산분석을 하게 됨은 물론이다. 그러므로 다음 절에서는 1인자 분산분석을 설명하고 그 다음엔 2인자 분산분석을 설명하게 된다.

7.3 1인자 분산분석

1인자 분산분석   1인자 분산분석(1-way analysis of variance)은 모집단 평균들이 하나의 인자(A인자)의 여러 가지 수준(k개)에 따라 결정되는 경우에 사용하는 가장 간단한 실험계획모형에 대한 분석방법이다. 그러므로 모집단들의 분류는 곧 처리(A인자의 수준)에 따른 분류라고 생각할 수 있어 1인자 분산분석을 위해 조사된 자료들(소문자로 표현)은 다음과 같은 형태로 표현될 수 있다.

[표 7-3]의 자료는 A인자의 k가지 수준(처리)에 대해 각각 관찰치를 n_1, ⋯, n_k개씩의 표본크기로 얻은 것을 나타내고 있다. 그러나 각 모집단(또는 처리)에서 다른 크기의 표본을 얻은 경우나 같은 크기(n)로 표본을 얻은 경우나 분석의 과정이나 방법이 똑같기 때문에 여기서는 편의상 각각의 모집단으로부터 얻은 표본크기를 n으로 간주하여 설명해 나가기로 한다. 그리고 첨언할 것은 실험계획(experimental design)에서는 실험을 통해 자료를 얻기 때문에 k개의 처리들을 무작위(random)하게 순서 배열하여 [표 7-3]의 관찰치를 얻게 된다.

완전랜덤화설계   그러므로 이와 같은 설계를 **완전랜덤화설계**(completely randomized design)라 부르기도 한다. 실험으로부터 얻어지는 것이 아닌 사회 경제 자

[표 7-3] 1인자 분산분석의 자료

	A인자의 k가지 수준(처리)[또는 k개의 독립적인 모집단]					
	1	2	⋯	i	⋯	k
표본 (관찰치)	y_{11} y_{12} ⋮ y_{1n_1}	y_{21} y_{22} ⋮ y_{2n_2}	⋯ ⋯	y_{i1} y_{i2} ⋮ y_{in_i}	⋯ ⋯	y_{k1} y_{k2} ⋮ y_{kn_k}
표본평균	$\bar{y}_1$	$\bar{y}_2$		$\bar{y}_i$		$\bar{y}_k$

료는 k개의 독립적인 모집단들로부터 각각 임의로 얻은 관찰치(표본)를 대상으로 분산분석을 하게 됨은 물론이다.

이제, 1인자 분산분석의 모집단 모형을 살펴보기로 하자. 이미 앞 절에서 설명한 바와 같이 식 (7-4)와 식 (7-6)을 이용하여 1인자 분산분석을 적용하는 경우의 모집단 모형은

$$Y_{ij} = \mu + \alpha_i + \varepsilon_{ij}, \qquad i = 1, \cdots, k \qquad j = 1, \cdots, n \qquad (7\text{-}7)$$

$$(\text{가정}) \quad \varepsilon_{ij} \sim N(0, \sigma^2)$$

로 표현된다.

그러므로 [표 7-3]의 i번째 열의 관찰치들$(y_{i1}, y_{i2}, \cdots, y_{in})$은 평균 $(\mu + \alpha_i)$, 분산 σ^2을 갖는 정규분포하는 모집단(또는 처리)으로부터 얻은 실제값이라고 이해하면 될 것이다([표 7-2]와 [표 7-3]의 대문자, 소문자를 구분하여 이해하고 있는가 점검해 보기 바란다). 위 모형에서 μ는 모든 모집단에 걸친 전체평균, α_i는 i번째 처리효과를 나타내는 파라미터(parameter: 모집단 모형의 미지의 값)이다. 그리고 여기서 다룰 귀무가설과 대립가설은 식 (7-5)의 그것들 대신

대문자와 소문자의 구별

$$H_0 : \alpha_1 = \cdots = \alpha_k = 0$$

$$H_1 : \text{적어도 하나의 } \alpha_i \text{는 0이 아님} \qquad (7\text{-}8)$$

이 되는데 귀무가설(H_0)에서 모든 처리효과들이 0이라는 것은

$$\sum_{i=1}^{k} \alpha_i = \sum_{i=1}^{k} (\mu_i - \mu) = 0$$

이기 때문이며, 결국 귀무가설은 모든 모집단들의 평균들이 같다는 의미를 갖는다.

| 7.3.1 | 제곱합(Sum of Squares; SS) |

제곱합   분산분석을 하기 위한 도구로서 제곱합에 대한 이해가 필요하다. 제곱합이란 자료들이 서로 다른 값을 가짐으로써 생기는 변동(variation)을 나타내는 것인데, 식 (7-9)의 이론적인 모집단의 구조(모형)를 실제로 얻어진 관찰치들로써 대응시킬 때 제곱합의 관계를 쉽게 파악할 수 있다. 즉, 식 (7-9)에 대응되는 관찰치들로부터 얻어지는 관계식은 식 (7-10)과 같다.

$$(\text{모형}) \qquad Y_{ij} = \mu + \quad \alpha_i \quad + \quad \varepsilon_{ij} \qquad\qquad (7\text{-}9)$$

$$\downarrow \quad\quad \downarrow \quad\quad \downarrow \quad\quad\quad \downarrow$$

$$(\text{표본값}) \qquad y_{ij} = \overline{\overline{y}} + (\overline{y}_i - \overline{\overline{y}}) + (y_{ij} - \overline{y}_i) \qquad\qquad (7\text{-}10)$$

식 (7-10)의 표현은 다시 말하면, 분산분석을 수행하기 위하여 이론적으로 설정해 놓은 모형에 대해 실제 표본으로부터 얻어진 값들로써 대응시켜 놓은 것인데 $\overline{\overline{y}}$는 [표 7-3]에서 모든 관찰치들의 평균, $\overline{y}_i$는 i번째 모집단(처리)으로부터 얻어진 표본평균값이다. 따라서, $\overline{\overline{y}}$는 μ의 추정치에 해당하고 $(\overline{y}_i - \overline{\overline{y}})$는 $\alpha_i(=\mu_i - \mu)$의 추정치가 된다. 그러므로 $(y_{ij} - \overline{y}_i)$는

관찰된 오차 오차(error) ε_{ij}의 실현된(realized) 값으로서, **관찰된 오차** 또는 **잔차**(residual)
잔차 라고 부른다. 잔차, $(y_{ij} - \overline{y}_i)$는 식 (7-10)의 등호관계가 성립되기 위하여 얻어진 것이라고 생각해 보면 쉽게 파악될 것이다. 변수 ε을 오차라고 부른다는 점도 유의해 두어야 할 것이다. 이제 식 (7-10)을

$$y_{ij} - \overline{\overline{y}} = (y_{ij} - \overline{y}_i) + (\overline{y}_i - \overline{\overline{y}}) \qquad\qquad (7\text{-}11)$$

로 정리하여 양변을 제곱한 후 모든 자료들을 합하면

$$\sum_{i=1}^{k} \sum_{j=1}^{n} (y_{ij} - \overline{\overline{y}})^2$$

$$= \sum_{i=1}^{k}\sum_{j=1}^{n} (\overline{y}_i - \overline{\overline{y}})^2 + \sum_{i=1}^{k}\sum_{j=1}^{n} (y_{ij} - \overline{y}_i)^2 + 2\sum_{i=1}^{k}\sum_{j=1}^{n} (\overline{y}_i - \overline{\overline{y}})(y_{ij} - \overline{y}_i)$$

가 되는데, 우측의 첫 번째 제곱합과 세 번째 제곱합은 각각

$$\sum_{i=1}^{k}\sum_{j=1}^{n} (\overline{y}_i - \overline{\overline{y}})^2 = n\sum_{i=1}^{k} (\overline{y}_i - \overline{\overline{y}})^2$$

$$\sum_{i=1}^{k}\sum_{j=1}^{n} (\overline{y}_i - \overline{\overline{y}})(y_{ij} - \overline{y}_i) = 0$$

이므로, 결국

$$\sum_{i=1}^{k}\sum_{j=1}^{n} (y_{ij} - \overline{\overline{y}})^2 = n\sum_{i=1}^{k} (\overline{y}_i - \overline{\overline{y}})^2 + \sum_{i=1}^{k}\sum_{j=1}^{n} (y_{ij} - \overline{y}_i)^2 \qquad (7\text{-}12)$$

로 정리된다. 여기서, $\sum_{i=1}^{k}\sum_{j=1}^{n} (y_{ij} - \overline{\overline{y}})^2$은 각 관찰치에서 대평균($\overline{\overline{y}}$)을 뺀

것들을 제곱하여 모두 합한 것으로 **총제곱합**(SST; total sum of squares)이

총제곱합

라 부르고, $n\sum_{j=1}^{n} (\overline{y}_i - \overline{\overline{y}})^2$은 식 (7-10)에서 α_i(처리효과)에 대응되는 $(\overline{y}_i - \overline{\overline{y}})$

처리제곱합

을 제곱하여 합한 것이므로 **처리제곱합**(SS_{trt}; treatment sum of squares),

잔차제곱합

$\sum_{i=1}^{k}\sum_{j=1}^{n} (y_{ij} - \overline{y}_i)^2$은 잔차($y_{ij} - \overline{y}_i$)들을 제곱하여 합한 것이므로 **잔차제곱합**

(SSE; residual sum of squares)이라고 부른다. 그리고 제곱합들은 각각 자

유도를 갖는데, SST는 $(kn-1)$, SS_{trt}는 $(k-1)$, SSE는 $k(n-1)$의 자유

도를 갖는다(자유도에 대해 이해하는가?).

제1절에서 분산분석의 원리를 설명하면서 이미 언급한 바와 마찬가

두 가지 분산의 비율

지로 분산분석이란 두 가지 방법(그룹간, 그룹내)으로 추정된 분산값들의

비율을 검증통계량으로 삼아 가설검증을 하는 것이다. 그룹간 분산의 추

정값은

[표 7-4]   1인자 분산분석의 분산분석표

요인	제곱합	자유도	평균제곱합	F	유의확률
그룹간	$SS_{trt.}$	$k-1$	$MS_{trt.} = \dfrac{SS_{trt.}}{(k-1)}$	$\dfrac{MS_{trt.}}{MSE}$	
그룹내	SSE	$k(n-1)$	$MSE = \dfrac{SSE}{k(n-1)}$		
합계	SST	$kn-1$			

$$\hat{\sigma}^2_{between} = \frac{\sum_{i=1}^{k}\sum_{j=1}^{n}(\bar{y}_i - \bar{\bar{y}})^2}{(k-1)} = \frac{SS_{trt.}}{(k-1)} \tag{7-13}$$

이고, 그룹내 분산의 추정값은

$$\hat{\sigma}^2_{within} = \frac{\sum_{i=1}^{k}\sum_{j=1}^{n}(y_{ij} - \bar{y}_i)^2}{k(n-1)} = \frac{SSE}{k(n-1)} \tag{7-14}$$

처리제곱평균   임을 쉽게 알 수 있고, 이들을 각각 **처리제곱평균**($MS_{trt.}$; treatment mean
잔차제곱평균   squares), **잔차제곱평균**(MSE; residual mean squares)이라 부른다. 그리고 물
론,

$$F = \frac{\hat{\sigma}^2_{between}}{\hat{\sigma}^2_{within}} = \frac{\dfrac{SS_{trt.}}{(k-1)}}{\dfrac{SSE}{k(n-1)}} = \frac{MS_{trt.}}{MSE} \tag{7-15}$$

의 값 크기에 따라 귀무가설(식 (7-8))의 기각 여부에 대한 판정을 한다.
즉, F값이 아주 크기 때문에 p-value가 아주 작을 때는 귀무가설을 기각
하는데 p-value는 통계패키지 프로그램에서 계산되어진다. 이상과 같은
분산분석표   분산분석의 과정을 요약하면 [표 7-4]의 내용을 갖는 분산분석표가 얻어
지게 된다. 분산분석표는 제곱합들과 자유도들을 가지고 만들어진 표임
을 알아두기 바란다.

예 7-1

어느 판매회사에서는 영업직 사원들의 급여를 세 가지 방법으로 책정한다고 한다. 즉, 고정급과 순수한 성과급, 어느 정도의 고정급에 성과급을 더해 주는 방법이다. 회사측은 이들 세 가지 급여 방식에 따른 업적(판매액)에 차이가 있는가를 알아보고자 하여 영업사원들의 지난 3개월간 평균판매액을 조사하였다. 고정급과 성과급에 대해서는 각각 7명, 고정급+성과급에 대해서는 6명의 영업사원들에 대한 실적은 다음과 같다.

고정급	성과급	고정급+성과급
165	120	140
98	115	156
130	90	220
210	126	112
195	107	134
187	155	235
240	80	

먼저, 귀무가설과 대립가설은

H_0 : 세 가지 급여 방식에 따른 매출에 차이가 없다$(\mu_1 = \mu_2 = \mu_3)$

H_1 : 세 가지 급여 방식에 따라 매출에 차이가 있다

이다. 두 가지 가설 중 어느 하나를 「가설」이라고 하고 보고서를 쓰면 되지만, H_0와 H_1을 구별하여야만 그 「가설」이 기각되는지 여부를 판단할 수 있을 것이다. 다음 표는 SAS의 프로그램과 결과물인데 p-value (유의확률)가 0.03이므로 3% 수준에서 H_0를 기각한다. 다시 말하면, p-value 3% 수준에서 세 가지 급여 방식에 따른 매출에 차이가 있다고 판단된다.

SAS 프로그램과 출력결과

```
DATA example;
   INPUT type $ x @@;
   CARDS;
   a 165 b 120 c 140 a  98 b 115 c 156
   a 130 b  90 c 220 a 210 b 126 c 112
   a 195 b 107 c 134 a 187 b 155 c 235
   a 240 b  80
RUN;
PROC ANOVA DATA=example;
     CLASS type;
     MODEL x=type;
     MEANS type/ALPHA=0.05 LSD;
RUN;
```

Analysis of Variance Procedure

Dependent Variable: X

Source	DF	Sum of Squares	Mean Square	F Value	Pr>F
Model	2	15367.488095	7683.744048	4.34	0.0300
Error	17	30080.261905	1769.427171		
Corrected Total	19	45447.750000			

R-square	C.V.	Root MSE	X Mean
0.338135	27.90352	42.064560	150.75000

Source	DF	Anova SS	Mean Square	F Value	Pr > F
TYPE	2	15367.488095	7683.744048	4.34	0.0300

SPSS [절차7-1-1]
데이터 편집기에 급여방식 세가지를 구분하기 위하여 급여방식이라는
변수를 만들고 그에 따른 실적 자료를 입력한다. 그리고 **분석→평균비교
→일원배치분산분석** 메뉴를 선택한다.

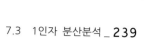

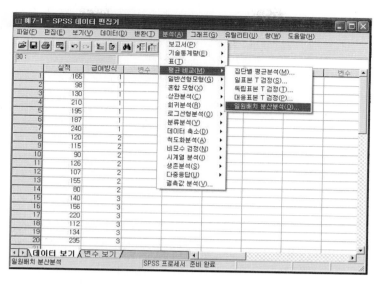

SPSS [절차7-1-2]

일원배치분산분석 창에서 실적은 **종속변수**로, 급여방식은 **요인**으로 옮긴다. 그리고 아래의 **사후분석**을 클릭한다.

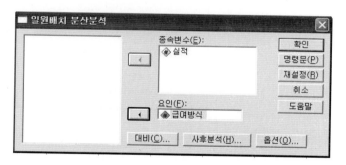

SPSS [절차7-1-3]

사후분석 창에서는 등분산을 가정함에서 LSD를 선택하고 계속을 누르면 일원배치 분산분석 창으로 돌아오게 되고 옵션을 누른다. 사후검증에 대해서는 뒤의 5절에서 다룬다.

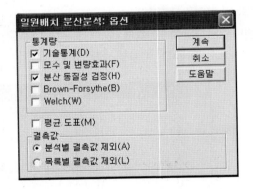

SPSS [절차7-1-4]

옵션 창이 나오면 통계량에서 기술통계, 분산 동질성검증을 선택한다. 그리고 계속을 누른 후 일원배치분산분석 창에서 확인한다. 분산 동질성검증의 필요성은 뒤의 11절에서 다룬다.

SPSS [절차7-1-5]

그러면 다음의 출력결과를 얻게 된다. SPSS의 분산분석표에서는 SAS의 Model을 집단_간으로, Error를 집단_내로 표현한다.

분산의 동질성에 대한 검정

실적

Levene 통계량	자유도1	자유도2	유의확률
2,258	2	17	.135

분산분석

실적

	제곱합	자유도	평균제곱	F	유의확률
집단-간	15367,488	2	7683,744	4,343	.030
집단-내	30080,262	17	1769,427		
합계	45447,750	19			

7.4 2인자 분산분석

2인자 분산분석   2인자 분산분석(2-way analysis of variance)은 분석하고자 하는 자료들이 두 개의 인자에 의해 영향을 받는 경우로서, 두 개의 인자(A인자, B인자)가 각각 p개, q개의 수준으로 나누어져 있다고 가정해 보자. 그러면 두 개 인자들의 수준들의 조합($p \times q$개)이 곧 처리(treatment)가 될 것이며, 이들 pq개의 서로 다른 처리(또는 모집단)에 대한 관찰치를 얻게 된다. 자료의 수집방법은 원칙적으로 pq개의 처리들을 무작위(randomly) 순서로 뽑아 관찰치를 얻어야 한다(제 2 절과 [예 7-2] 참조). 여기서는, pq개의 처리들에 대해 하나씩의 관찰치만 있을 경우와 두 개 이상의 관찰치들을 얻을 수 있는 경우로 분류하여 2인자 분산분석을 설명하기로 한다.

2인자 요인설계   그리고 2인자 분산분석을 2인자 요인설계(factorial design)라고 부르기도 한다. 즉, A인자의 p가지 수준, B인자의 q가지 수준들의 조합에 대해 관찰치들을 얻을 경우 $(p \times q)$ 2인자 요인설계라고 하는데 각각의 조합에 하나씩의 관찰치만 있는 반복이 없는 요인설계와 두 개 이상(r개씩)의 관찰치들이 있는 반복이 있는 요인설계로 나누어 생각할 수 있다. 먼저, 반복이 없는 경우의 2인자 분산분석에서 자료의 구조 모집단모형을 살펴보고, 반복이 있는 경우로 확장해 보면 무리없이 이해가 될 것이다.

7.4.1 반복이 없는 2인자 분산분석

여기서는 우선 pq개의 서로 다른 처리들에 대해 하나씩의 관찰치를 얻는 경우에 대해 알아보기로 한다. 사회과학분야에서는 관찰치가 한 개씩인 경우가 별로 없겠지만, 자료를 얻기가 어려울 경우, 즉 비용이 많이 들거나 시간이 오래 걸릴 경우에 관찰치가 하나뿐일 수 있을 것이고, 자연과학분야에서는 실험실에서 실험의 결과로 자료가 얻어질 때 한 개의 관찰치만 대상으로 2인자 분산분석을 수행해야 할 경우가 있을 것이다.

반복이 없는 2인자 분산분석을 위한 자료는 다음 [표 7-5]와 같이 얻어지게 될 것이다. [표 7-5]는 A인자의 p가지 분류와 B인자의 q가지 분류에 대한 pq개의 처리에 한 개씩의 관찰치 y_{ij}를 정리해 놓은 것이다. A인자의 p가지 분류에 대한 q개 자료들의 평균은 $\bar{y}_{i\cdot}$로, B인자의 q가지 분류에 대한 p개 자료들의 평균은 $\bar{y}_{\cdot j}$로 표현하고, pq개 모든 자료들의 평균은 $\bar{y}_{\cdot\cdot}$로 표현한다. 즉, $\bar{y}_{i\cdot} = \sum_{j=1}^{q} y_{ij}/q$, $\bar{y}_{\cdot j} = \sum_{i=1}^{p} y_{ij}/p$, $\bar{y}_{\cdot\cdot} = \sum_{j=1}^{q}\sum_{i=1}^{p} y_{ij}/pq$ 이다.

반복이 없는 경우의 2인자 분산분석의 이론적 배경이나 분석과정의 원리는 1인자 분산분석의 그것과 같으나, 하나의 인자(B인자)를 분석에 추가시킨 것이므로 B인자에 의한 변화를 함께 고려하면 될 것이다. 이를 위하여 반복이 없는 경우의 모집단 모형을 정의하면([식 (7-4)와 비교]),

$$Y_{ij} = \mu_{ij} + \varepsilon_{ij}, \quad i = 1, \cdots, p \quad j = 1, \cdots, q \qquad (7\text{-}16)$$

$$(\text{가정}) \ \varepsilon_{ij} \sim N(0, \sigma^2)$$

[표 7-5] 반복이 없는 2인자 분산분석의 자료구조

A인자 \ B인자	B_1	$\cdots$	B_j	$\cdots$	B_q	A인자 각 수준의 평균
A_1	y_{11}	$\cdots$	y_{1j}	$\cdots$	y_{1q}	$\bar{y}_{1.}$
$\vdots$	$\vdots$				$\vdots$	$\vdots$
A_i	y_{i1}	$\cdots$	y_{ij}	$\cdots$	y_{iq}	$\bar{y}_{i.}$
$\vdots$	$\vdots$				$\vdots$	$\vdots$
A_p	y_{p1}	$\cdots$	y_{pj}		y_{pq}	$\bar{y}_{p.}$
B인자 각 수준의 평균	$\bar{y}_{.1}$	$\cdots$	$\bar{y}_{.j}$	$\cdots$	$\bar{y}_{.q}$	$\bar{y}_{..}$

이다. 여기서, μ_{ij}는 A인자의 i번째 수준과 B인자의 j번째 수준인 (i, j) 처리에 대한 평균을 나타내는 파라미터이다. 예를 들어, 광고매체(A인자)를 세 가지(신문, 라디오, TV)로 하고, 광고테마(B인자)를 네 가지(가, 나, 다, 라)로 제작하여 광고효과를 조사할 경우, 모두 12가지의 서로 다른 경우(처리, 모집단)들에 대해 광고효과의 평균(μ_{ij})이 얻어지는 것이다($i = 1$, 2, 3, $j = 1$, 2, 3, 4). 그리고 식 (7-16)의 대문자 Y_{ij}는 앞 절의 1인자 분산분석에서 설명한 식 (7-4)와 마찬가지로 모형의 표현이기 때문이다.

그러면 pq개의 처리들에 대한 평균이 다른가를 검증하고자 하는 목적은, 1인자 분산분석에서와 마찬가지로, A인자와 B인자의 인자효과가 있는가 없는가를 검증함으로써 해결될 수 있으므로 식 (7-16)의 모집단 모형을

$$Y_{ij} = \mu + \alpha_i + \beta_j + \varepsilon_{ij}, \quad i = 1, \cdots, p \quad j = 1, \cdots, q \qquad (7\text{-}17)$$

로 바꾸어 표현할 수 있다. 물론, 이것은 식 (7-16)의 μ_{ij}를 $(\mu + \alpha_i + \beta_j)$로 바꾼 것에 지나지 않는다.

그러면 위의 두 모형은 다음의 관계에 있음을 알 수 있다. 즉,

$$\mu = \frac{\displaystyle\sum_{i=1}^{p}\sum_{j=1}^{q}\mu_{ij}}{pq} : \text{모집단 전체의 평균}$$

$$\alpha_i = \frac{\sum_{j=1}^{q} \mu_{ij}}{q} - \mu = \mu_{i.} - \mu \ : A\text{인자의 } i\text{번째 수준에 대한 효과(고유값)}$$

$$\beta_i = \frac{\sum_{i=1}^{p} \mu_{ij}}{p} - \mu = \mu_{.j} - \mu \ : B\text{인자의 } j\text{번째 수준에 대한 효과(고유값)}$$

$$\sum \alpha_i = \sum \beta_j = 0$$

이다. 여기서, $\mu_{i.}$과 $\mu_{.j}$는 각각 A인자의 i번째 수준에서의 평균, B인자의 j번째 수준에서의 평균이다. 그러므로 반복이 없는 2인자 분산분석의 검증문제에 대한 귀무가설은 결국,

반복이 없는
2인자 분산
분석의 가설

$$(A\text{인자}) \ \ H_0 : \alpha_1 = \cdots = \alpha_p = 0 \tag{7-18}$$
$$(B\text{인자}) \ \ H_0 : \beta_1 = \cdots = \beta_q = 0$$

와 같이 두 가지에 대한 가설검증 문제가 된다. 이러한 모집단에 대한 설명을 바탕으로 [표 7-5]에서 얻은 관찰치로써 분산분석을 위한 제곱합을 얻으려면, y_{ij}를

$$y_{ij} = \bar{y}_{..} + (\bar{y}_{i.} - \bar{y}_{..}) + (\bar{y}_{.j} - \bar{y}_{..}) + (\bar{y}_{ij} - \bar{y}_{i.} - \bar{y}_{.j} + \bar{y}_{..}) \tag{7-19}$$

로 표현한다. 식 (7-19)를 모집단 모형인 식 (7-17)과 대비해 보면 $\bar{y}_{..}$는 μ, $(\bar{y}_{i.} - \bar{y}_{..})$는 α_i, $(\bar{y}_{.j} - \bar{y}_{..})$는 β_j의 추정치들이고, 결과적으로 오차 ε_{ij}에 대응되는 잔차는 $(y_{ij} - \bar{y}_{i.} - \bar{y}_{.j} + \bar{y}_{..})$이다.

다시 말하면, 식 (7-17)의 모형을 실제로 얻어진 관찰치([표 7-5])로 표현해 보면

$$(\text{모형}) \qquad Y_{ij} = \mu + \alpha_i + \beta_j + \varepsilon_{ij} \tag{7-20}$$
$$\downarrow \qquad \downarrow \qquad \downarrow \qquad \downarrow$$
$$(\text{표본값}) \quad y_{ij} = \bar{y}_{..} + (\bar{y}_{i.} - \bar{y}_{..}) + (\bar{y}_{.j} - \bar{y}_{..}) + (y_{ij} - \bar{y}_{i.} - \bar{y}_{.j} + \bar{y}_{..})$$

의 관계를 얻는다는 것이다. 모형식을 표본값으로 나타내는 요령은 1인자 분산분석에서와 마찬가지인데 식 (7-17)을 [표 7-5]의 값들로 추정한

결과이고 잔차$(y_{ij}-\bar{y}_{i.}-\bar{y}_{.j}+\bar{y}_{..})$는 등호(=)를 만들어야 할 때 얻어지는 결과로 이해하기 바란다.

그리고 제곱합들은, 1인자 분산분석에서와 마찬가지로,

$$\sum_{i=1}^{p}\sum_{j=1}^{q}(y_{ij}-\bar{y}_{..})^2=q\sum_{i=1}^{p}(\bar{y}_{i.}-\bar{y}_{..})^2+p\sum_{j=1}^{q}(\bar{y}_{.j}-\bar{y}_{..})^2$$

$$+\sum_{i=1}^{p}\sum_{j=1}^{q}(y_{ij}-\bar{y}_{i.}-\bar{y}_{.j}+\bar{y}_{..})^2 \qquad (7\text{-}21)$$

의 관계에 있다.

여기서, $\sum_{i=1}^{p}\sum_{j=1}^{q}(y_{ij}-\bar{y}_{..})^2$을 총제곱합($SST$), $q\sum_{i=1}^{p}(\bar{y}_{i.}-\bar{y}_{..})^2$을 A인자의 제곱합(SS_A), $p\sum_{j=1}^{q}(\bar{y}_{.j}-\bar{y}_{..})^2$을 B인자의 제곱합(SS_B), 그리고 $\sum_{i=1}^{p}\sum_{j=1}^{q}(y_{ij}-\bar{y}_{i.}-\bar{y}_{.j}+\bar{y}_{..})^2$을 잔차제곱합($SSE$)이라 하며, 이들 제곱합들의 자유도는

$$\underset{SST\ \text{자유도}}{(pq-1)} = \underset{SS_A\ \text{자유도}}{(p-1)} + \underset{SS_B\ \text{자유도}}{(q-1)} + \underset{SS_E\ \text{자유도}}{(p-1)(q-1)}$$

의 관계를 갖는다(각각의 제곱합에 대한 자유도를 확인하라).

그러므로 F값의 크기로써 식 (7-18)의 검증에 대한 판정을 하도록 하는, 반복이 없는 2인자 분산분석의 분산분석표는 다음 [표 7-6]과 같이 얻어진다.

확률화블록설계   반복이 없는 2인자 분산분석을 **확률화블록설계**(randomized block design)로 판단할 수도 있다. 확률화블록설계란 q개의 블록 안에서 p개의 수준에 대한 차이가 있는가를 알아보고자 하는 경우를 말한다. 예를 들면, 세 가지 운동화(A, B, C)의 마모기간에 차이가 있는가를 알아보기 위해서 10명을 선택하여, 10명 각자에게 A, B, C 세 가지 운동화를 각각 일정기간 동안 (예를 들면, 한 달 동안) 사용하게 한 후 마모율을 측정한다고 하자. 이 경우, 10명의 사람들이 블록(block)이 되며, 각 사람에게 A,

[표 7-6] 반복이 없는 2인자 분산분석의 분산분석표

요인	제곱합	자유도	평균제곱합	F	유의확률
A	SS_A	$p-1$	$MS_A = \dfrac{SS_A}{(p-1)}$	$\dfrac{MS_A}{MSE}$	
B	SS_B	$q-1$	$MS_B = \dfrac{SS_B}{(q-1)}$	$\dfrac{MS_B}{MSE}$	
잔차	SSE	$(p-1)(q-1)$	$MSE = \dfrac{SSE}{(p-1)(q-1)}$		
합계	SST	$pq-1$			

B, C 운동화를 임의의 순서대로 일정기간 동안 사용하게 하는 방법이다. 사람마다 운동화의 사용 습관과 사용빈도가 다를 것이므로 사람을 블록으로 하는 것이다. 그리고 확률화(randomized)라는 것은 다음 표와 같이 A, B, C를 임의의 순서대로 사용하게 한다는 것인데, 사용순서에 따라 마모율이 다를 수 있기 때문이다.

블록	1	2	3	...	10
확률화	B A C	B C A	A C B	... ...	A B C

이와 같은 설계에 따라 얻어진 마모율 자료(y_{ij})는 다음과 같이 얻어질 것이다. 즉,

제품 \ 블록	1	2	3	...	10
A	y_{11}	y_{12}	y_{13}	...	$y_{1,10}$
B	y_{21}	y_{22}	y_{23}	...	$y_{2,10}$
C	y_{31}	y_{32}	y_{33}	...	$y_{3,10}$

이다.

위의 운동화 마모율 예에서 A, B, C 세 가지 운동화의 일정기간 사용 후 마모율을 조사한다고 할 때, 1인자 분산분석으로 해결할 수도 있을

것이다. 그러나 1인자 분산분석에 필요한 표본의 수는 A, B, C 세 운동
화에 대해 각각 10명씩 30명이 필요할 뿐만 아니라 이들의 운동화 사용
정도가 서로 다를 것이기 때문에 일정기간 동안의 마모율 측정 결과(y_{ij})
로써 운동화의 평균마모율들을 비교하기에는 적당치 못하다고 판단할 수
있다. 이를테면 A운동화는 다른 운동화에 비해 모양도 좋고 색상도 좋아
표본으로 선정된 10명이 일정기간 동안 자주 사용했다면 다른 운동화에
비해 마모율이 그만큼 높을 것이다.

확률화블록설계와 1인자 분산분석(완전랜덤화설계) 간의 차이를 구별
하기에는 약간의 어려움이 따를지 모른다. 분산분석을 하는 목적과 그 목
적에 맞는 자료를 어떻게 수집할 것인가를 결정하기 위해서 확률화블록
설계가 타당한지 완전랜덤화설계로 가능한지를 판단해야 할 것이다.

어느 회사에서는 월간 매출액이 광고 매체(TV, 라디오, 신문)와 광고비
(100만원, 200만원, 300만원, 400만원)에 따라 다르게 되는가를 알아보
기 위하여 분산분석을 수행하고자 한다. 우선, 두 가지 인자의 12가지
조합에 대한 월매출액을 얻기 위하여 1월부터 12월까지를 임의로 배정
하였다.

이와 같은 과정을 랜덤화(randomization)라고 하는데, 계절요인을 제
거하기 위함이다. 물론 랜덤화의 결과는 많겠지만, 예를 들어 다음과 같
이 랜덤화 결과를 얻었다고 하자. 단, 이 문제에서 광고의 누적효과는 없
는 것으로 간주한다.

광고비 매체	100만원	200만원	300만원	400만원
TV	①	⑪	⑤	④
라디오	⑩	⑦	②	⑫
신문	⑥	③	⑨	⑧

즉, 1월에는 TV매체로 광고비를 100만원 지출하여 얻어진 월매출

액을, 12월에는 광고비 400만원을 라디오에 광고했을 때의 매출액을 얻어 자료를 수집한다는 것이다. 그 결과 얻어진 자료는 다음과 같다.

[단위 : 100만원]

광고비 매체	1	2	3	4
TV	17	25	23	17
라디오	19	23	29	19
신문	21	27	26	21

이렇게 얻어진 자료에 대한 분산분석은 반복이 없는 2인자 분산분석의 예가 되는데 SAS의 계산결과는 다음과 같다.

그리고 다음의 두 가지 가설검증을 할 수 있다.

H_0 : 광고매체에 따른 매출액에 차이가 없다
H_1 : 광고매체에 따른 매출액에 차이가 있다

H_0 : 광고비 수준에 따라 매출액이 다르지 않다
H_1 : 광고비 수준에 따라 매출액이 다르다

SAS 프로그램과 출력결과

```
DATA example;
   INPUT medium $ cost $ x @@;
   CARDS;
   a 1 17 a 2 25 a 3 23 a 4 17
   b 1 19 b 2 23 b 3 29 b 4 19
   c 1 21 c 2 27 c 3 26 c 4 21
RUN;

PROC ANOVA DATA=example;
      CLASS medium cost;
      MODEL x=medium cost;
      MEANS medium cost/ALPHA=0.05 LSD;
RUN;
```

```
                    Analysis of Variance Procedure

Dependent Variable: x

                              Sum of            Mean
Source              DF        Squares       Square  F Value   Pr > F
Model                5    149.75000000   29.95000000   8.77    0.0099
Error                6     20.50000000    3.41666667
Corrected Total     11    170.25000000


              R-Square          C.V.      Root MSE            X Mean
              0.879589       8.307518    1.8484228          22.250000


Source              DF    Anova SS  Mean Square  F Value    Pr > F
MEDIUM               2   21.50000000  10.75000000    3.15    0.1163
COST                 3  128.25000000  42.75000000   12.51    0.0054
```

첫 번째 가설검증(광고매체)의 분산분석 p-value는 0.1163이고 두 번째 가설검증(광고비)의 p-value는 0.0054이므로 광고매체에 따라 매출액이 다르다는 것은 그다지 근거가 없으나, 광고비를 다르게 지출함에 따른 매출액은 차이가 있음을 알 수 있다.

SPSS [절차7-2-1]

자료를 입력하려면 자료의 위치를 정해주어야 한다. 즉 데이터 편집기 창에서 보는 바와 같이 매체와 광고비수준에 따라 (1,1,17), (1,2,25), 등의 순서대로 입력한다. 그리고 **변수보기**에서 각 변수의 이름을 정해주면 출력결과에 그 변수명들이 나타날 것이다. 그리고 **분석→일반선형모형→일변량** 메뉴를 선택한다.

	매체	광고비	월매출액
1	1.00	1.00	17.0
2	1.00	2.00	25.0
3	1.00	3.00	23.0
4	1.00	4.00	17.0
5	2.00	1.00	19.0
6	2.00	2.00	23.0
7	2.00	3.00	29.0
8	2.00	4.00	19.0
9	3.00	1.00	21.0
10	3.00	2.00	27.0
11	3.00	3.00	26.0
12	3.00	4.00	21.0
13			

SPSS [절차7-2-2]

일변량 창에서 월매출액을 **종속변수**에, 매체와 광고비를 **모수요인**으로 옮긴 다음, **모형**을 누른다.

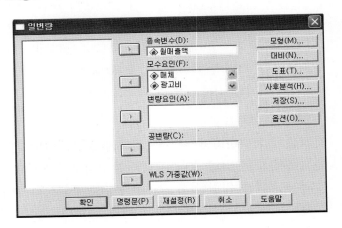

SPSS [절차7-2-3]

모형 창에서는 **모형설정**에서 **사용자 정의**를 선택하고 **항 설정**에서 **주효과**를 찾은 다음 매체와 광고비를 항 설정에 있는 화살표를 이용하여 **모형**으로 옮긴다. **제곱합**은 **제Ⅲ유형**으로 두고, **모형에 절편 포함**도 선택한다. 제Ⅲ유형에 대해서는 추후에 설명될 것이다. 그리고 **계속**한다.

SPSS [절차7-2-4]

일변량 창으로 돌아오면 **확인**을 하여 출력결과를 얻을 수 있다. 여기서 표의 처음 두 줄은 의미를 둘 필요가 없다. SAS 결과와 비교하라.

개체-간 효과 검정

종속변수: 월매출액

소스	제 III 유형 제곱합	자유도	평균제곱	F	유의확률
수정 모형	149,750ª	5	29,950	8,766	,010
절편	5940,750	1	5940,750	1738,756	,000
매체	21,500	2	10,750	3,146	,116
광고비	128,250	3	42,750	12,512	,005
오차	20,500	6	3,417		
합계	6111,000	12			
수정 합계	170,250	11			

a. R 제곱 = ,880 (수정된 R 제곱 = ,779)

CASE STUDY   **확률화블록설계**

편의점 *A*에서는 다른 경쟁 편의점(*B, C, D*)보다 10% 저렴한 가격정책으로 대응하고자 한다. 편의점들에서 취급하고 있는 수백 가지의 품목들에 대한 가격비교가 어려워 7가지의 표본품목을 선정하여 고객들이 편의점 *A*가 다른 편의점들에 비해 10% 정도 값이 싸다는 인식을 할 수 있겠는지를 알아보고자 한다.

어느 특정한 날 4개의 편의점에서 판매되고 있는 7개 품목의 가격은 다음 표와 같다.

[7가지 품목에 대한 가격]

품목 편의점	1	2	3	4	5	6	7
A	1,100 (1,210)	240 (264)	520 (572)	1,260 (1,386)	670 (737)	630 (693)	430 (473)
B	1,180	240	600	1,700	700	660	470
C	1,390	310	630	2,270	790	790	650
D	1,180	260	550	1,290	700	630	470

이 문제는 전형적인 확률화블록설계에 따른 분산분석의 문제인데, 편의점 A가 10% 정도 싼 가격으로 인식되고 있는지를 알아보기 위해서 A의 7가지 품목들의 가격을 10% 높게 책정하여 다른 편의점들과 같은 수준의 가격인가를 가설검증하는 문제로 접근하기로 한다. 즉, 편의점 A의 괄호 안의 가격들은 (현재가격×1.10)인데 이 가격들을 사용하여

H_0 : 네 개의 편의점들의 가격수준은 같다

에 대한 가설검증이 가능하다.

또한, 7가지의 품목들로 블록을 만들어 문제를 해결하고자 한 것이 유효한가를 알아보기 위해

H_0 : 블록간에 차이가 없다

v.s.

H_1 : 블록간에 차이가 존재한다

를 가설검증하게 된다.

확률화블록설계에 따른 분산분석표는 반복이 없는 2인자 분산

분석과 똑같은 계산방법으로 얻어지며 처리(편의점)와 블록(품목) 그리고 오차에 대한 자유도, 제곱합, 평균제곱합, F-값, 유의확률(p-value) 등의 계산결과는 다음 표와 같다.

요인	자유도	제곱합	평균제곱합	F	p-value
편의점	3	259574.1	86542.7	3.828	0.028
품목	6	5434708	905784.7	40.072	0.000
잔차	18	406868.1	22603.8		
합계	27	6101151			

그러면, 첫 번째 가설검증에서 귀무가설

H_0 : 네 개의 편의점들의 가격수준은 같다

은 $F=3.828$이고 p-value=0.028이므로 기각된다. 즉, 네 개의 편의점들의 가격수준이 모두 같지 않다는 결과를 얻을 수 있다. 그리고

H_0 : 블록간에 차이가 없다

라는 가설에 대해서는 $F=40.072$(p-value$=0.000$)이므로 H_0를 기각하며, 이는 블록간에 차이가 있다는 것으로서 확률화블록설계는 유효하다는 것을 의미한다.

이제 편의점 C는 다른 편의점들(A, B, D)에 비해 가격이 대체로 높게 책정되어 있음을 알 수 있으므로 편의점 C를 제외하고 편의점 A, B, D들 간의 가격들로써 다시 분산분석을 하면 다음의 분산분석표를 얻는다.

요인	자유도	제곱합	평균제곱합	F	p-value
편의점	2	15816.7	7908.3	1.168	0.344
품목	6	3175760	529293.7	78.177	0.000
잔차	12	81245.3	6770.4		
합계	20	3272822			

따라서 블록간의 차이는 계속 유의한 것으로 나타나며($F=$ 78.177),

$$H_0 : A, B, D \text{ 세 개의 편의점들의 가격수준은 같다}$$

는 p-value=0.344이므로 기각되지 못한다. 즉, 세 개 편의점들의 가격수준이 다르다고 할 근거를 찾을 수 없다. 그러므로 편의점 A는 다른 편의점들에 비해 10% 정도 값이 싸다는 인식을 가질 수 있는 가격정책을 시행하고 있음이 검증된다.

7.4.2 반복이 있는 2인자 분산분석

반복이 있는
2인자 분산분석

교호효과

앞 절에서와는 달리, 서로 다른 pq개의 처리들에 대해 하나씩의 관찰치를 얻는 경우가 아니라, pq개의 처리에 대해 2개 이상의 관찰치를 얻을 수 있는 경우를 **반복이 있는 2인자 분산분석**이라고 한다. 그리고 반복(replication)이 있는 2인자 분산분석에서는 두 개의 인자 — A인자와 B인자 — 들의 수준들의 조합(combination)으로부터 발생하는 효과를 구할 수 있는 장점이 있는데 이와 같은 효과를 **교호효과**(interaction effect)라 한다.

그러면 우선 자료의 구조와 모집단 모형에 대해 알아보기로 하자. 먼저, 반복이 있는 2인자 분산분석을 위한 자료는 다음 [표 7-7]의 구조가 된다. [표 7-7]에서 자료는 세 개의 하첨자를 갖는 것으로 표현되고 있는데 첫 번째 하첨자는 A인자의 수준을, 두 번째 하첨자는 B인자의 수준을 나타내기 위하여 사용된 것이고 세 번째 하첨자는 표본을 나타낼 때 필요한 하첨자이다. 또,

$$\bar{y}_{i..} = A_i \text{에 해당하는 } (i \text{번째 행})\text{자료들의 평균}$$

$$\bar{y}_{.j.} = B_j \text{에 해당하는 } (j \text{번째 열})\text{자료들의 평균}$$

$$\bar{y}_{...} = pqr \text{개 모두의 평균}$$

[표 7-7] 반복이 있는 2인자 분산분석의 자료

A \\ B	B_1	B_2	$\cdots$	B_q	A인자 각 수준의 평균
A_1	y_{111} y_{112} $\vdots$ y_{11r}	y_{121} y_{122} $\vdots$ y_{12r}	$\cdots$ $\cdots$ $\cdots$	y_{1q1} y_{1q2} $\vdots$ y_{1qr}	$\bar{y}_{1..}$
A_2	y_{211} y_{212} $\vdots$ y_{21r}	y_{221} y_{222} $\vdots$ y_{22r}	$\cdots$ $\cdots$ $\cdots$	y_{2q1} y_{2q2} $\vdots$ y_{2qr}	$\bar{y}_{2..}$
$\vdots$	$\vdots$	$\vdots$		$\vdots$	$\vdots$
A_p	y_{p11} y_{p12} $\vdots$ y_{p1r}	y_{p21} y_{p22} $\vdots$ y_{p2r}	$\cdots$ $\cdots$ $\cdots$	y_{pq1} y_{pq2} $\vdots$ y_{pqr}	$\bar{y}_{p..}$
B인자 각 수준의 평균	$\bar{y}_{.1.}$	$\bar{y}_{.2.}$	$\cdots$	$\bar{y}_{.q.}$	$\bar{y}_{...}$

이며, A인자의 i번째 수준과 B인자의 j번째 수준에 해당되는 r개의 관찰치의 평균을 $\bar{y}_{ij.}$로 표시하기로 한다. 그러면 이 자료들(pqr개의 관찰치들)은 모집단 모형

$$Y_{ijk} = \mu + \alpha_i + \beta_j + (\alpha\beta)_{ij} + \varepsilon_{ijk},$$
$$i = 1, \cdots, p, \quad j = 1, \cdots, q, \quad k = 1, \cdots, r \tag{7-22}$$

으로부터 얻어진 것으로 설명할 수 있다. 앞에서 설명한 대로 μ는 전체평균, α_i는 A인자의 i번째 수준의 효과, β_j는 B인자의 j번째 수준의 효과, 그리고 $(\alpha\beta)_{ij}$는 A_i와 B_j의 교호효과를 나타내는 값들이다. 그리고 ε_{ijk}는 하첨자에 관계없이 평균 0, 분산 σ^2값을 갖는 정규분포한다고 가정한다.

다시 말하면, 관찰치 $(y_{ij1}, \cdots, y_{ijr})$은 A인자에 의하여 α_i만큼, B인자에 의하여 β_j만큼, 그리고 A, B 두 인자의 교호작용에 의하여 $(\alpha\beta)_{ij}$만큼 영향을 받게 되는데 그 밖에 다른 어떤 설명할 수 없는 이유(오차)에 의하여 r개의 서로 다른 값들이 얻어졌다는 것이다. 그러므로 어느 하나의 관찰치 y_{ijk}는 평균$(\mu+\alpha_i+\beta_j+(\alpha\beta)_{ij})$, 분산 σ^2의 값을 갖는 정규분포하는 모집단으로부터 얻은 표본값이다.

그리고 반복이 없는 2인자 분산분석에서의 가설들([식 (7-18) 참조]) 외에도 반복이 있음으로써 얻어지게 되는 교호작용의 효과에 대한 가설을 검증할 수 있는데, 반복이 있는 2인자 분산분석에서 검증할 수 있는 귀무가설들은 다음과 같다.

반복이 있는
2인자 분산
분석의 가설

(A인자) H_0 : A인자의 p가지 수준에 따른 평균간에 차이가 없다

$\quad \Leftrightarrow \alpha_1 = \cdots = \alpha_p = 0$

(B인자) H_0 : B인자의 q가지 수준에 따른 평균간에 차이가 없다

$\quad \Leftrightarrow \beta_1 = \cdots = \beta_p = 0$

(교호작용) H_0 : A인자와 B인자 간에는 교호작용이 없다

$\quad \Leftrightarrow (\alpha\beta)_{ij} = 0 \quad i=1, \cdots, p \quad j=1, \cdots, q$ \hfill (7-23)

이제, 이와 같은 가설들을 검증하기 위한 분산분석표 작성은 앞 절에서와 같이 관찰치들(y_{ijk})로써 다음 식 (7-24)와 같이 A인자 효과의 추정치, B인자 효과의 추정치, 교호작용의 효과의 추정치 그리고 잔차를 얻음으로써 가능하다. 즉,

$$
\begin{aligned}
y_{ijk} - \bar{y}_{...} &= (\bar{y}_{i..} - \bar{y}_{...}) + (\bar{y}_{.j.} - \bar{y}_{...}) \\
&+ (\bar{y}_{ij.} - \bar{y}_{i..} - \bar{y}_{.j.} + \bar{y}_{...}) + (y_{ijk} - \bar{y}_{ij.})
\end{aligned} \tag{7-24}
$$

이다. 또한, 제곱합들간의 관계 및 자유도들은

$$
\underbrace{\sum_{i=1}^{p}\sum_{j=1}^{q}\sum_{k=1}^{r}(y_{ijk}-\bar{y}_{...})^2}_{SST(총제곱합)} = \underbrace{qr\sum_{i=1}^{p}(\bar{y}_{i..}-\bar{y}_{...})^2}_{SS_A(A인자제곱합)} + \underbrace{pr\sum_{j=1}^{q}(\bar{y}_{.j.}-\bar{y}_{...})^2}_{SS_B(B인자제곱합)}
$$

[표 7-8] 반복이 있는 2인자 분산분석표

요인	제곱합	자유도	평균제곱합	F	유의확률
A	SS_A	$p-1$	$MS_A = \dfrac{SS_A}{(p-1)}$	$\dfrac{MS_A}{MSE}$	
B	SS_B	$q-1$	$MS_B = \dfrac{SS_B}{(q-1)}$	$\dfrac{MS_B}{MSE}$	
AB	SS_{AB}	$(p-1)(q-1)$	$MS_{AB} = \dfrac{SS_{AB}}{(p-1)(q-1)}$	$\dfrac{MS_{AB}}{MSE}$	
잔차	SSE	$pq(r-1)$	$MSE = \dfrac{SSE}{pq(r-1)}$		
합계	SST	$pqr-1$			

$$+ r\sum_{i=1}^{p}\sum_{j=1}^{q}(\bar{y}_{ij.} - \bar{y}_{i..} - \bar{y}_{.j.} + \bar{y}_{...})^2 + \sum_{i=1}^{p}\sum_{j=1}^{q}\sum_{k=1}^{r}(y_{ijk} - \bar{y}_{ij.})^2$$

$\underbrace{\quad SS_{AB}\ (\text{교호작용제곱합})\quad}\qquad \underbrace{\quad SSE\,(\text{잔차제곱합})\quad}$ (7-25)

$$(pqr-1) = (p-1) + (q-1) + (p-1)(q-1) + pq(r-1)$$ (7-26)

$\ \ SST$자유도 $\ SS_A$자유도 SS_B자유도 $\quad\ SS_{AB}$자유도 $\qquad SSE$자유도

이 되어 반복이 있는 2인자 분산분석의 분산분석표는 [표 7-8]과 같다.

　여기서 교호작용에 대해 간단히 설명해 보기로 하자. 이를테면 관찰치들에 대한 A인자의 효과가 B인자의 서로 다른 수준들에서 다르게 나타날 때 두 인자들은 **교호**(interact)한다고 한다. 예를 들면, 시험점수는 공부한 시간(A인자)과 잠자는 시간(B인자)에 영향을 받는다고 생각되어 학습시간과 수면시간에 대해 각각 2가지 수준들을 설정하고 관찰치들(점수)

교호

수면시간 ＼ 학습시간	4시간	6시간
6시간	140	180
8시간	120	160 또는 200

그림 7-4   교호작용이 없는 경우(수면 8시간, 학습 6시간일 때 160점)

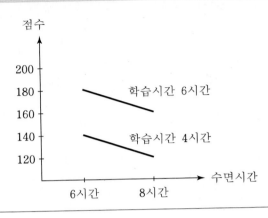

을 얻어 4가지 조합들에 대한 평균값들을 얻었다고 하자.

   이 자료를 다음과 같이 두 개의 그래프로 나타내 보면 [그림 7-4]는 교호작용이 전혀 없음을 나타내고 [그림 7-5]는 교호작용이 존재함을 보여준다.

   다시 말하면, [그림 7-4]는 관찰치에 대한 수면시간의 효과는 학습시간에 관계없이 일정하다는 것을 나타내고 있으며(2시간 더 잠으로써 20

그림 7-5   교호작용이 있는 경우(수면 8시간, 학습 6시간일 때 200점)

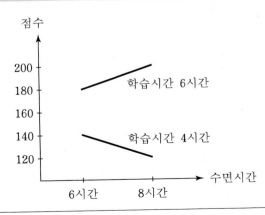

점 하락), [그림 7-5]는 관찰치에 대한 수면시간의 효과는 학습시간의 효과와 더불어 복합적으로 설명될 수 있다는 것을 나타내고 있다. 여기서 다시 강조할 점은, 교호작용은 반복이 있는 2인자 분산분석에서 얻어질 수 있으며, 식 (7-22)의 모집단 모형에서 $(\alpha\beta)_{ij}$는 α_i와 β_j의 곱셈이 아니라 A인자의 i번째 수준과 B인자의 j번째 수준의 교호효과를 나타내는 파라미터이다.

예 7-3

광고효과를 측정하기 위하여 10가지 변수를 사용한다. 이 10가지 변수들의 합을 광고효과점수(Y)라고 하자. 어느 상품의 광고효과는 프로그램(뉴스, 드라마, 오락물)에 따라 그리고 시사횟수(10회, 15회)에 따라 다른가를 알아보기 위하여 분산분석을 수행하기로 하였다. 여기서, 시사횟수란 20초 광고물의 화면이 바뀌는 횟수를 말한다. 광고효과점수(Y)는 정규분포한다는 전제하에, 시사횟수와 프로그램의 6가지 처리들에 대해 각각 두 명씩을 대상으로 얻어진 광고효과점수는 다음과 같다. 단, 12명은 그 상품의 잠재수요자들로서 비슷한 여건에 있다고 간주한다.

시사횟수 ＼ 프로그램	뉴스	드라마	오락물	$\bar{y}_{i..}$
10회	47 43	62 68	41 39	$\bar{y}_{1..}=50$
15회	46 40	67 71	42 46	$\bar{y}_{2..}=52$
$\bar{y}_{.j.}$	$\bar{y}_{.1.}=44$	$\bar{y}_{.2.}=67$	$\bar{y}_{.3.}=42$	$\bar{y}_{...}=51$

따라서, 반복이 있는 2인자 분산분석의 세 가지 가설검증은 다음과 같다.

ⓐ H_0 : 시사횟수와 프로그램의 교호효과는 없다
  H_1 : 시사횟수와 프로그램의 교호효과는 있다

SAS 프로그램과 출력결과

```
DATA adver;
   INPUT prog $ num point @@;
   CARDS;
   a 1 47 a 1 43 a 2 46 a 2 40
   b 1 62 b 1 68 b 2 67 b 2 71
   c 1 41 c 1 39 c 2 42 c 2 46
RUN;
PROC ANOVA DATA=adver;
     CLASS prog num;
     MODEL point=prog num prog*num;
RUN;
```

Analysis of Variance Procedure
Class Level Information

Class Levels Values

PROG   3 a b c
NUM   2 1 2

Number of observations in data set = 12

Analysis of Variance Procedure

Source	DF	Sum of Squares	Mean Square	F Value	Pr > F
Model	5	1580.00000000	316.00000000	30.58	0.0003
Error	6	62.00000000	10.33333333		
Corrected Total	11	1642.00000000			

R-Square	C.V.	Root MSE	POINT Mean
0.962241	6.303040	3.21455025	51.00000000

Source	DF	Anova SS	Mean Square	F Value	Pr > F
PROG	2	1544.00000000	772.00000000	74.71	0.0001
NUM	1	12.00000000	12.00000000	1.16	0.3226
PROG*NUM	2	24.00000000	12.00000000	1.16	0.3747

ⓑ H_0 : 시사횟수에 따른 광고반응은 차이가 없다

　　H_1 : 시사횟수에 따른 광고반응은 차이가 다르다

ⓒ H_0 : 프로그램에 따라 광고반응에 차이가 나지 않는다

　　H_1 : 프로그램에 따라 광고반응에 차이가 난다

먼저,

ⓐ 가설에 대한 p-value는 0.3747이므로 교호효과는 없다고 판단 되고

ⓑ 가설에 대한 p-value는 0.3226이므로 시사횟수를 다르게 하더라 도 광고반응에 차이가 없으며,

ⓒ에 대한 p-value는 0.0001이므로 프로그램에 따라서는 광고반응 효과가 다른 것으로 결론을 얻을 수 있다.

따라서, 시사횟수가 10회짜리이거나 15회짜리에 상관없이 드라마프 로그램에 광고를 하는 것이 바람직하다고 결론지을 수 있다.

SPSS [절차7-3-1]

총 6가지 조합에 2개씩의 자료가 있음을 유의하여 입력한 후. **분석→일 반선형모형→일변량** 메뉴를 선택한다.

파일(F)	편집(E)	보기(V)	데이터(D)	변환(T)	분석(A)	그래프(G)	유틸리티(U)	창(W)	도움말

	시사회수	프로그램	점수
1	1.00	1.00	47.0
2	1.00	1.00	43.0
3	1.00	2.00	62.0
4	1.00	2.00	68.0
5	1.00	3.00	41.0
6	1.00	3.00	39.0
7	2.00	1.00	46.0
8	2.00	1.00	40.0
9	2.00	2.00	67.0
10	2.00	2.00	71.0
11	2.00	3.00	42.0
12	2.00	3.00	46.0
13			

분석(A) 메뉴:
- 보고서(P)
- 기술통계량(E)
- 표(T)
- 평균 비교(M)
- 일반선형모형(G) → 일변량(U)..., 다변량(M)..., 반복측정(R)..., 분산성분 분석(V)...
- 혼합 모형(X)
- 상관분석(C)
- 회귀분석(R)
- 로그선형분석(O)
- 분류분석(Y)
- 데이터 축소(D)
- 척도화분석(A)
- 비모수 검정(N)
- 시계열 분석(I)
- 생존분석(S)
- 다중응답(U)
- 결측값 분석(V)...

SPSS [절차7-3-2]

일변량 창에서 **종속변수**에 점수를 **모수요인**에 프로그램, 시사횟수를 옮겨 놓은 후, **모형**을 선택한다.

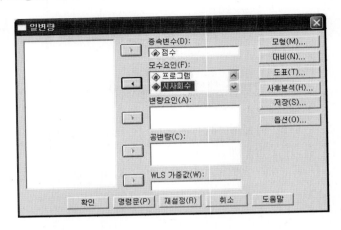

SPSS [절차7-3-3]

이번에는 **일변량:모형** 창에서 **완전요인모형**을 선택한다. 여기서 완전요인 모형을 선택하는 것 대신 **사용자정의**에서 두 개의 변수(프로그램, 시사횟 수)를 사용하고 **항 설정**에 **상호작용**을 택하는 것이나 마찬가지이다.

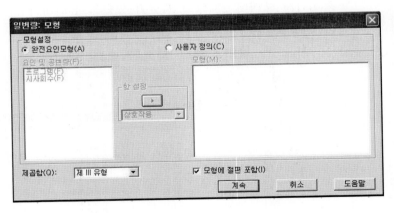

SPSS [절차7-3-4]

앞에서 **계속**을 하여 일변량 창으로 돌아와 **확인**을 하면 다음의 출력결과 를 얻게 된다.

개체-간 효과 검정

종속변수: 점수

소스	제 III 유형 제곱합	자유도	평균제곱	F	유의확률
수정 모형	1580.000ª	5	316.000	30.581	.000
절편	31212.000	1	31212.000	3020.516	.000
프로그램	1544.000	2	772.000	74.710	.000
시사회수	12.000	1	12.000	1.161	.323
프로그램 * 시사회수	24.000	2	12.000	1.161	.375
오차	62.000	6	10.333		
합계	32854.000	12			
수정 합계	1642.000	11			

a. R 제곱 = .962 (수정된 R 제곱 = .931)

7.5 다중비교검증(범위검증)

이제까지는 간단한 모형에서의 분산분석에 대한 일반적인 설명을 하였다. 한편, k개의 모집단 평균들이 같지 않다는 결과를 얻었을 때, 부수적인 문제로서 과연 어떤 모집단들의 평균들이 같지 않은가 하는 문제가 야기될 것이다. 즉, 귀무가설 $H_0 : \mu_1 = \cdots = \mu_k$를 기각한다는 의사결정을 하게 되는 경우에는 다중비교절차를 통하여 평균이 같지 않다고 인정되는 모집단들을 찾아내는 작업을 함으로써 분산분석의 결과를 뒷받침해 주게 된다.

다중비교   다중비교(multiple comparison)란 여러 개의 모집단들 중에서 두 개의 모집단을 선택하여 평균들간에 차이가 있는가를 검증하는 것으로서 선택가능한 모든 짝(pair)에 대하여 평균들을 비교하는 것이다. 이것은 결국 두 표본평균들 간의 차이(절대값)가 얼마나 클 때 모집단평균들 간에 차

다중범위검증   이가 있다고 인정하느냐 하는 문제이므로 **다중범위검증**(multiple range test)이라 부르기도 한다. 여러 가지 범위검증 방법들 중에서, 여기서는 가장 흔히 사용되는 Fisher의 방법과 Scheff의 방법만을 자세히 설명하기

로 한다. 왜냐하면 모든 방법이 조금씩 다른 통계량을 사용할 뿐 큰 차이가 있는 것은 아니기 때문이다.

7.5.1   Fisher의 최소유의차 검증법

최소유의차

　　　Fisher의 **최소유의차**(least significant difference; *LSD*) 검증법이란 *k*개의 모집단들 중에서 평균들끼리 차이가 없다고 인정되는 모집단들과 차이가 있다고 인정되는 모집단들을 분류하는 작업에 흔히 사용되는, 다중비교검증법의 대표적인 방법이다. 이 검증법을 간단히 *LSD*라 부르기도 하는데 그 과정을 소개하면 다음과 같다.

> **Fisher의 *LSD* 방법**

　　(1) 1인자 분산분석이나 2인자 분산분석에서 귀무가설이 기각되었을 때, 즉

(1인자 분산분석) $H_0 : \mu_1 = \cdots = \mu_k \Leftrightarrow H_0 : \alpha_1 = \cdots = \alpha_k = 0$

(2인자 분산분석) $H_0 : \alpha_1 = \cdots = \alpha_p$ 또는 $H_0 : \beta_1 = \cdots = \beta_q = 0$

이 기각될 때

　　(2) 비교하고자 하는 두 모집단 평균들(μ_i와 μ_j) 간에 차이가 있는가를 판정해 줄 수 있는 최소유의차(*LSD*)를 다음과 같이 정의한다. 즉, *i*번째 모집단과 *j*번째 모집단으로부터 얻은 표본의 크기가 각각 n_i, n_j이고 유의수준을 α라 할 때

$$LSD = t_{\alpha/2} \sqrt{s^2 \left(\frac{1}{n_i} + \frac{1}{n_j} \right)} \tag{7-27}$$

로 정의하는데 s^2은 분산분석표의 *MSE*(평균잔차제곱합)로서 오차의 분산, σ^2의 추정치이다.

(3) 그리고 $|\bar{y}_i - \bar{y}_j| > LSD$이면 μ_i와 μ_j는 같지 않다고 판정한다.

　　물론 (2)~(3)까지의 판정기준을 두 개씩 선택된 모든 모집단 짝들에 대해 반복하여 그 결과를 요약하는 방법이 최소유의차 검증방법이다.

예 7-4

다음의 자료는 똑같은 수준의 사원들을 6가지 다른 방법으로 교육시킨 후 임의로 선택한 5명씩에 대하여 얻은 표본평균과 분산분석표이다. Fisher의 LSD방법에 의한 다중비교 절차는 다음과 같다.

표본평균($n=5$)

교육방법	1	2	3	4	5	6
표본평균	505	528	564	498	600	470

분산분석표

요인	제곱합	자유도	평균제곱합	F값
그룹간 그룹내	56360 58824	5 24	11272 2451	4.60
합계	115184	29		

　　(1) 우선 분산분석표에서, 유의수준 5%에서 귀무가설 $H_0 : \mu_1 = \cdots = \mu_5$는 기각된다. 왜냐하면 [부록 3]에서 자유도(5, 24)의 F값(임계치)은 2.62인데 분산분석표에서 얻어진 F값은 4.60이기 때문이다.

　　(2) 그러므로 LSD를 정의하여 $(\mu_1, \mu_2), \cdots, (\mu_1, \mu_5), (\mu_2, \mu_3), \cdots, (\mu_4, \mu_5)$ 모두 10개의 짝에 대해 모집단 평균들 간에 차이가 있는지를 점검해야 한다. 이 예에 대한 LSD값은($\alpha = 5\%$)

$$LSD = t_{\alpha/2} \sqrt{s^2 \left(\frac{1}{n_i} + \frac{1}{n_j} \right)} = 2.604 \sqrt{2{,}451 \left(\frac{1}{5} + \frac{1}{5} \right)} = 64.63$$

이 되는데 그룹내 분산(σ^2_{within})이 MSE, 즉 s^2임은 앞에서 밝힌 바와 같다. 그리고 표본크기는 모두 5이므로 비교하고자 하는 모든 짝에 $LSD=$ 64.63을 사용하면 된다.

(3) 이제 표본평균들의 차, $|\bar{y}_i - \bar{y}_j|$를 구하여 64.63보다 크면 μ_i와 μ_j간에는 차이가 있는 것으로 판정하는데, 이 경우 표본평균들을 크기순서로 배열하여 비교하는 것이 훨씬 편리하다. 즉,

교육방법	5	3	2	1	4	6
표본평균	600	564	528	505	498	470

으로 배열하여 $\bar{y}_5 - \bar{y}_6$, $\bar{y}_3 - \bar{y}_6$, $\bar{y}_2 - \bar{y}_6$, …순서로 검색해 나가면, $\bar{y}_2 - \bar{y}_6 =$ 58(< 64.63)이므로, $\bar{y}_2 - \bar{y}_6$ 등은 비교할 필요도 없이 $LSD=64.63$보다 작다. 이와 같은 과정을 거쳐, LSD검증 결과를 요약하면,

5	3	2	1	4	6
		*	*	*	*
	*	*	*		
*	*				

가 된다. 이 표에서 첫째줄의 네 개 *표들은 (2, 1, 4, 6)이 같은 집단으로 인식되고 둘째줄의 3개 *표들은 (3, 2, 1)이 같은 집단, 셋째줄의 두 개의 *표시는 (5, 3)이 같은 집단이라는 의미이다. 따라서, 위 도표로서 나타난 다중비교절차의 결과는 μ_5는 μ_2, μ_1, μ_4, μ_6보다 유의적으로 크고 μ_3는 μ_4, μ_6보다 유의적으로 크다는 것을 의미한다. 다시 말하면, μ_5는 μ_2, μ_1, μ_4, μ_6들과, μ_3는 μ_4, μ_6와 상당히 다르기 때문에 교육방법의 효과가 서로 다르다는 결과를 얻게 된다는 것이다.

여기서는 [예 7-1]의 자료로써 얻어진 SPSS 결과물을 살펴보기로 하자. 즉, 다음 표는 [예 7-1]의 SPSS 절차로 Fisher의 LSD 결과를 얻은 것으로서, 3 가지의 급여방식들에 대해 2개씩의 짝들에 대해 다중비교를

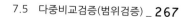

한 것이다. 표는 유의수준 5%에서 고정급과 성과급, 성과급과 고정＋성과급 간이 유의적임을 *로 나타내고 있다.

다중 비교

종속변수: 실적
LSD

(I) 급여방식	(J) 급여방식	평균차 (I-J)	표준오차	유의확률	95% 신뢰구간	
					하한값	상한값
고정급	성과급	61.71429*	22.48445	.014	14.2762	109.1523
	고정+성과	8.83333	23.40256	.711	-40.5418	58.2084
성과급	고정급	-61.71429*	22.48445	.014	-109.1523	-14.2762
	고정+성과	-52.88095*	23.40256	.037	-102.2560	-3.5059
고정+성과	고정급	-8.83333	23.40256	.711	-58.2084	40.5418
	성과급	52.88095*	23.40256	.037	3.5059	102.2560

*. .05 수준에서 평균차가 큽니다.

그리고, 얻어진 기술통계량의 평균값들을 보면 성과급이 113.3으로 가장 작고, 고정＋성과급이 166.2, 고정급이 175.0이다.

기술통계

실적

	N	평균	표준편차	표준오차	평균에 대한 95% 신뢰구간		최소값	최대값
					하한값	상한값		
고정급	7	175.0000	48.38733	18.28869	130.2492	219.7508	98.00	240.00
성과급	7	113.2857	24.62867	9.30876	90.5080	136.0634	80.00	155.00
고정+성과	6	166.1667	49.78521	20.32472	113.9203	218.4130	112.00	235.00
합계	20	150.7500	48.90794	10.93615	127.8604	173.6396	80.00	240.00

그러므로 앞에서 얻어진 3가지 급여방식 간의 차이를 다중비교한 결과는 다음 표로 요약될 수 있다. 즉,

성과급 (113.3)	고정＋성과 (166.2)	고정급 (175.0)
	*	*
*		

위의 표는 고정＋성과급과 고정급은 같다고 판단되고, 성과급은 고정＋성과급과 다르며 고정급과도 영업실적이 다르다는 것을 결과를 보여주는 정리된 표이다.

7.5.2   Scheffe의 방법

Scheffe의 다중비교방법은 Fisher의 LSD에서처럼 모집단 두 개씩을
비교하는 목적 외에도 세 개 이상의 모집단 평균들의 특수한 관계(이를
대비(contrast)라고 부른다)에 대한 검증에 더욱 유용한 방법이다. 예를
들면

대비

$$l_1 = \mu_1 - \frac{\mu_2 + \mu_3}{2}$$

$$l_2 = \mu_1 + \mu_2 - (\mu_3 + \mu_4)$$

등, 모집단 평균들의 특수한 관계를 생각할 수 있는데 이를 일반적인 형
태로 표시하면

$$l = a_1 \mu_1 + a_2 \mu_2 + \cdots + a_k \mu_k \quad \left(단, \sum_{i=1}^{k} a_i = 0 \right) \tag{7-28}$$

이 될 것이다. 이제 식 (7-28)에 대한 가설검증의 문제로

$$H_0 : a_1 \mu_1 + \cdots + a_k \mu_k = 0$$

$$H_1 : a_1 \mu_1 + \cdots + a_k \mu_k \neq 0 \tag{7-29}$$

의 가설을 설정한다면, 대비(contrast) l의 추정치, $\hat{l} = a_1 \bar{y}_1 + a_2 \bar{y}_2 + \cdots$
$+ a_k \bar{y}_k$의 크기에 따라 귀무가설의 기각 여부를 결정하게 된다. 즉, 유의
수준 α에서 $\hat{l}$의 크기(절대값)가 어떤 값 v보다 클 때 귀무가설을 기각하
게 되는데 v는 다음과 같이 정의된다. 즉,

$$v = \sqrt{(k-1) F s^2 \left(\sum \frac{a_i^2}{n_i} \right)} \tag{7-30}$$

이다. 여기서 F는 유의수준 α의 $(k-1,\ s^2$의 자유도)를 갖는 F값을 말하

고 s^2은 분산분석표에서 얻어진 MSE값이다.

　위에서 설명한 Scheffe방법의 특수한 형태로서,

$$H_0 : \mu_i - \mu_j = 0 \quad \text{vs.} \quad H_1 : \mu_i - \mu_j \neq 0$$

에 대해 가설검증한다면 이것은 곧 앞 절에서 다룬 모집단 평균 짝들에 대한 문제이고, $|\bar{y}_i - \bar{y}_j|$의 크기에 따라 귀무가설의 기각 여부를 결정하는 Fisher의 LSD방법과 같은 원리로써 다중비교를 하게 될 것이다. 다만, 이 경우 식 (7-27)의 LSD 대신

$$v = \sqrt{Fs^2 \left(\frac{1}{n_i} + \frac{1}{n_j} \right)}$$

를 사용하여, $|\bar{y}_i - \bar{y}_j|$가 v보다 클 때 μ_i와 μ_j는 같지 않다고 판정하는 것이다.

예 7-5

앞의 〔예 7-4〕에서 교육방법 1, 3, 5는 강사 A에 의해 2, 4, 6은 강사 B에 의해 교육되었다고 하자. 그러면 강사가 다름으로 인한 평균들 간의 차이에 대해서도 유의성을 검증할 수 있는데 귀무가설과 대립가설은 각각

$$H_0 : l = \mu_1 + \mu_3 + \mu_5 - (\mu_2 + \mu_4 + \mu_6) = 0$$
$$H_1 : l = \mu_1 + \mu_3 + \mu_5 - (\mu_2 + \mu_4 + \mu_6) \neq 0$$

가 될 것이다. l의 추정치로는

$$\hat{l} = \bar{y}_1 + \bar{y}_3 + \bar{y}_5 - (\bar{y}_2 + \bar{y}_4 + \bar{y}_6) = 173$$

이 얻어지고, 식 (7-30)의 v는

$$v = \sqrt{(6-1)(2.62)(2451)\left(\frac{1}{5}+\frac{1}{5}+\frac{1}{5}+\frac{1}{5}+\frac{1}{5}+\frac{1}{5}\right)} = 196.31$$

이다. 여기서 $F=2.62$는 $\alpha=0.05$에서 자유도(5, 24)의 F분포 표에서 얻은 값이다. 그러므로 강사 A에 의해 택해진 교육방법들에 대한 평균들과 B에 의해 교육된 방법들에 대한 평균들 간에 차이가 있다고 할 만한 근거가 충분치 못하다고 결론 내릴 수 있다.

7.5.3 기타 다중비교검증법

앞에서 다룬 Fisher의 LSD방법이나 Scheffe의 방법 외에도 Duncan의 방법, Tukey의 방법 등 여러 가지 다중비교 절차들이 있다. 그러나 이 방법들은 $|\bar{y}_i - \bar{y}_j|$가 얼마나 클 때 μ_i와 μ_j가 다르다고 판정하느냐의 기준값을 각각 다르게 제공해줄 뿐 사용방법상의 큰 차이는 없다. 다음 [표 7-9]는 각 방법에서 사용하는 기준치들을 정리한 것이다.

여기서 $d_\alpha(r, v)$는 [부록 5]에서, 또 $q_\alpha(k, v)$는 [부록 6]에서 찾을 수 있는 값으로서 v는 s^2의 자유도를 가리키고 r은 표본평균들을 크기순으로 배열했을 때 크기순위의 차에 1을 더한 값이다. 예로서 [예 7-4]에서 2번째 교육방법과 6번째 교육방법을 비교할 때의 r값은 4이다. 또한 Duncan의 방법은 각 모집단에서 얻은 표본의 크기가 동일한 경우에만 사용될 수 있는 점에 유의해야 한다.

[표 7-9] 여러 가지 다중비교검증법의 기준치

검증방법	기준치
Fisher의 LSD	$t_{\alpha/2}\sqrt{s^2\left(\dfrac{1}{n_i}+\dfrac{1}{n_j}\right)}$
Duncan	$d_\alpha(r,\ v)\sqrt{\dfrac{s^2}{n}}\quad(n_i=n_j=n\text{임})$
Tukey	$q_\alpha(k,\ v)\sqrt{\dfrac{s^2}{2}\left(\dfrac{1}{n_i}+\dfrac{1}{n_j}\right)}$

7.6 잔차분석

앞의 제 2 절에서 오차(ε)를 소개하였고, 오차는 평균이 0이고 분산 σ^2인 정규분포를 한다고 가정하였다. 즉,

$$(\text{가정})\quad \varepsilon_{ij}\sim N(0,\ \sigma^2) \tag{7-31}$$

으로 가정하였다.

이를테면, 1인자 분산분석을 하기 위한 모집단 모형은

$$Y_{ij}=\mu_i+\varepsilon_{ij}$$
$$=\mu+\alpha_i+\varepsilon_{ij},\quad i=1,\ \cdots,\ k,\quad j=1,\ \cdots,\ n$$

이므로 식 (7-31)의 오차에 대한 가정을 전제하고 분산분석을 수행하는 것이다.

우선 관찰된 자료 n개 각각에 대한 잔차는

$$e=y-M(y) \tag{7-32}$$

로 정의된다. 여기서 y는 관찰치를, $M(y)$는 관찰치 y의 평균(적합치(fitted value)) 또는 예측치(predicted value)라고도 부름)을 나타내는 값이다. 즉, 1인자 분산분석에서는 [표 7-3]의 y_{ij}들이 관찰치이고 이 관찰치들의 평균 $M(y)$는 $\bar{y}_i$가 될 것이다.

또, 반복이 있는 2인자 분산분석에서는 [표 7-7]의 y_{ijk}들이 관찰치이고 $M(y)$는 $\bar{y}_{ij.}$이다. 그러므로 앞에서 다룬 세 가지 분산분석모형 각각에 대한 잔차들을 다시 정리하면 다음과 같다. 즉,

(1인자 분산분석)　$e = y_{ij} - \bar{y}_i$

(반복이 없는 2인자 분산분석)　$e = y_{ij} - \bar{y}_{i.} - \bar{y}_{.j} + \bar{y}_{..}$

(반복이 있는 2인자 분산분석)　$e = y_{ijk} - \bar{y}_{ij.}$

오차에 대한 가정

이다. 잔차란 이렇게 모집단의 이론적 모형에 포함되어 있는 오차의 관찰된 값으로 실현되기 때문에, 잔차를 통하여 **오차**(ε_i)에 대한 **가정** — 평균이 0이고 분산이 σ^2인 정규분포 — 의 만족 여부를 조사하게 된다. 잔차에 대한 자세한 분석은 앞으로 회귀분석편에서 자세히 다루어질 것이고, 여기서는 단순히 잔차들의 분포를 여러 가지 형태의 잔차도표(residual plot)로 나타내어 모집단모형의 이상 유무나 자료변환의 필요 여부를 판단해 보고자 한다.

잔차들의 분산

잔차는 모집단모형의 오차항 ε_{ij}(또는 ε_{ijk})의 실현된 값으로 간주되기 때문에, 모집단모형에서 가정한 오차항의 분산(σ^2)을 추정하는 데에 사용될 수 있다. 즉, 잔차들의 평균은 $\bar{e} = 0$으로 얻어지므로 잔차들의 분산은

$$s^2 = \frac{\sum (e_i - \bar{e})^2}{\text{자유도}}$$

$$= \frac{\sum e_i^2}{\text{자유도}} \tag{7-33}$$

로써 구해지는데, 이 값이 곧 σ^2의 추정치로 사용되는 것이다. 그리고 또한 이 값은 분산분석표의 평균잔차제곱합(MSE)과 똑같은 값을 갖는다.

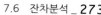

다시 말하면, 앞에서 다룬 (1인자 분산분석), (반복이 없는 2인자 분산분석), (반복이 있는 2인자 분산분석), 세 가지 경우 각각에 대해 [표 7-4], [표 7-6], [표 7-8]에서 얻은 MSE를 오차항의 분산 σ^2의 추정치로 사용하게 되는 것이다.

　　잔차들의 분포형태를 얻고자 할 때, 잔차들은 관찰치의 측정단위로써 나타나기 때문에 잔차들을 표준화시키는 것이 바람직하다. 통상적인 표준화(standardization)는 평균이 0, 분산이 1이 되게 하는 것이지만, 즉, 표준화 잔차는 $(e_i - \bar{e})/s = e_i/s$, 여기서는 스튜던트화(studentized)잔차를 구하여 잔차도표를 얻게됨을 유의해야 한다. 즉,

표준화잔차

스튜던트화 잔차

$$\text{스튜던트화 잔차} = \frac{e_i}{(e_i\text{의 표준오차})} \qquad (7\text{-}34)$$

으로 정의되는 것으로서 식 (7-34)를 이 교재에서 설명할 수는 없다(제8장 제5절 참조). 다만, 통계패키지가 제공해주는 스튜던트화 잔차들로 잔차도표를 얻게 되는데 $(-2, 2)$ 범위를 벗어나는 스튜던트화 잔차값의 관찰치(y_i)를 이상관찰치(outlier)라 하며 이런 관찰차들에 대해서는 주목할 필요가 있다.

이상관찰치

　　이제, 앞에서 설명한 잔차들의 성질을 토대로 잔차도표를 살펴보기로 하자. 잔차도표는 (1) 잔차들의 산포도(scatter plot), (2) 각 인자의 수준들에 대한 잔차들의 분포, 두 가지 형태로 얻어질 수 있다. 어떤 형태의 잔차도표이든 잔차들은 다음 [그림 7-6(A)]에서와 같이 일정한 범위의 $-$와 $+$값 사이에 무작위로 분포되어 있는 것이 바람직하다. 왜냐하면 오차항(ε_{ij})의 분산이 일정하다고 가정하였기 때문이다. 이를 **등분산**(equal variance)가정이라고 부른다.

등분산

　　그러나 [그림 7-6(B)]에서와 같이 오른쪽으로 갈수록 잔차들이 넓게 퍼져있는 패턴을 보일 경우, 이미 상정해 놓은 모집단 모형이 잘못되었거나, 원자료를 변환시켜 사용해야 됨을 시사한다. 물론, [그림 7-6(B)] 이외의 비정상적인 형태를 갖는 잔차도표도 있을 수 있다. 그러므로 잔차도

그림 7-6   바람직한 잔차의 산포도(A)와 점차로 넓게 분포된 잔차(B)

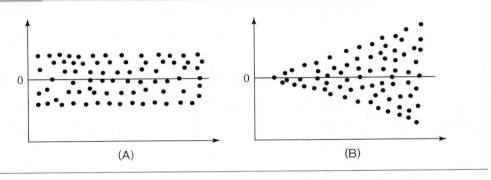

표를 통하여 오차에 대한 가정을 점검하는데, 결론적으로 오차에 대한 가정이 타당하지 않다면, 그 분산분석 결과는 사용될 수가 없는 것이다. 이런 경우, 자료를 변환시켜 변환된 자료로써 분산분석을 수행하거나, 다른 분석기법을 찾아보아야 할 것이다.

 예 7-6

다음은 (가, 나, 다, 라) 네 지점에서의 주간교통량을 조사한 결과이다(단위 : 1,000대). 네 지점에서의 교통량이 모두 같다고 할 수 있겠는가를 알아보기 위하여 1인자 분산분석을 수행한 결과는 다음과 같다.

가	59.3	60.3	82.1	32.3	98.0	54.1	54.4	51.3	36.7 (9주간)
나	23.6	57.6	44.6	(3주간)					
다	75.8	48.3	41.4	52.5	41.0	29.6	49.5 (7주간)		
라	73.1	81.3	72.4	88.4	23.2	(5주간)			

```
DATA traf;
    INPUT y $ x @@ ;
    CARDS;
    a 59.3 a 60.3 a 82.1 a 32.3 a 98.0 a 54.1 a 54.4 a 51.3 a 36.7
    b 23.6 b 57.6 b 44.6
    c 75.8 c 48.3 c 41.4 c 52.5 c 41.0 c 29.6 c 49.5
    d 73.1 d 81.3 d 72.4 d 88.4 d 23.2
RUN;
PROC ANOVA DATA=traf;
        CLASS y;
        MODEL x=y;
RUN;
```

Analysis of Variance Procedure

Dependent Variable: X

Source	DF	Sum of Squares	Mean Square	F Value	Pr > F
Model	3	1750.18977778	583.39659259	1.49	0.2476
Error	20	7829.87022222	391.49351111		
Corrected Total	23	9580.06000000			

	R-Square	C.V.	Root MSE		X Mean
	0.182691	35.68295	19.78619496		55.45000000

Source	DF	Anova SS	Mean Square	F Value	Pr > F
SCORE	3	1750.18977778	583.39659259	1.49	0.2476

그러면, 두 가지 잔차도표들을 살펴봄으로써 이 자료는 두 가지의 특징
적 관찰치가 있음을 찾아낼 수 있다. 즉, 「가」지점의 98.0과 「라」지점의
23.2는 각각 그 도시에서의 다른 관찰치보다 아주 크거나 아주 작은 값
이다. 이러한 관찰치들을 이상치(outlier)라 부른다. 이상치에 대해서는 회
귀분석에서도 다루어지겠지만, 여기서는 이상치를 제거한 다음의 분석
결과를 위의 분석결과와 비교하여 사용하면 좋을 것이다. 다음은 두 가
지 종류의 잔차도표이다.

[잔차의 산포도]

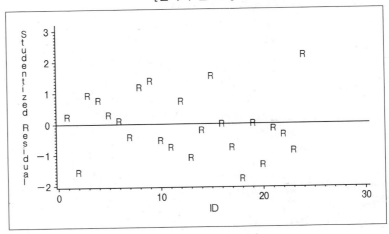

[인자(네 지점)의 수준에 대한 잔차의 산포도]

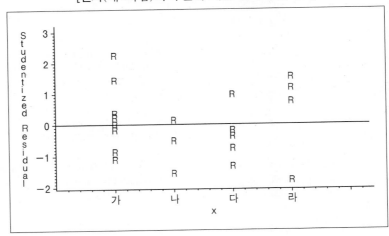

SPSS는 1인자 분산분석에서 잔차를 제공하지 않는다. 그러므로 잔차들을 구하는 과정을 거쳐야함을 유념하자.

SPSS [절차7-6-1]
먼저 자료를 입력하고, [예 7-1]에서와 같이 1인자 분산분석을 수행하는데, 기술통계량 값들을 얻으면 각 지점에서의 평균값들을 얻을 수 있다.

기술통계

교통량

	N	평균	표준편차	표준오차	평균에 대한 95% 신뢰구간 하한값	상한값	최소값	최대값
가	9	58.7222	20.52540	6.84180	42.9450	74.4994	32.30	98.00
나	3	41.9333	17.15615	9.90511	-.6849	84.5516	23.60	57.60
다	7	48.3000	14.29405	5.40264	35.0802	61.5198	29.60	75.80
라	5	67.6800	25.71453	11.49989	35.7512	99.6088	23.20	88.40
합계	24	55.4500	20.40893	4.16596	46.8321	64.0679	23.20	98.00

SPSS [절차7-6-2]

먼저 **변환→변수계산** 메뉴를 선택한다. **대상변수**에 잔차라고 입력하고, **숫자표현식**에 교통량을 화살표로 이동시키고 -58.72를 입력한다. 이 경우, 잔차는 $e = y_{ij} - \bar{y}_i$ 임을 기억하라.

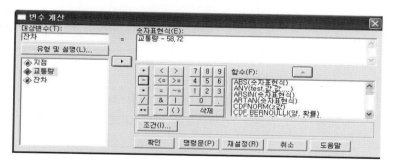

SPSS [절차7-6-3]

그리고 변수계산 창에서 **조건**을 누른 후, 케이스 조건 창에서 **다음 조건을 만족하는 케이스 포함**을 클릭하고 지점=1을 입력한다. 그리고 **계속**을 눌러 같은 작업을 지점=4까지 반복하면 데이터편집기에 잔차 변수에 대한 값들이 얻어진다.

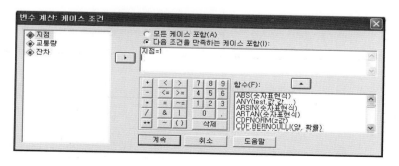

SPSS [절차7-6-4]

이제는 **그래프→산점도** 메뉴를 선택하여 2차원으로 **정의** 한 후, Y-**축**에
잔차, X-**축**에 지점을 화살표로 보낸 후, **확인**을 누른다.

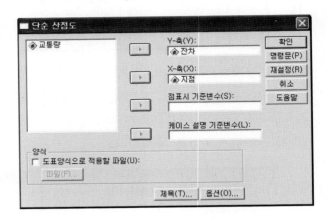

SPSS [절차7-6-5]

잔차들에 대한 그래프 형태는 잔차를 표준화시킨 후의 것과 같다(여기서 얻
어진 잔차그래프는 스튜던트화 잔차그래프와 약간의 차이가 있다).

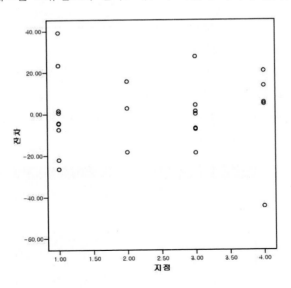

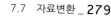

7.7 자료변환

분산분석은 정규분포하는 관찰치들을(모집단모형의 오차에 대한 정규분포가정) 대상으로 사용할 수 있는 분석수단으로 그 적용의 한계를 갖는다. 그리고 특히, 각 처리들로부터 얻은 표본들이 같은 분산값을 갖는다는 전제가 분산분석의 이론적 배경이기 때문에, 각 처리별로 얻어진 관찰치들의 잔차들은 일정한 범위 내에서 분포해야 할 것이다. 그러나 현실적으로 자료를 분산분석으로써 분석하고자 할 때 집단들간에 동일한 분산값을 갖는 자료보다는 서로 다른 처리에서 서로 다른 분산값을 갖는 경우도 많을 것이다. 이에 대해서는 뒤의 제11절에서 설명할 Hartley검증방법으로 검증할 수도 있다. 서로 다른 분산값을 갖는 경우에는 원자료(raw data)를 그대로 분산분석으로 처리해서는 안 될 것이고, 다른 대안적 분석방법을 찾아야 할 것이다.

원자료

모집단모형의 가정을 충족시킬 수 없는 자료를 분석할 수 있는 여러 가지 대안들 중에 우선 여기서는 간단한 함수식을 이용하여 원자료를 변환(transformation)시키는 방법을 설명하기로 한다. 즉, 특정한 함수로써 원자료를 변환시킬 때, 변환된 관찰치들의 분산이 각 처리에서 비슷해진다면 변환된 자료로써 분산분석의 절차를 수행해야만 할 것이다.

변환된 자료

다시 말하면, 잔차들이 일정한 범위 내에서 분포하지 않고, 특별한 패턴을 보일 경우 자료의 특성에 따라 간단한 함수관계로 그 자료를 변환시켜 보는 것이다. 그러나 어떤 함수식으로써 원자료를 변환시킬 것인가 하는 문제 또한 용이한 일이 아니며 조사자의 경험을 바탕으로 그 분야에서 통용되는 함수식을 찾을 수 있다면 바람직한 것이다. 여기서는 다음과 같은 중요한 몇 개의 변환들을 소개한다.

7.7.1   제곱근변환: $\sqrt{y}$ 또는 $\sqrt{y+.375}$

이 변환은 각 처리에서의 관찰치들 분산이 관찰치들의 평균이 커질수록 커지는 자료에 대해 유용하다. 즉, 분산값과 평균값의 1차식 관계, $s^2 = c\bar{y}\,(c \geq 1)$의 관계에 있는 원자료라면 제곱근으로 변환시키는 것이 바람직하다고 알려져 있다. 여기서, $\sqrt{y+0.375}$ 의 0.375는 이론적으로 정해진 값으로 생각하면 된다.

7.2.2   대수변환: $log\ y$

각 처리에서의 관찰치들 분산이 관찰치들의 평균의 증가보다 현저하게 증가할 때 원자료에 대수를 취한다. 즉, $s^2 = c\bar{y}^2$의 관계를 보이는 자료에 적용시키며 대수는 대부분 자연대수(밑이 e인 대수)로 한다.

7.7.3   제곱변환: y^2

제곱근변환의 역관계, 즉 $s^2 = c\bar{y}\,(0 < c < 1)$의 관계에 있는 자료에 사용될 수 있는 변환식이다.

7.7.4   역사인 함수변환: $sin^{-1}y$

이 변환은 관찰치(y)가 비율(또는 퍼센트)로 얻어졌을 경우 사용할 수 있다. 역사인 함수란 예를 들면, $\sin 30° = 0.5$로부터 $\sin^{-1}(0.5) = 30$이 되는 함수이고 역사인 함수는 0과 1 사이의 값을 정수로 바꾸어 주는 함수임을 기억하면 좋을 것이다.

이 외에도 여러 가지의 변환식이 있겠으나, 제곱근변환과 대수변환의 경우에 대하여 분산분석을 적용하기 위한 자료변환을 다음 예로써 설명하기로 한다.

예 7-7

다음의 자료는 수원(水原)으로 사용하고자 하는 세 지역(A, B, C)에서 각각 10번씩 산소의 용해량을 측정하여 얻은 것이다.

지역	산소용해량(y)										표본평균($\bar{y}$)	표본분산(s^2)
A	0	2	1	3	1	2	3	4	1	5	$\bar{y}_1 = 2.2$	$s_1^2 = 2.40$
B	1	3	4	6	8	7	5	3	4	5	$\bar{y}_2 = 4.6$	$s_2^2 = 4.28$
C	14	26	25	18	19	22	21	16	20	30	$\bar{y}_3 = 21.1$	$s_3^2 = 23.43$

이 자료는 세 지역(처리)에 대한 분산값들이 너무 상이하기 때문에 1인자 분산분석법을 이 자료에 적용시키는 것은 바람직하지 않다는 것을 쉽게 알 수 있다.

다행스럽게도 세 지역에서의 분산값들이 평균값들과 거의 같기 때문에 제곱근으로 변환을 시키되 $\sqrt{y+.375}$ 를 이용한다. 그러므로 산소용해량의 변환값을 정리하면 다음과 같다.

[산소용해량의 변환값]

지역	산소용해량의 변환값					표본평균	표본분산
A	.612	1.541	1.173	1.837	1.173	1.53	.51
	1.541	1.837	2.092	1.173	2.318		
B	1.173	1.837	2.092	2.525	2.894	2.18	.50
	2.716	2.318	1.837	2.092	2.318		
C	3.791	5.136	5.037	4.287	4.402	4.61	.52
	4.730	4.623	4.047	4.514	5.511		

변환된 자료는 분산값이 0.5로 거의 일정하기 때문에 등분산의 가정이 충

족되는 것으로 보여지므로 1인자 분산분석을 사용하여 세 지역의 산소용
해량 평균들 간의 차에 대한 검증을 하게 된다.

다음의 표들은 SAS 프로그램과 원자료(y)를 그대로 사용하여 1-인
자 분산분석을 한 분산분석표와 잔차도표이다. 잔차도표를 보면 세 지역
A, B, C에서 얻어진 잔차들의 분포가 매우 다르다는 것을 알 수 있다.
그러므로 이러한 잔차도표가 얻어진 분산분석표를 통하여 분산분석을
해서는 안 된다.

① SAS 프로그램

```
DATA example;
   INPUT area $ y @@;
   CARDS;
   a  0 a 2 a 1 a 3 a 1 a 2 a 3 a 4 a 1 a 5
   b  1 b 3 b 4 b 6 b 8 b 7 b 5 b 3 b 4 b 5
   c 14 c 26 c 25 c 18 c 19 c 22 c 21 c 16 c 20 c 30
RUN;

/*원자료*/
PROC ANOVA DATA=example;
     CLASS area;
     MODEL y=area;
RUN;

/*변수변환후*/
DATA example1;
     SET example;
     trans_y=SQRT(y+0.375);
RUN;

PROC ANOVA DATA=example1;
     CLASS area;
     MODEL trans_y=area;
RUN;
```

② 원자료에 대한 분산분석표

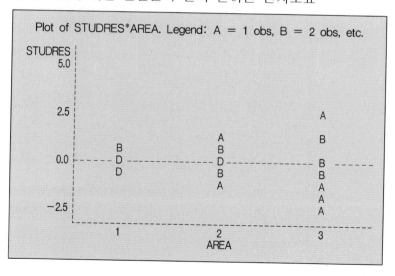

```
                    Analysis of Variance Procedure

Dependent Variable: Y

Source            DF  Sum of Squares  Mean Square   F Value   Pr > F
Model              2   2117.40000000  1058.70000000  105.52   0.0001
Error             27    270.90000000    10.03333333
Corrected Total   29   2388.30000000

            R-Square              C.V.      Root MSE           Y Mean
            0.886572          34.05961    3.16754374       9.30000000

Source            DF         Anova SS   Mean Square   F Value   Pr > F
X                  2     2117.40000000  1058.70000000  105.52   0.0001
```

원자료에 대한 잔차도표를 보면 A, B, C 세 지역에 대한 잔차들의 분포가 일정한 폭 안에 있지 않음을 알 수 있다. 이는 표본분산이 서로 다른(2.40, 4.28, 23.43) 것과 관련이 있음은 물론이다.

③ 원자료에 대한 분산분석 결과 얻어진 잔차도표

```
Plot of STUDRES*AREA. Legend: A = 1 obs, B = 2 obs, etc.

STUDRES |
    5.0 |

    2.5 |                                               A

                                  A                     B
                         B        B
    0.0 +----D-----------------D-----------------B--------
                         D        B                     B
                                  A                     A
                                                        A
                                                        A
   -2.5 |                                               A

          1                     2                      3
                              AREA
```

이제, 변환된 자료들로써 분산분석표를 얻고, 그에 따른 잔차도표를
얻으면 다음과 같다. 세 지역의 잔차들이 거의 일정한 폭 내에서 분포하
고 있음을 알 수 있다.

④ 변환값에 대한 분산분석표

Analysis of Variance Procedure

Dependent Variable: TRANS_Y

Source	DF	Sum of Squares	Mean Square	F Value	Pr > F
Model	2	52.63884090	26.31942045	101.50	0.0001
Error	27	7.00135413	0.25930941		
Corrected Total	29	59.64019503			

R-Square	C.V.	Root MSE	TRANS_Y Mean
0.882607	18.36669	0.50922432	2.77254279

Source	DF	Anova SS	Mean Square	F Value	Pr > F
REG	2	52.63884090	26.31942045	101.50	0.0001

⑤ 변환값에 대한 잔차도표

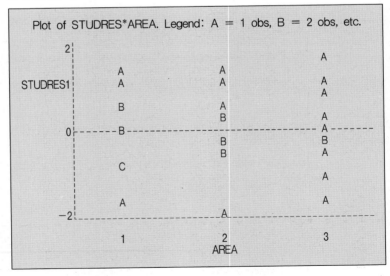

따라서, 잔차도표가 정상적인 형태의 잔차분포를 보이므로 변환된 자료
로써 분산분석한 결과를 사용해야만 한다.

여기서는 SPSS 실습의 반복을 피하기 위하여 산소용해량의 변환값들을 구하는 절차와 변환된 값들에 대한 1인자 분산분석만을 수행하기로 한다.

SPSS [절차7-7-1]
먼저 자료를 입력하고 변환값들을 구하기 위해 **변환→변수계산** 메뉴를 선택한다. 변수계산 창에서 **함수(F)**의 여러 가지 항목 중 SQRT(**숫자계산식**)을 화살표로써 **숫자표현식**으로 옮긴 후, ( )안에 용해량을 화살표로 옮기고 +0.375를 입력한다. **대상변수**에는 변환값이라고 입력한다.

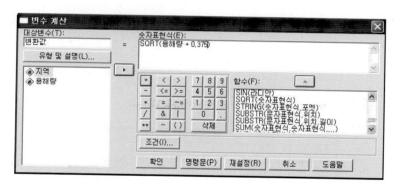

SPSS [절차7-7-2]
그러면 데이터편집기에 변환값이라는 변수가 생성되고 변환된 값들이 나타난다. 이제 이 변환값 변수에 대한 1인자 분산분석을 수행하는 것이다.

	지역	용해량	변환값
1	1.00	.00	.61
2	1.00	2.00	1.54
3	1.00	1.00	1.17
4	1.00	3.00	1.84
5	1.00	1.00	1.17
6	1.00	2.00	1.54
7	1.00	3.00	1.84
8	1.00	4.00	2.09
9	1.00	1.00	1.17
10	1.00	5.00	2.32

SPSS [절차7-7-3]

분석→평균비교→일원배치 분산분석 메뉴를 선택하여 변환값을 종속변수에 위치시키고 요인에 지역을 옮겨 놓는다. 그리고 **확인**을 누른다.

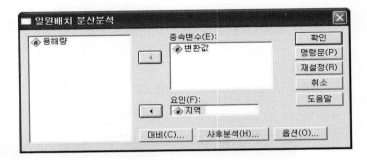

SPSS [절차7-7-4]

SPSS 출력결과는 SAS의 그것과 같다.

분산분석

변환값

	제곱합	자유도	평균제곱	F	유의확률
집단-간	52.639	2	26.319	101.498	.000
집단-내	7.001	27	.259		
합계	59.640	29			

예 7-8

어느 병원에서는 정도가 비슷한 두통환자 24명을 8명씩 나누어 세 가지 처방(A, B, C)을 하고 고통 해소시간을 측정하였다.

처방	고통해소시간(y)								표본평균 ($\bar{y}$)	표본분산 (s^2)
A	4.2	2.3	6.6	6.1	10.2	11.7	7.0	3.6	6.46	10.37
B	4.1	10.7	14.3	10.4	15.3	11.5	19.8	12.6	12.34	20.52
C	38.7	26.3	5.4	10.3	16.9	43.1	48.6	29.5	27.35	748.02

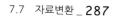

[고통해소시간의 변환값]

처방	고통해소시간의 변환값($\log_e y$)								표본 평균	표본 분산
A	1.435	.833	1.887	1.808	2.322	2.460	1.946	1.281	1.75	.54
B	1.411	2.370	2.660	2.342	2.728	2.442	2.986	2.534	2.43	.46
C	3.656	3.270	1.686	2.332	2.827	3.764	3.884	3.384	3.10	.77

우선, 원자료에 대한 분산분석표와 잔차도표는 다음과 같다.

① SAS 분산분석표

```
                    Analysis of Variance Procedure

Dependent Variable: Y


Source          DF  Sum of Squares  Mean Square   F Value    Pr > F
Model            2  1856.47583333   928.23791667   10.09     0.0008
Error           21  1931.73750000    91.98750000
Corrected Total 23  3788.21333333


              R-Square            C.V.       Root MSE           Y Mean
              0.490066        62.34677     9.59101142       15.38333333

Source          DF      Anova SS    Mean Square   F Value    Pr > F
X                2  1856.47583333   928.23791667   10.09     0.0008
```

　　잔차분석에서 살펴본 바와 같이 처방에 따라 분산값이 크게 증가하고 있다. 그리고 평균과 분산의 관계가 $s^2 = c\bar{y}^2$에 있다고 할 수 있다. 그러므로 원자료에 대수(여기서는 $\log_e y$)를 취하여 변환값을 얻으면 앞의 표와 같다.

　　이제, 변환된 값들은 세 가지 처방에 대해 거의 같은 분산값을 갖기 때문에 1인자 분산분석을 사용하기에 적절한 자료의 모습을 갖추었다고 할 것이다. 변환값들에 대한 분산분석표와 잔차도표들은 다음 표(③, ④)와 같다.

② 잔차도표

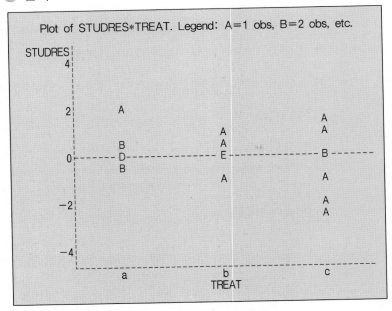

③ 변환된 자료에 대한 분산분석표

Analysis of Variance Procedure

Dependent Variable: Y

Source	DF	Sum of Squares	Mean Square	F Value	Pr > F
Model	2	7.33251925	3.66625963	10.00	0.0009
Error	21	7.70117075	0.36672242		
Corrected Total	23	15.03369000			

	R-Square	C.V.	Root MSE	Y Mean
	0.487739	24.95163	0.60557610	2.42700000

Source	DF	Anova SS	Mean Square	F Value	Pr > F
X	2	7.33251925	3.66625963	10.00	0.0009

④ 변환된 자료에 대한 잔차도표

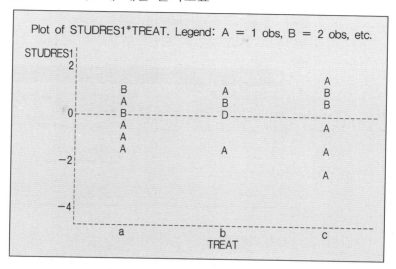

이 예에 대해서도 고통해소시간(Y)에 대한 자연대수 변환값을 구하여 1인자 분산분석하는 절차만을 소개한다.

SPSS [절차7-8-1]
입력된 자료에 대한 자연대수를 얻기 위해 **변환→변수계산** 메뉴를 선택한다. **대상변수**에 자연대수라고 입력하고 함수에서 LN(**숫자표현식**)을 선택하여 화살표로 **숫자표현식**으로 옮겨 놓는다. 그리고 해소시간을 **숫자표현식**으로 보내 LN(해소시간)을 만든다. 이는 자연대수=LN(해소시간)을 의미하며 **확인**을 누르면 데이터편집기에 자연대수라는 변수가 얻어졌음을 알 수 있다.

SPSS [절차7-8-2]

이제 **분석→평균비교→>일원배치분산분석** 메뉴를 택한 후, **자연대수** 변수
를 **종속변수**로 하고 처방을 **요인**으로 한 후, **옵션**을 선택한다.

SPSS [절차7-8-3]

일원배치 분산분석 : 옵션 창에서 **분산 동질성 검증**을 클릭하고 **계속**을 누
른다.

SPSS [절차7-8-4]

SPSS 출력결과는 자연대수에 대한 분산분석표와 3가지 처방에 대한 등
분산 검증 결과이다. 이는 11절에서 다시 다룬다.

분산의 동질성에 대한 검정

자연대수

Levene 통계량	자유도1	자유도2	유의확률
1,691	2	21	,208

분산분석

자연대수

	제곱합	자유도	평균제곱	F	유의확률
집단-간	7,332	2	3,666	10,001	,001
집단-내	7,698	21	,367		
합계	15,030	23			

마지막으로 이 절에서 지적하고 넘어가야 할 것은 앞의 두 가지 예에서 살펴본 바와 같이 원자료와 변환된 자료 각각에 대한 분산분석방법의 가설검증 결과가 같다고 할지라도, 변환된 자료를 이용한 결과로써 가설검증의 문제를 해결해야 한다는 것이다.

다시 말하면, [예 7-8]에서 원자료에 대한 분산분석표는 유의수준(sig.level) 0.0008, 변환된 자료의 그것은 0.0009를 유의수준으로 제공하고 있어 세 가지 처방간에는 효과가 다르다는 것을 강하게 시사한다는 결론에 이르기는 마찬가지이지만, 원자료와 변환된 자료의 잔차도표들을 비교해 볼 때 위와 같은 결론은 변환된 자료에 의하여 얻어져야 한다는 것이다.

분산분석을 수행한 후 잔차도표를 반드시 점검해야 한다는 점을 다시 한번 강조해 둔다.

7.8 비모수적 분산분석: 순위자료에 대한 분산분석

분산분석은 여러 차례 지적한 대로 "정규분포하는 모집단으로부터 얻은 표본"에 대해서 적용할 수 있는 분석기법이다. 다시 말하면, 수집된 자료들이 정규분포한다는 가정하에 F값을 얻게 되는 것이고, 그 F값의 크기에 의존하여 인자간의 효과에 대한 가설검증을 하게 된다. 그러나 경우에 따라서 실제로 얻은 자료가 정규분포와는 다른 분포를 할 수도 있고, 정규분포한다고 가정하기 어려운 경우도 있을 것이다.

비모수통계적
방법

이러한 경우의 자료를 분석하기 위하여 **비모수통계적 방법**(nonparametric statistical method)들이 흔히 사용된다. 비모수통계적 방법은「정규분포하는 모집단」이라는 가정보다 단순히「모집단은 연속형 분포함수를 갖는다(실수의 어떤 범위 내에서 측정값을 갖는다는 뜻)」거나 기껏해야「모집단은 연속적이며 대칭인 분포를 한다」는 가정만을 세우고 추정과 검증을 하는 방법이라고 할 수 있다.

그러므로 이 절에서는, 관찰치의 크기나 성격에 따라 순위(rank)를 부여할 수 있는 자료에 적용시킬 수 있는 분산분석의 방법을 소개하기로 한다.

여기서 순위를 사용하는 이유는 첫째로 정규분포를 가정할 수 없는 경우에는 관찰치 자체보다 관찰치의 순위를 사용하는 것이 정보손실 없이 안전하며, 둘째로 미인선발대회에서와 같이 아름다움에 대한 평가가 실수값으로 관찰될 수 있다고 하더라도, 그 값 자체보다는 순위가 더욱 큰 의미를 갖는 경우가 있기 때문이다. 자료가 선호순서인 경우도 마찬가지이다.

Kruskal-Wallis 검증법

이 검증방법은 앞에서 설명한 1인자 분산분석에 대응하는 비모수통계적 방법이다. 즉, 모집단모형에서 오차항에 대한 정규분포의 가정을 할 수 없을 때 또는 관찰치 자체가 순위로 조사되었을 때 집단들간에 차이가 있는가를 검증하는 문제를 해결해 줄 수 있는 방법이다. 우선, 자료의 구성은 [표 7-3]과 같이

처리 1	처리 2	⋯	처리 i	⋯	처리 k
y_{11}	y_{21}		y_{i1}		y_{k1}
y_{12}	y_{22}		y_{i2}		y_{k2}
⋮	⋮	⋯	⋮	⋯	⋮
y_{1n_1}	y_{2n_2}		y_{in_i}		y_{kn_k}

로서 전체 $n\left(\sum_{i=1}^{k} n_i\right)$개의 관찰치가 있다고 하자. 그러면 이들 n개의 관찰치들의 크기에 따라 작은 것부터 큰 순서로 나열한 다음 각 관찰치에 해당하는 순위(1부터 n까지)를 부여할 수 있다. 그리고 관찰치 대신 관찰치의 순위로써 분산분석의 원리를 적용시키는 것이 Kruskal-Wallis검증법이다. 이제, 이론적 전개식은 무시하더라도 Kruskal-Wallis 검증통계량이 얻어지는 과정을 살펴보자.

Kruskal-
Wallis검증법

위의 자료에서 관찰치 y_{ij}의 크기순위가 R_{ij}라 할 때 관찰치 y_{ij} 자리에 R_{ij}를 넣어 정리하면 [표 7-10]이 된다. 여기서 유의해야 할 점은 관찰치들의 크기가 똑같을 때(tie)는 순위를 어떻게 조정하는가 하는 것이다. 크기가 같은 관찰치들에 대해서는 그것들 순위의 평균을 각각에 부여하기로 한다. 예를 들면 두 번째로 작은 관찰치들이 두 개 있을 경우, 각각에 2.5의 순위값을 부여한다는 것이다.

[표 7-10]의 자료에서 각 처리의 (표본)평균은

$$(\text{처리 } i\text{의 순위평균}) \quad \overline{R}_i = \sum_{j=1}^{n_i} R_{ij}/n_i = \frac{1}{n_i} R_i \qquad (7\text{-}35)$$

[표 7-10] 순위에 의한 자료배열

처리 1	처리 2	$\cdots$	처리 i	$\cdots$	처리 k
R_{11}	R_{21}		R_{i1}		R_{k1}
R_{12}	R_{22}		R_{i2}		R_{k2}
$\vdots$	$\vdots$	$\cdots$	$\vdots$	$\cdots$	$\vdots$
R_{1n_1}	R_{2n_2}		R_{in_i}		R_{kn_k}
$R_1 = \displaystyle\sum_{j=1}^{n_1} R_{1j}$	$R_2 = \displaystyle\sum_{j=1}^{n_2} R_{2j}$		$R_i = \displaystyle\sum_{j=1}^{n_i} R_{ij}$		$R_k = \displaystyle\sum_{j=1}^{n_k} R_{kj}$

이고 전체평균은

$$(\text{모든 순위평균}) \quad \overline{R} = \frac{1}{n} \sum_{i=1}^{k} \sum_{j=1}^{n_i} R_{ij} = \frac{1}{n}\left(\frac{1}{2}n(n+1)\right) = \frac{1}{2}(n+1)$$

이 된다. 여기서, $\displaystyle\sum_{i=1}^{k} n_i = n$ 이며 $\sum\sum R_{ij} = 1 + 2 + \cdots + n = n(n+1)/2$ 이다. 그리고 순위에 대한 처리제곱합은

$$\sum_{i=1}^{k}\sum_{j=1}^{n_i}\left(\overline{R}_i - \frac{n+1}{2}\right)^2 = \sum_{i=1}^{k}\frac{R_i^2}{n_i} - \frac{n(n+1)^2}{4} \tag{7-36}$$

이다. 또한, 순위들의 분산을

$$S^2 = \sum_{i=1}^{k}\sum_{j=1}^{n_i}\left(R_{ij} - \frac{n+1}{2}\right)^2 \Bigg/ (n-1)$$

$$= \left(\sum_{i=1}^{k}\sum_{j=1}^{n_i} R_{ij}^2 - \frac{n(n+1)^2}{4}\right) \Bigg/ (n-1) \tag{7-37}$$

로 구하여 검증통계량을 정의하면 다음과 같다. 즉,

$$H = \sum_{i=1}^{k}\sum_{j=1}^{n_i}\left(\overline{R}_i - \frac{n+1}{2}\right)^2 \Bigg/ S^2 \tag{7-38}$$

이다. 이 검증통계량은 특정한 분포를 하지 않으므로 집단의 수(k)가 세 개이고 각 처리에서 표본크기가 5개 이하인 몇 가지 경우에 대해 컴퓨터로 계산된 임계치들이 [부록 8]에 수록되어 있다. 그리고 [부록 8]에 나타나 있지 않은 경우에 대해서는 근사적으로 자유도 ($k-1$)의 카이제곱표 ([부록 4])에서 그 임계치를 찾게 된다. 물론, 통계패키지를 이용할 경우에는 부록의 표들을 사용할 필요는 없을 것이다.

마지막으로, 비모수통계적 방법을 사용함에 있어서는 귀무가설과 대립가설을 조금 다르게 표현한다. 즉, 통상적(모수통계적)인 분산분석에서 설정하는 가설 대신 Kruskal-Wallis검증법을 사용할 때는

(귀무가설)　H_0 : k개 모집단의 분포형태는 일치한다

(대립가설)　H_1 : 적어도 하나의 모집단은 다른 하나의 모집단보다 큰 관찰치들을 포함하고 있다

로 귀무가설과 대립가설을 표현한다는 것이다. 그러나 대립가설이 의미하는 바는 곧 모집단들의 평균이 모두 일치하는 것은 아니라는 것이므로 위와 같은 표현에 크게 개의할 필요는 없다.

예 7-9

다음의 자료는 4개 지역본부의 지점들 업적 자료이다(괄호 속의 값들은 해당 원자료의 순위값이다). 이 자료들에 대해 통상적인 분산분석 가설검증과 비모수적 방법에 의한 분산분석 결과를 살펴보기로 하자.

원자료를 이용하여 1-인자 분산분석한 결과와 Kruskal-Wallis 결과는 똑같다. 물론, 이 자료는 통상적인 1-인자 분산분석을 해도 무방한 자료이기 때문이다. Kruskal-Wallis 검증통계량은 카이제곱(CHISQ)이며, 그 p-value(Prob>CHISQ)는 0.0001이다.

[네 지역의 지점업적과 순위 자료]

1	2	3	4
83(11)	91(23)	101(34)	78(2)
91(23)	90(19.5)	100(33)	82(9)
94(28.5)	81(6.5)	91(23)	81(6.5)
89(17)	83(11)	93(27)	77(1)
89(17)	84(13.5)	96(31.5)	79(3)
96(31.5)	83(11)	95(30)	81(6.5)
91(23)	88(15)	94(28.5)	80(4)
92(26)	91(23)		81(6.5)
90(19.5)	89(17)		
	84(13.5)		
$\overline{R}_1 = 21.83$	$\overline{R}_2 = 15.3$	$\overline{R}_3 = 29.57$	$\overline{R}_4 = 4.81$

① SAS 프로그램

```
DATA job;
   INPUT y $ x @@;
   CARDS;
   a  83 a  91 a 94 a 89 a 89 a 96 a 91 a 92 a 90
   b  91 b  90 b 81 b 83 b 84 b 83 b 88 b 91 b 89 b 84
   c 101 c 100 c 91 c 93 c 96 c 95 c 94
   d  78 d  82 d 81 d 77 d 79 d 81 d 80 d 81
RUN;

/*통상적인 분산분석법*/
PROC ANOVA DATA=job;
     CLASS y;
     MODEL x=y;
RUN;

/*비모수적인 분산분석법*/
PROC NPAR1WAY DATA=job WILCOXON;
     CLASS y;
     VAR x;
RUN;
```

② 통상적인 분산분석표

```
                    Analysis of Variance Procedure

Dependent Variable: Y

Source              DF  Sum of Squares  Mean Square   F Value    Pr > F
Model                3    1028.60361811  342.86787270   30.71
Error               30     334.92579365   11.16419312
Corrected Total     33    1363.52941176


            R-Square              C.V.      Root MSE              Y Mean
            0.754368          3.801999    3.34128615          87.88235294

Source              DF        Anova SS  Mean Square   F Value    Pr > F
X                    3    1028.60361811  342.86787270   30.71    (0.0001)
```

③ Kruskal-Wallis결과

```
                    N P A R 1 W A Y P R O C E D U R E

             Wilcoxon Scores (Rank Sums) for Variable Y
                    Classified by Variable X

                   Sum of      Expected      Std Dev           Mean
X        N         Scores      Under H0      Under H0         Score
1        9       196.500000    157.500000    25.5350498    21.8333333
2       10       153.000000    175.000000    26.3724861    15.3000000
3        7       207.000000    122.500000    23.4032597    29.5714286
4        8        38.500000    140.000000    24.5514484     4.8125000
              Average Scores Were Used for Ties

         Kruskal-Wallis Test (Chi-Square Approximation)
          CHISQ = 25.629    DF = 3    Prob > CHISQ = (0.0001)
```

SPSS의 Kruskal-Wallis 검증법에 대한 실습

SPSS [절차7-9-1]

1인자 분산분석을 하는 것과 마찬가지로 자료를 입력하고, **분석→비모수 검증→독립 K-표본** 메뉴를 선택한다.

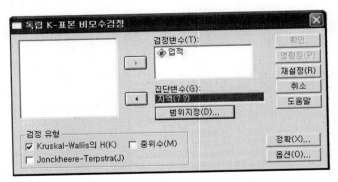

SPSS [절차7-9-2]

독립 K-표본 비모수검증 창에서 업적을 **검증변수**로 하고 **집단변수**에 지역을 옮긴다. **검증유형**은 Kruskal-Wallis의 H(K)로 한다. 그리고 **지역(??)**에 대한 **범위지정**을 누른다.

SPSS [절차7-9-3]

네 개 지역의 자료이므로 **범위지정** 창에서 **최소값** 1, **최대값** 4를 입력한다. **계속**을 누른다.

독립 K-표본 비모수검정: 범위지정

집단변수의 범위	
최소값(I): 1	계속
최대값(A): 4	취소
	도움말

SPSS [절차7-9-4]

독립 K-표본 비모수검증 창으로 돌아와 **확인**을 하면 출력결과를 얻게 된다.

순위

	지역	N	평균순위
업적	1.00	9	21.83
	2.00	10	15.30
	3.00	7	29.57
	4.00	8	4.81
	합계	34	

검정 통계량[a,b]

	업적
카이제곱	25.629
자유도	3
근사 유의확률	.000

a. Kruskal Wallis 검정
b. 집단변수: 지역

예 7-10

어느 증권회사에서는 네 가지 형태의 금융상품에 대한 소비자 반응을 알아보기 위하여 24명의 소비자들을 선택하였다. 한 명의 수요자가 하나의 금융상품에 대해 1(아주 나쁨)에서 7(아주 좋음)까지의 점수를 메기게 하여 정리한 표는 아래와 같다. 다시 말하면, 1부터 7까지의 숫자는 선호의 순서를 메긴 순위점수라고 보아야 할 것이다.

[금융상품에 대한 평가]

금융상품	소비자 평가점수						
A	1	4	5	7	2	3	4
B	4	6	3	7	6		
C	4	2	3	2	3	2	1
D	4	3	1	1	5		

이와 같은 자료로써 네 가지 형태의 금융상품에 대한 소비자 선호의 차이를 검증하는 데는 Kruskal-Wallis검증법을 사용하는 것이 좋다. 왜냐하면 1에서 7까지의 한정된 정수로써 측정된 관찰치들이 각 처리(금융상품)에서 동일한 분산값을 갖는 정규분포를 한다고 가정하기에는 무리가 따르기 때문이다.

또, 표본의 수도 적기 때문에 통상적인 분산분석은 부적절한 결과를 제공해 줄 수 있기 때문이다. 아래의 두 가지 결과를 보면 비모수적 방법은 p-value가 0.0773이고, 통상적인 1-인자 분산분석은 p-value=0.046으로서 그 검증결과도 매우 달라질 수 있다.

① Kruskal-Wallis결과

```
        N P A R 1 W A Y P R O C E D U R E

    Wilcoxon Scores (Rank Sums) for Variable Y
              Classified by Variable X

                Sum of      Expected      Std Dev       Mean
    X    N      Scores      Under H0      Under H0      Score
    1    7    95.0000000   87.5000000   15.5282293   13.5714286
    2    5    93.5000000   62.5000000   13.8742737   18.7000000
    3    7    60.0000000   87.5000000   15.5282293   8.5714286
    4    5    51.5000000   62.5000000   13.8742737   10.3000000
              Average Scores Were Used for Ties


      Kruskal-Wallis Test (Chi-Square Approximation)
      CHISQ = 6.8367    DF = 3    Prob > CHISQ = 0.0773
```

② 통상적인 분산분석표

Analysis of Variance Procedure

Dependent Variable: Y

Source	DF	Sum of Squares	Mean Square	F Value	Pr > F
Model	3	25.21547619	8.40515873	3.19	0.0460
Error	20	52.74285714	2.63714286		
Corrected Total	23	77.95833333			

R−Square	C.V.	Root MSE	Y Mean
0.323448	46.95696	1.62392822	3.45833333

Source	DF	Anova SS	Mean Square	F Value	Pr > F
X	3	25.21547619	8.40515873	3.19	0.0460

SPSS [절차7-10-1]

자료를 입력하고, **분석→비모수검증→독립 K-표본** 메뉴를 선택한다.

파일(F)	편집(E)	보기(V)	데이터(D)	변환(T)	분석(A)	그래프(G)	유틸리티(U)	창(W)	도움

9 :

	금융상품	평가점수	변수		변수
1	1.00	1.00			
2	1.00	4.00			
3	1.00	5.00			
4	1.00	7.00			
5	1.00	2.00			
6	1.00	3.00			
7	1.00	4.00			
8	2.00	4.00			
9	2.00	6.00			
10	2.00	3.00			
11	2.00	7.00			
12	2.00	6.00			
13	3.00	4.00			
14	3.00	2.00			
15	3.00	3.00			
16	3.00	2.00			
17	3.00	3.00			

분석(A) 메뉴: 보고서(P), 기술통계량(E), 표(T), 평균 비교(M), 일반선형모형(G), 혼합 모형(X), 상관분석(C), 회귀분석(R), 로그선형분석(O), 분류분석(Y), 데이터 축소(D), 척도화분석(A), 비모수 검정(N), 시계열 분석(I), 생존분석(S), 다중응답(U), 결측값 분석(V)...

비모수 검정(N) 하위메뉴: 카이제곱(C)..., 이항(B)..., 런(R)..., 일표본 K-S(1)..., 독립 2-표본(2)..., **독립 K-표본(K)**..., 대응 2-표본(L)..., 대응 K-표본(S)...

SPSS [절차7-10-2]

평가점수를 **검증변수**로 보내고 금융상품은 **집단변수**로 보낸 후, 집단변수에 대한 **범위지정** 옵션을 택하여 **최소값**에 1, **최대값**에 4를 입력한 다음 **계속**을 눌러 **독립 K-표본 비모수검증** 창으로 돌아온다. 그리고 **확인**을 한다.

독립 K-표본 비모수검정

검정변수(T):
- ◈ 평가점수

집단변수(G):
- 금융상품(1 4)

범위지정(D)...

검정 유형
- ☑ Kruskal-Wallis의 H(K)   ☐ 중위수(M)
- ☐ Jonckheere-Terpstra(J)

확인 / 명령문(P) / 재설정(R) / 취소 / 도움말 / 정확(X)... / 옵션(O)...

SPSS [절차7-10-3]
SPSS 출력결과를 얻게 되는데, SAS의 결과와 같다.

순위

	금융상품	N	평균순위
평가점수	A	7	13.57
	B	5	18.70
	C	7	8.57
	D	5	10.30
	합계	24	

검정 통계량[a,b]

	평가점수
카이제곱	6.837
자유도	3
근사 유의확률	.077

a. Kruskal Wallis 검정
b. 집단변수: 금융상품

Kruskal-Wallis검증법은 또한 특수하게 분류된 자료(categorized data)에 대해서 아주 긴요하게 사용된다. 즉, 다음의 분할표(contingency table)와 같이 k개의 모집단들에 대해 각각 c개의 등급으로 나누어 돗수를 조사할 경우 Kruskal-Wallis검증법을 사용하는 것이 바람직 하다.

[표 7-11]은 통상적인 분할표와 구조가 같으나 순위가 있는 등급으로 각 행(row)이 구성되어 있는 것이 특징이며, 따라서 첫 번째 행의 관찰치들은(총돗수 t_1) 똑같은 순위가 부여되고 두 번째 행의 관찰치들보다

[표 7-11] 순위분류의 분할표에 대한 Kruskal–Wallis 검증법

등급	모집단 1	모집단 2	$\cdots$	모집단 k	행의 돗수합	행의 평균순위 $(\bar{R}_i)$
1	n_{11}	n_{12}	$\cdots$	n_{1k}	$t_1 = \sum\limits_{j=1}^{k} n_{1j}$	$\dfrac{t_1+1}{2}$
2	n_{21}	n_{22}	$\cdots$	n_{2k}	$t_2 = \sum\limits_{j=1}^{k} n_{2j}$	$t_1 + \dfrac{t_2+1}{2}$
3	n_{31}	n_{32}	$\cdots$	n_{3k}	$t_3 = \sum\limits_{j=1}^{k} n_{3j}$	$t_1 + t_2 + \dfrac{t_3+1}{2}$
$\vdots$	$\vdots$	$\vdots$		$\vdots$		
c	n_{c1}	n_{c2}	$\cdots$	n_{ck}	$t_c = \sum\limits_{j=1}^{k} n_{cj}$	$\sum\limits_{t=1}^{c-1} t_i + \dfrac{t_c+1}{2}$
	$n_1 = \sum\limits_{i=1}^{c} n_{i1}$	$n_2 = \sum\limits_{i=1}^{c} n_{i2}$		$n_k = \sum\limits_{i=1}^{c} n_{ik}$	$n = \sum\limits_{j=1}^{k} n_j$	

는 낮은 순위를 갖는 것으로 간주된다.

그러므로 비교하고자 하는 모집단 k개 각각에서 얻은 표본들의 순위 합은

$$R_j = \sum_{i=1}^{c} n_{ij} \bar{R}_i \tag{7-39}$$

으로 계산하고, 식 (7-37)의 분산은

$$S^2 = \frac{\sum\limits_{i=1}^{c} t_i \bar{R}_i^2 - \dfrac{n(n+1)^2}{4}}{(n-1)} \tag{7-40}$$

이 된다. 식 (7-39)와 식 (7-40)에서 얻어진 것을 이용하여 식 (7-38)의 검증통계량을 다시 정의하면,

$$H = \frac{\sum_{j=1}^{k} \frac{R_j^2}{n_i} - \frac{n(n+1)^2}{4}}{S^2} \qquad (7\text{-}41)$$

이 되며, 이 검증통계량은 근사적으로 자유도 $(k\text{-}1)$의 카이제곱분포를 한다.

예 7–11

어느 대학의 통계학 과목은 1, 2, 3 세 반으로 분반되어 있고 서로 다른 교수가 담당하고 있다. 이 교수들 중 어느 교수(들)는 다른 교수(들)보다 학점을 더 잘 주고 있는가를 검증해 보고자 다음과 같은 자료를 얻었다.

[세 교수에 대한 학점 분할표]

학점	교수 A	교수 B	교수 C	행의 돗수합	평균순위($\overline{R_i}$)
A	4	10	6	20	10.5
B	14	6	7	27	34
C	17	9	8	34	64.5
D	6	7	6	19	91
F	2	6	1	9	105
학생수	43	38	28	109	

이 자료에 Kruskal-Wallis검증법을 적용시키기 위해, 식 (7- 39)의 열(column) 순위합을 구하면 $R_1=2370.5$, $R_2=2156.5$, $R_3=1468$이고, 식 (7-40)의 분산은 $S^2=941.71$이어서 검증통계량의 값은 $H=.321$이다.

[부록 4]의 자유도 2의 카이제곱 임계치(유의수준 5%)는 5.991이므로 귀무가설을 기각할 수 없다. 즉, 어느 교수도 다른 교수보다 높은 (또는 낮은) 학점을 준다는 근거를 찾을 수 없다.

7.9 공분산분석*

공분산분석

공분산분석(ANalysis Of COVAriance : ANOCOVA)이란 분산분석과 회귀분석을 혼합한 형태의 분석으로서, 분산분석에서와 같이 독립적인 k개 모집단 평균(처리효과)들 간에 차이가 있는가를 검증하고자 하는 경우에 사용되나, 자료(Y)가 다른 어떤 변수와 함수관계(1차식의 관계만 다룸)에 있다고 믿어질 때 매우 유용한 분석수단이다.

간단한 예로써, 살빼는 약 A, B, C의 효과 간에 차이가 있는가를 알아보고자 할 경우, 약을 복용함으로써 빠진 몸무게는 실험대상자의 원래 몸무게와 함수관계에 있을 것이기 때문에 똑같은 몸무게의 사람들을 실험대상으로 하지 않는 한, 실험초기의 몸무게를 분석에 포함시켜야만 A, B, C 효과 간의 진정한 차에 대해 의사결정을 할 수 있을 것이다.

공변수

이와 같이 관찰치(줄어든 무게)와 함수관계에 있는 변수(실험 전의 몸무게)를 **공변수**(covariate)라 부르는데, 공변수에 의해 생기는(관찰치에의) 영향을 제거하여 순수한 처리효과(살 빼는 약 A, B, C) 간의 차이를 검증해야 할 것이다.

보다 구체적인 예로써, 어느 화장품 회사에서는 대리점을 통해 화장품을 판매하는데, 화장품 판매는 대리점 지역의 생활수준에 따라 차이가 있는가를 알아보고자 한다. 말하자면, 생활수준이 높은 지역에서 더 많은 매출을 올리고 있는가를 검증하고자 한다. 그러므로 판매지역을 상, 중, 하의 생활수준으로 분류하고 세 지역에서 각각 8개의 대리점을 대상으로 2주간 총매출액을 조사하였다. 그런데 매출액은 대리점의 크기(평)에 직접적으로 영향을 받을 것이므로 조사대상 대리점의 크기도 함께 조사하여 얻은 결과는 다음 [표 7-12]와 같다.

먼저, [표 7-12]의 자료를 얻게 된 모집단 모형을 하나의 인자(생활수준; 상, 중, 하)와 하나의 공변수(점포의 크기)를 포함하여 다음과 같이

[표 7-12] 공분산분석의 예

상		중		하	
y(원)	x(평)	y(원)	x(평)	y(원)	x(평)
1,665,000	13.2	1,465,000	13.2	1,060,000	8.4
2,750,000	20.5	1,285,000	10.8	1,075,000	9.1
1,645,000	12.9	1,790,000	16.9	755,000	8.2
3,300,000	22.1	2,197,000	17.4	880,000	6.7
3,021,000	20.0	1,390,000	10.4	830,000	7.0
2,290,000	19.6	1,310,000	14.0	529,000	7.2
2,018,000	18.4	1,975,000	15.6	701,000	7.1
3,330,000	25.4	1,160,000	9.8	900,000	8.0

설정할 수 있다. 즉,

$$Y_{ij} = \mu + \alpha_i + \beta x_{ij} + \varepsilon_{ij}, \quad i = 1, \cdots, k \quad j = 1, \cdots, n \qquad (7\text{-}42)$$

이다. 여기서, β는 공변수 X가 관찰치(Y)에 미치는 영향(관계)을 나타내는 (회귀)계수로서 미지의 값(이러한 값을 파라미터(parameter)라 함)이다. 이 모형은 완전랜덤화설계(1인자 분산분석)에 대한 모집단 모형에 βx_{ij}항이 추가되어 있을 뿐이므로 완전랜덤화설계에 대한 **공분산분석모형**으로 부른다. 그리고 모형에서 볼 수 있는 바와 같이 관찰치들의 변화(변동) 중 X에 의한 것을 제외한 후, 처리들 간의 순수한 차이를 검증하고자 하는 것이 공분산분석의 목적이다. 이제, 위의 자료에 대한 통상적인 분산분석 결과를 살펴보자. 먼저 대리점들의 매출액(Y)들을 생활수준에 따라 1인자 분산분석한 결과는 [표 7-13]에 나와 있다. 분산분석표에서 p-value $=0.0001$이므로 생활수준에 따라 대리점의 판매액이 차이가 난다는 가설이 강하게 주장될 수 있다(잔차분석을 통하여 적절한 자료변환이 필요한가를 살펴볼 여지가 있다).

그러면, 이 자료에 대해 공분산분석을 수행하면 어떤 결과를 얻게 되는가? 대리점의 매출액(Y)은 직접적으로 점포의 크기(X)의 영향을 받게 된다는 것은 누구나가 생각해 볼 수 있는 문제이다. 그러므로 점포크

공분산분석모형

[표 7-13] 통상적인 1인자 분산분석결과

Analysis of Variance Procedure

Dependent Variable: Y

Source	DF	Sum of Squares	Mean Square	F Value	Pr > F
Model	2	11092222750000.000	5546111375000.000	25.50	0.0001
Error	21	4567523250000.000	217501107142.857		
Corrected Total	23	15659746000000.000			

R-Square	C.V.	Root MSE	Y Mean
0.708327	28.47193	466370.13963467	1638000.0000000

Source	DF	Anova SS	Mean Square	F Value	Pr > F
X1	2	11092222750000.000	5546111375000.000	25.50	0.0001

기를 공변수로 하여 공분산분석을 수행할 경우 프로그램과 그 결과는 [표 7-14]와 같다.

　　[표 7-14]에서는 아래쪽의 Type III SS를 주목해야 한다. Type III SS란 부분제곱합(partial sum of squares)이라는 개념인데(뒤의 회귀분석에서 다루어짐), X_1(생활수준)에 대한 Type III SS이란 매출액을 설명하는데 있어 공변수(점포크기)를 사용하고, 지역(생활수준 상, 중, 하)을 추가할 때 얻어지는 회귀제곱합의 추가분으로서 공분산분석에서의 서로 다른 생활수준들 간에 차이가 있는가를 판단할 수 있는 값이다. 즉, Type III SS = 94624697818을 자유도(DF) 2로 나눈 평균제곱합(Mean Square)를 다시 잔차(Error)의 평균제곱합인 47704076412로 나눈 값이 $F = 0.99$이고 이 값은 자유도 (2, 20)의 F-분포하에서 p-value를 0.3884로 갖는다는 의미이다(제 8 장 제11절 참고). 그러므로 점포크기가 매출액에 미치는 영향을 제외한 상태에서 생활수준이 다르다고 화장품 매출에 차이가 있는 것은 아니다라는 결과를 얻을 수 있다.

　　다음으로, [표 7-15]는 공분산분석결과 얻어지는 파라미터의 추정치들을 보여주고 있다.

[표 7-14]   SAS 프로그램과 공분산분석 출력결과

```
DATA ancova;
    INPUT y x1 $ x2 @@;
    CARDS;
    1665000 A 13.2 1456000 B 13.2 1060000 C 8.4
    2750000 A 20.5 1285000 B 10.8 1075000 C 9.1
    1645000 A 12.9 1790000 B 16.9  755000 C 8.2
    3300000 A 22.1 2197000 B 17.4  880000 C 6.7
    3021000 A 20.0 1390000 B 10.4  830000 C 7.0
    2290000 A 19.6 1310000 B 14.0  529000 C 7.2
    2018000 A 18.4 1975000 B 15.6  701000 C 7.1
    3330000 A 25.4 1160000 B  9.8  900000 C 8.0
RUN;
PROC GLM DATA=ancova;
       CLASS x1;
       MODEL y = x1 x2;
       LSMEANS x1/STDERR PDIFF;
RUN;
```

General Linear Models Procedure

Dependent Variable: Y

Source	DF	Sum of Squares	Mean Square	F Value	Pr > F
Model	3	14705664471744.600	4901888157248.220	102.76	0.0001
Error	20	954081528255.317	47704076412.766		
Corrected Total	23	15659746000000.000			

	R-Square	C.V.	Root MSE	Y Mean
	0.939074	13.33410	218412.62878498	1638000.0000000

Source	DF	Type I SS	Mean Square	F Value	Pr > F
X1	2	11092222749999.900	5546111375000.000	116.26	0.0001
X2	1	3613441721744.680	3613441721744.680	75.75	0.0001

Source	DF	Type III SS	Mean Square	F Value	Pr > F
X1	2	94624697818.3593	47312348909.1797	0.99	0.3884
X2	1	3613441721744.6800	3613441721744.6800	75.75	0.0001

[표 7-15] 공분산분석모형의 추정치

Parameter		Estimate	T for H0: Parameter=0	Pr > |T|	Std Error of Estimate
INTERCEPT		−215734.6728 B	−1.50	0.1495	143917.7661
X1	A	112479.7096 B	0.54	0.5960	208777.4400
	B	−65754.8836 B	−0.46	0.6492	142363.5850
	C	0.0000 B	.	.	.
X2		137048.2558	8.70	0.0001	15746.7427

공분산분석의 모형

$$Y_{ij} = \mu + \alpha_i + \beta x_{ij} + \varepsilon_{ij}$$

에서

$$\hat{\mu} = -215734, \ \hat{\alpha}_1 = 112479.7, \ \hat{\alpha}_2 = -65754.9, \ \hat{\alpha}_3 = 0.0, \ \hat{\beta} = 137048.3$$

이므로, 각 집단에 대해

(생활수준 상) : $y = -215734 + 112479.7 + 137048.3x$
(생활수준 중) : $y = -215734 - 65754.9 \ + 137048.3x$
(생활수준 하) : $y = -215734 \qquad\qquad + 137048.3x$

의 관계식을 얻을 수 있다. 그러나 $\hat{\alpha}_1, \hat{\alpha}_2$들의 p-value가 각각, 0.5960, 0.6492이므로 0으로 간주되어도 무방하다.

[표 7-16]은 공변수의 효과를 제거한 후 집단 간의 차에 대한 검증을 수행한 결과이다. [표 7-16]의 우측에

$$H_0 : LSMEAN(i) = LSMEAN(j)$$

는 점포크기가 매출액에 미치는 영향을 제외하고 i번째 집단과 j번째 집단 간의 차에 대한 검증의 결과로서, 예를 들면

H_0 : (생활수준 상)의 매출평균과 (생활수준 중)의 매출평균은 같다

[표 7-16]   집단간 비교 가설검증

General Linear Models Procedure
Least Squares Means

AREA	Y LSMEAN	Std Err LSMEAN	Pr > |T| H0:LSMEAN=0	i/j	T for H0: LSMEAN(i)=LSMEAN(j) / Pr > |T| 1	2	3
L	1733463.23	117186.61	0.0001	1	.	1.265885 0.2201	0.521802 0.6075
M	1557176.01	77140.74	0.0001	2	−1.26589 0.2201	.	−0.47275 0.6415
S	1624485.76	118429.07	0.0001	3	−0.5218 0.6075	0.472753 0.6415	.

라는 귀무가설에 대한 p-value는 0.2201이므로 두 지역의 매출규모 차이는 없다고 판단된다고 해석할 수 있다.

─────────────

이 자료에 대한 SPSS 공분산분석의 실습 절차는 다음과 같다.

SPSS [절차7-11-1]
자료를 입력하고, 분석→평균비교→일변량 메뉴를 선택한다.

📊 예7-11공분산.sav - SPSS 데이터 편집기						
파일(F) 편집(E) 보기(V) 데이터(D) 변환(T)	분석(A)	그래프(G) 유틸리티(U) 창(W) 도움				
		보고서(P) ▶				
		기술통계량(E) ▶				
12 :		표(T) ▶				
	생활수준	매출액	점포크기	평균 비교(M) ▶		변수
1	1.00	1665000	13.2	일반선형모형(G) ▶	일변량(U)...	
2	1.00	2750000	20.5	혼합 모형(X) ▶	다변량(M)...	
3	1.00	1645000	12.9	상관분석(C) ▶	반복측정(R)...	
4	1.00	3300000	22.1	회귀분석(R) ▶		
5	1.00	3021000	20.0	로그선형분석(O) ▶	분산성분 분석(V)...	
6	1.00	2290000	19.6	분류분석(Y) ▶		
7	1.00	2018000	18.4	데이터 축소(D) ▶		
8	1.00	3330000	25.4	척도화분석(A) ▶		
9	2.00	1465000	13.2	비모수 검정(N) ▶		
10	2.00	1285000	10.8	시계열 분석(I) ▶		
11	2.00	1790000	16.9	생존분석(S) ▶		
12	2.00	2197000	17.4	다중응답(U) ▶		
13	2.00	1390000	10.4	결측값 분석(V)...		

SPSS [절차7-11-2]

　일변량 창에서 매출액을 종속변수에 모수요인에는 생활수준을 위치시키고 점포크기를 공변량으로 둔다. 그리고 옵션을 선택한다.

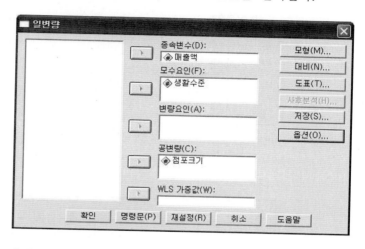

SPSS [절차7-11-3]

　일변량: 옵션 창에서는 출력에서 모수 추정값을 클릭한 후, 계속을 누른다.

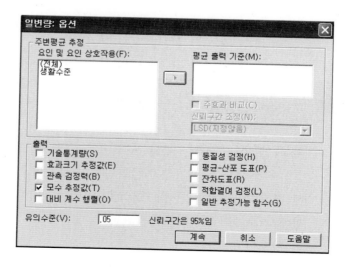

SPSS [절차7-11-4]

일변량 창으로 돌아오면 확인을 하고, 출력결과를 얻는다.

개체-간 효과 검정

종속변수: 매출액

소스	제 III 유형 제곱합	자유도	평균제곱	F	유의확률
수정 모형	1,470E+13ª	3	4,901E+12	102,874	,000
절편	4,078E+10	1	4,078E+10	,856	,366
점포크기	3,613E+12	1	3,613E+12	75,828	,000
생활수준	9,319E+10	2	4,660E+10	,978	,393
오차	9,529E+11	20	4,764E+10		
합계	8,008E+13	24			
수정 합계	1,566E+13	23			

a. R 제곱 = ,939 (수정된 R 제곱 = ,930)

모수 추정값

종속변수: 매출액

모수	B	표준오차	t	유의확률	95% 신뢰구간 하한값	95% 신뢰구간 상한값
절편	-215621,9	143825,947	-1,499	,149	-515637,6	84393,744
점포크기	137033,637	15736,696	8,708	,000	104207,464	169859,810
[생활수준=1,00]	112644,905	208644,240	,540	,595	-322579,4	547869,163
[생활수준=2,00]	-64545,093	142272,757	-,454	,655	-361320,9	232230,677
[생활수준=3,00]	0ª	,	,	,	,	,

a. 이 모수는 중복되었으므로 0으로 설정됩니다.

7.10 두 집단 분산간의 차에 대한 가설검증*

여기서 제 5 장 가설검증에 다루지 못했던 두 개 모집단의 분산들 차에 대한 검증을 설명한다. 왜냐하면, 이를 설명하기 위해서는 이 장 제 1절에서 소개된 F-분포가 필요하기 때문이다.

두 개의 모집단은 각각 σ_1^2과 σ_2^2의 분산을 갖는다고 하고, 두 집단

의 분산이 같은가를 가설검증한다면, 가설은

$$H_0 : \sigma_1^2 = \sigma_2^2 \quad \text{v.s.} \quad H_1 : \sigma_1^2 \neq \sigma_2^2 \qquad (7\text{-}43)$$

이다. 이러한 가설을 검증하기 위해서는 두 모집단 각각으로부터 표본을 구하고, 그 표본들로부터 (표본)분산을 구하여 비교할 수밖에는 없을 것이다. 즉,

$$[\text{모집단 1}] \Rightarrow \{X_1, X_2, \cdots, X_{n_1}\} \Rightarrow S_1^2$$

$$[\text{모집단 2}] \Rightarrow \{Y_1, Y_2, \cdots, Y_{n_2}\} \Rightarrow S_2^2 \qquad (7\text{-}44)$$

가 얻어진다. 이제, 식 (7-43)의 가설을

$$H_0 : \frac{\sigma_1^2}{\sigma_2^2} = 1 \quad \text{v.s.} \quad H_1 : \frac{\sigma_1^2}{\sigma_2^2} \neq 1 \qquad (7\text{-}45)$$

로 바꾸어 놓으면, 검증통계량은

$$\frac{S_1^2}{S_2^2} \qquad (7\text{-}46)$$

이 된다. 여기서, 제 3 장 제 5 절에서 다룬 표본분산의 분포와 제 7 장 제 1 절의 F-분포 정의로부터

$$F = \frac{\dfrac{(n_1-1)S_1^2}{\sigma_1^2} \Big/ (n_1-1)}{\dfrac{(n_2-1)S_2^2}{\sigma_2^2} \Big/ (n_2-1)} = \frac{S_1^2/\sigma_1^2}{S_2^2/\sigma_2^2} = \frac{S_1^2}{S_2^2}\left(\frac{\sigma_2^2}{\sigma_1^2}\right)$$

이다.

여기서, 위의 F는 $F(n_1-1, n_2-1)$ 분포를 하므로 식 (7-46)의 검증통계량 S_1^2/S_2^2는 H_0가 맞는다고 전제할 때 자유도 (n_1-1, n_2-1)의 F-분포함을 알 수 있다.

그러므로 (S_1^2/S_2^2)값이 1을 기준으로 아주 크거나 아주 작을 때 귀

무가설(H_0)을 기각하게 되고 그 임계치(critical value)는 [부록 3] F-분포 표에서 찾을 수 있다.

[F-분포표]는 분자의 자유도(df_1)와 분모의 자유도(df_2)에 대하여 오른쪽 꼬리부분의 면적(α)이 0.25, 0.10, 0.05, 0.025, 0.01이 될 때의 F값들을 보여주고 있다. 여기서,

$$F(df_1, df_2; 1-\alpha) = \frac{1}{F(df_2, df_1; \alpha)} \tag{7-47}$$

라는 F-분포의 성질을 이용하여, 오른쪽(꼬리) 부분의 면적이 0.75, 0.90, 0.95, 0.975, 0.99인 F값들도 찾을 수 있다. 예를 들면, $F_{6, 4, 0.025} = 9.20$이므로, $F_{4, 6, 0.975} = 1/9.20 = 0.1087$이고, $F_{6, 4, 0.975}$를 구하기 위해서는 $F_{4, 6, 0.025} = 6.23$을 이용하여, $F_{6, 4, 0.975} = 1/6.23 = 0.16$이 될 것이다.

만일 검증하고자 하는 가설이 양측검증이 아니고 단측검증일 경우, 즉

$$H_1 : \sigma_1^2 > \sigma_2^2 \Leftrightarrow \frac{\sigma_1^2}{\sigma_2^2} > 1$$

그림 7-7	F-분포에서의 값	

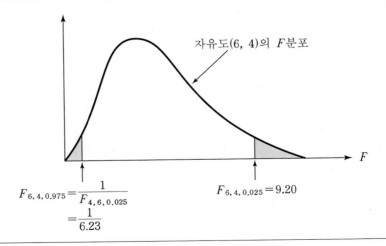

$$H_1 : \sigma_1^{\,2} < \sigma_2^{\,2} \iff \frac{\sigma_1^{\,2}}{\sigma_2^{\,2}} < 1$$

에 대해서는 H_0의 기각역이 각각

$$\frac{S_1^{\,2}}{S_2^{\,2}} > F(df_1, df_2, \alpha)$$

$$\frac{S_1^{\,2}}{S_2^{\,2}} < F(df_1, df_2, 1-\alpha)$$

가 됨은 명백하다.

예 7-12

서로 다른 두 집단에서 표본의 크기를 각각 7, 5로 하여 표본을 얻고, 여기서 얻어진 표본분산이 각각 $s_1^{\,2}=10.5$, $s_2^{\,2}=5.8$이라고 하자.

(1) $H_0 : \sigma_1^{\,2} = \sigma_2^{\,2}$ v.s. $H_1 : \sigma_1^{\,2} \neq \sigma_2^{\,2}$

을 가설검증하려면 $(\alpha = 0.05)$,

$$F = \frac{s_1^{\,2}}{s_2^{\,2}} = 1.81$$

이고 $F_{6, 4, .025} = 9.20$, $F_{6, 4, .975} = 0.16$이므로 H_0를 기각할 수 없다.

(2) $H_0 : \sigma_1^{\,2} = \sigma_2^{\,2}$ v.s. $H_1 : \sigma_1^{\,2} > \sigma_2^{\,2}$

을 가설검증할 경우라면,

$$F = \frac{s_1^{\,2}}{s_2^{\,2}} = 1.81$$

이고 $F_{6, 4, .05} = 6.16$이므로 역시 H_0를 기각할 수 없다.

7.11 등분산 가정에 대한 가설검증*

    분산분석을 수행하기 위해서는 비교하고자 하는 모집단들 간의 분산이 같다는 가정이 필요하다고 하였다. 서로 독립인 두 집단 간의 차에 대한 가설검증(제 5 장 제 7 절)에서도 두 집단들의 분산이 같은가를 알아보는(검증) 과정이 있었으므로 비교하고자 하는 k개 집단들의 분산이 같은가를 두 집단씩 짝을 지어 알아볼 수도 있을 것이다. 하지만 여기서는 k개 집단들의 분산들이 모두 같은가를 가설검증하는 방법을 소개한다. 그러나 그 이론적 배경과 계산이 복잡하므로 통계패키지에 의존하여 가설검증을 할 수밖에 없음을 이해하기 바란다.

등분산가설   분산분석을 하고자 하는 집단들에 대한 등분산(equal variance)가설은

$$H_0 : \sigma_1^2 = \sigma_2^2 = \cdots = \sigma_k^2$$
$$H_1 : \sim H_0 (H_0 \text{가 아님})$$

이다. 그리고 하트레이(Hartley)가 제시한 검증통계량은

$$F = \frac{\max\{S_1^2, \cdots, S_k^2\}}{\min\{S_1^2, \cdots, S_k^2\}} = \frac{S_{\max}^2}{S_{\min}^2} \sim F_{(k, \, n-1)}$$

이고, 자유도 $(k, n-1)$의 F-검증을 하게 된다는 것이다.

Hartley검증법   이 Hartley검증법은 많이 사용되지는 않는데, 그 이유는 정규분포하는 자료가 아니면 적합하지 않고, 원칙적으로 각 집단에서 얻어진 표본크기도 같아야(적어도 비슷) 되기 때문이다. 그러므로 여기서는 다음의 예에

Bartlett방법   나와 있는 SAS에 의한 Bartlett방법을 소개하기로 한다.

예 7-13

앞의 [예 7-8]에 나와 있는 고통해소시간 자료에 대해 세 집단의 등분산

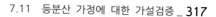

가설검증을 해 보기로 하자. 여기서는 SAS를 이용하여 그 결과를 얻는데, PROC ANOVA에서 HOVTEST (homogeneous variances test)=BARTLETT를 옵션(option)으로 사용하게 된다.

① 원자료에 대한 SAS 프로그램과 출력결과를 보면,

$$H_0 : \sigma_A^2 = \sigma_B^2 = \sigma_C^2$$

에 대한 p-value가 0.0001로 아주 작으므로 등분산가정이 성립하지 않음을 알 수 있다.

① 원자료에 대한 SAS 프로그램과 출력결과

```
data a;
input x $ y @@;
cards;
a  4.2 a  2.3 a  6.6 a  6.1 a 10.2 a 11.7 a  7.0 a  3.6
b  4.1 b 10.7 b 14.3 b 10.4 b 15.3 b 11.5 b 19.8 b 12.6
c 38.7 c 26.3 c  5.4 c 10.3 c 16.9 c 43.1 c 48.6 c 29.5
run;

proc anova data=a;
class X;
model Y=X;
means X / HOVTEST=BARTLETT;
run;
```

Bartlett's Test for Homogeneity of y Variance

Source	DF	Chi-Square	Pr>ChiSq
X	2	17.8126	0.0001

Level of X	N	Mean	Stu Dev
a	8	6.4625000	3.2177798
b	8	12.3375000	4.5257793
c	8	27.3500000	15.6564911

이제, 자료를 변환시켜($\log_e y$) 얻어진 자료를 입력하여 등분산 가설 검증을 수행한 결과는 ② 변환된 자료에 대한 출력결과에 나와 있는데, p-value는 0.4028로 H_0를 기각할 수 없다.

② 변환된 자료에 대한 출력결과

```
data b;
input x $ y @@;
cards;
a 1.435  a  .833 a 1.887 a 1.808 a 2.322 a 2.460 a 1.946 a 1.281
b 1.411 b 2.370 b 2.660 b 2.342 b 2.728 b 2.442 b 2.986 b 2.534
c 3.656 c 3.270 c 1.686 c 2.332 c 2.827  c 3.764 c 3.884 c 3.384
run;

proc anova data=b;
class X;
model Y=X;
means X / HOVTEST=BARTLETT;
run;
```

Bartlett's Test for Homogeneity of y Variance

Source	DF	Chi-Square	Pr>ChiSq
X	2	1.8188	0.4028

Level of X	N	------------- y ------------- Mean	Stu Dev
a	8	1.74650000	0.54140162
b	8	2.43412500	0.46466099
c	8	3.10037500	0.76885740

앞의 [예 7-8] SPSS 출력결과에서 이미 본 바와 같다. 여기서, SAS와 SPSS 출력결과의 값들에 약간의 차이가 나는 것은 SAS에서는 Bartlett 검증 방법을 사용하였고 SPSS는 항상(디폴트) Levene 검증방법을 사용하여 등분산 검증을 하기 때문이다.

분산의 동질성에 대한 검정

자연대수

Levene 통계량	자유도1	자유도2	유의확률
1.691	2	21	.208

분산분석

자연대수

	제곱합	자유도	평균제곱	F	유의확률
집단-간	7.332	2	3.666	10.001	.001
집단-내	7.698	21	.367		
합계	15.030	23			

제7장 │ 연·습·문·제

1. 주간 잡지의 세일즈맨들을 훈련시키기 위한 네 가지 훈련방법이 있다. 새로 모집한 세일즈맨들을 네 그룹으로 나누어 서로 다른 방법으로 훈련시킨 후 판매지역을 무작위로 배정하여 판매에 나서도록 하였다. 그리고 한 달간의 판매실적을 조사하여 얻은 결과는 다음과 같다. 네 가지 훈련방법들의 효과 간에 차이가 있다고 인정되는가를 검증하라.

훈련방법			
1	2	3	4
65	75	59	94
87	69	78	89
73	83	67	80
79	81	62	80
81	72	83	
69	79	76	
	90		

2. 어느 공장의 제품은 A, B, C 세 개의 서로 다른 생산라인에서 제작된다고 한다. 세 개의 생산라인의 시간당 평균 제품수가 다른가를 알아보고자 각 생산라인에서 10개씩(10시간)의 자료를 얻었다. 이 자료로써 분산분석하라.

생산라인		
A	B	C
290	258	249
265	276	257
286	277	264
275	243	266
288	248	278
250	259	273
279	265	281
294	282	254
285	275	261
293	268	265

3. 어느 광고회사에서는 어린이들의 집중력을 가장 잘 끄는 TV 광고는 어떤 내용인가를 알아보고자 한다. 그러므로 장난감, 음식, 옷 세 가지의 1분짜리 광고를 만들고 15명의 어린이들을 선정하였다. 그리고 이들을 장난감광고, 음식광고, 옷광고에 다섯 명씩 배정하여 1분 중 집중시간을 관찰하여 다음과 같은 자료를 얻었다.

광고	집중시간(초)				
장난감	45	40	30	25	45
음식	50	25	55	45	50
옷	30	45	40	50	35

(a) 이 자료를 얻기 이전에 고려해야 할 점에 대해 지적하라(예를 들면, 광고내용이나 어린이 선정, 배정방법 등).

(b) 이 문제에 대한 모집단모형을 정의하고 분산분석하라.

4. 다음은 어느 개인의 퇴근소요시간을 요일별로 측정한 것이다. 퇴근소요시간이 요일에 따라 다른가를 검증하고자 한다. 단, 퇴근소요시간은 오후 6시에 직장을 출발한 날에만 측정되었다.

요일	퇴근소요시간(분)						
월	59	63	65	61	64	58	60
화	58	61	64	63	57	60	63
수	54	59	55	58	59	56	60
목	62	65	58	59	66	60	63
금	69	70	68	70	66	71	69

(a) 모집단모형과 귀무가설, 대립가설을 설정하라.

(b) 분산분석표를 작성하여 가설검증하라.

5. 어느 시의회에서는 교통정책의 수립을 위하여 도시의 다섯 지역을 택하여 하루의 교통량(오전 7시부터 오후 10시까지)을 측정하기로 하였다. 우선, 10일간의 조사기간 동안 얻은 결과는 다음과 같다.

지역	교통량									
1	344	382	353	395	207	312	407	421	366	222
2	412	441	607	531	486	508	337	419	499	387
3	237	390	365	355	217	268	117	273	288	351
4	518	501	577	642	489	475	532	540	535	490
5	367	445	480	323	366	325	316	381	407	339

(a) 모집단모형을 설정하고, 위 자료를 얻는 데 필요한 유의사항에 대해 검토하라.

(b) 귀무가설과 대립가설을 세우고 가설검증하라.

(c) 보다 자세하고 효과적인 교통량 분석을 위하여 논의하라.

6. 서로 다른 5가지의 단열재에 대한 열손실을 조사하고자 한다. 실내온도를 $68°F$ 로 하고 실외온도를 다섯 등급으로 하여 1시간 후의 실내온도변화분(F)을 측정한 결과는 다음과 같다.

실외온도	단열재				
	A	B	C	D	E
80	8.4	8.6	9.2	9.1	10.3
60	8.4	8.7	9.3	9.4	10.7
40	8.9	9.1	9.7	9.9	10.9
20	10.4	10.7	10.6	10.5	11.3
0	10.8	11.2	11.1	11.3	11.6

이 자료에 대한 분산분석을 행하라.

7. 망간과 구리성분의 콩수확량에 대한 영향을 실험하기 위하여 실험용 농지를 16개로 나누고 각각에 대해 서로 다른 망간과 구리의 등급을 사용한 결과 다음과 같은 콩수확량을 얻었다.

구리 \ 망간	20	50	80	110
1	1558	2003	2490	2830
3	1590	2020	2620	2860
5	1550	2010	2490	2750
7	1328	1760	2280	2630

(a) 이 자료를 분산분석방법으로 분석하고자 할 때 모집단모형을 설정하라.

(b) 분산분석표를 작성한 후 가설검증하라.

(c) 망간과 구리 두 성분의 교호작용에 대해 검증할 수 있는가? 이와 같은 자료에 대한 문제점을 지적하라.

8. 타자교습생들에게 세 가지 워드프로세서를 두 가지 교습방법으로 지도하여 워드 프로세서나 교습방법에 대한 효과를 알아보고자 한다. 워드 프로세서와 교습방법의 각 조합에 각각 2명씩 모두 12명에게 타자교육을 하고 시험을 치룬 결과는 다음과 같다.

워드 프로세서	교습방법	
	A	**B**
1	38, 42	28, 25
2	33, 37	13, 16
3	31, 29	4, 7

(a) 분산분석을 위한 모집단모형을 기술하라.

(b) 교습방법, 워드 프로세서, 그리고 이들의 교호작용에 대해 가설검증하라.

(c) 위 결과로써 어떠한 결론을 얻을 수 있는가?

9. A인자는 3가지 수준으로 B인자는 2가지 수준으로 나뉘어져 있는 2인자 분산분석 문제(각 처리에서 반복수는 4)를 위한 분산분석표는 아래와 같다. ( ) 안에 값을 채워 넣어라.

[분산분석표]

요인	제곱합	자유도	제곱평균	F
A	100	( )	( )	( )
B	( )	1	( )	( )
AB	( )	2	2.5	( )
잔차	( )	( )	2.0	
합계	700			

10. 전력의 가격은 수요가 많은 시간대와 적은 시간대로 나누어 차등화하는 것이 바람직하다고 한다. 시간대에 따른 가격차등화를 위하여 수요폭주시간대를 3가지(6시간,

9시간, 12시간)로 구분하고 폭주시간대와 비폭주시간대의 가격비율을 3가지(2:1, 4:1, 8:1)로 하여 이들의 조합(9가지)에 대한 만족도를 측정하기로 하였다. 즉, 수요자의 만족도를 10~40까지의 정수로 조사한 결과는 다음과 같다.

		가격차등					
		2 : 1		4 : 1		8 : 1	
수요 폭주 시간	6시간	25	28	31	29	24	28
		26	27	26	27	25	26
	9시간	26	27	25	24	33	28
		29	30	30	26	25	27
	12시간	22	20	33	27	30	31
		25	21	25	27	26	27

(a) 아홉 가지의 조합에 대한 만족도 평균을 구하여, 가격차등과 수요폭주시간의 교호작용 유무 여부를 그래프로 나타내라.

(b) 위 자료로써 가능한 가설검증은 무엇인가를 밝히고 검증결과를 설명하라.

11. 서로 다른 4가지 종류의 타자기는 타자수들의 타자속도에 차이가 있는가를 알아보고자 한다. 타자수 8명을 선발하여 각 타자수에 4가지의 타자기를 무작위(random)로 배분하고 이들이 10분간 타자한 단어수를 기록하였다.

타자기 \ 타자수	1	2	3	4	5	6	7	8
A	79	80	77	75	82	77	78	76
B	74	79	73	70	76	78	72	74
C	82	86	80	78	81	80	80	84
D	79	81	77	78	82	77	77	78

(a) 이와 같은 실험을 하기 위하여 확률화블록설계를 한 이유를 설명하라.

(b) 각 블록(타자수)에 타자기들을 무작위하게 배치하는 이유는 무엇인가?

(c) 분산분석을 행하라.

12. 지점을 두고 있는 3개 은행(A, B, C)은 일정금액 이상의 신규 당좌계좌에 포상을 하고 있다. 포상의 종류는 현금, 가전제품, 휘발유의 세 가지로 하고 있는데, 신규계좌 100개 중 6개월 이상 당좌계좌를 유지하고 있는 계좌의 수는 다음과 같다.

은행	포상의 종류			
	없음	현금	가전제품	휘발유
A	92	86	76	75
B	86	84	72	80
C	89	82	74	77

(a) 확률화블록설계로 처리하고자 하는 이유를 설명하라.

(b) 네 가지의 포상 종류에 따라 당좌계좌의 해약률에 차이가 있는가?

13. 다음은 수시고사(A), 중간고사(B), 기말고사(C) 세 가지 시험에 대한 4명 학생들의 성적이다.

학생 \ 고사	A	B	C
1	75	80	90
2	78	75	80
3	80	75	60
4	60	70	80

(a) 세 가지 시험들의 평균 간에 차이가 있는가를 가설검증하기 위한 모형을 설정하고 가설검증하라.

(b) 네 학생들의 평균 간에 차이가 있는가를 가설검증하라.

(c) 시험성적은 시험별·학생별로 차이가 있는가를 2인자 분산분석으로 해결하고자 한다. 이 경우 모형을 설정하고 가설검증하라.

(d) 분산분석을 하기 위한 전제조건(가정)은 무엇인가?

14. 본문의 식 (7-7)와 달리 모집단 모형이

$$y_{ij} = \mu + \alpha_i + \varepsilon_{ij}, \quad i = 1, \cdots, k \quad j = 1, \cdots, n_i$$

일 경우, $\hat{\sigma}^2_{between}$과 $\hat{\sigma}^2_{within}$을 구하라(힌트: 식 (7-13), 식 (7-14)).

제 8 장 회귀분석

일반적으로 회귀분석은 변수와 변수(들)간의 관계를 얻는 분석기법이라고 알려져 있다. 즉, 어떤 변수가 다른 변수(들)와 인과관계가 있을 경우, 결과에 해당하는 변수를 원인에 해당하는 변수(들)로써 표현하는 것이 회귀분석이다. 예컨대, 성인 남자의 키는 그의 아버지 키(그리고 어머니 키)의 영향을 받는다고 할 때 성인 남자의 키는 아버지 키(그리고 어머니 키)로부터 얼마큼 영향을 받는가를 찾아내는 분석기법이다.

STICS STATISTICS STATISTICS STATISTICS STATISTICS STATISTICS STATISTIC

통계학에서 취급하는 자료들은 일정한 값을 갖는 것이 아니고 서로 다른 값들을 갖기 마련이다. 따라서 이 자료들을 변수(Y)로 표현하게 됨은 앞에서 누누히 강조하였다. 회귀분석이란 서로 다른 값들을 갖는 이유를 몇 개의 다른 변수들로써 설명해 보고자 하는 통계기법이다. 다시 말하면, 분석하고자 하는 자료(Y)는

$$Y = (Y의 \ 평균) + 오차 \qquad (8\text{-}1)$$

로 구성되는데, (Y의 평균) $= E(Y)$를 다른 변수들, $(X_1, \cdots, X_p)$로써 설명하면 어떻게 되는가를 밝혀보고자 하는 것이 회귀분석의 일차적 목적이다. 즉, $E(Y)$가 $(X_1, \cdots, X_p)$와 관계가 있다면 그 관계를

$$E(Y) = \beta_0 + \beta_1 X_1 + \cdots + \beta_p X_p \qquad (8\text{-}2)$$

이라고 할 때, β값들을 알아내는(추정하는) 것이 회귀분석의 목적이다. 이 β값들을 알아내기 위하여 자료를 얻어야 하는데, 구해야 하는 β값들이 $(p+1)$개이므로 자료의 수(n)는 $(p+1)$개보다 많아야 할 것임은 물론이다. 따라서, 회귀분석을 하기 위해 얻어진 자료들을 [표 8-1]과 같이 정리해 볼 수 있다.

[표 8-1]에서 X가 갖고 있는 첫 번째 하첨자는 표본의 번호를, 두 번째 하첨자는 X의 번호를 나타내고 있다. 각 변수들에 대해 n개씩의 자료들을 얻었을 때, 식 (8-2)의 관계에 대한 β값들을 계산해(추정) 낼 수 있는 것이다. 여기서 주목해야 하는 점은 변수 $(X_1, \cdots, X_p)$는 측정하여 그 값들을 얻게 되는 것이지만, 회귀분석에서는 이 값들을 주어진 값들로

[표 8-1]   회귀분석을 위한 자료의 형태

Y	X_1	X_2	$\cdots$	X_p
y_1	x_{11}	x_{12}	$\cdots$	x_{1p}
y_2	x_{21}	x_{22}	$\cdots$	x_{2p}
$\vdots$	$\vdots$	$\vdots$		$\vdots$
y_n	x_{n1}	x_{n2}	$\cdots$	x_{np}

취급한다는 것이다. 다시 말하면, X들을 변수라고는 부르지만 어떤 분포를 한다고 하지는 않는다는 것이다. 이와 같은 전제하에서 식 (8-1)과 식 (8-2)를 다시 정리하면

$$Y = E(Y) + 오차$$
$$= \beta_0 + \beta_1 x_1 + \cdots + \beta_p x_p + \varepsilon \qquad (8\text{-}3)$$

이다. 여기서 Y를 **반응변수**(response variable)이라고 하고, $x_1, \cdots, x_p$들을 **설명변수**(explanatory variable)라고 부르며, **오차**(error)를 ε으로 표현하고 epsilon(입실론)이라고 읽는다. 오차가 확률변수로써 여러 가지 값을 가지므로, Y도 변수이고 여러 가지 값들을 갖게 된다는 것이다. 오차에 대한 가정은 분산분석에서와 같으며, 앞으로 더욱 자세히 설명될 것이다. 또, 설명변수가 하나일 경우를 단순선형회귀모형, 두 개 이상일 경우를 다중선형회귀모형이라고 한다.

반응변수
설명변수
오차

8.1 단순선형회귀모형

여기서는 설명변수가 하나인 경우, 즉 분석하고자 하는 자료 Y를 X라는 하나의 설명변수로 설명하고자 하는 경우를 생각해 보자.

예를 들면, 성인남자의 키(Y)는 사람마다 다른 값들을 갖는데 키(Y)는 성인남자들의 키 평균(μ)과 오차(ε)의 합으로 이루어진다고 보는 것이다. 그러면

$$Y = E(Y) + \varepsilon = \mu + \varepsilon \qquad (8\text{-}4)$$

으로 표현되고, 성인남자들의 키 평균(μ)을 아버지의 키(X)만으로 나타내고자 할 경우, 단순선형회귀모형은

$$Y = \beta_0 + \beta_1 x + \varepsilon \qquad (8\text{-}5)$$

가 된다. 여기서, 설명변수인 아버지의 키는 주어진 값으로 간주하여 소문자로 표현하고 있다. 앞에서 언급한 바와 같이 아버지의 키도 측정되는 값으로서 변수의 개념이지만, 주어진 값(상수)으로 전제하고 회귀분석을 하게 된다. 그리고, 오차(ε)는 평균이 0이고 분산 σ^2인 정규분포한다고 가정한다. 오차의 평균이 0이라는 것은 전혀 어색한 가정이 아니고 오차는 여러 가지 값으로 나타나기 때문에 분산(모르는 값)을 갖는다는 것 또한 당연하다.

단순회귀선형모형　　그러면 식 (8-5)의 **단순회귀선형모형**을 다시 한번 살펴보자. 식 (8-5)에서 ε의 평균이 0이므로 Y의 평균은 $(\beta_0 + \beta_1 x)$이다. 또 $(\beta_0 + \beta_1 x)$는 상수(constant : 주어진 값)이므로 Y의 분산은 σ^2이고, ε이 정규분포한다고 가정하므로 Y도 정규분포한다. 즉,

$$\text{(가정)} \quad \varepsilon \sim N(0,\ \sigma^2) \qquad (8\text{-}6)$$
$$\Rightarrow \text{(가정)} \quad Y \sim N(\beta_0 + \beta_1 x,\ \sigma^2)$$

이다. 그러므로 회귀분석할 자료(Y)는 정규분포하는 자료이어야 한다는 것이다. 그러나 회귀분석할 자료가 정규분포하는가의 여부에 크게 구애받을 필요는 없다. 자료의 수가 많거나, Y가 취하는 값들의 범위가 크다면 문제가 되지 않는다. 단, 뒤에서(잔차분석) 설명되겠지만, 오차(ε)에 대한 가정이 적합한가의 여부는 짚고 넘어가야 할 일이다.

8.1.1　최소자승법

그러면, 식 (8-5)의 파라미터 β_0, β_1을 구하기 위해(Y와 X의 직선관계를 얻기 위해) 자료를 얻어야 하는데 그 자료는 [표 8-2]와 같다.

[표 8-2]의 자료는 Y에 대한 n개의 관찰된(측정된) 값들로서 Y에 대한 표본, $\{y_1, y_2, \cdots, y_n\}$이고 각각의 y값에 대한 x값들이 $\{x_1, x_2, \cdots,$

[표 8-2] X와 Y의 짝으로 된 자료

Y	y_1	y_2	$\cdots$	y_n
X	x_1	x_2	$\cdots$	x_n

$x_n\}$으로 주어져 있다고 보자는 것이다.

이제, (x_1, y_1), (x_2, y_2), $\cdots$, (x_n, y_n)의 자료로써 β_0와 β_1의 추정치를 얻어 X와 Y의 관계식을 구해야 하는데, β_0와 β_1의 추정치를, $\hat{\beta}_0$, $\hat{\beta}_1$이라고 한다면 얻어지는 관계식은

$$\hat{y} = \hat{\beta}_0 + \hat{\beta}_1 x \qquad (8-7)$$

가 된다. 여기서, $\hat{y}$(ˆ은 hat으로 읽는다)은 $\hat{\beta}_0$과 $\hat{\beta}_1$이 hat을 쓰고 있기 때문에 y에도 hat을 씌운 것이다. 식 (8-7)의 얻어진 회귀식은 [그림 8-1(A)]와 같이 n개의 자료들을 가장 고르게 지나가는 직선식이 되어야 한다.

여기서 n개의 점들을 가장 고르게 지나가는 직선을 얻는 방법이란 [그림 8-1(B)]에서 볼 수 있는 바와 같이 실제 y값과 직선상의 값($\hat{y}$)간의 차이, $(y_i - \hat{y}_i)$들의 제곱들의 합계가 가장 작게 되는 직선을 얻는 것을 말한다. 그러므로 얻어지는 직선식의 절편(β_0)과 기울기(β_1)의 값은

그림 8-1 여러 개의 자료를 지나는 직선식(A)과 잔차(B)

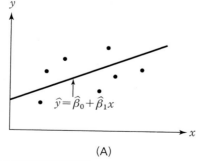

(A)

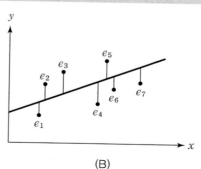

(B)

$$\sum_{i=1}^{n}(y_i - \hat{y}_i)^2 = \sum_{i=1}^{n}(y_i - \hat{\beta}_0 - \hat{\beta}_1 x_i)^2 = \sum_{i=1}^{n} e_i^2 \qquad (8\text{-}8)$$

이 최소가 되는 값들이 되어야 한다(위 식에서 x_i와 y_i값들은 조사된 값들이다). 이렇게 $\hat{\beta}_0$과 $\hat{\beta}_1$을 얻는 방법을 **최소자승법**(Least Squares Method)이라고 한다. 그리고, $(y_i - \hat{y}_i)$을 e_i로 표현하고 **잔차**(residual)라고 한다. 잔차란 오차(ε_i)의 실제 얻어진 값이라고 생각하면 된다. 여기서 $(y_i - \hat{y}_i)$이 잔차임을 다시 확인해보자. 제7장 식 (7-9), (7-10)에서와 같이

(모형)　　$Y_i = \beta_0 + \beta_1 x_i + \varepsilon_i$

(표본값)　$y_i = \hat{\beta}_0 + \hat{\beta}_1 x_i + (y_i - \hat{\beta}_0 - \hat{\beta}_1 x_i)$

가 됨을 알 수 있다. 그리고 잔차의 합은 항상 0이기 때문에 식 (8-8)과 같이 잔차제곱합(residual sum of squares)이 최소가 되는 $\hat{\beta}_0$과 $\hat{\beta}_1$을 얻으면 n개의 자료를 가장 고르게 지나는 직선식이 된다는 것이다. 그리고 잔차제곱합을 SSE로 표현한다.

식 (8-8)에서 (x_i, y_i)값들은 측정하여 알고 있는 값들이므로 $\hat{\beta}_0$과 $\hat{\beta}_1$을 구하려면 식 (8-8)을 $\hat{\beta}_0$과 $\hat{\beta}_1$으로 각각 편미분(partial derivative)한 결과를 0으로 한 식들을 얻어야 하는데, 이 식들을 **정규방정식**(normal equation)이라고 부른다.

정규방정식으로부터 $\hat{\beta}_0$과 $\hat{\beta}_1$을 구하면 다음과 같다. 즉,

$$\begin{cases} \hat{\beta}_1 = \dfrac{\sum(x_i - \bar{x})(y_i - \bar{y})}{\sum(x_i - \bar{x})^2} \\[2ex] \hat{\beta}_0 = \bar{y} - \hat{\beta}_1 \bar{x} \end{cases} \qquad (8\text{-}9)$$

이다.

간단한 예로 지난 5개월 동안의 광고료(X)와 매출액(Y)의 자료가 [표 8-3]과 같을 때 매출액을 광고료로써 설명해 보고자 한다.

그림 8-2　산포도(A)와 회귀직선(B)

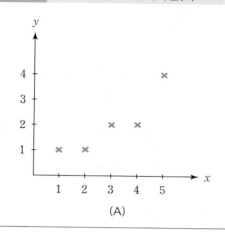 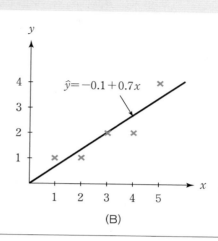

(A)　　　　　　　　　　　(B)

[표 8-3]　매출액과 광고료의 가상 예

광고료(X)	1	2	3	4	5
매출액(Y)	1	1	2	2	4

　　이 자료들에 대한 산포도(scatter plot)는 [그림 8-2(A)]와 같은데, 이 5개의 좌표점들을 가장 고르게 지나는 직선식을 최소자승법으로 구하는 것이 회귀분석이다.

　　이제, 식 (8-9)의 결과를 얻기 위하여 $(x_i - \bar{x})(y_i - \bar{y})$와 $(x_i - \bar{x})^2$값들을 얻으면 [표 8-4]와 같다.

　　따라서, β_0와 β_1의 최소자승법에 의한 추정치들은

$$\hat{\beta}_1 = \frac{\sum (x_i - \bar{x})(y_i - \bar{y})}{\sum (x_i - \bar{x})^2} = \frac{7}{10} = 0.7$$

$$\hat{\beta}_0 = \bar{y} - \hat{\beta}_1 \bar{x} = 2 - (0.7)(3) = -0.1$$

으로 얻어지고, 구하고자 하는 회귀직선은

[표 8-4] $\hat{\beta}_1$과 $\hat{\beta}_0$의 계산과정

x	y	$(x_i-\bar{x})(y_i-\bar{y})$	$(x_i-\bar{x})^2$
1	1	2	4
2	1	1	1
3	2	0	0
4	2	0	1
5	4	4	4
$\bar{x}=3$	$\bar{y}=2$	$\sum(x_i-\bar{x})(y_i-\bar{y})=7$	$\sum(x_i-\bar{x})^2=10$

$$\hat{y}=-0.1+0.7x \tag{8-10}$$

이다. 이 회귀직선은 [그림 8-2(B)]에 나타나 있다. 식 (8-10)에 주어진 x의 값들을 각각 대입하면 직선상의 값들이 각각 얻어지게 되는데, 이 $\hat{y}$ 값을 **적합치**(fitted value)라고 부른다. 적합치들과 잔차, $(y_i-\hat{y}_i)$, 잔차제곱합(SSE)의 결과가 [표 8-5]에 정리되어 있다. 물론 [표 8-5]에서 $\hat{\beta}_0=-0.1$, $\hat{\beta}_1=0.7$을 사용했을 때 잔차제곱합의 값이 1.10으로 가장 작게 되고, 다른 값들을 사용할 경우 잔차제곱합은 1.10보다 큰 값으로 얻어질 것이다.

적합치

[표 8-5] 적합치와 잔차, 잔차제곱

x	y	$\hat{y}=-0.1+0.7x$	$e_i=y_i-\hat{y}_i$	e_i^2
1	1	0.6	0.4	0.16
2	1	1.3	-0.3	0.09
3	2	2.0	0	0
4	2	2.7	-0.7	0.49
5	4	3.4	0.6	0.36
$-$	$-$	$-$	$\sum e_i=0$	$SSE=1.10$

앞에서 설명한 [표 8-3] 자료에 대한 SAS의 프로그램과 그 결과물들은 다음과 같다.

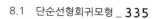

① SAS 프로그램

```
DATA reg;
   INPUT x y;
   CARDS;
   1 1
   2 1
   3 2
   4 2
   5 4
run;
PROC REG DATA=reg;
      MODEL y=x/R;
RUN;
```

② SAS 출력결과

Analysis of Variance

Source	DF	Sum of Squares	Mean Square	F Value	Pr > F
Model	1	4.90000	4.90000	13.36	0.0354
Error	3	1.10000	0.36667		
Corrected Total	4	6.00000			

Root MSE	0.60553	R−Square	0.8167
Dependent Mean	2.00000	Adj R−Sq	0.7556
Coeff Var	30.27650		

Parameter Estimates

Variable	DF	Parameter Estimate	Standard Error	t Value	Pr > |t|
Intercept	1	−0.10000	0.63509	−0.16	0.8848
x	1	0.70000	0.19149	3.66	0.0354

obs	Dep Var y	Predicted Value	Std Error Mean Predict	95% CL Mean		95% CL Predict		Residual
1	1.0000	0.6000	0.4690	−0.8927	2.0927	−1.8376	3.0376	0.4000
2	1.0000	1.3000	0.3317	0.2445	2.3555	−0.8972	3.4972	−0.3000
3	2.0000	2.0000	0.2708	1.1382	2.8618	−1.1110	4.1110	0
4	2.0000	2.7000	0.3317	1.6445	3.7555	0.5028	4.8972	−0.7000
5	4.0000	3.4000	0.4690	1.9073	4.8927	0.9624	5.8376	0.6000

SPSS [절차8장-1]

자료를 입력하고 분석→회귀분석→선형 메뉴를 선택한다.

SPSS [절차8장-2]

선형 회귀분석 창에서 Y를 종속변수로 X를 독립변수로 옮긴다. 그리고 아래의 통계량을 누른다.

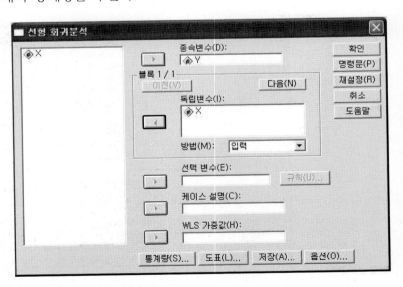

SPSS [절차8장-3]

선형 회귀분석: 통계량 창에서는 회귀계수에서 추정값, 신뢰구간을 클릭하여 선택하고 모형적합도 클릭한다. 계속을 누른다.

선형 회귀분석: 통계량

회귀계수
☑ 추정값(E)
☑ 신뢰구간(N)
☐ 공분산 행렬(V)

☑ 모형적합(M)
☐ R 제곱 변화량(S)
☐ 기술통계(D)
☐ 부분상관 및 편상관계수(P)
☐ 공선성 진단(L)

계속
취소
도움말

잔차
☐ Durbin-Watson(U)
☐ 케이스별 진단(C)
  ◉ 밖에 나타나는 이상값(O): 3 표준편차
  ○ 전체 케이스(A)

SPSS [절차8장-4]

선형 회귀분석 창으로 돌아와 확인을 하면 [표 8-3]의 자료에 대한 SPSS 출력 결과를 얻게 된다.

모형 요약[b]

모형	R	R 제곱	수정된 R 제곱	추정값의 표준오차
1	.904[a]	.817	.756	.60553

a. 예측값: (상수), X
b. 종속변수: Y

분산분석[b]

모형		제곱합	자유도	평균제곱	F	유의확률
1	선형회귀분석	4.900	1	4.900	13.364	.035[a]
	잔차	1.100	3	.367		
	합계	6.000	4			

a. 예측값: (상수), X
b. 종속변수: Y

계수[a]

모형		비표준화 계수		표준화 계수	t	유의확률	B에 대한 95% 신뢰구간	
		B	표준오차	베타			하한값	상한값
1	(상수)	-.100	.635		-.157	.885	-2.121	1.921
	X	.700	.191	.904	3.656	.035	.091	1.309

a. 종속변수: Y

SPSS [절차8장-5]

그리고 데이터 편집기에 다음과 같이 예측값과 그의 95% 신뢰구간이 얻어진다. 이에 대해서는 제 8 장 제 3 절에서 다룬다.

X	Y	PRE_1	LICI_1	UICI_1
1.00	1.00	.60000	-1.83757	3.03757
2.00	1.00	1.30000	-.89719	3.49719
3.00	2.00	2.00000	-.11100	4.11100
4.00	2.00	2.70000	.50281	4.89719
5.00	4.00	3.40000	.96243	5.83757

8.1.2 오차의 분산(σ^2) 추정치

단순회귀모형에서 추정되어야 하는 파라미터들은 β_0, β_1 그리고 σ^2 이다. 식 (8-5)에서 β_0와 β_1은 얻어진 표본, $\{(x_1, y_1), \cdots, (x_n, y_n)\}$으로 부터 식 (8-9)와 같이 추정되는데 오차(ε)라는 확률변수의 분산(σ^2)은 어떻게 추정할 것인가?

당연히, 오차(ε)의 실현된 값들인 잔차값들을 마치 표본값들로 생각하여 σ^2를 추정하면 된다. 즉, 확률변수 ε에 대해 얻어진 값들이

$$\{e_1, e_2, \cdots, e_n\}$$

이므로, 이 잔차들로부터 분산을 얻으면

$$\hat{\sigma}^2 = \frac{\sum_{i=1}^{n} (e_i - \bar{e})^2}{\text{자유도}} = \frac{\sum_{i=1}^{n} e_i^2}{\text{자유도}} = \frac{\sum_{i=1}^{n} (y_i - \hat{\beta}_0 - \hat{\beta}_1 x_i)^2}{(n-2)} \tag{8-11}$$

가 σ^2의 추정치이다. 여기서, 잔차들의 평균($\bar{e}$)은 0이고, 자유도는 제곱하여 합한 것이 n개이지만 그 안에 추정된 파라미터가 두 개($\hat{\beta}_0, \hat{\beta}_1$) 있으므로 $(n-2)$가 된다. 다시 말하면, $\hat{\beta}_0$과 $\hat{\beta}_1$을 얻을 때 각각 자유도를 하나씩 잃어버린다고 보면 무방하다.

[표 8-3] 자료에 대한 식 (8-11)의 값은 0.367이며, 분산분석표의 평균잔차제곱에 나타나게 된다.

8.2 $\hat{\beta}_1$에 대한 통계적 성질

여기서는 앞절에서 구한 $\hat{\beta}_1$에 대해 보다 자세하게 설명해 보자. 먼저, $\hat{\beta}_1$은 단순선형회귀모형에서의 기울기(β_1)에 대한 추정치로서 X가 한 단위 증가할 때 Y가 얼마나 증가(또는 감소)하는가를 나타내 주는 지표이다. 그리고 그 값은

$\hat{\beta}_1$의 의미

$$\hat{\beta}_1 = \frac{\sum (x_i - \bar{x})(y_i - \bar{y})}{\sum (x_i - \bar{x})^2} \tag{8-12}$$

로서 계산된다.

즉, X와 Y에 대한 자료들이 $\{(x_1, y_1), (x_2, y_2), \cdots, (x_n, y_n)\}$으로 얻어질 때 $\hat{\beta}_1$값을 계산할 수 있는데, Y를 (확률)변수들로서 표현한다면, 즉

$$\{(x_1, Y_1), (x_2, Y_2), \cdots, (x_n, Y_n)\}$$

이고(Y값이 구체적인 값으로 얻어지기 이전의 확률변수로서의 형태), 이 경우에 대해서는, $\hat{\beta}_1$을

$$\boldsymbol{\hat{\beta}_1} = \frac{\sum (x_i - \bar{x})(Y_i - \overline{Y})}{\sum (x_i - \bar{x})^2} \tag{8-13}$$

로 표현할 수 있을 것이다(x들은 항상 주어진 값으로 간주한다).

그러면, Y_i들과 $\overline{Y}$가 확률변수이므로 이들로 표현된 $\boldsymbol{\hat{\beta}_1}$은 하나의 통계량으로서 확률변수이며 확률분포를 하게 된다. 앞의 식 (8-6)에서 Y_i들이 정규분포한다고 가정했기 때문에 $\overline{Y}$도 정규분포하고 따라서 $\boldsymbol{\hat{\beta}_1}$도 정규분포를 하게 된다. 즉,

$$\hat{\beta}_1 \sim N\left(\beta_1, \ \frac{\sigma^2}{\sum (x_i - \bar{x})^2}\right) \tag{8-14}$$

이다. 이 결과를 얻는 과정을 알 필요는 없겠지만, 그 결과만을 놓고 볼

불편추정량　때 $\hat{\beta}_1$은 β_1의 **불편추정량**(unbiased estimator)임을 알 수 있다. 다시 말하면, 이론적으로 $\hat{\beta}_1$의 값들은 미지의 값 β_1을 중심(평균)으로 정규분포하고 있는데 Y에 대한 관찰치들이 얻어질 때에 구체적인 $\hat{\beta}_1$값이 식 (8-12)로 계산되어 얻어지는 것이다. 이는 $\bar{X}$에 대한 분포에서와 똑같은 원리임을 이해하기 바란다.

이제, 계산된 $\hat{\beta}_1$값을 사용해도 좋은가의 여부를 판단해야 한다. 자료에 따라 $\hat{\beta}_1$의 값은 얼마든지 큰 값이 될 수도 있지만 이 값이 과연 유의적인가를 결정하려면 다음과 같은 가설검증을 해야만 한다. 즉, 가설은

$$H_0 : \beta_1 = 0 \quad \text{v.s.} \quad H_1 : \beta_1 \neq 0$$

와 같다.

귀무가설(영가설)은 X와 Y간에는 아무런 관계가 아니어서 직선의 함수관계를 얻을 수 없다는 것을 시사한다. 따라서, H_0가 기각되어야만 계산된 $\hat{\beta}_1$값을 사용하여 X와 Y의 관계식이 얻어지는 것이다. 가설검증의 과정은 제 5 장에서의 평균에 대한 가설검증의 과정과 똑같다(식 (8-14)로부터 시작하여 그 과정을 설명해 보자). 즉,

검증통계량 : $\hat{\beta}_1$

H_0의 기각역 : $\hat{\beta}_1 < 0 - t_{\alpha/2} \dfrac{\hat{\sigma}}{\sqrt{\sum (x_i - \bar{x})^2}}$

또는, $\hat{\beta}_1 > 0 + t_{\alpha/2} \dfrac{\hat{\sigma}}{\sqrt{\sum (x_i - \bar{x})^2}}$ ㅤㅤㅤ(8-15)

이다. 여기서, $\hat{\sigma}$은 식 (8-11)로부터 얻어진 것이다.

또한, H_0의 기각역을

$$\frac{\hat{\beta}_1}{\hat{\sigma}/\sqrt{\sum(x_i-\overline{x})^2}} < -t_{\alpha/2}$$

$$\text{또는,} \quad \frac{\hat{\beta}_1}{\hat{\sigma}/\sqrt{\sum(x_i-\overline{x})^2}} > t_{\alpha/2} \tag{8-16}$$

로 표현할 수 있다. 통계패키지(SAS, SPSS)는 입력된 자료로부터 계산된 t값

$$t = \frac{\hat{\beta}_1}{\hat{\sigma}/\sqrt{\sum(x_i-\overline{x})^2}}$$

으로써 자유도 $(n-2)$의 t-분포를 이용하여 정확한 p-value를 계산하여 우리에게 제공해 준다.

예 8-1

앞의 판매액-광고료의 예에서 얻어진 $\beta_1 = 0.7$이 유의적인가를 가설검증해 보자. 물론 가설은

$$H_0 : \beta_1 = 0 \quad \text{v.s.} \quad H_1 : \beta_1 \neq 0$$

이고, t값은

$$t = \frac{\hat{\beta}_1}{\hat{\sigma}/\sqrt{\sum(x_i-\overline{x})^2}} = \frac{0.7}{0.6055/\sqrt{10}} = \frac{0.7}{0.1915} = 3.656$$

이다.

자유도 (5-2)=3에서 $\alpha = 0.05$에 대한 t값이 $t_{.025(3)} = 3.182$이므로 식 (8-16)의 기각역에 따라 H_0을 기각한다. 또한, SAS를 사용할 경우 ② SAS 출력결과에서 볼 수 있듯이 계산된 t값은 3.66이고 이 가설검증의

p-value는 0.0354이다.

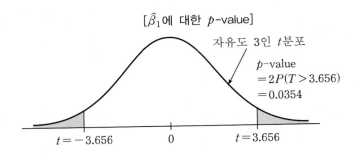

[$\hat{\beta}_1$에 대한 p-value]

자유도 3인 t분포

p-value
$= 2P(T > 3.656)$
$= 0.0354$

$t = -3.656$ 0 $t = 3.656$

여기서, 절편 β_0에 대해서는 그다지 주목할 필요가 없다. 왜냐하면, X와 Y의 관계는 β_1으로써 결정되는 것이고 β_0는 $x = 0$일 때의 y값을 나타내 주는 것이기 때문에 경우에 따라서 해석조차 할 필요가 없기 때문이다.

만일, 절편이라는 것이 이론적·경험적으로 무의미한 경우에는 원점을 지나는 회귀선을 모형으로 회귀분석을 수행해야 할 것이다(제 8 장 제 6 절 참조).

8.3 $\hat{Y}$에 대한 통계적 성질

앞에서 설명한 대로 절편과 기울기를 추정하여(얻은 후)

$$\hat{y}_i = \hat{\beta}_0 + \hat{\beta}_1 x_i \tag{8-17}$$

의 관계식을 얻었을 때, 주어진 x값들 $\{x_1, x_2, \cdots, x_n\}$에 대한 $\hat{y}$값들, 적합치 $\{\hat{y}_1, \hat{y}_2, \cdots, \hat{y}_n\}$을 **적합치**(fitted value)라고 부른다. 적합치를 확률변수

$$\hat{Y}_i = \hat{\beta}_0 + \hat{\beta}_1 x_i \qquad (8\text{-}18)$$

로 표현할 수도 있는데, $\hat{\beta}_0$과 $\hat{\beta}_1$을 추정량(확률변수)으로 표현할 경우 $\hat{Y}_i$
도 추정량이 된다(식 (8-17)은 $\hat{\beta}_0$과 $\hat{\beta}_1$을 표본값들로부터 계산된 값, 즉 추정
치를 간주한 경우이다).

식 (8-18)의 오른쪽 항은 $E(Y_i) = \beta_0 + \beta_1 x_i$에서 β_0와 β_1을 추정하여
대입하는 것이므로 $(\beta_0 + \beta_1 x_i)$를 추정하는, 즉 $E(Y_i)$의 추정량이다. 다시
말하면, 주어진 x_i값에서 Y의 평균을 추정하는 것이다.

또, 식 (8-18)의 관계식을 이용하여 어떤 값 x_0에서 Y의 값이 얼마
나 될 것인가를 예측할 수 있다. 이것은 회귀분석을 하는 2차 목적으로서
설명변수의 얻어진 값들, $\{x_1, \cdots, x_n\}$의 범위에서 크게 벗어나지 않는 x
값에서 Y를 예측하고자 하는 것이다.

이상의 두 가지 목적 각각에 대해 $\hat{Y}_i$의 통계적 성질이 다르게 되는
데, 첫째 $\hat{Y}_i$이 $E(Y_i)$를 추정하는 목적으로 사용될 경우, $\hat{Y}_i$은

$$\hat{Y}_i \sim N\left(E(Y_i),\ \sigma^2\left(\frac{1}{n} + \frac{(x_i - \bar{x})^2}{\sum(x_i - \bar{x})^2}\right)\right) \qquad (8\text{-}19)$$

의 분포로 취급되고, 둘째로 주어진 어떤 값 x_0에서 Y를 예측하고자 할
경우에는

$$\hat{Y}_0 \sim N\left(\beta_0 + \beta_1 x_0,\ \sigma^2\left(1 + \frac{1}{n} + \frac{(x_0 - \bar{x})^2}{\sum(x_i - \bar{x})^2}\right)\right) \qquad (8\text{-}20)$$

의 분포가 사용된다. 식 (8-19)와 식 (8-20)의 차이점은 분산이 다른 것
이다. 즉, 예측의 목적으로 사용될 경우 분산이 σ^2만큼 크다. 이것은 장
래의 예측이기 때문에 $\hat{Y}$값이 더 다양하게(넓은 범위에서) 얻어질 수 있다
는 것을 의미한다고 생각하면 된다.

앞의 [표 8-3] 매출액과 광고료 자료에 대해 $\hat{Y}$을 설명해 보자. 즉,

(1) 광고료가 4일 경우$(x=4)$ 매출액의 평균

매출액$(\hat{Y})$은 평균 $\beta_0+\beta_1(4)$, 분산 $\sigma^2(1/n+(4-\bar{x})^2/\sum(x_i-\bar{x})^2)$ 정규분포를 하게 된다는 것이다. 따라서, 광고료 4인 경우의 매출액평균 $(E(Y)=\beta_0+4\beta_1)$에 대한 95% 신뢰수준에서의 신뢰구간을 얻고자 한다면 그 결과는(② SAS 출력결과 참조, p. 335)

$$\hat{Y}\pm t_{.025\,(4)}\hat{\sigma}\sqrt{\frac{1}{n}+\frac{(4-\bar{x})^2}{\sum(x_i-\bar{x})^2}}$$

$$\Rightarrow 2.7\pm(3.182)(0.6055)\sqrt{\frac{1}{5}+\frac{(4-3)^2}{10}}$$

$$\Rightarrow (1.6445,\ 3.7555)$$

로 얻어진다(식 (8-19)로부터 위의 신뢰구간이 얻어지는 과정을 설명하라).

(2) 다음달에 광고료를 4만큼 지불하고자 할 경우 매출액의 예측

다음달의 매출액의 예측치는 물론 $\hat{y}=-0.1+0.7x$를 이용하여 $\hat{y}=2.7$이다. 그런데 다음달의 예상매출액에 대한 구간추정을 한다면 식 (8-20)을 이용하여

$$\hat{Y}\pm t_{.025\,(4)}\hat{\sigma}\sqrt{1+\frac{1}{n}+\frac{(4-\bar{x})^2}{\sum(x_i-\bar{x})^2}}$$

$$\Rightarrow 2.7\pm(3.182)(0.6055)\sqrt{1+\frac{1}{5}+\frac{(4-3)^2}{10}}$$

$$\Rightarrow (0.5028,\ 4.8972)$$

이다(② SAS 출력결과 참조).

두 가지 결과를 비교하면, 예상매출액에 대한 신뢰구간이 평균매출액을 다룰 때보다 크게 얻어지는데, 앞에서 설명한 대로 장래 시점에 대한 예상치는 보다 큰 범위 내에서 얻어지게 됨을 시사한다.

8.4 결정계수

결정계수

      회귀분석 결과를 해석하는 데에 중요한 요소 중의 하나로서 **결정계수**가 있다. 결정계수란 설명변수가 Y의 변화(변동)를 얼마나 설명해 주느냐 하는 지표로서 백분비로 얻어진다. 결정계수를 자세히 설명하기 전에 회귀분석에서의 분산분석표에 대해 알아본다.

      단순회귀모형 $Y_i = \beta_0 + \beta_1 x_i + \varepsilon_i$로부터 분산분석표가 얻어지는데 그 과정은 다음과 같다.

      먼저, 다음과 같은 식을 생각해 보자. 이 식은 편차 $[(y_i - \bar{y})]$를 두 부분으로 나누어 본 것이다. 즉,

$$y_i - \bar{y} = (y_i - \hat{y}_i) + (\hat{y}_i - \bar{y})$$
$$\Rightarrow (y_i - \bar{y})^2 = (y_i - \hat{y}_i)^2 + (\hat{y}_i - \bar{y})^2 + 2(y_i - \hat{y}_i)(\hat{y}_i - \bar{y}) \qquad (8\text{-}21)$$

이므로, 모든 자료에 대한 합은

$$\sum_{i=1}^{n} (y_i - \bar{y})^2 = \sum_{i=1}^{n} (y_i - \hat{y}_i)^2 + \sum_{i=1}^{n} (\hat{y}_i - \bar{y})^2 \qquad (8\text{-}22)$$

이 된다(여기서 $\sum (y_i - \hat{y}_i)(\hat{y}_i - \bar{y}) = 0$임). 그리고 식 (8-22)의 세 가지 제곱합을 각각

$$\sum_{i=1}^{n} (y_i - \bar{y})^2 \text{을 **총제곱합**}(SST; \text{ total sum of squares}),$$

$$\sum_{i=1}^{n} (y_i - \hat{y}_i)^2 \text{은 **잔차제곱합**}(SSE; \text{ residual sum of squares}),$$

$$\sum_{i=1}^{n} (\hat{y}_i - \bar{y})^2 \text{을 **회귀제곱합**}(SSR; \text{ regression sum of squares})$$

[표 8-6] 단순회귀모형의 분산분석표

요인	DF	제곱합(SS)	평균제곱합(MS)	F	p-value
모델	1	SSR	$MSR = \dfrac{SSR}{1}$	$\dfrac{MSR}{MSE}$	
잔차	$n-2$	SSE	$MSE = \dfrac{SSE}{(n-2)}$		
합계	$n-1$	SST			

이라고 부른다($(y_i - \hat{y}_i)$은 잔차이므로 잔차제곱합이라고 함).

그리고 이 제곱합들의 자유도는 다음의 관계에 있다. 즉,

$$(n-1) \quad = \quad (n-2) \quad + \quad 1$$

$$SST\text{자유도} \qquad SSE\text{자유도} \qquad SSR\text{자유도}$$

이다. 그러므로 제곱합들과 각각의 자유도로서 구성되는 분산분석표는 [표 8-6]과 같다.

여기서, 식 (8-22)의 세 가지 제곱합들의 관계식을 그래프로 이해를 해 보자. 우선 다음의 [그림 8-3]은 한 점 x_i에서의 편차 $(y_i - \bar{y})$가 어떻게 나누어져 있는가를 보여주고 있다. 즉, x_i에서의 편차 $(y_i - \bar{y})$는

그림 8-3 총제곱합의 분할

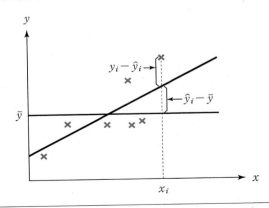

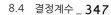

$(y_i - \hat{y}_i)$과 $(\hat{y}_i - \bar{y})$의 합으로 나타난다(식 (8-21) 참조).

그런데 이 두 부분 중에서 $(\hat{y}_i - \bar{y})$는 기울기(높이/밑변)를 결정하는 부분이다. 그리고 기울기, $\hat{\beta}_1$은 X와 Y의 관계를 나타내 주는 것으로서 X로써 Y가 어떻게 설명되는가를 결정해 주는 요소이다. 그러므로 X에 의해 Y가 설명되는 부분들, $(\hat{y}_i - \bar{y})$을 제곱하여 합한 회귀제곱합(SSR)을 **설명변동**(explained variation)이라고도 부른다. 또 다른 부분, $(y_i - \hat{y}_i)$은 잔차로서 X에 의해 Y가 설명될 수 없는 부분이다. 그러므로 $(y_i - \hat{y}_i)$들을 제곱하여 합한 잔차제곱합(SSE)을 **불설명변동**(unexplained variation)이라고도 부른다. 따라서,

$$SST \quad = \quad SSE \quad + \quad SSR$$
$$\Rightarrow \text{총변동} = \text{불설명변동} + \text{설명변동}$$

으로 표현될 수 있다. 여기서 총변동 중에서 설명변동이 차지하는 비율을 **결정계수**(determination coefficient)라고 부른다. 즉,

$$R^2 = \frac{SSR}{SST} \tag{8-23}$$

이다. 결정계수란, 총변동(Y값들이 서로 얼마만큼 다른가? $\sum(y_i - \bar{y})^2$) 중에서 X에 의해 Y가 설명되는 설명변동이 차지하는 비율이므로, Y가 설명변수(X)로써 얼마큼 설명되는가를 나타내는 지표이다. 물론 $0 \le R^2 \le 1$이다.

앞의 매출액-광고료 자료에 대한 분산분석표는 [표 8-7]과 같으므로, 결정계수는 $R^2 = 4.9/6.0 = 0.82$이다. 즉, 광고료로서 매출액을 82% 설명할 수 있다는 것이다.

결정계수와는 다른 용도로 사용되는 **조정된**(Adjusted) **결정계수**라는 것이 있다. 조정된 결정계수는 설명변수가 새로 추가될 때 새로 추가된 설명변수가 유용한 것인가를 판단하는 기준으로 사용되는 것으로서

[표 8-7] 매출액-광고료 자료에 대한 SAS 분산분석표

```
                        Analysis of Variance

                      Sum of        Mean
Source          DF    Squares       Square      F Value      Prob>F
Model           1     4.90000       4.90000     13.364       0.0354
Error           3     1.10000       0.36667
C Total         4     6.00000

                Root MSE      0.60553    R-square      0.8167
                Dep Mean      2.00000    Adj R-sq      0.7556
                C.V.          30.27650

                        Parameter Estimates

                      Parameter     Standard     T for H0:
Variable        DF    Estimate      Error        Parameter=0   Prob > |T|
INTERCEP        1     -0.100000     0.63508530   -0.157        0.8849
X               1      0.700000     0.19148542    3.656        0.0354
```

$$Adj. \ R^2 = 1 - \frac{SSE/(n-1-p)}{SST/(n-1)} \qquad (8\text{-}24)$$

로 정의된다(연습문제 [12] 참조).

8.5 잔차분석

　　앞의 제 7 장 분산분석에서도 설명했던 바와 같이 모형을 설정하고 오차에 대한 가정을 한다면 그 가정이 맞는가를 검색해야 할 것이다. 즉, 단순회귀모형

$$Y_i = \beta_0 + \beta_1 x_i + \varepsilon_i, \quad i = 1, \cdots, n$$

$$(\text{가정}) \quad \varepsilon_i \sim N(0, \ \sigma^2)$$

는 오차(ε_i)에 대해서 모든 점에서(모든 i에 대해) 평균은 0이고 분산은 일정하게(equal variance) σ^2인 정규분포를 한다는 가정을 설정하고 X와 Y의 관계를 1차식으로 둔 것이다. 그러므로 오차에 대한 가정 자체가 타당하지 않다면 X와 Y의 1차식 관계도 문제가 있는 것이며 자료를 입력시켜 얻어지는 회귀분석 결과를 사용할 수 없다는 것이다. 따라서, 오차에 대한 가정의 타당성 여부를 검사해야만 한다.

오차에 대한 가정의 타당성 여부는 잔차로써 수행되어야만 한다. 왜냐하면 X와 Y에 대한 표본값(자료)들로써 $\hat{y} = \hat{\beta}_0 + \hat{\beta}_1 x$의 관계가 얻어지고 이 추정된 관계식으로부터 오차에 대한 정보, 즉 실현된 오차값인 잔차가 얻어지기 때문이다.

우선, 잔차의 합은 항상 0이다. 그러므로 오차에 대한 정규분포 여부와 등분산(모든 i에 대해 일정한 분산을 갖는다는 것) 여부를 검색하게 되는

정규분포확률도표

데 잔차의 분포가 정규분포를 한다고 할 수 있는가는 **정규분포확률도표** (normal probability plot)를 사용할 수 있다. 정규분포확률도표는 자료들(여기서는 잔차들)의 평균과 분산을 이용한 기준선을 "+"로 표시하고 각 자료값들을 "*"로 표시하여 얻어지는데, "*"들이 "+"들로 이어진 기준선 위에 있을 경우 자료들은 정규분포한다고 할 수 있다는 것이다. [그림 8-4]는 어떤 자료의 정규분포확률도표인데 직선으로 나타나는 "+"표시 기준선 위에 거의 모든 자료들이 나타나므로 이 자료는 정규분포한다고 할 수 있다.

정규성검증

Shapiro-Wilks 검증방법

또한 SAS 통계패키지를 사용할 경우, PROC UNIVARIATE의 명령어에 Normal Option을 이용하여 자료의 정규성 여부를 검증할 수 있다. 이를 Shapiro-Wilks **검증방법**이라 하며 검증통계량은 W로 표시된다. 물론,

H_0 : 자료는 정규분포한다

H_1 : 자료는 정규분포하지 않는다

그림 8-4   정규분포확률도표의 예

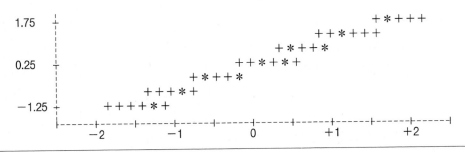

이며, p-value($P_r < W$로 표현됨)가 커야만 자료는 정규분포한다고 할 수 있다(제 1 장 [표 1-1] 참조).

등분산   그리고 등분산의 가정은 잔차도표를 살펴봄으로써 알아볼 수 있다. 적합치($\hat{y}_i$)에 대한 잔차(e_i)의 잔차도표가 아무런 패턴을 보이지 않고 일정한 폭 안에 잔차들이 분포되어 있을 경우([그림 8-5(A)]), 회귀분석모형의 등분산 가정에 이상이 없음을 나타낸다. 그러나 [그림 8-5(B)]와 같이 $\hat{y}$의 값이 증가할 때 잔차들이 폭넓게 분포되거나, [그림 8-5(C)]와 같이 잔차들이 어떤 패턴(포물선)을 갖는다면, 등분산의 가정이 성립된다고 할 수 없는 것이다. 이러한 경우들에 대해서는 다른 적절한 조치를 취하여 회귀분석해야만 할 것이다(제 8 장 제 7 절 참조).

그림 8-5   여러 가지 형태의 잔차분포

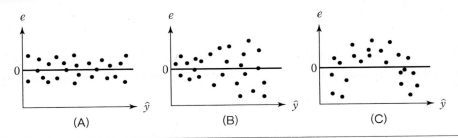

스튜던트화 잔차

　여기서, 표준화(standardiged) 잔차와 스튜던트화(studentiged) 잔차에 대해 설명해보자. 먼저 표준화 잔차는 단순히 잔차값들의 단위를 제거하면서 잔차들의 분산이 1이 되도록 하는 것으로서

$$\frac{e_i - \bar{e}}{\hat{\sigma}} = \frac{e_i}{\hat{\sigma}}$$

으로 구해진다. 이와 같은 표준화 잔차는 단위를 없애고 분산을 1로 한 것이기 때문에 단위가 있는 잔차들로써 얻어진 잔차도표와 그 분포의 형태가 같다.

　이제 잔차를 확률변수로 생각해보자. 즉, 잔차를

$$\boldsymbol{e}_i = Y_i - \hat{Y}_i$$

으로 표현하면, $\boldsymbol{e}_i$는 확률변수로서 당연히 분산(표준편차의 제곱)을 갖는다. 그러면 $\boldsymbol{e}_i$의 표준화는

$$\frac{\boldsymbol{e}_i - E(\boldsymbol{e}_i)}{s.e.(\boldsymbol{e}_i)} = \frac{\boldsymbol{e}_i}{s.e.(\boldsymbol{e}_i)}$$

가 된다. 이러한 잔차를 스튜던트화(studentized) 잔차라고 부른다. 위의 식에서 $s.e.(\boldsymbol{e}_i)$는 $\boldsymbol{e}_i$의 표준편차인데 이에 대한 설명은 이 교재의 범위를 벗어난 것이다. 다만, 통계패키지에서는 표준화 잔차, 스튜던트화 잔차 모두 계산을 해준다. 그리고 표준화 잔차는 모든 잔차를 한 값($\hat{\sigma}$)으로 나누어주는 반면, 스튜던트 잔차는 각 잔차들의 표준오차로 나누어준 것이므로 잔차도표는 스튜던트화 잔차들로써 얻는 것이 바람직하다.

　즉, 스튜던트화 잔차값(Y-축), 설명변수의 값(X-축)들로 도표를 만들었을 경우, 스튜던트화 잔차들이, 0을 기준으로 대칭적이고 X_i값들에 따라 크게 다르지 않으며 $(-2, 2)$ 범위를 벗어나는 스튜던트화 잔차가 많지 않을 때, 오차(ε_i)에 대한 가정이 만족된다고 보는 것이다.

여기서, $(-2, 2)$ 범위를 벗어나는 스튜던트화 잔차가 있을 경우, 그 잔차에 해당하는 관찰치(y_i)를 이상치(outlier)라고 한다. 이럴 경우, 그 이상치가 얻어진 이유를 별도로 살펴보고 특이한 상황에서 얻어진 관찰치라면 그런 관찰치를 제외시킨 후 다시 회귀분석을 할 수도 있다. 다시 말하면, 이상치를 포함시켰을 경우와 제외시켰을 경우를 비교해보는 것도 의미있는 일일 것이다.

마지막으로 제7장에서도 언급했지만 잔차분석은 회귀분석에서뿐만 아니라 분산분석에서도 필요한 것이다. 왜냐하면 분산분석은 회귀분석의 특수한 경우이기 때문이다. 물론 이에 대한 설명도 이 교재의 범위를 벗어난 것이므로 여기서 설명하지는 않는다.

8.6   원점을 지나는 회귀모형

지금까지 다루었던 회귀모형$(Y_i = \beta_0 + \beta_1 x_i + \varepsilon_i)$보다는 원점을 지나는 회귀모형을 다루어야 할 경우도 간혹 있다. 예를 들면, 생산량(X)과 가용비용(Y) 간의 관계는 X가 0일 때 Y도 0이 되는 경우이므로 원점을 지나는 회귀모형을 설정해야 할 것이다. 또 다른 예로는, 슈퍼에서 다루는 담배의 종류 수(X)와 담배 판매량(Y) 간의 관계에 대해 회귀모형을 설정한다면, 어떤 슈퍼에서 담배를 취급하지 않을 경우 $X = 0$일 것이고 이 때 $Y = 0$인 값들이 관찰치로 얻어질 것이므로 원점을 지나는 모형이 적합할 것이다. 따라서, 회귀분석하고자 하는 자료가 어떤 자료인가에 따라 원점을 지나는 모형을 고려해 보아야 할 것이다.

원점을 지나는 회귀모형은,

원점을 지나는
회귀모형

$$Y_i = \beta_1 x_i + \varepsilon_i, \quad i = 1, \cdots, n$$

$$(가정) \quad \varepsilon_i \sim N(0, \sigma^2)$$

이다. 이 모형은 앞에서 다루었던 모형에서 β_0가 없는 것만 다를 뿐이다.

최소자승법에 의한 β_1의 추정치는,

$$\hat{\beta}_1 = \frac{\sum_{i=1}^{n} x_i y_i}{\sum_{i=1}^{n} x_i^2}$$

이고, 잔차는 물론

$$e_i = y_i - \hat{y}_i = y_i - \hat{\beta}_1 x_i$$

이며, σ^2의 추정치는

$$\sigma^2 = MSE = \frac{\sum_{i=1}^{n} (y_i - \hat{\beta}_1 x_i)^2}{n-1} = \frac{\sum_{i=1}^{n} (y_i - \bar{y}_i)^2}{n-1}$$

이다(식 (8-11) 참조). 여기서 주목할 점은 원점을 지나는 회귀모형에서 얻어진 잔차들의 평균은 반드시 0은 아니라는 점이다.

원점을 지나는 회귀모형을 사용할 경우에는 몇 가지 점에 유의해야 한다. 우선, 회귀선이 원점을 지나야 한다고 믿어질 경우라 할지라도 선형이 아니고 비선형일 가능성과 오차의 등분산성을 확인해야 할 것이다. 또, 표본의 크기가 작지 않을 경우에는 원점을 지나는 모형에 적합시키는 것보다, 절편이 있는 모형으로 회귀분석하여 절편에 대한 유의성 여부를 판단한 후, 원점을 지나는 모형으로 회귀분석하는 것이 더욱 바람직한 결과를 얻을 수 있는가를 고려해야만 할 것이다.

예 8-2

어느 컨설팅 회사에서는 컨설턴트들이 프로젝트를 수행하는 데 소요되는 시간(X)과 수주금액(Y)에 대한 관계를 알아보고자 하여 12개의 프로젝트에 대한 X와 Y의 자료를 얻었다.

X	20	196	115	50	122	100	33	154	80	147	182	160
Y	114	921	560	245	575	475	138	727	375	670	828	762

이 문제는 전형적인 원점을 지나는 회귀선을 구하는 문제로서, 얻어진 회귀선은

$$\hat{Y} = 4.6853x$$

이다.

여기서, β_1은 시간당 수주액을 의미하므로 컨설턴트들의 시간당 수주액의 추정치는 4.6853이며, 시간당 수주액(β_1)의 95% 신뢰구간은

$$(4.61, \ 4.76)$$

이다. 다시 말하면, 프로젝트들을 컨설팅하는 데 시간당 평균적으로 4.6853 수입을 올리고 있다고 할 수 있다.

이 문제를 SPSS를 활용하여 해결하고자 할 경우 다음과 같은 절차를 밟으면 된다.

SPSS [절차8-2-1]

데이터 편집기에 자료를 입력한 후, **분석→회귀분석→선형(L)** 메뉴를 선택한다.

파일(F)	편집(E)	보기(V)	데이터(D)	변환(T)	분석(A)	그래프(G)	유틸리티(U)	창(W)	도움말(

보고서(P)
기술통계량(E)
표(T)
평균 비교(M)
일반선형모형(G)
혼합 모형(X)
상관분석(C)
회귀분석(R) ▸ 선형(L)...
로그선형분석(O) 곡선추정(C)...
분류분석(Y)
데이터 축소(D) 이분형 로지스틱(G)...
다항 로지스틱(M)...

	X	Y	변수	변수	변
1	20.00	114.00			
2	196.00	921.00			
3	115.00	560.00			
4	50.00	245.00			
5	122.00	575.00			
6	100.00	475.00			
7	33.00	138.00			

SPSS [절차8-2-2]

선형 회귀분석 창에서 **종속변수**와 **독립변수**를 지정한 후, **통계량**을 클릭한다.

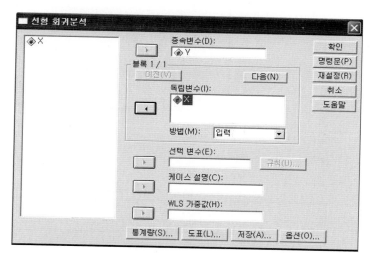

SPSS [절차8-2-3]

선형 회귀분석: 통계량 창에서는 회귀계수에 **추정값, 신뢰구간**을 선택하고, **모형적합**도 클릭한 후 계속을 누른다.

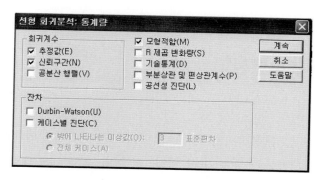

SPSS [절차8-2-4]

통계량 창에서 **옵션**을 선택한다. 여기서는 **방정식에 상수항 포함**을 선택해서는 안 된다. 계속을 눌러 **선형 회귀분석** 창으로 돌아간 후 확인을 한다.

SPSS [절차8-2-5]

SPSS 결과에서 추정치의 95% 신뢰구간이 구해졌음을 볼 수 있다.

계수^{a,b}

계수^{a,b}

모형		비표준화 계수		표준화 계수	t	유의확률	B에 대한 95% 신뢰구간	
		B	표준오차	베타			하한값	상한값
1	X	4.685	.034	1.000	136.976	.000	4.610	4.761

a. 종속변수: Y
b. 원점을 통한 선형 회귀

8.7 변수변환*

선형회귀모형, $Y = \beta_0 + \beta_1 x + \varepsilon$이 X와 Y의 관계를 나타내는 데에 부
적합한 경우도 많이 있다. 더욱이, 오차(ε)에 대한 가정($\varepsilon \sim N(0, \sigma^2)$)이 타
당하지 못한 경우도 자주 당면하게 되는 문제이다. 여기서 다루고자 하는
문제는 보다 정확한 설명변수와 반응변수 간의 관계를 얻기 위한 목적
으로 설명변수 X나 반응변수 Y를 변환시켜 회귀분석을 수행하는 방법
이다.

변수변환

8.7.1 비선형의 관계 : X만을 변환시키는 경우

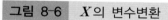 비선형

먼저 오차의 분포가 정규분포에 가깝고 또 등분산의 가정도 만족하고 있지만 비선형(nonlinear)의 관계에 있는 (X, Y)의 자료에 대해서는 설명변수 X를 변환시키면 된다. 이와 같은 경우에는 Y에 대해서는 변환을 시키지 않아야 하는데, Y를 변환시키면 오차에 대한 분포가 다르게 되기 때문이다.

다음 [그림 8-6]은 X와 Y의 자료들이 대표적인 비선형의 관계를 나타내고 있다. 설명변수 X의 값에 대해 Y가 취하는 값들의 범위가 거의 일정하기 때문에 등분산의 가정은 충족되지만, 기본적으로 X와 Y가 직선의 관계를 보이고 있지는 않는 경우들이다. [그림 8-6(A)]와 같은 관계는 X 대신 $\log X$ 또는 $\sqrt{X}$를 사용하면 X와 Y의 관계를 보다 잘 나타낼 것이고, [그림 8-6(B)]에서는 X^2이나 e^X를, [그림 8-6(C)]와 같다면 $1/X$나 e^{-X}를 X 대신 설명변수로 취하는 것이 바람직하다. 반응변수 Y에 대해서는 변환시키지 않기 때문에, 오차(잔차)들의 분포는 변함없이 일정한 폭 내에서(등분산) 정규분포에 가까운 분포를 할 것이다.

그림 8-6 X의 변수변환

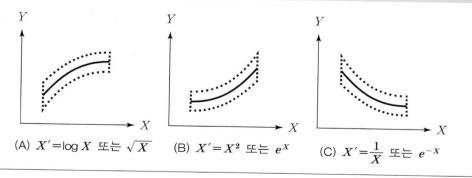

(A) $X' = \log X$ 또는 $\sqrt{X}$ (B) $X' = X^2$ 또는 e^X (C) $X' = \dfrac{1}{X}$ 또는 e^{-x}

예 8-3

다음은 신입 영업사원들에 대한 교육기간(단위: 일)과 실적(Y)에 대한 자료이다.

X	.5	.5	1.0	1.0	1.5	1.5	2.0	2.0	2.5	2.5
Y	46	51	71	75	92	99	105	112	121	125

[결과물 ①]은 X와 Y의 산포도로서 비선형의 관계를 보이고 있는데, 일단 $Y = \beta_0 + \beta_1 x + \varepsilon$의 모형에 적용시키면 [결과물 ②]와 같다. [결과물 ②]로부터는 $\hat{Y} = 35.35 + 36.90x$의 관계식을 얻고, R^2도 96.95%로 매우 높은 것을 알 수 있다. 그러나 잔차도표를 보면 잔차들이 역시 포물선의 관계로 분포되어 있음을 알 수 있기 때문에 위의 결과를 사용할 수는 없다.

이제, $Y = \beta_0 + \beta_1 \sqrt{x} + \varepsilon$의 모형으로 회귀분석할 경우, [결과물 ③]의 결과를 얻는다. 먼저 잔차도표가 정상적으로 분포되어 있음을 확인한

① X와 Y의 산포도

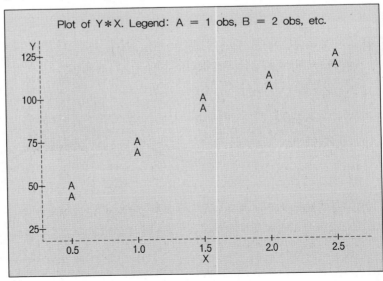

② $Y = \beta_0 + \beta_1 x + \varepsilon$ 모형의 SAS 결과물과 잔차도표

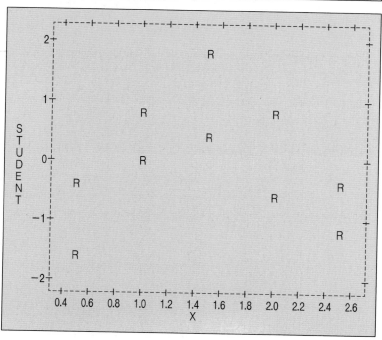

Analysis of Variance Procedure

Source	DF	Sum of Squares	Mean Square	F Value	Prob>F
Model	1	6808.05000	6808.05000	254.447	0.0001
Error	8	214.05000	26.75625		
C Total	9	7022.10000			

Root MSE	5.17264	R−square	0.9695
Dep Mean	89.70000	Adj R−sq	0.9657
C.V.	5.76660		

Parameter Estimates

Variable	DF	Parameter Estimate	Standard Error	T for H0: Parameter=0	Prob > |T|
INTERCEP	1	34.350000	3.83613575	8.954	0.0001
X	1	36.900000	2.31327690	15.951	0.0001

③ $Y = \beta_0 + \beta_1 \sqrt{x} + \varepsilon$ 모형의 SAS 결과물과 잔차도표

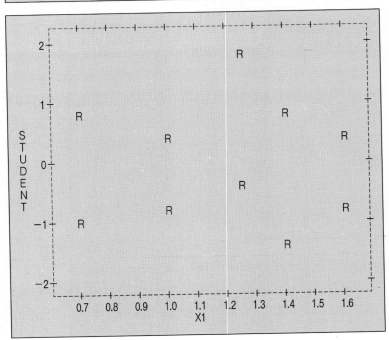

Analysis of Variance

Source	DF	Sum of Squares	Mean Square	F Value	Prob>F
Model	1	6929.36614	6929.36614	597.785	0.0001
Error	8	92.73386	11.59173		
C Total	9	7022.10000			

Root MSE	3.40466	R−square	0.9868
Dep Mean	89.70000	Adj R−sq	0.9851
C.V.	3.79561		

Parameter Estimates

Variable	DF	Parameter Estimate	Standard Error	T for H0: Parameter=0	Prob > |T|
INTERCEP	1	−11.687090	4.28426011	−2.728	0.0259
X1	1	85.526910	3.49808373	24.450	0.0001

후 계산된 결과로부터

$$\hat{Y} = -11.69 + 85.53\sqrt{x}$$
$$(.0259) \quad (.0001)$$

의 관계식을 얻게 된다. 또한, R^2=98.68%로서 결정계수가 선형의 관계
일 경우보다 약 2% 정도 증가함을 알 수 있다.

SPSS [절차8-3-1]
자료를 입력하고 **분석→회귀분석→선형** 메뉴를 선택한다.

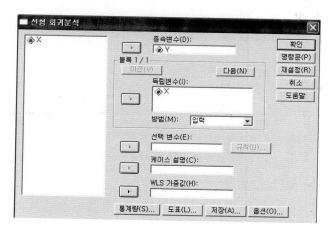

SPSS [절차8-3-2]
선형회귀분석 창에서 Y를 **종속변수**로 X를 **독립변수**로 한다($\sqrt{X}$로 할 것).

SPSS [절차8-3-3]

아래 서브메뉴에서 도표를 선택한 후, Y에 *SRESID를 X에 DEPENDENT
를 보낸다. 여기서 *SRESID는 스튜던트화 잔차를 의미한다. 잔차도표는
X축에 적합값을, Y축에는 잔차를 놓는 것이 일반적이다. 그리고 **표준화
잔차도표**에서 정규확률도표를 선택한다. 계속을 누른다.

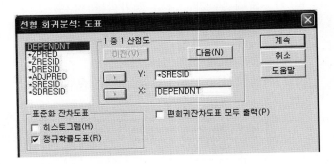

SPSS [절차8-3-4]

선형회귀분석 창으로 돌아오면 **저장**을 누른다. **선형회귀분석:저장** 창에서
는 **잔차**에서 스튜던트화를 클릭하고 계속을 누른다. 데이터 편집기에 스
튜던트화 잔차가 저장된다.

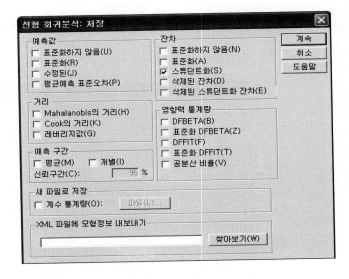

SPSS [절차8-3-5]

다시 **선형회귀분석** 창으로 돌아와 확인을 하면 출력결과를 얻게 된다.

분산분석[b]

모형		제곱합	자유도	평균제곱	F	유의확률
1	선형회귀분석	6808.050	1	6808.050	254.447	.000[a]
	잔차	214.050	8	26.756		
	합계	7022.100	9			

a. 예측값: (상수), X
b. 종속변수: Y

계수[a]

모형		비표준화 계수		표준화 계수	t	유의확률
		B	표준오차	베타		
1	(상수)	34.350	3.836		8.954	.000
	X	36.900	2.313	.985	15.951	.000

a. 종속변수: Y

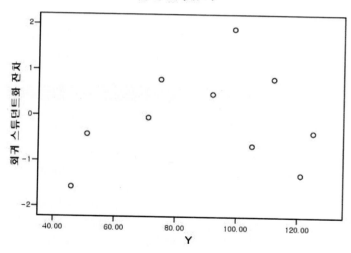

종속 변수W: Y

SPSS [절차8-3-6]

이제 SAS에서와 같이 X와 스튜던트화 잔차(편집기에 생성된 SRE_1)의 그래프를 얻기 위해서는 **그래프→산점도** 메뉴를 선택하고 **산점도** 창에서 **단순**을 선택한 후 **정의** 버튼을 누른다.

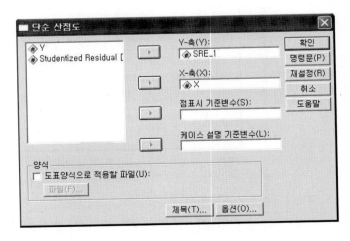

SPSS [절차8-3-7]

단순 산점도 창에서 Y-축에 SRE_1를 보내고 X-축에 X를 보낸 후 확인을
한다.

SPSS [절차8-3-8]

스튜던트화 잔차와 X 간의 그래프를 얻게 된다. 이 그래프는 앞의 SAS
결과와 같다.

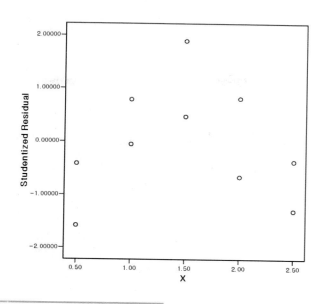

8.7.2 오차의 가정이 성립하지 않을 경우 : Y를 변환시키는 경우

회귀분석의 전제가 되는 오차에 대한 가정

$$\varepsilon \sim N(0, \sigma^2)$$

이 성립하지 않을 경우, 반응변수(Y)를 변환시켜 볼 수 있다. 반응변수를 변환시키게 되면 변환된 Y값들의 분포 자체가 변하기 때문에 잔차들의 분포도 그 형태가 바뀔 것이기 때문이다. 앞 절에서 다룬 것과 다르게, X와 Y가 선형의 관계에 있지 않을 때, X대신 Y를 변환시킴으로써 선형의 관계를 얻을 수도 있다.

다음의 [그림 8-7(A)]는 가구소득(X)과 휴가경비(Y) 간의 관계를 나타내 주고 있다. 소득이 높은 가구는 휴가경비로 지출하는 금액의 범위가 넓고 소득이 낮은 가구는 휴가경비도 적지만, 경비의 범위도 좁은 형태를 보일 것이다. 이러한 자료들은 Y를 $\sqrt{Y}$ 또는 $\sqrt{Y+.375}$ 로 바꾸어

그림 8-7	Y의 변수변환

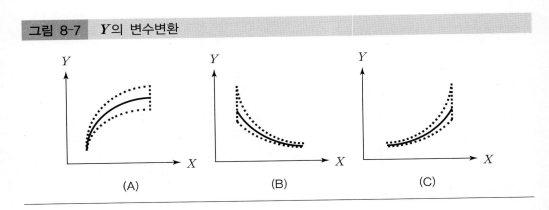

(A) (B) (C)

회귀분석하는 것이 바람직하다. 자료들의 산포도가 [그림 8-7(B)]나 [그림 8-7(C)]의 형태를 보일 경우에는 Y를 $\log Y$ 또는 $1/Y$로 변환하여 회귀분석하는 것이 바람직하다.

여기서, 주목할 점은 때때로 Y의 변환과 X의 변환을 동시에 고려할 때 보다 나은 X와 Y의 관계를 얻을 수도 있다는 점이다. 그러므로 변수간의 산포도와 잔차도표를 반복적으로 그려보면서 가장 바람직한 관계가 얻어질 수 있도록 변수변환이 이루어져야 할 것이다.

예 8-4

다음은 25명의 아이들에 대한 연령(X)과 혈장수준(Y)에 대한 자료이다.

X	0	0	0	0	0	1	1	1	1	1
Y	13.44	12.84	11.91	20.09	15.60	10.11	11.38	10.28	8.96	8.59

X	2	2	2	2	2	3	3	3	3	3
Y	9.83	9.00	8.65	7.85	8.88	7.94	6.01	5.14	6.90	6.77

X	4	4	4	4	4
Y	4.86	5.10	5.67	5.75	6.23

앞의 [예 8-3]에서 보았던 문제와 비슷하나 차이점은 [결과물 ①]에서 볼 수 있는 바와 같이 주어진 x들에서 Y의 분포폭이 매우 다르다는 것이다. 즉, [그림 8-7(B)]의 형태이다. 따라서 선형모형에 따른 [결과물 ②]의 결과를 사용한다면 잘못된 회귀분석을 한 것이 된다.

이 경우, 회귀모형 $\log Y = \beta_0 + \beta_1 x + \varepsilon$을 사용하여

$$\log \hat{Y} = 0.3751 + 0.0525x, \quad R^2 = 0.8563$$
$$\quad (.0001) \quad (.0001)$$

의 결과를 얻는 것이 바람직하다([결과물 ③]).

다시 말하면, 회귀분석의 결과를 얻을 때는 반드시 잔차도표로 잔차들에 대한 가정을 확인해 보아야 한다는 점을 강조해 둔다.

① X와 Y의 산포도

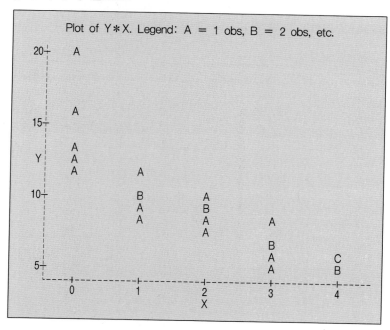

② 선형모형의 SAS 결과물

Analysis of Variance

Source	DF	Sum of Squares	Mean Square	F Value	Prob>F
Model	1	238.40545	238.40545	70.359	0.0001
Error	23	77.93366	3.38842		
C Total	24	316.33910			

Root MSE		1.84077	R-square	0.7536
Dep Mean		9.11280	Adj R-sq	0.7429
C.V.		20.19979		

Parameter Estimates

Variable	DF	Parameter Estimate	Standard Error	T for H0: Parameter=0	Prob > T
INTERCEP	1	13.480000	0.63766008	21.140	0.0001
X	1	−2.183600	0.26032364	−8.388	0.0001

[잔차도표]

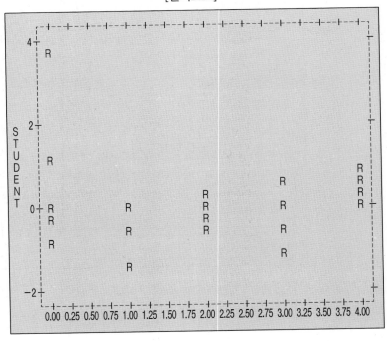

③ $\log Y = \beta_0 + \beta_1 x + \varepsilon$ 모형의 SAS 결과물

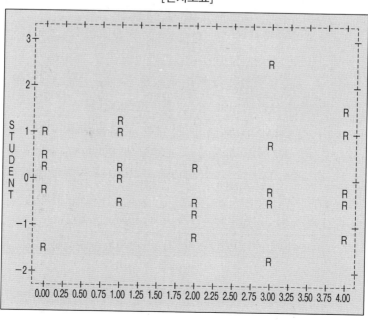

Analysis of Variance

Source	DF	Sum of Squares	Mean Square	F Value	Prob>F
Model	1	0.13788	0.13788	137.064	0.0001
Error	23	0.02314	0.00101		
C Total	24	0.16102			

Root MSE	0.03172	R-square	0.8563
Dep Mean	0.48011	Adj R-sq	0.8501
C.V.	6.60615		

Parameter Estimates

Variable	DF	Parameter Estimate	Standard Error	T for H0: Parameter=0	Prob > T
INTERCEP	1	0.375084	0.01098701	34.139	0.0001
X	1	0.052513	0.00448543	11.707	0.0001

[잔차도표]

8.8 다중선형회귀모형

다중선형회귀   앞에서 다룬 내용들은 설명변수가 하나인 경우의 단순선형회귀모형
이었다. 선형회귀모형에 설명변수를 두 개 이상 사용할 경우 **다중선형회귀**
(multiple linear regression)모형이라고 하는데, 그 형태는 다음과 같다. 즉,

$$Y_i = \beta_0 + \beta_1 x_{i1} + \beta_2 x_{i2} + \cdots + \beta_p x_{ip} + \varepsilon_i, \quad i = 1, \cdots, n$$

$$(\text{가정}) \quad \varepsilon_i \sim N(0, \sigma^2) \tag{8-25}$$

이다. 이 모형은 자료(Y)의 변화를 p개의 설명변수, $(X_1, \cdots, X_p)$로써 설
명해 보고자 하는 것이다. 실제로 자료를 회귀분석할 때, 그 자료가 어느
한 변수(설명변수)와 1차식으로 관계를 갖는 경우는 흔치 않을 것이다. 그
러므로 자료는 여러 개의 변수들에 의해 영향을 받는다고 할 때 다중회
귀모형으로 접근해야 할 것이다.

다중회귀모형을 다룰 때도 기본적인 원리는 단순회귀모형에서와 같
다. 즉, 식 (8-25)에서의 파라미터들을 추정하기 위하여 자료가 필요하
며, 최소자승법에 의하여 $(\beta_0, \beta_1, \cdots, \beta_p)$를 추정하게 된다. 이 때 얻어진
자료는 [표 8-8]과 같이 정리될 것이다.

여기서 설명변수들에 대한 자료들은 두 개의 하첨자로 표현되어 있
는데, 첫 번째 하첨자는 표본의 번호 $(1, \cdots, n)$, 두 번째 하첨자는 변수
행렬   의 번호 $(1, \cdots, p)$를 나타낸다. 이러한 x들의 표현을 **행렬**(matrix)이라고

[표 8-8] 다중회귀모형에 대한 자료

표본	Y	X_1	X_2	$\cdots$	X_p
1	y_1	x_{11}	x_{12}	$\cdots$	x_{1p}
2	y_2	x_{21}	x_{22}	$\cdots$	x_{2p}
$\vdots$	$\vdots$	$\vdots$	$\vdots$		$\vdots$
n	y_n	x_{n1}	x_{n2}	$\cdots$	x_{np}

하는데, 본 교재에서는 행렬로써 설명하는 부분은 다루지 않는다.

이제 설명변수들의 수가 3개인 경우의 다중회귀분석을 설명해 보기로 한다. 즉, 부동산 가격을 책정하기 위한 모형을 개발하기 위해, 부동산(상가)의 가격(Y)은 (1) 대지 가격(X_1) (2) 건물 가격(X_2) (3) 건평: 상가의 평수(X_3)의 세 가지 변수들에 의해 어떻게 설명될 수 있는가를 회귀분석한다고 하자. 그리고 이 변수들에 대한 자료를 [표 8-8]의 형태로 다음과 같이 얻어졌다고 하자.

[부동산가격과 대지가격, 건물가격, 건평]

상가	Y	X_1	X_2	X_3
1	68,900	5960	44967	1873
2	48,500	9000	27860	928
3	55,500	9500	31439	1126
4	62,000	10000	39592	1265
5	116,500	18000	72827	2214
6	45,000	8500	27317	912
7	38,000	8000	29856	899
8	83,000	23000	47752	1803
9	59,000	8100	39117	1204
10	47,500	9000	29349	1725
11	40,500	7300	40166	1080
12	40,000	8000	31679	1529
13	97,000	20000	58510	2455
14	45,500	8000	23454	1151
15	40,900	8000	20897	1173
16	80,000	10500	56248	1960
17	56,000	4000	20859	1344
18	37,000	4500	22610	988
19	50,000	3400	35948	1076
20	22,400	1500	5779	962

이 자료들을 회귀분석하고자 할 때, 그 모형은

$$Y_i = \beta_0 + \beta_1 x_{i1} + \beta_2 x_{i2} + \beta_3 x_{i3} + \varepsilon_i, \quad i = 1, 2, \cdots, n$$

$$\text{(가정)} \quad \varepsilon_i \sim N(0, \sigma^2) \tag{8-26}$$

이 된다. 그리고 이 자료에 대한 분석 결과는 다음과 같이 얻어진다.

[SAS 결과물]

Analysis of Variance

Source	DF	Sum of Squares	Mean Square	F Value	Prob>F
Model	3	8779676740.6	29265589135	46.662	0.0001
Error	16	1003491259.4	62718203.714		
C Total	19	9783168000.0			

Root MSE	7919.48254	R−square	0.8974
Dep Mean	56660.00000	Adj R−sq	0.8782
C.V.	13.97720		

Parameter Estimates

Variable	DF	Parameter Estimate	Standard Error	T for H0: Parameter=0	Prob > T
INTERCEP	1	1470.275919	5746.3245832	0.256	0.8013
X1	1	0.814490	0.51221871	1.590	0.1314
X2	1	0.820445	0.21118494	3.885	0.0013
X3	1	13.528650	6.58568006	2.054	0.0567

우선, 분산분석표의 F-값은 46.662이며 p-value(Prob $>F$)는 0.0001 이다. 이는

$$H_0 : \beta_1 = \beta_2 = \beta_3 = 0$$

$$H_1 : \sim H_0$$

를 가설검증한 결과이다. 즉, 귀무(영)가설, H_0는 모든 설명변수들(X_1, X_2, X_3)이 모형에 적합하지 않다는 것을 의미하는 것이다. 다중회귀분석을 할 경우, 설명변수들 모두가 Y를 설명할 수 없다는 것은 거의 있을 수

없기 때문에 일반적으로 p-value는 작게 얻어진다.

[SAS 결과물]의 아래 쪽에 있는 Parameter Estimates는 추정된 값들을 나타낸다. 그러므로 모형 식 (8-26)에 대해 추정된 회귀식은

$$\hat{y} = 1470.2759 + 0.8144x_1 + 0.8204x_2 + 13.5286x_3 \quad (R^2 = 0.8974)$$
$$(.8013) \qquad (.1314) \qquad (.0013) \qquad (.0567)$$

가 된다. 위 추정된 회귀식의 추정된 계수들 아래의 ( )안 값들을 각각 p-value이다. 즉,

$$H_0 : \beta_i = 0$$
$$H_1 : \beta_i \neq 0, \quad i = 1, 2, 3$$

에 대한 p-value이다. 여기서 $\hat{\beta}_1$에 대한 p-value가 0.1314로 비교적 크기 때문에 H_0를 기각할 수 없는데, 이에 대한 자세한 설명은 뒤의 제12절에서 다루기로 한다.

더욱이 위의 부동산 가격 자료에 대한 회귀분석 결과식에서 절편에 해당하는 $\hat{\beta}_0$값이 1470.2759로 얻어졌고 그에 대한 p-value가 0.8013으로 상당히 큰 값이다. 그러므로 이 절편에 해당하는 부분을 0으로 처리해야 하지 않는가 하는 문제를 야기할 수 있지만 추정된 회귀식을 이용하여 예측을 할 경우 등에서 위의 추정식을 그대로 사용한다. 즉, 주어진 (x_1, x_2, x_3)값에서 예측을 할 경우, 이 절편 값 1470.2759를 회귀식에 포함시켜 예측해야 한다.

이제 추정된 계수를 설명해 보기로 하자. 먼저, 절편으로 추정된 1470.2759에 대한 설명은 할 필요가 없다. 왜냐하면 모든 설명변수 값들이 0일 때의 상가 가격을 나타내는 것이기 때문이다. 그리고 0.8144는 대지 가격(X_1)이 한 단위 올라갈 때 상가 가격(Y)이 0.8144만큼 증가한다는 것이다(이 변수에 대한 유의성 여부는 따지지 말자). 이때 다른 설명변수들은 고정(fixed)이다. 즉, 건물 가격과 건평이 일정하다는 조건에서, 대지 가격 한 단위 증가가 상가 가격을 0.8144만큼 증가시킨다는 것이다. 이에 대한 추가 설명은 제13절 교호모형에서 다룬다.

이와 같이 다중회귀분석을 할 경우에는, 설명변수 전체들에 대한 유의성 여부와 각각의 파라메터에 대한 유의성 여부를 가설검증할 수 있다. 그리고 특히 유념해야 할 것은 [SAS 결과표]에 나타나 있는 조정된 결정계수, $Adj.R^2$는 0.8782인데 이 값을 결정계수(R^2)보다 더 좋은 값으로 사용해서는 안 된다는 것이다. 조정된 결정계수의 용도는 식 (8-24)에 설명되어 있고 제12절 변수선택에서 사용되는 개념이다.

조정된
결정계수

더욱이, 앞의 제 5 절에서 설명한 잔차분석은 반드시 수행되어야 한다. 즉, 다중회귀분석에서도 설명변수가 하나뿐인 단순회귀분석에서와 모든 원리는 같다. 하지만 설명변수가 많아지기 때문에 조금 더 복잡할 뿐이다.

식 (8-25)의 일반적인 다중회귀분석 모형에 대해 얻어지는 분산분석표는 다음과 같다.

[다중회귀모형의 분산분석표]

요인	DF	제곱합(SS)	평균제곱합(MS)	F	p-value
모델	p	SSR	$MSR = \dfrac{SSR}{P}$	$\dfrac{MSR}{MSE}$	
잔차	$n-1-p$	SSE	$MSE = \dfrac{SSE}{(n-1-p)}$		
합계	$n-1$	SST			

여기서, 언급하고 넘어가야 할 것은 다중회귀분석에서는 설명변수의 수가 많아지면 많아질수록 결정계수(R^2)의 값이 커진다는 것이다. 예컨대, 성인 남자의 키(Y)를 아버지의 키(X_1)만으로 단순회귀분석 할 경우보다는 아버지의 키(X_1)와 어머니의 키(X_2)를 설명변수로 하여 다중회귀분석을 할 경우에 두 개의 설명변수로써 성인 남자의 키가 더 많이 설명될 수 있다는 것이다. 그러나 무의미한 설명변수를 더 추가할 경우는 ─ 이 예에서 가구당 바퀴벌레의 수(X_3)라고 하자 ─ 어떻게 되는가? 다중회귀분석에서 설명변수를 추가할 경우, 그 설명변수가 유의미하든 무의미하든 설명변수를 추가하면 결정계수 값은 무조건 높아지지만 조정된 결

정계수($Adj.R^2$)는 작아질 수 있다. 즉, 여기서, 가구당 바퀴벌레 수를 조사하여 다중회귀분석에 추가했을 경우, 조정된 결정계수 값은 작아질 수 있다는 것이다. 다중회귀분석에서 설명변수를 추가했는데, 조정된 결정계수의 값이 추가하기 전의 조정된 결정계수 값보다 작아진다면 그 추가된 설명변수는 제외시켜야만 한다.

8.9 표준화

표준화   다중회귀분석을 할 경우, 자료들을 **표준화**(standardized)시켜 그 관계를 파악해 볼 필요가 있다. 그 이유는 여러 가지 변수들을 측정할 때 그 변수들의 측정단위가 서로 다르기 때문에 변수들의 측정단위를 없애주고자 하는 것이다. 이를테면, 매출(Y)에 영향을 주는 변수들을 광고료(X_1)와 점포크기(X_2)로 선택했을 경우, 점포크기는 "평(坪)"이라는 단위를 갖고 광고료는 "원"을 단위로 측정하게 된다. 이 경우 광고료와 점포크기 중에서 어느 설명변수가 매출(Y)에 더 많은 영향을 주는 변수인지를 판단하려면 설명변수들에 대한 표준화가 불가피하다는 것이다.

     표준화를 시키는 방법에는 두 가지가 있는데, 일반적으로는(표준화된 것의) 분산이 1이 되도록 하는 표준화 방법을 사용하면 된다. 예를 들어, 설명변수가 두 개인 경우,

$$Y_i = \beta_0 + \beta_1 x_{i1} + \beta_2 x_{i2} + \varepsilon_i, \quad i = 1, \cdots, n \qquad (8\text{-}27)$$

에서 모든 변수들을 표준화시키고자 할 경우 Y, X_1, X_2를 각각,

$$Y_i^* = \frac{Y_i - \bar{y}}{s_Y}, \quad x_{i1}^* = \frac{x_{i1} - \bar{x}_1}{s_1}, \quad x_{i2}^* = \frac{x_{i2} - \bar{x}_2}{s_2} \qquad (8\text{-}28)$$

로 하여, 표준화된 변수들로써 회귀모형을 만들면

$$Y_i^* = \beta_0^* + \beta_1^* x_{i1}^* + \beta_2^* x_{i2}^* + \varepsilon_i^*, \quad i = 1, \cdots, n \qquad (8\text{-}29)$$

가 된다. 여기서, s_Y는 자료(Y)들의 표준편차, s_1은 첫 번째 설명변수(X_1) 값들의 표준편차, s_2는 두 번째 설명변수(X_2) 값들의 표준편차이다. 식 (8-28)에서 $\bar{y}$, s_Y로 소문자로 표시한 것은 n개의 자료들에 대한 평균($\bar{y}$), 표준편차(s_Y)를 나타낸 것이다. 우선, 식 (8-27)의 β들과 식 (8-29)의 β^*들의 관계를 살펴보기 위하여 식 (8-29)을 정리해 보자. 즉,

$$\frac{Y_i - \bar{y}}{s_Y} = \beta_0^* + \beta_1^* \left(\frac{x_{i1} - \bar{x}_1}{s_1} \right) + \beta_2^* \left(\frac{x_{i2} - \bar{x}_2}{s_2} \right) + \varepsilon_i^*$$

$$\Rightarrow Y_i = \bar{y} + s_Y \left[\beta_0^* + \beta_1^* \left(\frac{x_{i1} - \bar{x}_1}{s_1} \right) + \beta_2^* \left(\frac{x_{i2} - \bar{x}_2}{s_2} \right) + \varepsilon_i^* \right]$$

$$\Rightarrow Y_i = \left(\bar{y} + s_Y \beta_0^* - \beta_1^* \frac{s_Y}{s_1} \bar{x}_1 - \beta_2^* \frac{s_Y}{s_2} \bar{x}_2 \right)$$
$$+ \beta_1^* \frac{s_Y}{s_1} x_{i1} + \beta_2^* \frac{s_Y}{s_2} x_{i2} + s_Y \varepsilon_i^*$$

가 되므로, 식 (8-27)과 비교하면

$$\beta_0 = \bar{y} + s_Y \beta_0^* - \beta_1^* \frac{s_Y}{s_1} \bar{x}_1 - \beta_2^* \frac{s_Y}{s_2} \bar{x}_2$$

$$\beta_1 = \beta_1^* \left(\frac{s_Y}{s_1} \right)$$

$$\beta_2 = \beta_2^* \left(\frac{s_Y}{s_2} \right)$$

의 관계에 있음을 알 수 있다. 다시 말하면, 표준화시킨 후 얻어진 β_1^*값에 (s_Y/s_1)을 곱하면 β_1값을 얻게 된다는 것이다. 또는, $\beta_1(s_1/s_Y) = \beta_1^*$의 관계이므로 $\hat{\beta}_1$에 (s_1/s_Y)를 곱하면 $\hat{\beta}_1^*$을 얻게 된다는 것이다. 표준화시킨 후 회귀분석하여 얻은 계수들을 **베타계수**라고도 부른다.

베타계수

구체적인 예로서 다음의 자료에 대한 회귀분석 결과를 살펴보자.

[표 8-9] 매출액과 광고비, 대리점 크기의 자료

대리점	광고비 (단위: 10만원)	대리점의 크기 (단위: 평)	매출액 (단위: 10만원)
1	4	4	9
2	8	10	20
3	9	8	22
4	8	5	15
5	8	10	17
6	12	15	30
7	6	8	18
8	10	13	25
9	6	5	10
10	9	12	20

[표 8-9]는 매출액(Y)과 광고비(X_1), 대리점의 크기(X_2)에 대한 10개 대리점의 자료인데, 다중선형회귀모형에 대한 계산 결과는

$$\hat{y} = -0.65 + 1.55x_1 + 0.76x_2 \quad (R^2 = 0.9014)$$
$$(.8293) \quad (.0474) \quad (.0970)$$

$$\bar{y} = 18.6 \qquad \bar{x}_1 = 8.0 \qquad \bar{x}_2 = 9.0$$

$$s_Y = 6.40 \qquad s_1 = 2.26 \qquad s_2 = 3.68$$

등으로 얻어진다. 따라서, 광고비를 1단위(10만원) 추가할 때 155,000원의 매출이 증가하며, 대리점 크기가 1단위(1평) 더 크면 76,000원의 매출이 증가하는 관계에 있음을 알 수 있다(② 표준화하지 않은 경우의 출력결과 p. 379 참조).

그러나 광고비 10만원과 대리점 크기 1평 간에 비교를 할 수 없기 때문에 광고비와 대리점 크기라는 두 개의 설명변수들 중에서 어느 것이 매출을 더 크게 신장시킬 수 있는 변수인지를 판단할 수는 없다. 따라서 표준화시킨 변수들에 대한 모형인 식 (8-29)에 대해 계산결과를 얻어야 하는데, 그 결과는

$$\hat{y}^* = 0.548x_1^* + 0.437x_2^*$$

이다. 여기서, $\hat{\beta_0}^*$의 값은 항상 0이다. 따라서, 단위가 없는 두 변수(광고비, 대리점 크기)들의 매출액에 대한 관계가 각각 0.548과 0.437로 얻어졌으므로 광고비가 대리점 크기보다 매출에 더 큰 영향을 미치는 변수가 되며, 영향을 미치는 정도는

$$\frac{0.548}{0.437} = 1.25$$

이므로 광고료는 대리점 크기 대비 25%나 더 매출액을 신장시킨다고 할 수 있다(③ 표준화한 경우의 SAS 출력결과 참조). 이 예에 대한 SAS 프로그램(표준화하지 않는 경우와 표준화한 경우)과 그 출력결과들은 다음과 같다.

① SAS 프로그램

```
DATA e;
    INPUT ad size y @@;
    CARDS;
    4  4  9 8 10 20  9  8 22 8 5  15 8 10 17
    12 15 30 6  8 18 10 13 25 6 5 10 9 12 20
RUN;
/*표준화 하지 않은 회귀분석*/
PROC REG DATA=e;
      MODEL y = ad size/R;
RUN;
/*표준화 작업*/
PROC STANDARD DATA=e OUT=f MEAN=0 STD=1;
VAR y ad size;
RUN;
/*표준화 회귀분석*/
PROC REG DATA=f;
      MODEL y = ad size/R;
RUN;
```

② 표준화하지 않은 경우의 SAS 출력결과

Analysis of Variance

Source	DF	Sum of Squares	Mean Square	F Value	Prob>F
Model	2	332.07388	166.03694	31.995	0.0003
Error	7	36.32612	5.18945		
C Total	9	368.40000			

Root MSE	2.27804	R−square	0.9014	
Dep Mean	18.60000	Adj R−sq	0.8732	
C.V.	12.24750			

Parameter Estimates

Variable	DF	Parameter Estimate	Standard Error	T for H0: Parameter=0	Prob > |T|
INTERCEP	1	−0.650660	2.90752999	−0.224	0.8293
AD	1	1.551451	0.64623550	2.401	0.0474
SIZE	1	0.759894	0.39681658	1.915	0.0970

③ 표준화한 경우의 SAS 출력물결과

Analysis of Variance

Source	DF	Sum of Squares	Mean Square	F Value	Prob>F
Model	2	8.11255	4.05628	31.995	0.0003
Error	7	0.88745	0.12678		
C Total	9	9.00000			

Root MSE	0.35606	R−square	0.9014	
Dep Mean	−0.00000	Adj R−sq	0.8732	
C.V.	−1.379395E17			

Parameter Estimates

Variable	DF	Parameter Estimate	Standard Error	T for H0: Parameter=0	Prob > |T|
INTERCEP	1	−2.58127E−16	0.11259573	−0.000	1.0000
AD	1	0.548223	0.22835468	2.401	0.0474
SIZE	1	0.437294	0.22835468	1.915	0.0970

SPSS [절차표준화-1]

데이터 편집기에 자료를 입력하고, 분석→회귀분석→선형 메뉴를 선택한다.

SPSS [절차표준화-2]

선형 회귀분석 창에서 종속변수에 Y, 독립변수에 X1, X2를 넣는다. 그리고 확인을 한다.

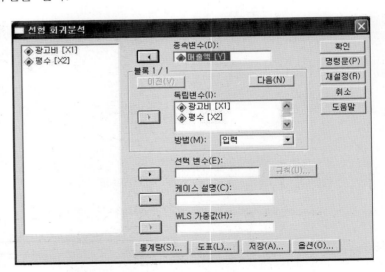

SPSS [절차표준화-3]

SPSS 출력결과를 얻게 되는데, 표준화계수, 베타 항목의 값들이다.

여기서 SPSS 출력결과에는 원자료들에 대한 분산분석표와 추정된 계수, 그리고 표준화계수(베타계수) 값들을 보여주고 있다. 표준화를 시킬 경우, 상수의 표준화 값은 0이 된다.

분산분석[b]

모형		제곱합	자유도	평균제곱	F	유의확률
1	선형회귀분석	332,074	2	166,037	31,995	,000[a]
	잔차	36,326	7	5,189		
	합계	368,400	9			

a. 예측값: (상수), 평수, 광고비
b. 종속변수: 매출액

계수[a]

모형		비표준화 계수		표준화 계수	t	유의확률
		B	표준오차	베타		
1	(상수)	-,651	2,908		-,224	,829
	광고비	1,551	,646	,548	2,401	,047
	평수	,760	,397	,437	1,915	,097

a. 종속변수: 매출액

8.10 질적변수의 설명변수 사용

양적변수

회귀분석에 사용되는 변수들은 반응변수나 설명변수들이 대부분 **양적변수**(quantitative variable)인 경우가 많다. 양적변수는 나이, 수입, 온도, 금액 등과 같이 실수값으로 수량화될 수 있는 자료들이다. 그러나 설명변

질적변수

수로 사용하고자 하는 자료들이 성(SEX), 거주지역, 계절 등과 같은 **질적변수**(qualitative variable)들일 경우, 어떤 방법으로 사용해야 하는가의 문제를 생각해 보자. 먼저, 성별에 따라 Y에 미치는 영향이 다를 것 같아서 성(SEX)을 설명변수로 할 경우

$$SEX = \begin{cases} 1, & \text{여자일 경우} \\ 0, & \text{남자일 경우} \end{cases}$$

가변수
지적변수

로, SEX라는 변수를 정의하여 설명변수로 사용할 수 있는데, 이와 같이 0 또는 1의 값을 부여하여 정의한 변수를 **가변수**(dummy variable) 또는 **지적변수**(indicate variable)라고 한다. 또 다른 예로는 계절에 따라 Y가 변동할 것 같아 계절($SEASON$)이란 질적변수를 설명변수로 고려한다면, 그 질적변수를

$$SEASON = \begin{cases} 1, & \text{봄일 경우} \\ 2, & \text{여름일 경우} \\ 3, & \text{가을일 경우} \\ 4, & \text{겨울일 경우} \end{cases}$$

로 정의하여 사용할 수 있는데, 이 질적변수 자체를 설명변수로 사용할 수는 없다. 왜냐하면, 이와 같은 형태의 질적변수를 설명변수로 사용한다면 $SEASON$의 한 단위 증가라는 의미를 설명할 수 없다. 즉, 추정된 계수를 어떻게 설명할 것인가? 회귀분석을 하는 목적은 $SEASON$이란 질적변수를 사용하여 계절간의 Y에 대한 변동을 파악하고자 하는 것이므로 $SEASON$ 대신 다음과 같이 세 개의 가변수를 정의하여 설명변수로 삼아야만 한다. 즉,

$$S_1 = \begin{cases} 1, & \text{봄일 경우} \\ 0, & \text{봄이 아닐 경우} \end{cases} \qquad S_2 = \begin{cases} 1, & \text{여름일 경우} \\ 0, & \text{여름이 아닐 경우} \end{cases}$$

$$S_3 = \begin{cases} 1, & \text{가을일 경우} \\ 0, & \text{가을이 아닐 경우} \end{cases}$$

의 세 개의 가변수 (S_1, S_2, S_3)로써 $SEASON$을 표현할 수 있다. 다시 말하면,

$$SEASON = \begin{cases} \begin{array}{lccc} & & S_1 & S_2 & S_3 \\ 1, \text{봄일 경우} & \rightarrow & 1 & 0 & 0 \\ 2, \text{여름일 경우} & \rightarrow & 0 & 1 & 0 \\ 3, \text{가을일 경우} & \rightarrow & 0 & 0 & 1 \\ 4, \text{겨울일 경우} & \rightarrow & 0 & 0 & 0 \end{array} \end{cases}$$

이 된다. 이 예에서와 같이 질적변수를 가변수로 바꾸어 설명변수로 사용하게 될 경우, 가변수는 항상 (질적변수의 분류 수 - 1) 개만큼 필요하다.

　여기서 특별히 유의해야 할 점은 두 개 이상의 질적변수를 설명변수로 사용하는 경우이다. 예를 들어, 어느 그룹사의 급여(Y)를 성별(SEX), 교육수준($EDUC$), 근무연수($YEAR$) 세 개의 설명변수로 회귀분석하고자 한다. 그러면 회귀모형은

$$Y = \beta_0 + \beta_1(SEX) + \beta_2(EDUC) + \beta_3(YEAR) + \varepsilon \qquad (8\text{-}30)$$

이 되는데, SEX와 $EDUC$는 질적변수이므로 가변수를 정의하여 사용해야만 한다는 것이다. SEX는 그 자체가 가변수이지만, 질적변수인 $EDUC$를

$$EDUC = \begin{cases} 1, & \text{고졸인 경우} \\ 2, & \text{대졸인 경우} \\ 3, & \text{대학원졸인 경우} \end{cases}$$

표현하여 설명변수로 사용하면 안 되고, 두 개의 가변수, E_1과 E_2를

$$E_1 = \begin{cases} 1, & \text{고졸인 경우} \\ 0, & \text{기타} \end{cases} \qquad E_2 = \begin{cases} 1, & \text{대졸인 경우} \\ 0, & \text{기타} \end{cases}$$

로 정의하여 설명변수로 사용해야 한다는 것이다. 따라서, 회귀모형은

$$Y = \beta_0 + \beta_1(SEX) + \beta_2 E_1 + \beta_3 E_2 + \beta_4(YEAR) + \varepsilon \qquad (8\text{-}31)$$

가 되어야 한다.

　이 때, 파라미터 β_1, β_2, β_3들의 의미를 파악해야만 얻어진 회귀선에 대해 설명을 할 수 있을 것이다. 먼저, SEX의 값이 남자일 경우 0, 여자일 경우 1의 값을 갖기 때문에 남자보다 여자가 β_1만큼 Y를 증가시키는 것이다. 그러나 β_2와 β_3에 대해서는 그 의미를 정확히 파악해야 한다.
　즉,

$$EDUC = \begin{cases} 1, & \text{고졸인 경우} & \rightarrow & 1 & 0 \\ 2, & \text{대졸인 경우} & \rightarrow & 0 & 1 \\ 3, & \text{대학원졸인 경우} & \rightarrow & 0 & 0 \end{cases} \quad \begin{matrix} E_1 & E_2 \end{matrix}$$

으로 되므로 $EDUC = 1$은 $(E_1 = 1,\ E_2 = 0)$, $EDUC = 2$는 $(E_1 = 0,\ E_2 = 1)$, $EDUC = 3$은 $(E_1 = 0,\ E_2 = 0)$으로 대체되어 자료가 입력되어야 하고, β_2는 대학원졸에 비해 고졸인 경우의 Y(급여) 증가분을 나타내며, β_3은 대학원졸에 비해 대졸의 Y 증가분을 나타내는 값으로 설명되는 것이다.

이를 좀더 자세히 이해하기 위해서는 두 가지 질적변수들의 조합집단에 대해 Y의 기대값을 표시해 볼 필요가 있다. [표 8-10]은 $EDUC$과 SEX 두 개의 질적변수들의 6가지 조합집단들에 대한 Y의 기대값을 표현한 것이다. 즉, 각 조합집단에 있어 가변수의 값을 대입한 결과들을 나열한 것인데, 예를 들어 (대졸, 여자) 집단에 대해서는 학력이 대졸이므로 $E_1 = 0$, $E_2 = 1$이 되고, 여자이므로 $SEX = 1$이다. 따라서, Y의 기대값은

추정된 계수의
설명

$$E(Y) = \beta_0 + \beta_1 + \beta_3 + \beta_4(YEAR)$$

가 된다. 이와 같이 얻어진 [표 8-10]의 결과로부터 학력에 관계없이 남자보다 여자가 β_1만큼 많고, 성별에 관계없이 대학원졸보다 고졸이 β_2만큼, 대학원졸보다 대졸이 β_3만큼 많은 것을 알 수 있다.

[표 8-10] 질적변수들의 분류조합에 대한 Y의 기대값

조합집단	$E(Y) = \beta_0 + \beta_1(SEX) + \beta_2 E_1 + \beta_3 E_2 + \beta_4(YEAR)$
(고졸, 남자)	$\beta_0 \qquad\qquad + \beta_2 \qquad\qquad + \beta_4(YEAR)$
(고졸, 여자)	$\beta_0 + \beta_1 + \beta_2 \qquad\qquad + \beta_4(YEAR)$
(대졸, 남자)	$\beta_0 \qquad\qquad\qquad + \beta_3 + \beta_4(YEAR)$
(대졸, 여자)	$\beta_0 + \beta_1 \qquad\qquad + \beta_3 + \beta_4(YEAR)$
(원졸, 남자)	$\beta_0 \qquad\qquad\qquad + \beta_4(YEAR)$
(원졸, 여자)	$\beta_0 + \beta_1 \qquad\qquad + \beta_4(YEAR)$

이제, 식 (8-31)의 모형에 대해 조사된 자료를 회귀분석하여 다음과 같은 결과가 얻어졌다고 하자.

$$\hat{y} = 192.6 + 13.3(SEX) - 38.4E_1 - 15.6E_2 + 6.6(YEAR)$$

이 회귀식을 해석하면 남자보다 여자가 13.3 많고, 대학원졸보다 고졸이 38.4만큼 덜 받으며 대학원졸보다 대졸이 15.6만큼 덜 받는다는 해석이 가능한 것이다. 그러면, 대졸은 고졸보다 $-15.6 - (-38.4) = 22.8$만큼 급여가 높음을 알 수 있다. 물론, 근속연수가 1년 많을수록 급여는 6.6만큼 증가한다. 이와 같이 가변수를 설명변수로 사용할 경우, 가변수에 대해 얻어진 계수가 갖는 의미에 대해 유의해야 한다.

이제는 어느 그룹 회사의 급여(Y)를 성별, 교육수준, 근무연수 3개의 설명변수로 회귀분석하고자 할 경우, SPSS에서는 가변수를 어떻게 정의하는가를 실습해보기로 한다. 변수들에 대한 값들은 다음의 [SPSS실습예제]와 같다고 하자.

[SPSS 실습 예제]

SEX	EDUC	YEAR	SALARY
.00	1.00	6.00	195.00
1.00	1.00	4.00	190.00
1.00	2.00	4.50	225.00
.00	3.00	5.50	220.00
.00	2.00	3.00	205.00
1.00	3.00	8.00	260.00
.00	1.00	7.00	200.00
.00	1.00	5.00	190.00
1.00	2.00	3.00	200.00
1.00	3.00	4.00	240.00
.00	2.00	4.00	200.00
1.00	3.00	7.50	255.00

SPSS [절차가변수 – 1]

먼저 **변환→변수계산** 메뉴를 선택하고 **대상변수**에 E1을 입력하고 **숫자표현식**에 1을 입력한 후 **조건** 버튼을 누른다.

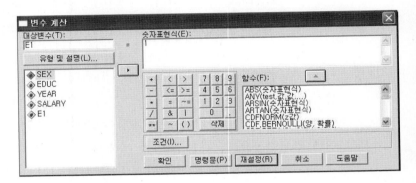

SPSS [절차가변수 – 2]

변수계산: **케이스조건** 창에서는 **다음 조건을 만족하는 케이스 포함**을 선택하고 EDUC=1을 그 내용으로 입력한 후 **계속**을 누른다. 이는 EDUC=1(고졸)에 해당되는 자료를 E1=1로 하라는 의미이다.

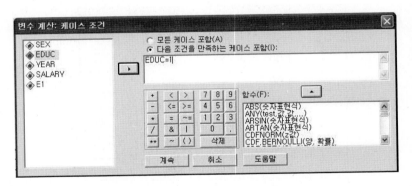

SPSS [절차가변수 – 3]

변수계산 창이 나타나면 **확인**을 눌러 E1=1인 값들을 저장하여야 한다. 그리고 다시 **변환→변수계산** 메뉴로 선택하여 E1=0을 정의하는 단계를 밟아야 한다. 변수계산 창에서 대상변수 E1에 대해 **숫자표현식**에 0을 입력한 후 **조건**을 누르면 다시 **변수계산: 케이스 조건** 창이 나타나는데 다음 조건을 만족하는 케이스 포함의 내용에 아래 숫자판에서 ~=을 선택하여 화살표로 불러오면 된다. 계속을 누른다.

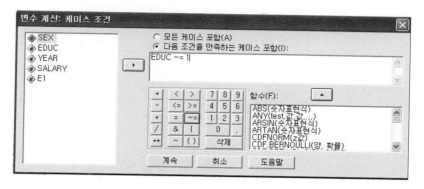

SPSS [절차가변수-4]

이제 이미 생성된 E1=1에 E1=0이 추가되는 단계로서 **변수계산** 창이 나오는데 여기서 **확인** 버튼을 누르면 기존변수를 바꾸겠느냐는 창이 열리면 확인을 한다.

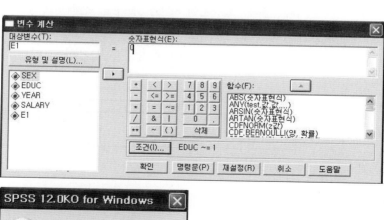

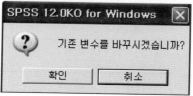

SPSS [절차가변수-5]

데이터 편집기에 E1 변수가 생성되어 있음을 볼 수 있다.

	SEX	EDUC	YEAR	SALARY	E1
1	.00	1.00	6.00	195.00	1.00
2	1.00	1.00	4.00	190.00	1.00
3	1.00	2.00	4.50	225.00	.00
4	.00	3.00	5.50	220.00	.00
5	.00	2.00	3.00	205.00	.00
6	1.00	3.00	8.00	260.00	.00
7	.00	1.00	7.00	200.00	1.00
8	.00	1.00	5.00	190.00	1.00
9	1.00	2.00	3.00	200.00	.00
10	1.00	3.00	4.00	240.00	.00
11	.00	2.00	4.00	200.00	.00
12	1.00	3.00	7.50	255.00	.00

SPSS [절차가변수-6]

앞에서와 같은 절차로 가변수 E2를 생성한다.

SPSS [절차가변수-7]

이제 분석→회귀분석→선형 메뉴를 선택하고 종속변수에 SALARY, 독립변수에 SEX, E1, E2, YEAR를 넣고 확인을 하면 된다. 본문의 설명은 아래 출력결과에서 얻어진 값들을 사용한 것이다.

분산분석[b]

모형		제곱합	자유도	평균제곱	F	유의확률
1	선형회귀분석	6429.259	4	1607.315	30.348	.000[a]
	잔차	370.741	7	52.963		
	합계	6800.000	11			

a. 예측값: (상수), YEAR, SEX, E1, E2
b. 종속변수: SALARY

계수[a]

모형		비표준화 계수		표준화 계수	t	유의확률
		B	표준오차	베타		
1	(상수)	192.558	12.410		15.517	.000
	SEX	13.318	4.616	.280	2.885	.023
	E1	-38.396	5.835	-.760	-6.580	.000
	E2	-15.615	7.093	-.309	-2.201	.064
	YEAR	6.592	1.774	.449	3.717	.007

a. 종속변수: SALARY

8.11 부분가설검증*

회귀분석을 할 경우, 때때로 다양한 형태의 가설검증이 필요할 경우도 있다. 즉, 다중선형회귀모형

$$Y_i = \beta_0 + \beta_1 x_{i1} + \beta_2 x_{i2} + \cdots + \beta_p x_{ip} + \varepsilon_i \qquad (8\text{-}32)$$

에 대해서, 예를 들면

    (a) $H_0 : \beta_2 = \beta_3 = 0$

    (b) $H_0 : \beta_1 = -2\beta_3$

    (c) $H_0 : \beta_1 + \beta_4 = 1$

등과 같은 가설검증을 할 경우이다. 이러한 가설들은 경험적으로나 이론적으로 알려져 있는 사실에 기초한 것들이다. 이와 같은 형태의 가설검증을 하기 위해서 **축차제곱합**(sequential sum of squares)을 소개한다. 우선, 두 개의 설명변수 X_1, X_2로써 Y를 회귀시키고자 할 경우

축차제곱합

$$Y_i = \beta_0 + \beta_1 x_{i1} + \beta_2 x_{i2} + \varepsilon_i \qquad (8\text{-}33)$$

가 되는데 총제곱합(SST)은 잔차제곱합(SSE)과 회귀제곱합(SSR)으로 나누어진다. 이 때 SSR을

$$SSR = \sum_{i=1}^{n} (\hat{y}_i - \bar{y})^2$$
$$= SSR(X_1, X_2) \qquad (8\text{-}34)$$

라고 표현하기로 하자. $SSR(X_1, X_2)$는 (X_1, X_2) 모두를 설명변수로 했을 때의 회귀제곱합인데 X_1만을 설명변수로 했을 때의 회귀제곱합 $SSR(X_1)$에 X_2를 추가했을 때의 회귀제곱합의 합으로 얻어진다. 즉,

$$SSR(X_1, X_2) = SSR(X_1) + SSR(X_2 \mid X_1) \tag{8-35}$$

으로 표현된다. 여기서 $SSR(X_2 \mid X_1)$은 X_1을 설명변수로 하는 모형에 X_2를 추가했을 때 증가하는 회귀제곱합의 크기를 나타낸다. 다시 말하면

$$Y = \beta_0 + \beta_1 x_1 + \varepsilon \quad \Rightarrow \quad SSR(X_1)$$
$$Y = \beta_0 + \beta_1 x_1 + \beta_2 x_2 + \varepsilon \quad \Rightarrow \quad SSR(X_1, X_2) \Big\} + SSR(X_2 \mid X_1)$$

이다. 물론, $SSR(X_1, X_2) \neq SSR(X_1) + SSR(X_2)$인데 X_1과 X_2 간에 어느 정도의 상관관계가 존재하기 때문이다. 마찬가지로, X_2만이 있을 때의 회귀 제곱합, $SSR(X_2)$에 X_1을 추가할 때의 회귀제곱합 증가분, $SSR(X_1 \mid X_2)$을 합하면 (X_2, X_1) 모두를 설명변수로 할 때의 회귀제곱합이 된다.

즉,

$$SSR(X_1, X_2) = SSR(X_2) + SSR(X_1 \mid X_2) \tag{8-36}$$

이다.

이제, p개의 설명변수들, $X_1, X_2, \cdots, X_p$가 있다고 하자. 그러면, 회귀제곱합은 다음과 같이 분할되는데, 즉

$$SSR(X_1, \cdots, X_p) = SSR(X_1) + SSR(X_2 \mid X_1) + SSR(X_3 \mid X_1, X_2)$$
$$+ \cdots + SSR(X_p \mid X_1, X_2, \cdots, X_{p-1}) \tag{8-37}$$

축차제곱합   이다. 여기서 식 (8-37)의 오른쪽에 있는 항들을 **축차제곱합**이라고 한다. 다시 말하면, $SSR(X_1, \cdots, X_p)$는 설명변수를 하나씩 추가할 때 얻어지는 회귀제곱합의 증가분들을 합하여 얻어지는 것이다.

축차제곱합을 이용하여 설명변수 몇 개의 묶음에 대한 제곱합도 얻어질 수 있다. 예를 들면, 4개의 설명변수(X_1, X_2, X_3, X_4)를 고려하고 있을 때, 두 개의 설명변수 (X_3, X_4)가 회귀제곱합에 미치는 영향은

[표 8-11] 부채와 영업손실, 비용, 자본잠식 자료

X_1	X_2	X_3	Y	X_1	X_2	X_3	Y
19.5	43.1	29.1	11.9	31.1	56.6	30.0	25.4
24.7	49.8	28.2	22.8	30.4	56.7	28.3	27.2
30.7	51.9	37.0	18.7	18.7	46.5	23.0	11.7
29.8	54.3	31.1	20.1	19.7	44.2	28.6	17.8
19.1	42.2	30.9	12.9	14.6	42.7	21.3	12.8
25.6	53.9	23.7	21.7	29.5	54.4	30.1	23.9
31.4	58.5	27.6	27.1	27.7	55.3	25.7	22.6
27.9	52.1	30.6	25.4	30.2	58.6	24.6	25.4
22.1	49.9	23.2	21.3	22.7	48.2	27.1	14.8
25.5	53.5	24.8	19.3	25.2	51.0	27.5	21.1

$$SSR(X_1, \cdots, X_4) = SSR(X_1, X_2) + SSR(X_3, X_4 \mid X_1, X_2)$$
$$\Rightarrow SSR(X_3, X_4 \mid X_1, X_2) = SSR(X_1, \cdots, X_4) - SSR(X_1, X_2) \quad (8\text{-}38)$$

의 관계로부터 얻을 수 있다. 또한, 식 (8-38)은

$$SSR(X_3, X_4 \mid X_1, X_2) = SSR(X_3 \mid X_1, X_2) + SSR(X_4 \mid X_1, X_2, X_3) \quad (8\text{-}39)$$

로 계산할 수 있다.

앞에서 설명한 축차제곱합들의 관계를 구체적인 예를 들어 설명해 보자. [표 8-11]의 자료는 부채(Y)와 영업손실(X_1), 영업비용(X_2), 자본잠식(X_3)에 대한 20개의 기업체에 대한 조사 결과이다. 우선 이 자료에 대한 몇 가지 계산결과는

$$SSR(X_1) = 352.27$$
$$SSR(X_2) = 381.97$$
$$SSR(X_1, X_2) = 385.44$$
$$SSR(X_1, X_2, X_3) = 396.98$$
$$SST = 495.39$$

[표 8-12] 축차제곱합으로의 분할

Source	d.f.	SS
$SSR(X_1, X_2, X_3)$	3	396.98
$SSR(X_1)$	1	352.27
$SSR(X_2 \mid X_1)$	1	33.17
$SSR(X_3 \mid X_1, X_2)$	1	11.54
$SSE(X_1, X_2, X_3)$	16	98.41
SST	19	495.39

이다. 먼저,

$$SSR(X_2 \mid X_1) = SSR(X_1, X_2) - SSR(X_1)$$
$$= 385.44 - 352.27 = 33.17$$
$$SSR(X_1 \mid X_2) = SSR(X_1, X_2) - SSR(X_2)$$
$$= 385.44 - 381.97 = 3.47$$

이다. 그러면 분산분석표의 회귀제곱합은 축차제곱합들로 분할되어 표현
될 수 있는바 [표 8-12]와 같다.

여기서 설명하는 축차제곱합은 고려하고 있는 설명변수들 중에서 몇
개의 설명변수들에 대한 유의성 검증, 또는, 파라미터들에 대한 특별한
형태의 유의성 검증을 하기 위한 목적이다. 참고로, SAS에서는 축차제곱
Type I SS   합을 Type I SS로 표현하여 계산결과를 제공해 주고 있다.

8.11.1 $H_0 : \beta_j = \beta_k = 0$에 대한 가설검증

설명변수가 p개인 모형에서 두 개의 설명변수 X_j와 X_k가 얼마나 중
요한(유의적)가를 알아보기 위하여 가설검증을 해야 할 경우가 있다고 하
자. 다시 말하면, 두 개의 설명변수 X_j와 X_k가 모형 내에서 얼마나 설명
력을 갖는가 하는 문제인데 이는 다음과 같은 가설검증과 같다. 즉,

$$H_0 : \beta_j = \beta_k = 0 \quad \text{v.s.} \quad H_1 : \sim H_0 \tag{8-40}$$

이다. 이와 같은 가설검증을 하기 위해서는 먼저 p개의 설명변수가 모두
포함되어 있는 회귀모형을 **완전모형**(Full Model)이라고 부르고 X_j와 X_k가
모형에 포함되지 않는 경우, 즉 식 (8-40)의 H_0 내용이 반영된 모형을
축소모형(Reduced Model)이라고 부르자. 그러면 축소모형과 완전모형의
회귀제곱합의 차이가 얼마나 유의적인가를 알아냄으로써 식 (8-40)의 가
설검증을 하게 된다.

＊완전모형

＊축소모형

　　예를 들어, 설명변수가 5개인 회귀분석의 문제에서 완전모형은

$$(FM) \quad Y_i = \beta_0 + \beta_1 x_{i1} + \cdots + \beta_5 x_{i5} + \varepsilon_i \tag{8-41}$$

이 되고,

$$H_0 : \beta_1 = \beta_2 = 0 \quad \text{v.s.} \quad H_1 : \sim H_0 \tag{8-42}$$

를 가설검증하고자 한다면, 축소모형은

$$(RM) \quad Y_i = \beta_0^* + \beta_3^* x_{i3} + \beta_4^* x_{i4} + \beta_5^* x_{i5} + \varepsilon_i \tag{8-43}$$

이다. 위 식에서 ＊를 붙인 이유는 식 (8-41)에서의 그 값들과 다르다는
의미이다. 그러면, 5개의 설명변수로 회귀분석할 때의 회귀제곱합이 3개
의 설명변수만 있는 축소모형에서의 회귀제곱합보다 클 것은 당연한 일
이다. 그러므로 축소모형에 두 개의 설명변수 X_1과 X_2가 추가될 때의
회귀제곱합의 증가분이 얼마나 큰가에 따라 주어진 가설, 식 (8-42)가 검
증될 수 있을 것이다. 즉,

$$SSR(X_1, X_2 \mid X_3, X_4, X_5) = SSR(X_1, \cdots, X_5) - SSR(X_3, X_4, X_5)$$

이 유의적으로 크면, H_0를 기각하게 된다. 이때, 검증통계량은

$$F = \frac{SSR(X_1, X_2 \mid X_3, X_4, X_5)/2}{SSE(X_1, \cdots, X_5)/(n-5-1)} \tag{8-44}$$

가 되며, 자유도$(2, n-6)$의 F-분포를 한다. 여기서, 분자의 자유도는 완전모형(FM)의 파라미터 수(6)에서 축소모형(RM)의 파라미터 수(4)를 뺀 값이다.

그리고 $SSR(X_1, X_2 | X_3, X_4, X_5)$는 축차제곱합들의 합으로 얻어질 수 있는바,

$$SSR(X_1, X_2 | X_3, X_4, X_5)$$
$$= SSR(X_2 | X_3, X_4, X_5) + SSR(X_1 | X_2, X_3, X_4, X_5)$$

가 된다. 식 (8-44)의 검증통계량은 $(X_1, X_2, \cdots, X_5)$ 모두를 설명변수로 삼았을 때의 잔차제곱합(분모) 중에서 $SSR(X_1, X_2 | X_3, X_4, X_5)$가 차지하는 비중을 나타내고 있다(자유도 고려).

다음의 자료는 부하 직원들이 상사에 대해 평가한 결과이다. 상사의 평가점수(Y)는 직원의 고충해결 능력(X_1), 상사의 융통성(X_2), 탐구력(X_3), 성취력(X_4), 통솔력(X_5), 직원의 부서 이전 욕구(X_6) 등과 관련이 있다고 판단하여 회귀분석하고자 한다.

먼저, X_2, X_4, X_5, X_6은 회귀분석에 포함시킬 필요가 없는 설명변수들인가를 판단해 보고자 한다. 그러면, 가설은

$$H_0 : \beta_2 = \beta_4 = \beta_5 = \beta_6 = 0 \tag{8-45}$$

이 될 것이다.

따라서, 완전모형과 축소모형은 다음과 같다.

$(FM) \quad Y_i = \beta_0 + \beta_1 x_{i1} + \cdots + \beta_6 x_{i6} + \varepsilon_i, \quad i = 1, \cdots, 30$

$(RM) \quad Y_i = \beta_0^* + \beta_1^* x_{i1} + \beta_3^* x_{i3} + \varepsilon_i, \quad i = 1, \cdots, 30$

여기서, (RM)의 파라미터들은 $*$로 표현하여 (FM)의 그것들과 다른 값

[상사의 평가점수와 설명변수들의 자료]

Y	X_1	X_2	X_3	X_4	X_5	X_6	Y	X_1	X_2	X_3	X_4	X_5	X_6
43	51	30	39	61	92	36	81	90	50	72	60	54	36
63	64	51	54	63	73	63	74	85	64	69	79	79	63
71	70	68	69	76	86	60	65	60	65	75	55	80	60
61	63	45	47	54	84	46	65	70	46	57	75	85	46
81	78	56	66	71	83	52	50	58	68	54	64	78	52
43	55	49	44	54	49	33	50	40	33	34	43	64	33
58	67	42	56	66	68	41	64	61	52	62	66	80	41
71	75	50	55	70	66	37	53	66	52	50	63	80	37
72	82	72	67	71	83	49	40	37	42	58	50	57	49
67	61	45	47	62	80	33	63	54	42	48	66	75	33
64	53	53	58	58	67	72	66	77	66	63	88	76	72
67	60	47	39	59	74	49	78	75	58	74	80	78	49
69	62	57	42	55	63	38	48	57	44	45	51	83	38
68	83	83	45	59	77	55	85	85	71	71	77	74	55
77	77	54	72	79	77	39	82	82	39	59	64	78	39

임을 표시하였다.

그러면,

$$SSR(X_2, X_4, X_5, X_6 \mid X_1, X_3) = SSR(FM) - SSR(RM)$$
$$= 3082.16 - 3042.32$$
$$= 39.84$$

이고, $SSE(FM) = 1214.81$이므로

$$F = \frac{39.84/4}{1214.81/23} = 0.189$$

이 된다. 이 F값은 자유도 (4, 23)의 F분포에서 $\alpha = 0.25$의 임계치 1.45 보다도 아주 작으므로 H_0를 기각하지 못한다(즉, p-value $\gg 0.25$).

이제, SAS의 프로그램과 그 출력결과들을 살펴보자. ① SAS 프로그램에서 "MODEL y = x1 x3 x2 x4 x5 x6"로 한 것은 축소모형의 $SSR(X_1, X_3)$을 $SSR(X_1)+SSR(X_3|X_1)=2927.58+114.73=3042.31$로 얻기 위한 테크닉임을 보이기 위한 것뿐이다(②의 출력결과 참조).

또한, ③ MODEL y=x1 x3의 출력결과에서도 축소모델의 $SSR(RM)$을 3,042.32로 얻을 수도 있다.

① SAS 프로그램

```
DATA example;
    INFILE 'C:\example.dat';
    INPUT y x1 x2 x3 x4 x5 x6;
RUN;
PROC REG DATA=example;
    MODEL y = x1 x3 x2 x4 x5 x6 / SS1 SS2;
RUN;
PROC REG DATA=example;
    MODEL y = x1 x3 / r;
RUN;
```

② MODEL y= x1 x3 x2 x4 x5 x6에 대한 출력결과

Analysis of Variance

Source	DF	Sum of Squares	Mean Square	F Value	Prob>F
Model	6	3082.15873	513.69312	9.73	0.0001
Error	23	1214.80793	52.81774		
C Total	29	4296.96667			

Root MSE	7.26758	R-square	0.7173	
Dep Mean	64.63333	Adj R-sq	0.6435	
C.V.	11.24432			

Parameter Estimates

Variable	DF	Parameter Estimate	Standard Error	T for H0: Parameter=0	Prob > |T|	Type I SS
INTERCEP	1	10.667247	11.94654393	0.893	0.3812	125324
X1	1	0.715928	0.16307478	4.390	0.0002	2927.584253
X3	1	0.232371	0.16786187	1.384	0.1796	114.73344
X2	1	−0.140689	0.16607760	−0.847	0.4057	30.032590
X4	1	−0.047788	0.20907094	−0.229	0.8212	0.942175
X5	1	0.009876	0.15057252	0.066	0.9483	0.563837
X6	1	0.064287	0.16214644	0.396	0.6954	8.302435

Variable	DF	Type II SS
INTERCEP	1	42.111420
X1	1	1017.992063
X3	1	101.213835
X2	1	37.903327
X4	1	2.759487
X5	1	0.227218
X6	1	8.302435

③ MODEL y= x1 x3의 출력결과

Analysis of Variance

Source	DF	Sum of Squares	Mean Square	F Value	Prob>F
Model	2	3042.31770	1521.15885	32.735	0.0001
Error	27	1254.64897	46.46848		
C Total	29	4296.96667			

Root MSE		6.81678	R−square	0.7080
Dep Mean		64.63333	Adj R−sq	0.6864
C.V.		10.54685		

Parameter Estimates

Variable	DF	Parameter Estimate	Standard Error	T for H0: Parameter=0	Prob > |T|
INTERCEP	1	9.870880	7.06122360	1.398	0.1735
X1	1	0.643518	0.11847743	5.432	0.0001
X3	1	0.211192	0.13440372	1.571	0.1278

SPSS [절차8-5-1]

자료를 입력하고 **분석→회귀분석→선형**을 선택한다. **선형회귀분석** 창이 나오면 Y를 **종속변수**로 하고 모든 설명변수(X1~X6)들을 독립변수로 옮긴 후 확인을 한다.

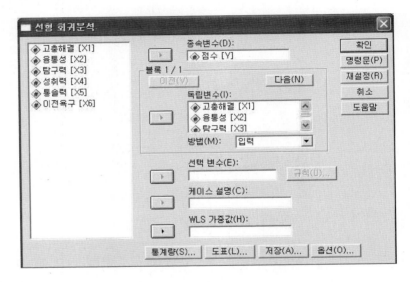

SPSS [절차8-5-2]

SPSS 출력결과에서 분산분석표의 회귀제곱합(선형회귀분석) 값인 3,082.16을 얻는다. 이 값은 완전모형의 회귀제곱합이다.

분산분석[b]

모형		제곱합	자유도	평균제곱	F	유의확률
1	선형회귀분석	3082.159	6	513.693	9.726	.000[a]
	잔차	1214.808	23	52.818		
	합계	4296.967	29			

a. 예측값: (상수), 이전욕구, 통솔력, 고충해결, 탐구력, 융통성, 성취력

b. 종속변수: 점수

SPSS [절차8-5-3]

이제는 데이터 편집기로 돌아가서 다시 **분석→회귀분석→선형**을 선택한 후 **독립변수**에 X1과 X3만을 남겨두고 확인을 한다.

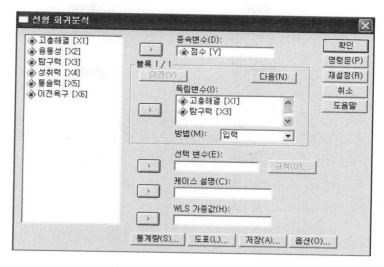

SPSS [절차8-5-4]

이 결과는 축소모형에 대한 SPSS 계산 결과이다. 축소모형에 대한 회귀 제곱합은 3,042.32이다. 여기서 X3에 대한 유의확률이 0.128로 비교적 높게 나온 것에 대해 문제를 삼을 필요는 없다. 이 예제는 단순히 부분 가설검증을 다루고 있기 때문이다.

분산분석[b]

모형		제곱합	자유도	평균제곱	F	유의확률
1	선형회귀분석	3042.318	2	1521.159	32.735	.000[a]
	잔차	1254.649	27	46.468		
	합계	4296.967	29			

a. 예측값: (상수), 탐구력, 고충해결
b. 종속변수: 점수

계수[a]

모형		비표준화 계수		표준화 계수	t	유의확률
		B	표준오차	베타		
1	(상수)	9.871	7.061		1.398	.174
	고충해결	.644	.118	.704	5.432	.000
	탐구력	.211	.134	.204	1.571	.128

a. 종속변수: 점수

부분제곱합   앞에서 설명한 축차제곱합 이외에 **부분제곱합**(partial sum of squares) 이라는 것은 특정한 하나의 변수(X_j)가 추가될 때 얻어지는 회귀제곱합의 증가분을 말한다. 즉,

$$SSR(X_j \mid X_1, \cdots, X_{j-1}, X_{j+1}, \cdots, X_p), \quad j = 1, \cdots, p$$

를 부분제곱합이라고 한다. 다시 말하면, X_j를 제외한 다른 모든 설명변수들로써 설명되는 회귀제곱합보다, X_j를 추가했을 때 회귀제곱합이 얼마나 증가하는가를 나타내 준다. 따라서, 부분제곱합은 X_j가 회귀모형에 필요한가의 여부를 알기 위한 목적으로 사용될 수 있다. 즉, 하나의 파라미터에 대한 t-검증과 같은 결과를 얻게 된다.

    그러므로

$$H_0 : \beta_j = 0 \quad \text{v.s.} \quad H_1 : \beta_j \neq 0$$

을 가설검증하는 목적으로

$$
\begin{aligned}
& SSR(X_j \mid X_1, \cdots, X_{j-1}, X_{j+1}, \cdots, X_p) \\
&= SSR(X_1, \cdots, X_p) - SSR(X_1, \cdots, X_{j-1}, X_{j+1}, \cdots, X_p) \\
&= SSR(FM) - SSR(RM)
\end{aligned}
$$

부분 F 를 사용하여, 검증통계량으로 **부분 F**(partial-F)

$$F = \frac{SSR(X_j \mid X_1, \cdots, X_{j-1}, X_{j+1}, \cdots, X_p)}{SSE(X_1, \cdots, X_p)/(n-1-p)} \tag{8-46}$$

Type Ⅲ SS   가 정의된다. 참고로 SAS에서는 부분제곱합을 Type Ⅲ SS로 표현하여 계산결과를 제공해 주고 있다.

부분결정계수   이 부분제곱합은 **부분결정계수**(partial determination coefficient)를 구하는 데 사용되기도 한다. 부분결정계수를 설명하기 위해, 우선, 두 개의 설명변수가 있는 모형을 고려해 보자. 즉,

$$Y_i = \beta_0 + \beta_1 x_{i1} + \beta_2 x_{i2} + \varepsilon_i, \quad i = 1, \cdots, n$$

에서 Y와 X_1의 부분결정계수란 X_2가 모형에 포함되어 있을 때, X_2가 Y의 변동을 설명해 주지 못하는 부분 중에서$(SSE(X_2))$ X_1이 추가됨으로써 Y를 얼마나 더 설명해 줄 수 있는가를 나타내 주는 것으로서

$$R_{Y1.2}^2 = \frac{SSR(X_1 \mid X_2)}{SSE(X_2)}$$

로 정의된다. 이를 X_2가 주어졌을 때 X_1과 Y의 부분결정계수라고 부른다. 반대로 X_1이 Y를 설명해 주지 못하는 부분$(SSE(X_1))$ 중에서 X_2가 추가됨으로써 Y를 설명할 수 있는 부분$(SSR(X_1 \mid X_2))$의 비율은 X_1이 주어져 있을 때 X_2와 Y의 부분결정계수가 되고,

$$R_{Y2.1}^2 = \frac{SSR(X_2 \mid X_1)}{SSE(X_1)}$$

이다. 물론, 설명변수가 3개 이상일 경우에도 부분결정계수를 얻을 수 있는데 X_2, X_3가 주어져 있을 때 X_1과 Y의 부분결정계수는

$$R_{Y1.23}^3 = \frac{SSR(X_1 \mid X_2, X_3)}{SSE(X_2, X_3)}$$

이 될 것이다. [표 8-11]의 자료에 대한 부분결정계수의 몇 가지 결과는 다음과 같다.

$$R_{Y2.1}^2 = \frac{SSR(X_2 \mid X_1)}{SSE(X_1)} = \frac{33.17}{143.12} = .232$$

$$R_{Y3.12}^2 = \frac{SSR(X_3 \mid X_1, X_2)}{SSE(X_1, X_2)} = \frac{11.54}{109.95} = .105$$

$$R_{Y1.2}^2 = \frac{SSR(X_1 \mid X_2)}{SSE(X_2)} = \frac{3.47}{113.42} = .031$$

이다. 여기서 얻어진 부분결정계수를 다른 각도에서 설명하면, 예로써, $R_{Y2.1}^2 = .232$는 X_1만으로 회귀분석했을 때 얻어지는 잔차제곱합$(SSE(X_1))$

이 X_2를 추가함으로써 23.2% 줄어든다는 것을 의미한다.

부분결정계수는 다음 절에 설명되는 변수선택, 또는 판별분석, 군집분석 등에서 얻어지는 고급 통계량으로서 여기서는 그 정의(개념)만 이해하고 넘어가도 충분할 것이다.

여기서는 [표 8-11] 자료에 대한 부분결정계수(편상관계수의 제곱)를 얻는 방법을 SPSS 실습하기로 한다.

SPSS [절차부분결정계수-1]

먼저 자료를 입력한 후, 분석→상관분석→편상관계수 메뉴를 선택한다.

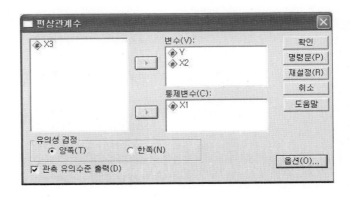

SPSS [절차부분결정계수-2]

편상관계수 창에서 X1이 주어지고 Y와 X2 간의 **편상관계수**(partial correlation)를 구하고자 할 때, 변수에 Y와 X2를 넣고 X1을 **통제변수**로 한다. 이는 $R_{Y2.1}$을 구하는 절차이다. 그리고 **옵션**을 클릭한다.

SPSS [절차부분결정계수-3]

편상관계수: 옵션 창에서는 통계량에서 평균과 표준편차, 0차 상관을
선택하고 계속한다.

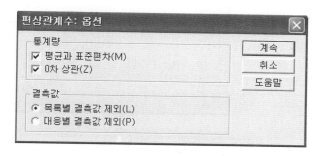

SPSS [절차부분결정계수-4]

SPSS 출력결과에는 0차 상관계수(단순한 변수 간 상관계수)와 각각에
대한 유의확률이 나오고 X1으로 통제했을 경우의 Y와 X2간의 편상관계
수(부분상관계수)가 0.481로 얻어졌음을 보여준다. 이 값의 제곱이 부분결
정계수(0.232)이다.

상관

통제변수			Y	X2	X1
-지정않음-ª	Y	상관	1,000	,878	,843
		유의수준(양측)		,000	,000
		df	0	18	18
	X2	상관	,878	1,000	,924
		유의수준(양측)	,000		,000
		df	18	0	18
	X1	상관	,843	,924	1,000
		유의수준(양측)	,000	,000	
		df	18	18	0
X1	Y	상관	1,000	,481	
		유의수준(양측)		,037	
		df	0	17	
	X2	상관	,481	1,000	
		유의수준(양측)	,037		
		df	17	0	

a. 셀에 0차 (Pearson) 상관이 있습니다.

SPSS [절차부분결정계수-5]

이제 3개의 설명변수들 중에서 X3를 제외한 모든 설명변수(X1과
X2)로써 통제할 경우는 위의 [절차부분결정계수-2]에서 통제변수에 X1
과 X2를 취하면 된다.

SPSS [절차부분결정계수-6]

이 경우 편(부분)상관계수는 −0.324이며 이를 제곱하면 $R^2_{Y3.12} = 0.105$가 된다.

상관

통제변수			Y	X3
X1 & X2	Y	상관	1,000	-,324
		유의수준(양측)	,	,190
		df	0	16
	X3	상관	-,324	1,000
		유의수준(양측)	,190	,
		df	16	0

8.12 변수선택

회귀분석을 하고자 할 때, 분석하고자 하는 변수 Y(반응)는 어떤 설명변수들로써 설명되는 것이 바람직한가를 생각하지 않을 수 없다. 이 문제는 이론적으로 경험적으로 해결될 수밖에 없는 문제인데, 기존의 유사한 연구에서 다룬 회귀분석모형에 사용되었던 설명변수들을 고려하는 것

도 바람직한 방법 중의 하나일 것이다. 회귀분석에서 설명변수들로서 고려되고 있는 것들이 모형에 모두 적합한가를 알아보아야 하는데, 그것들 중에서 일부는 Y를 설명하는 데에 필요하지 않을 수도 있다. 고려하고 있는 설명변수들이 여러 개일 경우, 가능한 한 적은 개수의 설명변수들만으로 회귀모형을 구성하는 것이 바람직하기 때문이다. **변수선택**(variable selection)의 방법으로는 다음의 세 가지 방법들이 있다.

변수선택

8.12.1 후진제거법

후진제거법

     후진제거법(backward deletion)이란, 고려하고 있는 모든 설명변수들을 모형에 포함시킨 후, 가장 중요하지 않은 설명변수부터 차례대로 제외시켜 나가는 방법이다. 설명변수를 제외시키는 기준은 부분제곱합으로부터 얻어지는 **부분 F값**(partial-F)이다. 여기서, 부분 F값이란, 식 (8-46)을 말한다. 즉, 이 방법은 설명변수들 중에서 가장 작은 부분 F값을 갖는 설명변수부터 차례대로 제거해 나간다. 첫 번째로 작은 부분 F값이 비유의적(p-value가 큰)일 때, 그 변수를 제외시킨 나머지 설명변수들 중에서 가장 작은 부분 F값을 갖는 것을 찾고 역시 비유의적이면 제거시켜 나가는 것이다. 이 방법의 문제점은 일단 제외시킨 설명변수는 다시 선택될 수 없다는 점이다.

부분 F값

8.12.2 전진선택법

전진선택법

     전진선택법(forward selection)은 후진제거법과 반대로, 고려하고 있는 설명변수들 중에서 가장 중요한 설명변수부터 차례대로 모형에 추가시켜 나가는 방법이다. 설명변수를 추가하는 기준은 역시 부분 F값으로써 결정하는데, 부분 F값이 가장 큰 설명변수가 유의적일 경우 제일 먼저 선택하고, 선택된 설명변수가 있는 모형에 나머지 설명변수들 중에서 부분 F

값이 가장 큰 설명변수를 추가해 나가는 과정이다. 물론, 더 이상 유의적인 설명변수가 없을 때까지 단계별로 진행된다. 이 방법도, 어떤 설명변수가 일단 모형에 선택이 되면, 이후에 다른 설명변수의 추가로 인하여 그 설명변수가 중요하지 않게 되더라도 그 변수를 제거할 수 없는 문제점이 있다.

여기서, 이해하고 넘어가야 할 것은 여러 개의 설명변수들 간에는 상관관계가 존재할 수 있다는 것이다. 따라서, 경우에 따라서는 앞의 두 가지 선택법은 바람직한 결과를 제공해 주지 못할 수가 있다.

8.12.3   단계적 선택법

단계적 선택법   단계적 선택법(stepwise selection)이란, 앞에서 설명한 전진선택법의 문제점을 개선하여 전진선택법에 후진제거법이 가미된 방법이다. 우선, 전진선택법에 따라 가장 큰 부분 F값을 갖는 설명변수를 선택하여 모형에 포함시키되 새로 추가되는 설명변수로 인하여 필요없게 되는 설명변수가 있을 경우, 후진제거법으로 제거해 나가는 방법이다. 물론, 더 이상 추가될 변수도 제거시킬 변수도 없을 때까지 진행하면서 최적의 설명변수들만으로 모형을 얻는 방법으로서, 고려하고 있는 설명변수들 중에서 필요한 것들만 선택하는 데 널리 사용되고 있는 방법이다.

예 8-6

다음의 자료는 변수선택의 문제가 잘 설명되는 자료이다. 설명변수 4개와 반응 변수 Y에 대해 전진선택법과 단계적선택법을 수행한 결과에 대해 설명해 보기로 하자.

① 변수선택의 자료 예

표본	X_1	X_2	X_3	X_4	Y
1	7	26	6	60	78.5
2	1	29	15	52	74.3
3	11	56	8	20	104.3
4	11	31	8	47	87.6
5	7	52	6	33	95.9
6	11	55	9	22	109.2
7	3	71	17	6	102.7
8	1	31	22	44	72.5
9	2	54	18	22	93.1
10	21	47	4	26	115.9
11	1	40	23	34	83.8
12	11	66	9	12	113.3
13	10	68	8	12	109.4

② SAS 프로그램

```
DATA Select;
    INPUT OBS X1 X2 X3 X4 Y @@;
CARDS;
 1  7 26  6 60  78.5  2  1 29 15 52  74.3
 3 11 56  8 20 104.3  4 11 31  8 47  87.6
 5  7 52  6 33  95.9  6 11 55  9 22 109.2
 7  3 71 17  6 102.7  8  1 31 22 44  72.5
 9  2 54 18 22  93.1 10 21 47  4 26 115.9
11  1 40 23 34  83.8 12 11 66  9 12 113.3
13 10 68  8 12 109.4
;
RUN;
PROC REG  DATA=Select / CORR;
    MODEL Y=X1 X2 X3 X4 / SELECTION=FORWARD;
    MODEL Y=X1 X2 X3 X4 / SELECTION=STEPWISE;
RUN;
```

③ SAS 출력결과(상관계수 행렬)

			Correlation		
CORR	X1	X2	X3	X4	Y
X1	1.0000	0.2286	−0.8241	−0.2454	0.7307
X2	0.2286	1.0000	−0.1392	−0.9730	0.8163
X3	−0.8241	−0.1392	1.0000	0.0295	−0.5347
X4	−0.2454	−0.9730	0.0295	1.0000	−0.8213
Y	0.7307	0.8163	−0.5347	−0.8213	1.0000

다공선성

SAS에 의한 설명변수 X들간의 상관계수를 살펴보면(③), X_1과 X_3, X_2와 X_4간에 높은 상관관계가 있음을 알 수 있다. 이러한 문제를 다공선성(multicollinearity)의 문제라고 하는데, 다공선성의 문제를 여기서 다룰 수는 없다. 왜냐하면, 행렬에 의한 설명이 불가피하기 때문이다. 아무튼, 이 자료에 대해서 변수선택의 방법에 따라 그 결과가 어떻게 다르게 나오는가를 살펴보기로 하자.

④ 전진선택법의 출력결과

Forward Selection Procedure for Dependent Variable Y

Step 1 Variable X4 Entered   R−square = 0.67454196   C(p) =138.73083349

	DF	Sum of Squares	Mean Square	F	Prob>F
Regression	1	1831.89616002	1831.89616002	22.80	0.0006
Error	11	883.86691690	80.35153790		
Total	12	2715.76307692			

Variable	Parameter Estimate	Standard Error	Type II Sum of Squares	F	Prob>F
INTERCEP	117.56793118	5.26220651	40108.47690796	499.16	0.0001
X4	−0.73816181	0.15459600	1831.89616002	22.80	0.0006

Bounds on condition number: 1,   1

Step 2 Variable X1 Entered   R−square = 0.97247105   C(p) = 5.49585082

	DF	Sum of Squares	Mean Square	F	Prob>F
Regression	2	2641.00096477	1320.50048238	176.63	0.0001

```
        X1          1.43995828      0.13841664     809.10480474   108.22   0.0001
        X4         -0.61395363      0.04864455    1190.92463664   159.30   0.0001
Bounds on condition number:       1.064105,      4.256421
----------------------------------------------------------------------------------
Step 3  Variable X2 Entered    R-square = 0.98233545   C(p) = 3.01823347

                    DF      Sum of Squares     Mean Square      F   Prob>F
Regression           3       2667.79034752     889.26344917   166.83   0.0001
Error                9         47.97272940       5.33030327
Total               12       2715.76307692

                 Parameter         Standard          Type II
Variable         Estimate          Error    Sum of Squares      F    Prob>F
INTERCEP        71.64830697      14.14239348    136.81003409   25.67   0.0007
X1               1.45193796       0.11699759    820.90740153  154.01   0.0001
X2               0.41610976       0.18561049     26.78938276    5.03   0.0517
X4              -0.23654022       0.17328779      9.93175378    1.86   0.2054
Bounds on condition number:      18.94008,      116.3601
----------------------------------------------------------------------------------
No other variable met the 0.5000 significance level for entry into the model.

        Summary of Forward Selection Procedure for Dependent Variable Y

           Variable   Number   Partial    Model
Step       Entered      In     R**2       R**2      C(p)        F    Prob>F
  1          X4          1     0.6745     0.6745   138.7308   22.7985   0.0006
  2          X1          2     0.2979     0.9725     5.4959  108.2239   0.0001
  3          X2          3     0.0099     0.9823     3.0182    5.0259   0.0517
```

전진선택법에 의하여 얻어진 설명변수는 (X_4, X_1, X_2)이고 그 결과는(④)

$$\hat{y} = 71.65 + 1.45x_1 + 0.42x_2 - 0.24x_4$$
$$(.0007) \quad (.0001) \quad (.0517) \quad (.2054)$$

이다. 출력결과 ④에서 Type Ⅱ SS는 곧 Type Ⅲ SS(제11절 참조)이다. 비록 X_4가 가장 먼저 모형에 선택되었지만, (X_1, X_2, X_4)를 설명변수로 사용한 결과에서는 X_4가 가장 비유의적임(p-value=0.2054)을 알 수 있다. 이는 $r_{X_2 X_4} = -0.9730$이기 때문이다. 따라서, X_2와 X_4 중에서 한 설명변수는 모형에 포함될 필요가 없다고 판단할 수 있다. 여기서, 변수선택의 기준이 되는 유의수준은 50%가 디폴트로 사용된다.

단계적 선택법(⑤)은 X_4가 제거되는 과정을 보여주고 있다. 그 이유는 X_2가 추가될 경우, X_4는 X_2에 비해 Y에 대한 설명력이 낮아지기 때문에 모형에서 제거되는 것이다. 단계적 선택법에 의하여 얻어진 결과는

$$\hat{y} = 52.58 + 1.47x_1 + 0.66x_2$$
$$(.0001) \quad (.0001) \quad (.0001)$$

이다. 이때의 변수선택 기준 유의수준은 15%가 디폴트로 사용된다.

⑤ 단계적 선택법의 출력결과

Stepwise Procedure for Dependent Variable Y

Step 1 Variable X4 Entered   R-square = 0.67454196   C(p) =138.73083349

	DF	Sum of Squares	Mean Square	F	Prob>F
Regression	1	1831.89616002	1831.89616002	22.80	0.0006
Error	11	883.86691690	80.35153790		
Total	12	2715.76307692			

Variable	Parameter Estimate	Standard Error	Type II Sum of Squares	F	Prob>F
INTERCEP	117.56793118	5.26220651	40108.47690796	499.16	0.0001
X4	−0.73816181	0.15459600	1831.89616002	22.80	0.0006

Bounds on condition number: 1,   1

Step 2 Variable X1 Entered   R-square = 0.97247105   C(p) = 5.49585082

	DF	Sum of Squares	Mean Square	F	Prob>F
Regression	2	2641.00096477	1320.50048238	176.63	0.0001
Error	10	74.76211216	7.47621122		
Total	12	2715.76307692			

Variable	Parameter Estimate	Standard Error	Type II Sum of Squares	F	Prob>F
INTERCEP	103.09738164	2.12398361	17614.67006622	2356.10	0.0001
X1	1.43995828	0.13841664	809.10480474	108.22	0.0001
X4	−0.61395363	0.04864455	1190.92463664	159.30	0.0001

Bounds on condition number: 1.064105,   4.256421

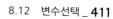

```
Step 3  Variable X2 Entered    R-square = 0.98233545    C(p) = 3.01823347

                     DF      Sum of Squares    Mean Square       F   Prob>F
         Regression   3      2667.79034752    889.26344917    166.83  0.0001
         Error        9        47.97272940      5.33030327
         Total       12      2715.76307692

                    Parameter      Standard         Type II
         Variable    Estimate        Error     Sum of Squares     F   Prob>F
         INTERCEP   71.64830697    14.14239348   136.81003409   25.67  0.0007
         X1          1.45193796     0.11699759   820.90740153  154.01  0.0001
         X2          0.41610976     0.18561049    26.78938276    5.03  0.0517
         X4         -0.23654022     0.17328779     9.93175378    1.86  0.2054
Bounds on condition number:     18.94008,      116.3601
-------------------------------------------------------------------------------
Step 4  Variable X4 Removed    R-square = 0.97867837    C(p) = 2.67824160

                     DF      Sum of Squares    Mean Square       F   Prob>F
         Regression   2      2657.85859375   1328.92929687   229.50  0.0001
         Error       10        57.90448318      5.79044832
         Total       12      2715.76307692

                    Parameter      Standard         Type II
         Variable    Estimate        Error     Sum of Squares     F   Prob>F
         INTERCEP   52.57734888     2.28617433  3062.60415609  528.91  0.0001
         X1          1.46830574     0.12130092   848.43186034  146.52  0.0001
         X2          0.66225049     0.04585472  1207.78226562  208.58  0.0001
Bounds on condition number:     1.055129,      4.220516
-------------------------------------------------------------------------------
All variables left in the model are significant at the 0.1500 level.
No other variable met the 0.1500 significance level for entry into the model.

            Summary of Stepwise Procedure for Dependent Variable Y

              Variable     Number  Partial  Model
        Step  Entered Removed  In   R**2    R**2    C(p)        F   Prob>F
          1   X4             1  0.6745  0.6745  138.7308   22.7985  0.0006
          2   X1             2  0.2979  0.9725    5.4959  108.2239  0.0001
          3   X2             3  0.0099  0.9823    3.0182    5.0259  0.0517
          4   X4             2  0.0037  0.9787    2.6782    1.8633  0.2054
```

이 자료는 특이한 자료이기 때문에 전진선택법과 단계적 선택법의 결과가 다르게 얻어지는 자료이다. 대부분의 경우, 어느 선택법을 사용하든 동일한 결과를 얻겠지만, 단계적 선택법으로 얻어진 결과를 사용하는 것이 바람직할 것이다.

SPSS [절차8-6-1]
SPSS데이터 편집기에 자료를 입력한 후, **분석→회귀분석→선형** 메뉴를 선택하고 **선형회귀분석** 창에서 **종속변수**에 Y, 독립변수에 $X_1 \sim X_4$를 옮긴다. 그리고 방법에서 **전진**을 찾아 선택한 후 아래 **옵션**을 클릭한다.

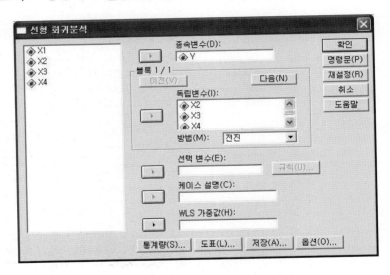

SPSS [절차8-6-2]
선형회귀분석: 옵션 창에서 **선택법 기준의 F-값 사용**을 클릭한다. 진입의 3.84, 제거의 2.71은 각각 $F(1, \infty)$의 유의수준 5%, 10% 값들이다. 그리고 **계속** 버튼을 누르면 **선형회귀분석** 창으로 돌아가는데 여기서 **확인**을 하면 된다.

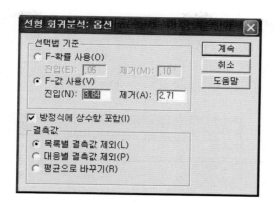

SPSS [절차8-6-3]

SPSS 출력결과를 보면 모형 1, 2, 3은 3단계에 걸쳐 진입된 변수들이 나타나고 다음은 각 단계마다 변수가 진입했을 때 추정된 계수 값들이 있다. X_4, X_1, X_2가 차례대로 진입된 결과는 앞에서 설명한 것과 같다.

진입/제거된 변수ᵃ

모형	진입된 변수	제거된 변수	방법
1	X4	.	전진 (기준: 입력할 F >= 3. 840)
2	X1	.	전진 (기준: 입력할 F >= 3. 840)
3	X2	.	전진 (기준: 입력할 F >= 3. 840)

a. 종속변수: Y

계수ᵃ

모형		비표준화 계수		표준화 계수	t	유의확률
		B	표준오차	베타		
1	(상수)	117.568	5.262		22.342	.000
	X4	-.738	.155	-.821	-4.775	.001
2	(상수)	103.097	2.124		48.540	.000
	X4	-.614	.049	-.683	-12.621	.000
	X1	1.440	.138	.563	10.403	.000
3	(상수)	71.648	14.142		5.066	.001
	X4	-.237	.173	-.263	-1.365	.205
	X1	1.452	.117	.568	12.410	.000
	X2	.416	.186	.430	2.242	.052

a. 종속변수: Y

SPSS [절차8-6-4]

다음으로는 **단계적 선택법**에 대한 절차을 수행한다. [절차8-6-1]에서와 같지만 방법에서 **단계선택**을 선택해야 한다. 그리고 **옵션**을 확인한 후, 확인 버튼을 눌러 출력결과를 얻는다.

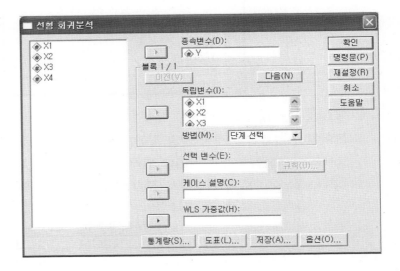

SPSS [절차8-6-5]

단계적 선택법으로 설명변수들을 선택할 경우, 앞서의 전진 선택법의 결과와 다르다. 즉, 단계 4에서 가장 먼저 선택되었던 X_4가 제거되는 것을 볼 수 있다. 그러므로 단계적 선택법을 이용하여 얻어진 최종 추정식은

$$\hat{y} = 52.58 + 1.47 x_1 + 0.66 x_2$$

가 되는 것이다.

앞에서도 언급한 것과 같이, 회귀분석에서 고려하고 있는 설명변수들이 여러 개일 경우 단계적 선택법을 이용하여 유용한 설명변수들을 찾아내는 것이 바람직하다. 즉, 각각의 파라메터가 유의적인가를 판단하여 유의적인 설명변수들만 선택하지 않는 것이 바람직하다.

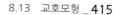

진입/제거된 변수ª

모형	진입된 변수	제거된 변수	방법
1	X4		단계선택 (기준: 입력할 F >= 3.840, 제거할 F <= 2.710),
2	X1		단계선택 (기준: 입력할 F >= 3.840, 제거할 F <= 2.710),
3	X2		단계선택 (기준: 입력할 F >= 3.840, 제거할 F <= 2.710),
4		X4	단계선택 (기준: 입력할 F >= 3.840, 제거할 F <= 2.710),

a. 종속변수: Y

계수ª

모형		비표준화 계수		표준화 계수	t	유의확률
		B	표준오차	베타		
1	(상수)	117.568	5.262		22.342	.000
	X4	-.738	.155	-.821	-4.775	.001
2	(상수)	103.097	2.124		48.540	.000
	X4	-.614	.049	-.683	-12.621	.000
	X1	1.440	.138	.563	10.403	.000
3	(상수)	71.648	14.142		5.066	.001
	X4	-.237	.173	-.263	-1.365	.205
	X1	1.452	.117	.568	12.410	.000
	X2	.416	.186	.430	2.242	.052
4	(상수)	52.577	2.286		22.998	.000
	X1	1.468	.121	.574	12.105	.000
	X2	.662	.046	.685	14.442	.000

a. 종속변수: Y

8.13 교호모형

　　다중회귀모형에서 각각의 설명변수는 다른 설명변수들과 관계없이 그 설명변수가 Y에 어떻게 영향을 주는가를 말한다. 예를 들어, 설명변수

가 두 개인 경우

$$E(Y) = \beta_0 + \beta_1 x_1 + \beta_2 x_2$$

는 X_1이 한 단위 증가할 때 β_1만큼 Y에 영향을 주는 것이고 X_2가 한 단위 증가할 때는 β_2만큼 Y를 증가시키는 관계를 나타내고 있다. 다시 말하면, β_1은 X_2의 값에 상관없이 X_1이 한 단위 증가할 때의 Y증가분을 나타내 주는 값이다.

구체적으로, $E(Y) = 10 + 2x_1 + 5x_2$이라면 [그림 8-8]과 같이 X_2가 어떤 값이든지 X_1이 한 단위 증가함에 따라 Y는 2만큼 증가한다는 것이다. [그림 8-8]에서는 $x_2 = 1$인 경우, 즉 $E(Y) = 10 + 2x_1 + 5(1) = 15 + 2x_1$과 $x_2 = 3$인 경우, $E(Y) = 10 + 2x_1 + 5(3) = 25 + 2x_2$를 보여주고 있다.

교호모형 · 그러나 X_2의 값에 따라 X_1이 Y에 미치는 영향이 다르다면 1차 선형모형은 적절하지 않고 다음과 같은 **교호모형**(interaction model)이 보다 적합한 모형이 될 수 있다. 즉, 이 경우의 교호모형은

$$Y = \beta_0 + \beta_1 x_1 + \beta_2 x_2 + \beta_3 x_1 x_2 + \varepsilon \tag{8-47}$$

그림 8-8 선형모형의 예

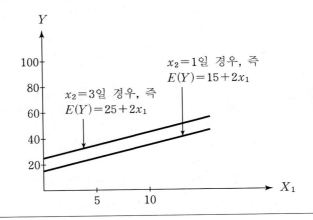

로 정의된다. 그러면, 이 교호모형은 X_2의 주어진 값에서 X_1의 한 단위 증가가 $(\beta_1 + \beta_3 x_2)$만큼 Y를 증가시키는 관계를 나타내고 있음을 보여주고 있다. 물론 X_1이 어떤 값(x_1)으로 주어졌을 경우에는, X_2와 Y의 관계가 $(\beta_2 + \beta_3 x_1)$로써 설명된다는 것이다.

예를 들어, X_1, X_2와 Y의 관계식이

$$E(Y) = 10 + 2x_1 + 5x_2 + 0.5x_1x_2$$

라고 한다면,

$$x_2 = 1\text{일 경우, } E(Y) = 15 + 2.5x_1$$
$$x_2 = 3\text{일 경우, } E(Y) = 25 + 3.5x_1$$

의 관계가 되기 때문에, X_2의 값에 따라 X_1의 한 단위 증가가 Y를 증가시키는 정도가 다르다는 것이다([그림 8-9]). [그림 8-9]에서 볼 수 있는 바와 같이, 교호모형에서는 X_1과 Y의 관계가 x_2의 값에 따라서 기울기, 절편이 모두 다른 값으로 얻어진다.

그림 8-9   교호모형의 예

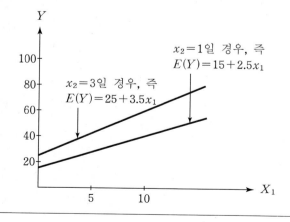

어느 택배회사에서는 소포의 배달비용을 분석하기로 하고 소포배달비용 (Y)은 소포의 무게(X_1)와 운송거리(X_2)에 의해 결정된다고 보았다. 따라서 소포의 무게와 운송거리에 따른 기준 가격표를 작성하기 위해서, 20개 소포들에 대한 무게와 운송거리, 배달비용을 얻어 본 결과 다음과 같았다.

X_1	X_2	Y	X_1	X_2	Y
5.9	47	2.60	5.1	240	11.00
3.2	145	3.90	2.4	209	5.00
4.4	202	8.00	0.3	160	2.00
6.6	160	9.20	6.2	115	6.00
0.75	280	4.40	2.7	45	1.10
0.7	80	1.50	3.5	250	8.00
6.5	240	14.50	4.1	95	3.30
4.5	53	1.90	8.1	160	12.10
0.60	100	1.00	7.0	260	15.50
7.5	190	14.00	1.1	90	1.70

먼저, 이 자료에 대해 단순히 다음과 같은 모형,

$$Y = \beta_0 + \beta_1 x_1 + \beta_2 x_2 + \varepsilon$$

에 적합시키기 위한 SAS 프로그램은 다음과 같다.

① SAS 프로그램

```
DATA inter;
   INPUT x1 x2 y @@;
   xx=x1*x2;
   CARDS;
   5.9    47  2.60 3.2   145   3.90 4.4 202   8.00 6.6 160 9.20
   0.75 280  4.40 0.7    80   1.50 6.5 240 14.50 4.5  53 1.90
   0.60 100  1.00 7.50 190 14.00 5.1 240 11.00 2.4 209 5.00
   0.3  160  2.00 6.2  115   6.00 2.7  45   1.10 3.5 250 8.00
   4.1    95  3.30 8.1  160 12.10 7.0 260 15.50 1.1  90 1.70
```

```
RUN;
/*단순모형*/
PROC REG DATA=inter;
     MODEL y = x1 x2 / r;
     PLOT STUDENT.*y='R';
RUN;
/*교호모형*/
PROC REG DATA=inter;
     MODEL y = x1 x2 xx/ r;
     PLOT STUDENT.*y='R';
RUN;
```

그리고 ② SAS 출력결과(선형모형)에 따라 얻어진 회귀선은

$$\hat{y} = -4.67 + 1.29x_1 + 0.04x_2$$
$$(.0001) \quad (.0001) \quad (.0001)$$

으로서, 무게가 1단위 증가하면 비용이 1.29 증가하며, 거리가 1단위 증가할 때 0.04만큼 비용이 일정하게 증가하는 관계를 나타내고 있다. 이 모형의 결정계수(R^2)는 0.9162이다. 비록, 결과값들이 만족할 만한 수준이라 할지라도 이 자료를 분석하는 데는 선형회귀모형이 적절치 않다고 판단한다. 왜냐하면, 일정한 무게일 때 운송거래에 따라 배달비용이 차이나는 것이 아니고 또 일정한 운송거리에서 무게만의 차이에 따라 배달비용이 다르게 되는 것이 아니기 때문이다.

② SAS 출력결과(선형모형)

			Analysis of Variance		
Source	DF	Sum of Squares	Mean Square	F Value	Prob>F
Model	2	414.18441	207.09220	92.888	0.0001
Error	17	37.90109	2.22948		
C Total	19	452.08550			

Root MSE	1.49314	R-square	0.9162
Dep Mean	6.33500	Adj R-sq	0.9063
C.V.	23.56974		

Parameter Estimates					
Variable	DF	Parameter Estimate	Standard Error	T for H0: Parameter=0	Prob > |T|
INTERCEP	1	−4.672757	0.89114708	−5.244	0.0001
X1	1	1.292414	0.13784190	9.376	0.0001
X2	1	0.036936	0.00460173	8.026	0.0001

그러므로 이 자료에 교호모형

$$Y = \beta_0 + \beta_1 x_1 + \beta_2 x_2 + \beta_3 x_1 x_2 + \varepsilon$$

을 적합시켜 본 결과 회귀식이 다음과 같이 얻어진다. 즉,

$$\hat{y} = -0.1405 + 0.0191 x_1 + 0.0077 x_2 + 0.0078 (x_1 x_2)$$
$$(.8311) \quad (.9055) \quad (.0656) \quad (.0001)$$

으로서 교호항이 매우 유의적(p-value=0.0001)임을 알 수 있다($R^2 = 0.9853$). 여기서, 교호항이 유의적일 경우에는 X_1과 X_2 각각에 대한 유의성 여부에 관심을 둘 필요가 없다. 교호항이 이미 X_1과 X_2를 포함하고 있기 때문이다(③ SAS 출력결과(교호모형) 참조).

③ SAS 출력결과(교호모형)

Analysis of Variance					
Source	DF	Sum of Squares	Mean Square	F Value	Prob>F
Model	3	445.45219	148.48406	358.154	0.0001
Error	16	6.63331	0.41458		
C Total	19	452.08550			
Root MSE	0.64388	R−square	0.9853		
Dep Mean	6.33500	Adj R−sq	0.9826		
C.V.	10.16385				

Parameter Estimates					
Variable	DF	Parameter Estimate	Standard Error	T for H0: Parameter=0	Prob > |T|
INTERCEP	1	−0.140501	0.64810001	−0.217	0.8311
X1	1	0.019088	0.15821160	0.121	0.9055
X2	1	0.007721	0.00390568	1.977	0.0656
XX	1	0.007796	0.00089766	8.684	0.0001

SPSS [절차8-7-1]

먼저 SPSS데이터 편집기에 자료를 입력한 후, **변환→변수계산** 메뉴를 선택하여 교호항을 생성해야 한다. 즉, **대상변수**에 X_{12} 입력하고 숫자표현식에 $X_1 * X_2$가 화살표를 이용하여 입력되어야 한다. 그러면 X_{12}라는 교호항이 만들어지는데 확인을 누르면 데이터편집기에 그 값들이 저장된다.

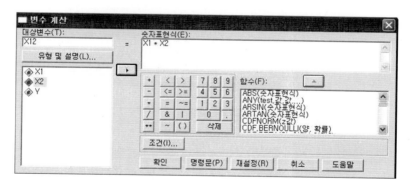

SPSS [절차8-7-2]

분석→회귀분석→선형 메뉴를 선택하고 **선형회귀분석** 창에서 **종속변수**에 Y, **독립변수**에 X_1, X_2, X_{12}를 옮긴다. 그리고 **확인**을 한다.

SPSS [절차8-7-3]

SPSS 출력결과는 SAS의 그것과 같으며, SAS 결과물에 대한 설명을 참조하면 된다.

분산분석[b]

모형		제곱합	자유도	평균제곱	F	유의확률
1	선형회귀분석	445,452	3	148,484	358,154	,000[a]
	잔차	6,633	16	,415		
	합계	452,085	19			

a. 예측값: (상수), X12, X2, X1

b. 종속변수: Y

계수[a]

모형		비표준화 계수		표준화 계수	t	유의확률
		B	표준오차	베타		
1	(상수)	-,141	,648		-,217	,831
	X1	,019	,158	,010	,121	,905
	X2	,008	,004	,120	1,977	,066
	X12	,008	,001	,905	8,684	,000

a. 종속변수: Y

8.14 꺾은선 회귀모형*

회귀분석에서 당면하는 문제 중의 하나로서 회귀선이 설명변수의 범위에 따라 다르게 얻어지는 경우가 있다. 즉, X의 어떤 범위 내에서는 Y와 X의 관계가 $\hat{y} = a + bx$인데 X의 다른 범위 내에서는 Y와 X의 관계가 $\hat{y} = c + dx$인 경우이다.

예를 들면, 생산단가(Y)와 생산량(X)의 관계는 생산량(X)이 1,000개까지일 때와 1,000개를 넘을 때 달라진다는 것이다. 제품을 1,000개까지 생산할 때의 원료구입비, 시설비, 인건비 등 경비와 제품을 1,000개 이상 생산할 때의 경비가 확연하게 차이가 난다면 생산비용은 1,000개를 기준으로 매우 다르게 될 것이기 때문이다.

꺾은선
회귀모형
　　구체적으로, 비누를 생산하는 데 드는 생산단가(Y)는 1,000상자를 생산할 경우와 1,000상자 이상을 생산할 때 생산량(X)에 따라 어떤 관계가 있는가를 회귀분석하고자 할 때, 그 모형은

$$Y_i = \beta_0 + \beta_1 x_{i1} + \beta_2 (x_{i1} - 1{,}000) x_{i2} + \varepsilon_i \tag{8-48}$$

가 되어야 한다. 여기서,

$$X_1 = \text{생산량}, \quad X_2 = \begin{cases} 1, & X_1 > 1{,}000 \text{일 경우} \\ 0, & X_1 \leq 1{,}000 \text{일 경우} \end{cases}$$

이다. 식 (8-48)의 모형에서

$$E(Y) = \beta_0 + \beta_1 x_1 + \beta_2 (x_1 - 1{,}000) x_2$$

를 살펴보면 생산량이 1,000일 때까지는 $x_2 = 0$이므로

$$E(Y) = \beta_0 + \beta_1 x_1, \quad x_1 \leq 1{,}000$$

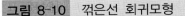

그림 8-10   꺾은선 회귀모형

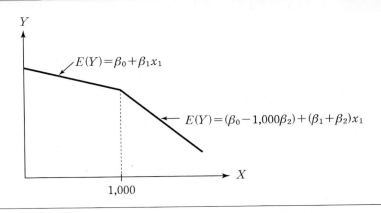

이고, 생산량이 1,000보다 많을 때는 $x_2 = 1$이므로

$$E(Y) = (\beta_0 - 1{,}000\beta_2) + (\beta_1 + \beta_2)x_1, \quad x_1 > 1{,}000$$

의 관계가 얻어진다. 이 같은 관계는 [그림 8-10]에 나타나 있다.

　　[그림 8-10]은 생산량이 1,000일 때를 기준으로 서로 다른 절편과 기울기를 갖는 두 개의 직선이 꺾여 있는 형태이다. 즉, 1,000상자까지는 1상자를 생산하는 데 생산단가가 β_1만큼 감소하며 1,000상자 이상을 생산할 경우에는 상자당 생산단가가 $(\beta_1 + \beta_2)$만큼 감소하는 관계를 보여준다.

예 8-8

다음은 어느 금융기관의 지역본부별 직원의 수(X)와 직원 1인당 순이익(Y)의 자료이다.

지역본부	1	2	3	4	5	6	7	8
X(명)	65	34	40	80	30	57	72	48
Y(단위: 백만원)	2.57	4.40	4.52	1.39	4.75	3.55	2.49	3.77

우선, ① X와 Y의 산포도를 보면 지역본부에 직원의 수가 50명 이상일 때와 이하일 때 직원의 수와 순이익간의 관계가 차이를 보이기 때문에, 회귀모형을

$$Y_i = \beta_0 + \beta_1 x_i + \beta_2 (x_i - 50) z_i + \varepsilon_i$$

$$X = \text{직원의 수}$$

$$Z = \begin{cases} 1, & X \geq 50 \text{일 때} \\ 0, & X < 50 \text{일 때} \end{cases}$$

로 설정하여 회귀분석한 결과는 다음과 같다. 즉, ② 출력결과로부터,

$$\hat{y} = 5.89 - 0.0395x - 0.0389(x-50)z \qquad (R^2 = .9693)$$
$$\quad (.0002) \qquad (.0454) \qquad \quad (.1528)$$

을 회귀결과식으로 얻게 된다. 여기서 $\hat{\beta}_2$에 대한 p-value가 0.1528로 비록 큰 값이라고 해도, 잔차도표와 R^2의 증가 등을 고려하여 모형에 포함시킬 수 있다.

① X와 Y의 산포도

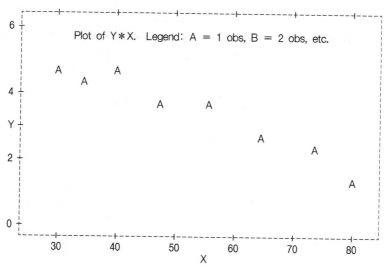

② SAS 프로그램과 꺾은선 회귀모형의 결과

```
DATA example;
    INPUT x y @@;
    If x >= 50 THEN z=1;
    If x < 50 THEN z=0;
    z1=(x−50)*z;
CARDS;
    65 2.57 34 4.40 40 4.52 80 1.39
    30 4.75 57 3.55 72 2.49 48 3.77
RUN;
PROC REG DATA=example;
    MODEL y = x z1/ r;
    PLOT STUDENT .*Y='R'/VPLOTS=2 HPLOTS=1;
RUN;
```

Analysis of Variance

Source	DF	Sum of Squares	Mean Square	F Value	Prob>F
Model	2	9.48623	4.74311	79.059	0.0002
Error	5	0.29997	0.05999		
C Total	7	9.78620			

	Root MSE	0.24494	R−square	0.9693
	Dep Mean	3.43000	Adj R−sq	0.9571
	C.V.	7.14106		

Parameter Estimates

Variable	DF	Parameter Estimate	Standard Error	T for H0: Parameter=0	Prob>|T|
INTERCEP	1	5.895447	0.60421303	9.757	0.0002
X	1	−0.039537	0.01492035	−2.650	0.0454
Z1	1	−0.038927	0.02310016	−1.685	0.1528

SPSS [절차8-8-1]

먼저 설명변수, $(X-50)Z$를 만들어야 한다. **변환→변수계산** 메뉴에서 **대
상변수**에 Z를 입력하고 **숫자표현식**에 1을 입력한 후, **조건**을 누른다. 그

러면, **변수계산: 케이스 조건** 창이 나오는데 여기서 **다음 조건을 만족하는 케이스 포함**을 선택하고 화살표를 이용하여 X >=50을 조건으로 넣는다. 그리고 **계속**을 누른다.

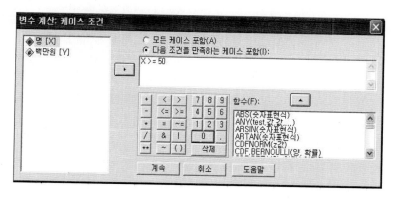

SPSS [절차8-8-2]

다시 **변수계산** 창으로 돌아오게 되는데, 여기서 **확인**을 하면 **데이터편집기** 창에 $Z=1$인 값들이 생성되었음을 볼 수 있다.

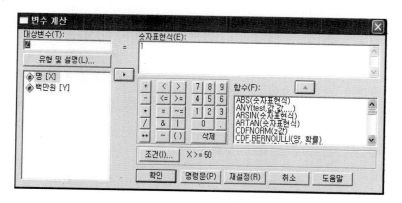

SPSS [절차8-8-3]

이제는 다시 $Z=0$인 경우를 만드는 절차이다. **변환→변수계산** 메뉴를 선택하여 **변수계산** 창에서 **대상변수** Z에 대한 숫자표현식에 0을 입력하고, **조건**을 누른다.

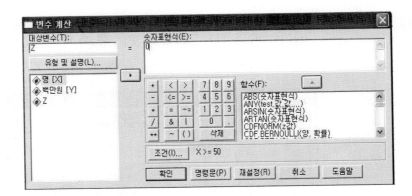

SPSS [절차8-8-4]

그리고 **변수계산: 케이스조건** 창에서 화살표를 이용하여 $X < 50$을 입력한 후, 계속을 누른다.

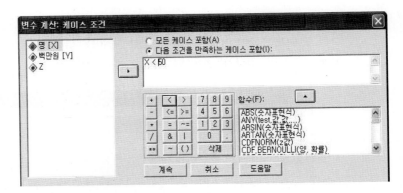

SPSS [절차8-8-5]

그러면 기존변수를 바꾸겠느냐는 질문에 확인을 하면 이때 데이터편집 기에 Z의 값들이 생성되어 나타난다.

	X	Y	Z
1	65.00	2.57	1.00
2	34.00	4.40	.00
3	40.00	4.52	.00
4	80.00	1.39	1.00
5	30.00	4.75	.00
6	57.00	3.55	1.00
7	72.00	2.49	1.00
8	48.00	3.77	.00

SPSS [절차8-8-6]

이제는 다시 **변환→변수계산** 메뉴에서 $X-50$을 만들어야 한다. 대상변수에 X50을 넣고, **숫자표현식**에 $X-50$을 입력한다. 그리고 확인을 한다. 그러면 데이터편집기에 X50 변수와 그 값들이 나타난다.

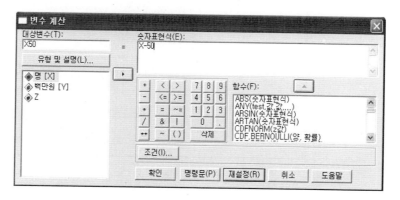

SPSS [절차8-8-7]

마지막으로 **변환→변수계산** 메뉴에서 $Z_1 = (X-50)Z$ 변수를 앞에서와 마찬가지로 생성한다.

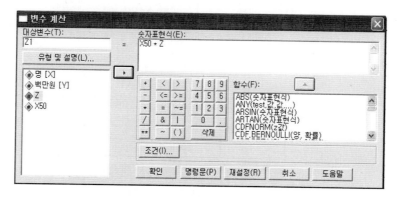

SPSS [절차8-8-8]

위의 절차가 끝나면 데이터편집기에 회귀분석할 모든 자료들이 얻어지게 되고, 이제 **분석→회귀분석→선형** 메뉴에서 화살표를 이용하여 **종속변수, 독립변수**들을 옮겨 놓고 **확인**한다.

SPSS [절차8-8-9]

그러면 회귀분석 결과를 얻을 수 있다.

분산분석[b]

모형		제곱합	자유도	평균제곱	F	유의확률
1	선형회귀분석	9.486	2	4.743	79.059	.000[a]
	잔차	.300	5	.060		
	합계	9.786	7			

a. 예측값: (상수), Z1, 명
b. 종속변수: 백만원

계수[a]

모형		비표준화 계수		표준화 계수	t	유의확률
		B	표준오차	베타		
1	(상수)	5.895	.604		9.757	.000
	명	-.040	.015	-.611	-2.650	.045
	Z1	-.039	.023	-.388	-1.685	.153

a. 종속변수: 백만원

점프
회귀모형

앞에서 다룬 꺾은선 회귀모형에 덧붙여, 회귀선이 꺾이는 점에서 점프(jump)하면서 다른 기울기를 갖는 경우도 고려해 볼 수 있다. 예를 들어, 서울시내 1급 호텔과 특급 호텔들의 연간 총경비(Y)를 객실수(X)로

그림 8-11 점프를 포함한 꺾은선 회귀모형

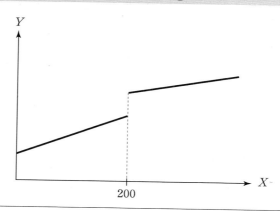

회귀분석하고자 한다면, 객실 수 200개를 기준으로 [그림 8-11]과 같은 X와 Y의 관계가 얻어질 수 있을 것이다.

특급 호텔의 경우($X > 200$인 경우), 총경비 중에서 기본 경비가 차지하는 비중이 크기 때문에 높은 절편을 갖게 되고 총경비가 1급 호텔보다는 많지만 객실당 경비는 1급 호텔에 비해 작은(기울기가 작은) 관계를 나타내 주고 있다.

이와 같은 점프를 포함하고 있는 꺾은선 회귀모형은 다음과 같이 설정될 수 있다. 즉, 식 (8-48)의 꺾은선 모형에 점프부분이 추가되어

$$Y_i = \beta_0 + \beta_1 x_{i1} + \beta_2 (x_{i1} - 200) x_{i2} + \beta_3 x_{i3} + \varepsilon_i \tag{8-49}$$

이 된다. 여기서,

$$X_1 = \text{객실 수}, \quad X_2 = \begin{cases} 1, & X_1 > 200\text{일 때} \\ 0, & X_1 \le 200\text{일 때} \end{cases}$$

$$X_3 = \begin{cases} 1, & X_1 > 200\text{일 때} \\ 0, & X_1 \le 200\text{일 때} \end{cases}$$

다. 그러면, 객실수와 총경비의 관계는 $X_1 \le 200$일 경우

$$E(Y) = \beta_0 + \beta_1 x_1$$

이고, $X_1 > 200$일 경우

$$E(Y) = (\beta_0 - 200\beta_2 + \beta_3) + (\beta_1 + \beta_2)x_1$$

이 된다.

예 8-9

어느 회사의 수입부서에서는 수입품을 두 곳의 창고로 보내야 하는데, 창고에서 발생하는 물류비용(Y)이 다르기 때문에 수입물량이 250,000 개 이하일 경우에는 창고 A로 수입물량이 250,000개를 넘을 때는 창고 B로 보내 보관하도록 한다. 최근에 취급한 10개의 수입물량(X)과 물류 비용(Y)을 조사한 결과 다음과 같은 자료를 얻었다.

[단위 : $X = 1{,}000$개, $Y = 100$만원]

X	225	350	150	200	175	180	325	290	400	125
Y	11.95	14.13	8.93	10.98	10.03	10.13	13.75	13.30	15.00	7.97

이 자료의 산포도 ①로부터 $x = 250{,}000$ 이상일 경우와 이하일 경우 회귀직선은 굴절되어 있으며 $x = 250{,}000$ 근처에서 점프가 있음을 알 수 있다.

따라서, 적합한 회귀모형은

$$Y_i = \beta_0 + \beta_1 x_i + \beta_2 (x_i - 250)u_i + \beta_3 v_i + \varepsilon_i$$

X=수입물량

$$U = \begin{cases} 1, & X > 250일 \ 경우 \\ 0, & X \le 250일 \ 경우 \end{cases}$$

$$V = \begin{cases} 1, & X > 250일 \ 경우 \\ 0, & X \le 250일 \ 경우 \end{cases}$$

이다.

① X와 Y의 산포도

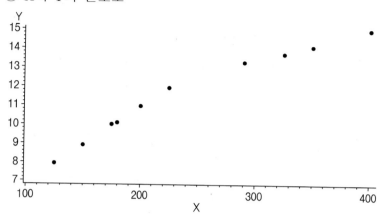

이제, ② SAS 프로그램에 의해 얻어진 출력결과로부터

$$\hat{y} = 2.9629 + 0.0400x - 0.0245(x-250)u - 0.3400v \quad (R^2 = .9997)$$
$$\quad (.0001) \quad (.0001) \qquad (.0001) \qquad\qquad\qquad (.0064)$$

를 얻게 된다. 이 결과를 정리하면

$$\hat{y} = \begin{cases} 2.96298 + 0.0400x_1, & x_1 < 250일 \ 경우 \\ 8.7479 + 0.0155x_1, & x_1 \geq 250일 \ 경우 \end{cases}$$

이다.

② SAS 프로그램

```
DATA jump;
   INPUT x y @@;
   If x > 250 THEN u=1;
   If x <= 250 THEN u=0;
   If x > 250 THEN v=1;
   If x <= 250 THEN v=0;
   u1=(x-250)*u;
```

```
CARDS;
    225 11.95 350 14.13 150  8.93 200 10.98 175 10.03
    180 10.13 325 13.75 290 13.30 400 15.00 125  7.97
RUN;
PROC REG DATA=jump;
    MODEL y = x u1 v/ r;
    PLOT STUDENT .*y='R'/VPLOTS=2 HPLOTS=1;
RUN;
```

③ 점프가 있는 꺾은선 모형의 출력결과

Analysis of Variance

Source	DF	Sum of Squares	Mean Square	F Value	Prob>F
Model	3	50.89305	16.96435	6377.027	0.0001
Error	6	0.01596	0.00266		
C Total	9	50.90901			

Root MSE	0.05158	R-square	0.9997	
Dep Mean	11.61700	Adj R-sq	0.9995	
C.V.	0.44398			

Parameter Estimates

Variable	DF	Parameter Estimate	Standard Error	T for H0: Parameter=0	Prob>|T|
INTERCEP	1	2.962897	0.11644403	25.445	0.0001
X	1	0.040012	0.00065132	61.432	0.0001
U1	1	-0.024460	0.00091579	-26.709	0.0001
V	1	-0.340016	0.08302326	-4.095	0.0064

SPSS [절차8-9-1]

변환→변수계산 메뉴에서 **대상변수**에 U를 입력하고 **숫자표현식**에 1를 넣는다. 그리고 **조건**을 누른다.

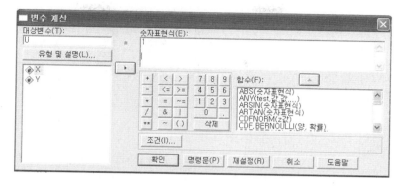

SPSS [절차8-9-2]

변수계산: 케이스조건 창에서 **다음 조건을 만족하는 케이스 포함**을 선택하고 화살표를 이용하여 X>250을 입력한다. **계속**을 누르면 **변수계산** 창이 나오는데, **확인**을 하면 데이터편집기에 U=1인 값들이 나타난다.

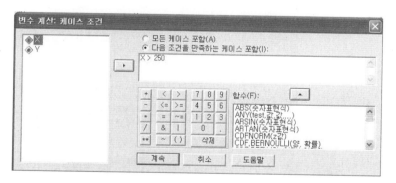

SPSS [절차8-9-3]

위의 절차를 반복하여 U=0을 만드는 과정이다. 즉, **변환→변수계산** 메뉴를 선택하여 **대상변수**에 U, **숫자표현식**에 0을 입력한다. 그리고 **조건**을 눌러 **변수계산: 케이스조건** 창이 나오면 **다음 조건을 만족하는 케이스 포함**을 선택하고 X <=250을 입력한다. **계속**을 누르면 **변수계산** 창이 나오고 **확인**을 하면 기존변수를 바꾸겠느냐는 질문에서 **확인**을 한다. 그러면 데이터편집기에 U의 값들이 얻어졌음을 볼 수 있다.

	X	Y	U
1	225.00	11.95	.00
2	350.00	14.13	1.00
3	150.00	8.93	.00
4	200.00	10.98	.00
5	175.00	10.03	.00
6	180.00	10.13	.00
7	325.00	13.75	1.00
8	290.00	13.30	1.00
9	400.00	15.00	1.00
10	125.00	7.97	.00

SPSS [절차8-9-4]

이제 X-250을 변수로 만드는 절차인데 마찬가지로 변환->변수계산 메뉴로부터 대상변수에 X250을 입력하고 숫자표현식에 X-250을 입력한다. 그리고 확인을 하면 데이터편집기에 X250이라는 변수가 생성된다.

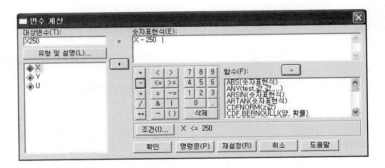

SPSS [절차8-9-5]

여기서는 (X-250)U 변수를 만드는 절차이다. 사실은 변수 U나 V가 같은 변수이기 때문에 본문설명과 같이 변수 V를 별도로 만들 필요는 없다.

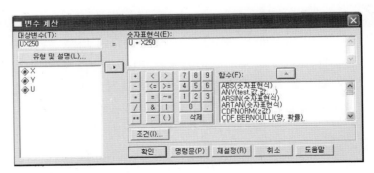

SPSS [절차8-9-6]

이제 설명변수들을 모두 생성했으므로, **분석→회귀분석→선형** 메뉴에서 **종속변수, 독립변수**들을 화살표로써 옮기고 확인을 하면 된다.

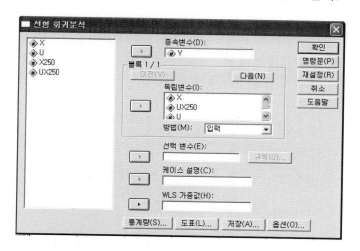

SPSS [절차8-9-7]

SPSS 출력결과는 다음과 같다.

분산분석[b]

모형		제곱합	자유도	평균제곱	F	유의확률
1	선형회귀분석	50,893	3	16,964	6377,027	,000[a]
	잔차	,016	6	,003		
	합계	50,909	9			

a. 예측값: (상수), U, UX250, X
b. 종속변수: Y

계수[a]

모형		비표준화 계수		표준화 계수	t	유의확률
		B	표준오차	베타		
1	(상수)	2,963	,116		25,445	,000
	X	,040	,001	1,570	61,432	,000
	UX250	-,024	,001	-,557	-26,709	,000
	U	-,340	,083	-,074	-4,095	,006

a. 종속변수: Y

8.15 두 개 이상의 회귀선 비교*

경우에 따라서는 두 개 또는 그 이상의 집단들에 대한 회귀선을 비교해 보아야 한다. 예를 들면, 어느 은행에서 전국의 지점별 고객 만족도를 조사하여 평가하고자 하는데, 만족도(Y)를 직원 1인당 고객수(X_1)에 회귀하고자 한다. 은행 업무의 특성상 지점의 위치(대도시 또는 기타)에 따라 직원 1인당 고객수가 만족도에 미치는 영향이 같은가를 판단해 보고자 할 경우, 대도시와 기타지역에서의 회귀선에 차이가 있는가를 알아보아야 할 것이다. 이를테면, 대도시와 기타지역에서의 회귀선의 기울기는 비슷하지만, 절편이 달라 회귀선의 위치가 다르지는 아니한가 등을 살펴

[표 8-13] 고객만족도 분석을 위한 지역별 자료

지점	만족도	1인당 고객수	지역	지점	만족도	1인당 고객수	지역
i	Y_i	X_{i1}	X_{i2}	i	Y_i	X_{i1}	X_{i2}
1	218	100	1	16	140	105	0
2	248	125	1	17	277	215	0
3	360	220	1	18	384	270	0
4	351	205	1	19	341	255	0
5	470	300	1	20	215	175	0
6	394	255	1	21	180	135	0
7	332	225	1	22	260	200	0
8	321	175	1	23	361	275	0
9	410	270	1	24	252	155	0
10	260	170	1	25	422	320	0
11	241	155	1	26	273	190	0
12	331	190	1	27	410	295	0
13	275	140	1				
14	425	290	1				
15	367	265	1				

볼 수 있을 것이다.

두 개의 다른 모집단에서 얻어진 자료들에 대한 회귀모형에 대해서, 오차항의 등분산 가정이 타당할 때 가변수(지시변수)를 이용하여 두 집단의 회귀선들에 대한 가설검증이 가능하다. 만일, 등분산 가정이 타당하지 않다면 변수변환을 통하여 등분산 가정을 만족시켜야 할 것이다.

이제 구체적으로 어느 은행의 전국지점들을 대도시지역과 기타지역으로 나누어 직원 1인당 고객수(X_1)와 고객만족도(Y) 간의 회귀분석을 하기로 하자. 두 지역에서 얻어진 회귀선들을 비교하여 차이가 있다면 어떤 이유에서 차이가 발생한 것인지를 알아보고자 대도시지역($X_2=1$)과 기타지역($X_2=0$)에서 각각 15개 지점, 12개 지점의 자료를 얻어 분석을 하기로 한다([표 8-13]).

우선 이 자료에 대한 산포도를 지역별로 구분하여 얻어보면 [그림 8-12]와 같다. 그리고 다음과 같은 교호모형을 고려하기로 한다. 즉,

$$Y_i = \beta_0 + \beta_1 x_{i1} + \beta_2 x_{i2} + \beta_3(x_{i1}x_{i2}) + \varepsilon_i, \quad i = 1, \cdots, 27 \qquad (8\text{-}50)$$

$$X_{i1} = 1\text{인당 고객수}$$

그림 8-12 고객만족도와 1인당 고객수의 지역별 산포도

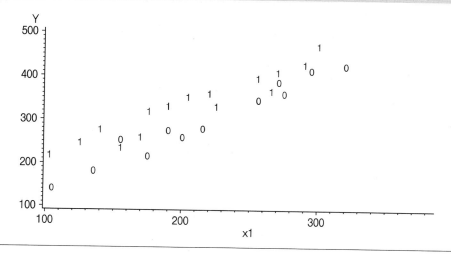

$$X_{i2} = \begin{cases} 1, & \text{대도시지역 지점} \\ 0, & \text{기타지역 지점} \end{cases}$$

이다.

그리고 식 (8-50)에 대해 얻어진 회귀선은

$$\hat{y} = 7.5745 + 1.3220x_1 + 90.3909x_2 - 0.1767(x_1 x_2) \qquad (8\text{-}51)$$
$$\quad\;\; (.7200) \quad\;\;\; (.0001) \quad\;\;\; (.0041) \qquad\;\; (.1835)$$

이다([표 8-14] 출력결과, p. 442 참조).

여기서, 「대도시지역과 기타지역의 회귀선이 일치한다고 할 수 있는가」의 가설에 대한 가설검증은 다음과 같은 과정으로 수행될 수 있다. 먼저, 이 가설을 식으로 표현하면

$$H_0 : \beta_2 = \beta_3 = 0 \;\Leftrightarrow\; \text{두 지역의 회귀선은 일치한다}$$
$$H_1 : \sim H_0$$

으로 가설을 설정할 수 있다. 왜냐하면, 두 지역의 회귀선에 차이가 없다면(일치한다면) 두 지역의 자료를 합하여 하나의 회귀선을 얻게 되는 것이기 때문이다. 그리고 이 가설검증은 부분가설검증의 과정을 거쳐야 한다. 따라서 부분가설검증의 식 (8-40)과 [표 8-14] SAS 출력결과의 Type I SS를 이용하여 검증통계량의 값이

$$F = \frac{SSR(X_2, X_1X_2 \mid X_1)}{2} \Bigg/ \frac{SSE(X_1, X_2, X_1X_2)}{(n-4)}$$
$$= \frac{18694.08 + 809.62}{2} \Bigg/ \frac{9904.06}{23} = 22.65$$

이므로, H_0를 기각한다. 즉, 두 지역에서의 직원 1인당 고객수(X_1)와 고객만족도(Y)에 대한 회귀선이 일치한다고 할 수는 없다.

그러면, 두 지역의 회귀선에서 기울기가 다르기 때문인가를 가설검증할 수 있다. 식 (8-50)의 모형에서 기울기가 다르다는 것은 β_3의 값이 0이 아님을 의미하기 때문에 이 때의 가설은

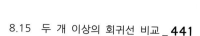

[표 8-14] 고객만족도의 교호모형에 대한 SAS 프로그램과 출력결과

[SAS 프로그램]

```
DATA comp;
    INPUT y x1 x2 @@;
    xx=x1*x2;
CARDS;
    218 100 1 248 125 1 360 220 1 351 205 1
    470 300 1 394 255 1 332 225 1 321 175 1
    410 270 1 260 170 1 241 155 1 331 190 1
    275 140 1 425 290 1 367 265 1 140 105 0
    277 215 0 384 270 0 341 255 0 215 175 0
    180 135 0 260 200 0 361 275 0 252 155 0
    422 320 0 273 190 0 410 295 0
RUN;

PROC REG DATA=comp;
    MODEL y=x1 x2 xx;
    PLOT STUDENT .*y='R';
RUN;

PROC SORT DATA=comp;
BY x2;
RUN;

PROC REG DATA=comp;
    MODEL y=x1;
    PLOT STUDENT .*y='R';
BY x2;
RUN;
```

[SAS 출력결과]

General Linear Models Procedure

Dependent Variable: Y

Source	DF	Sum of Squares	Mean Square	F Value	Pr > F
Model	3	169164.68381794	56388.22793931	130.95	0.0001
Error	23	9904.05692280	430.61117056		
Corrected Total	26	179068.74074074			

	R-Square	C.V.	Root MSE	Y Mean
	0.944691	6.577620	20.75117275	315.48148148

Source	DF	Type I SS	Mean Square	F Value	Pr > F
X1	1	149660.98253284	149660.98253284	347.55	0.0001
X2	1	18694.07870653	18694.07870653	43.41	0.0001
XX	1	809.62257857	809.62257857	1.88	0.1835

Parameter	Estimate	Std Error of Estimate	T for H0: Parameter 0	Pr > |T|
INTERCEPT	7.57446455	20.86969786	0.36	0.7200
X1	1.32204881	0.09262470	14.27	0.0001
X2	90.39086323	28.34573199	3.19	0.0041
XX	-0.17666143	0.12883773	-1.37	0.1835

$$H_0 : \beta_3 = 0$$
$$H_1 : \beta_3 \neq 0 \Leftrightarrow \text{두 지역의 회귀선들의 기울기가 다르다}$$

이며 p-value$=0.1835$이다. 따라서, $H_0 : \beta_3 = 0$을 기각할 수 없고, 기울기는 같다고 인정된다.

결론적으로 대도시지역과 기타지역의 직원 1인당 고객수가 고객만족도에 미치는 영향은 같지만, 기본적으로 환경이나 기타 서비스에서 차이가 있기 때문에 대도시지역이 기타지역에 비해 높은 수준의 고객만족을 제공하고 있다고 할 수 있다.

이와 같은 결과를 제대로 사용하기 위하여 선행되어야 할 점은 모형에 대한 가정, 즉 오차의 등분산에 대한 검색이 필요하다. 즉, 식 (8-51)에 대한 잔차들을 두 지역(대도시, 기타)으로 나누어 잔차도표를 얻어볼

그림 8-13	대도시지역(A)과 기타지역(B)의 잔차도표

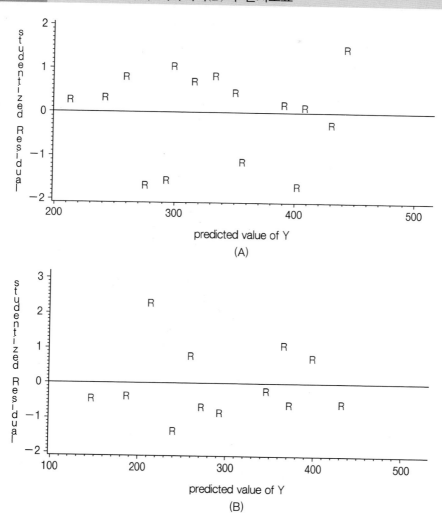

때 [그림 8-13]과 같이 잔차들이 임의로(randomly) 분포되어 있고, 정규확
률분포도표 [그림 8-14]도 잔차들의 정규성을 보여준다.

또한, 두 지역의 자료들에 대한 오차의 분산이 같은가도 검색해야
하는데 두 지역 자료를 각각에 대한 회귀식들로부터 얻어진 평균잔차제

그림 8-14	대도시지역(A)과 기타지역(B)의 정규확률도표

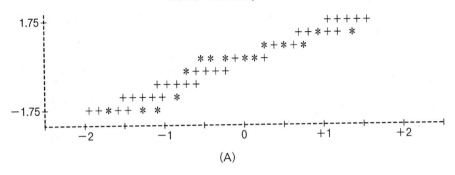

(A)

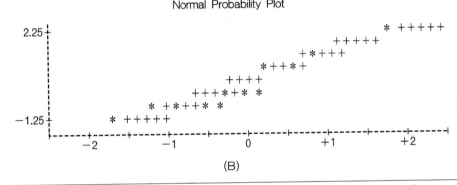

(B)

곱합들로써 가설검증할 수 있다. 즉,

(대도시지역) $Y_i = \beta_0 + \beta_1 x_{i1} + \varepsilon_i, \quad i = 1, \cdots, 15$

(기타지역) $Y_i = \beta_0 + \beta_1 x_{i1} + \varepsilon_i, \quad i = 1, \cdots, 12$

의 오차에 대한 분산 σ_1^2과 σ_2^2이 같다고 할 수 있는가를 검증하기 위한
절차는 다음과 같다. 즉, 이들 두 지역 각각의 모형에 대한 회귀식으로부
터 얻어진 두 개의 $\hat{\sigma}^2$들로부터(두 지역 각각에 대한 SAS 출력결과 ①, ②)

$$F = \frac{492.53}{350.13} = 1.41 \sim F_{(13, 10)}$$

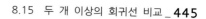

를 얻게 되므로 $H_0 : \sigma_1^2 = \sigma_2^2$을 기각할 수 없게 된다.

① 대도시지역 분산분석표

Analysis of Variance

Source	DF	Sum of Squares	Mean Square	F Value	Prob>F
Model	1	70440.94239	70440.94239	143.021	0.0001
Error	13	6402.79094	492.52238		
C Total	14	76843.73333			

Root MSE	22.19285	R—square	0.9167
Dep Mean	333.53333	Adj R—sq	0.9103
C.V.	6.65386		

Parameter Estimates

Variable	DF	Parameter Estimate	Standard Error	T for H0: Parameter=0	Prob > |T|
INTERCEP	1	97.965328	20.51429601	4.775	0.0004
X1	1	1.145387	0.09577514	11.959	0.0001

② 기타지역 분산분석표

Analysis of Variance

Source	DF	Sum of Squares	Mean Square	F Value	Prob>F
Model	1	87725.65069	87725.65069	250.554	0.0001
Error	10	3501.26598	350.12660		
C Total	11	91226.91667			

Root MSE	18.71167	R—square	0.9616
Dep Mean	292.91667	Adj R—sq	0.9578
C.V.	6.38805		

Parameter Estimates

Variable	DF	Parameter Estimate	Standard Error	T for H0: Parameter=0	Prob > T
INTERCEP	1	7.574465	18.81854612	0.402	0.6958
X1	1	1.322049	0.08352120	15.829	0.0001

8.16 자기상관*

자기상관

자기상관(autocorrelation)이란 회귀모형에서 오차(ε)들간에 상관관계가 높을 때 자기상관이 존재한다고 한다. 회귀모형은 오차들에 대한 가정

$$(가정) \quad \varepsilon_i \sim i.i.d. \ N(0, \ \sigma^2)$$

시점별로
얻어진 자료

을 전제하고 설명변수(들)와 반응변수(Y) 간의 관계를 설정하는 것인 데, 변수들의 값이 **시점**(t)**별로** 측정되었을 경우 현 시점(t)의 Y_t값이 과거 시점 ($t-1$)의 Y값, Y_{t-1}의 영향을 받기 때문에 오차(ε_t)에 대한 가정이 깨지는 경우가 있을 수 있다. 즉, Y_t가 Y_{t-1}의 영향을 받는 경우라는 것은 ε_t가 ε_{t-1}의 영향을 받는다는 것이다.

그러므로 자기상관이 있는 경우, 회귀모형은

$$Y_t = \beta_0 + \beta_1 x_t + \varepsilon_t$$
$$\varepsilon_t = k\varepsilon_{t-1} + U_t, \quad t = 1, 2, \cdots, n$$
$$(가정) \quad U_t \sim i.i.d. \ N(0, \ \sigma^2) \tag{8-52}$$

로 모형을 설정해야만 한다. 이 모형은 Y_t가 Y_{t-1}의 영향을 받는 것을 오차(ε)에 반영한 것으로서, 현 시점의 오차(ε_t)는 바로 이전 시점($t-1$)의 오차(ε_{t-1})와 일정한 관계를 갖고 있는 것으로 표현한 것이다. 물론, ε_t가 과거 여러 시점($t-1, t-2, \cdots$)과 관련이 있는 경우도 생각해 볼 수 있지만, 여기서는 ε_t가 바로 이전 시점($t-1$)의 오차(ε_{t-1})와 관련이 있는

1차 자기상관

1차 자기상관(first-order autocorrelation)만을 고려하기로 한다.

자기상관의 문제를 보다 쉽게 이해하기 위하여 자기상관이 있을 경우 통상적인 회귀분석방법이 어떤 결과를 보여주는지 다음과 같은 예의 모형을 설정해 보자. 즉,

[표 8-15] 생성된 U_t와 ε_t

t	0	1	2	3	4	5	6	7	8	9	10
U_t	0	.5	$-.7$	.3	0	-2.3	-1.9	.2	$-.3$	.2	$-.1$
$\varepsilon_t=\varepsilon_{t-1}+U_t$	3.0	3.5	2.8	3.1	3.1	.8	-1.1	$-.9$	-1.2	-1.0	-1.1

[표 8-16] 생성된 오차와 관찰치 (y_t)

t	0	1	2	3	4	5	6	7	8	9	10
U_t	0	.5	$-.7$	.3	0	-2.3	-1.9	.2	$-.3$	.2	$-.1$
$\varepsilon_t=\varepsilon_{t-1}+U_t$	3.0	3.5	2.8	3.1	3.1	.8	-1.1	$-.9$	-1.2	-1.2	-1.1
$Y_t=2+.5t+\varepsilon_t$	5	6	5.8	6.6	7.1	5.3	3.9	4.6	4.8	5.5	5.9

$$Y_t = \beta_0 + \beta_1 t + \varepsilon_t, \quad t=0,\,1,\,\cdots,\,10$$

$$\varepsilon_t = \varepsilon_{t-1} + U_t$$

$$(\text{가정})\quad U_t \sim i.i.d.\ N(0,\,\sigma^2) \tag{8-53}$$

일 때, 10개의 임의로 생성된 U_t값들을 (.5, $-.7$, .3, 0, -2.3, -1.9, .2, $-.3$, .2, $-.1$)라 하고 $\varepsilon_0=3$이라고 하자. 이들 10개의 값들은 평균 0, 분산 9인 정규분포로부터 얻어진 값들이다. 그러면 식 (8-53)의 관계로부터 [표 8-15]와 같이 10개의 오차값들이 얻어질 것이다.

그리고 $\beta_0=2$, $\beta_1=.5$라고 하면 $E(Y)=2+.5t$의 관계로부터 얻어지는 Y_t값들은 [표 8-16]과 같이 될 것이다. 이들 10개의 Y_t값들은 실제로 얻어진 표본값들로 간주되는 것이다.

시뮬레이션

이와 같은 결과는 자기상관이 존재하는 자료를 만들기 위한 매우 단순한 **시뮬레이션**(simulation) 과정에 의해 얻어진 것으로서 주어진 파라미터 (parameter) 값들로써 모형을 만들어 실제 상황을 연출한 것이다. 다시 말하면, t와 Y의 관계를 $E(Y)=2+.5t$로 설정하고 오차들 간에 자기상관이 존재하는 모형을 만들어 Y_t값들이 얻어졌을 때, 통상적인 회귀분석의 결과가 얼마나 참값$(\beta_0=2,\ \beta_1=.5)$에 접근하는가를 보고자 하는 것이다.

그림 8-15	자기상관하에서의 통상적인 회귀선

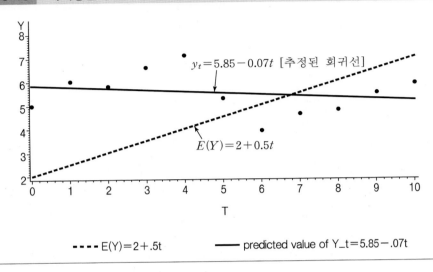

[표 8-16]에서 얻어진 t값들과 Y_t값들에 대한 통상적인 회귀분석 결과는 $\hat{y} = 5.85 - .07t$로 얻어지는데, 이는 자기상관이 있음에도 불구하고 통상적인 방법으로 회귀분석을 했기 때문이다([그림 8-15]). 다시 말하면, t와 Y의 실제 관계는 $E(Y) = 2 + .5t$임에도 불구하고 자기상관이 있는 10개의 Y_t값들을 얻어 t와 Y의 관계를 얻은 결과는 엉뚱하게도 $\hat{y} = 5.85 - .07t$라는 것이다.

[그림 8-15]에서 볼 수 있는 바와 같이 자기상관이 존재할 때, 통상적인 회귀선에 대한 잔차들은 원래의 잔차들(여기서는 생성된 오차값)보다 작게 나타나므로 잔차제곱합(SSE)이 작게 얻어지며 따라서 평균잔차제곱합(MSE)도 작게 된다. 따라서 통상적인 방법으로 얻어진 계수들은 매우 유의적인 것으로 나타날 가능성이 높은 것이다.

이제, 1차 자기상관 회귀모형을 설정하여 자기상관이 존재하는가를 찾는 방법과 자기상관이 있을 경우 어떻게 해결할 수 있는가를 알아보기로 하자. 식 (8-52)를 다시 정리하여 보면 1차 자기상관이 있을 경우 그 모형은

$$Y_t = \beta_0 + \beta_1 x_t + \varepsilon_t, \quad t = 1, 2, \cdots, n$$
$$\varepsilon_t = k\varepsilon_{t-1} + U_t \tag{8-54}$$
$$(\text{가정}) \ U_t \sim i.i.d. \ N(0, \sigma^2)$$

자기상관계수
백색잡음

이며, k를 **자기상관계수**(autocorrelation coefficient)라고 부르고 $0 \le k \le 1$이다. 그리고 U_t를 **백색잡음**(whitenoise) 또는 **순오차**(disturbance)라고 부른다. 먼저, 1차 자기상관이 있을 경우 오차(ε_t)에 대한 몇 가지 성질을 살펴보면 다음과 같다.

(1) $\varepsilon_t = k\varepsilon_{t-1} + U_t = k(k\varepsilon_{t-2} + U_{t-1}) + U_t$

$\qquad = k^2\varepsilon_{t-2} + kU_{t-1} + U_t = k^2(k\varepsilon_{t-3} + U_{t-2}) + kU_{t-1} + U_t$

$\qquad = k^3\varepsilon_{t-3} + k^2U_{t-2} + kU_{t-1} + U_t$

$\qquad \qquad \vdots$

$\qquad = U_t + kU_{t-1} + k^2U_{t-2} + \cdots$

$\qquad = \displaystyle\sum_{s=0}^{\infty} k^s U_{t-s}$

(2) $E(\varepsilon_t) = 0$

(3) $Var(\varepsilon_t) = Var(U_t + kU_{t-1} + k^2U_{t-2} + \cdots)$

$\qquad \qquad \quad = Var(U_t) + k^2 Var(U_{t-1}) + k^4 Var(U_{t-2}) + \cdots$

$\qquad \qquad \quad = \sigma^2 + k^2\sigma^2 + k^4\sigma^2 + \cdots$

$\qquad \qquad \quad = \left(\dfrac{1}{1-k^2}\right)\sigma^2$

(4) $Cov(\varepsilon_t, \varepsilon_{t-1}) = E[\varepsilon_t \varepsilon_{t-1}]$

$\qquad \qquad \qquad \quad = E[(U_t + kU_{t-1} + \cdots)(U_{t-1} + kU_{t-2} + \cdots)]$

$\qquad \qquad \qquad \quad = E[[U_t + k(U_{t-1} + kU_{t-2} + \cdots)](U_{t-1} + kU_{t-2} + \cdots)]$

$\qquad \qquad \qquad \quad = E[U_t(U_{t-1} + kU_{t-2} + \cdots)] + E[k(U_{t-1} + kU_{t-2} + \cdots)^2]$

$\qquad \qquad \qquad \quad = E[k\varepsilon_{t-1}^2] = kVar(\varepsilon_{t-1})$

$\qquad \qquad \qquad \quad = \left(\dfrac{k}{1-k^2}\right)\sigma^2$

$$(5) \quad Corr(\varepsilon_t, \varepsilon_{t-1}) = \frac{Cov(\varepsilon_t, \varepsilon_{t-1})}{\sqrt{Var(\varepsilon_t)} \sqrt{Var(\varepsilon_{t-1})}} = k$$

그러므로 자기상관계수 k는 ε_t와 ε_{t-1}의 상관계수를 나타내는 값이며, 자기상관이 없느냐 있느냐 하는 문제는 곧 k가 0인가 아닌가를 다루 는 문제로서 이에 대한 검증방법을 Durbin-Watson 검증이라고 한다.

Durbin-Watson
검증

8.16.1 Durbin-Watson 검증

대부분의 경영, 경제 지표들은 이전 시점의 값과 현 시점의 값 간에 상관이 있기 마련이다. 그러므로 이전 시점에서의 잔차가 +값을 갖는다 면, 현 시점에서의 잔차도 +값을 갖게 되는 형태를 띠게 된다. 말하자면, 이웃 시점들간의 잔차들이 같은 부호(+ 또는 −)를 갖게 되면서 상관이 있게 되는데, 이러한 경우 양(positive)의 **자기상관**이 있다고 한다. [그림 8-16]은 양의 자기상관과 음의 자기상관이 있는 경우를 나타내고 있는 데, 음의 **자기상관**은 이웃 시점들간에 잔차들이 반대의 부호를 갖는 경우 이다. 따라서, 자기상관이 있는 경우 대부분 양의 자기상관관계를 나타낸 다고 할 수 있다.

양의 자기상관

음의 자기상관

그림 8-16 자기상관의 종류

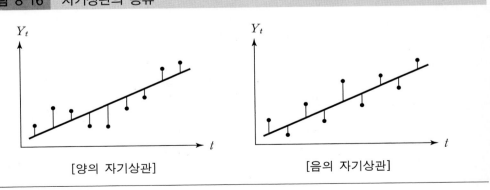

[양의 자기상관]   [음의 자기상관]

자기상관이 있는가 여부에 대한 가설검증의 방법을 Durbin-Watson 검증법이라 하며, 가설은

$$H_0 : k = 0 \quad \text{v.s.} \quad H_1 : k \neq 0$$

이 되고, Durbin-Watson 검증통계량은

$$DW = \frac{\sum\limits_{t=2}^{n} (e_t - e_{t-1})^2}{\sum\limits_{t=1}^{n} e_t^2} \tag{8-55}$$

이다. 여기서, e_t는 t시점에서의 잔차 $(y_t - \hat{y_t})$를 나타낸다. 그리고 DW통계량은 항상 0과 4 사이의 값을 갖는다. 어떤 자료에서 구한 DW값이 2에 가까울 때 자기상관은 존재하지 않음을 나타낸다. 그리고 음의 자기상관이 있을 때는 DW값이 4에 가까운 값을 갖게 되고, 양의 자기상관이 있을 때는 0에 가까운 값을 갖게 된다. 그러므로 검증통계량 DW값의 크기에 따라 $H_0 : k = 0$ v.s. $H_1 : k \neq 0$의 결과를 판단하게 된다. 즉, 자기상관이 있을 경우 DW값이 0에 가까운 경우가 대부분이고 DW값이 2에 가까운 값을 가질 경우 자기상관이 없다고 판단하게 된다. DW값에 따른 가설검증의 결과는 다음과 같다. 즉,

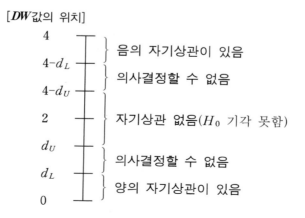

[DW값의 위치]

이다.

　　[부록 7]에는 설명변수의 수(p)와 표본의 크기(n)에 대한 DW통계량의 $\alpha = 5\%$와 $\alpha = 1\%$의 d_L과 d_U의 값들이 나와 있는데, 예로서, 설명변수의 수가 1개이고 자료(n)가 40일 경우 계산된 DW값이 0.9라면, $d_L = 1.44$, $d_U = 1.54$이므로 양의 자기상관이 존재한다고 결정되는 것이다.

　　이 절에서 설명한 자기상관 문제는 주로 시계열자료에서 다루어진다. 보다 자세한 것들은 시계열자료분석에서 찾을 수 있다.

다음은 1995년 1/4분기부터 2004년 4/4분기까지의 가처분 소득(X_t: 단위 10억원)과 승용차 판매액(Y_t: 단위 100만원)의 시계열자료(①)이다. 승용차 판매액은 가처분소득에 의해 어떻게 설명될 수 있는가를 알아보고자 한다.

　　우선, 이 자료들의 관계를 알아보기 위해 X_t와 Y_t값들의 산포도를 얻으면 [예제 8-10(a)] 그림과 같다.

　　그러므로 X_t와 Y_t간에는 일정한 선형의 관계에 있음을 알 수 있으며, [예제 8-10(b)] 그림과 같이 가처분소득(X_t)과 승용차 판매액(Y_t)의 시점에 따른 진행관계를 알아보기 위해 $100X_t$값들과 Y_t값들을 각 시점(t)별로 한 그래프에 나타내 보았다(한 그래프에 나타내기 위해 X_t에 100을 곱함). [예제 8-10(b)] 그림에서 X_t와 Y_t가 시차(time-lag)를 가지고 관계가 있는가를 알아볼 수도 있을 것이다.

　　이 자료에 대한 SAS에 의한 통상적인 회귀모형 분석결과는

① 가처분소득(X)과 승용차판매액(Y)

t			X_t	Y_t	t			X_t	Y_t
1995	I	(1)	2,742.9	273,792	2000	I	(21)	3,123.6	314,941
	II	(2)	2,692.0	261,643		II	(22)	3,189.6	319,813
	III	(3)	2,722.5	266,102		III	(23)	3,156.5	325,782
	IV	(4)	2,777.0	268,958		IV	(24)	3,178.7	324,489
1996	I	(5)	2,783.7	272,796	2001	I	(25)	3,227.5	329,102
	II	(6)	2,776.7	268,609		II	(26)	3,281.4	335,974
	III	(7)	2,814.1	270,843		III	(27)	3,272.6	346,169
	IV	(8)	2,808.8	264,789		IV	(28)	3,266.2	347,554
1997	I	(9)	2,795.0	264,398	2002	I	(29)	3,295.2	341,120
	II	(10)	2,824.8	264,647		II	(30)	3,241.7	347,901
	III	(11)	2,829.0	265,679		III	(31)	3,285.7	352,830
	IV	(12)	2,832.6	273,447		IV	(32)	3,335.8	350,237
1998	I	(13)	2,843.6	275,171	2003	I	(33)	3,380.1	357,405
	II	(14)	2,867.0	283,598		II	(34)	3,386.3	359,433
	III	(15)	2,903.0	288,348		III	(35)	3,407.5	359,432
	IV	(16)	2,960.6	295,986		IV	(36)	3,443.1	366,554
1999	I	(17)	3,033.2	301,673	2004	I	(37)	3,473.9	365,028
	II	(18)	3,065.9	307,268		II	(38)	3,450.9	367,374
	III	(19)	3,102.7	305,127		III	(39)	3,466.9	372,414
	IV	(20)	3,118.5	311,216		IV	(40)	3,493.0	369,017

$$\hat{y}_t = -142036 + 147.336 x_t$$
$$(.000) \qquad (.000)$$
$$R^2 = 0.9779, \quad DW = 0.9345$$

로 얻어지는데, 이 결과가 가처분소득(X_t)과 승용차 판매액(Y_t)간의 올바른 관계는 되지 못한다. 왜냐하면, 잔차들의 분포가 양의 자기상관을 나타내고 있고([예제 8-10(c)]) DW통계량값이 $DW = 0.9345$이기 때문이다.

[예제 8-10(a)] X_t와 Y_t의 산포도

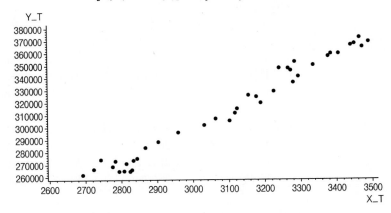

[예제 8-10(b)] $100X_t$와 Y_t의 t에 대한 산포도

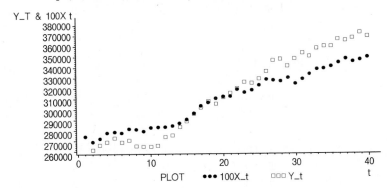

[예제 8-10(c)] 통상적인 회귀분석의 잔차도표

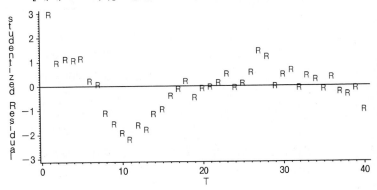

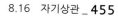

② SAS의 프로그램

```
DATA auto;
    INFILE 'C:\auto.dat';
    INPUT x y;
RUN;
/*통상적인 회귀분석*/
PROC REG DATA=auto;
        MODEL y=x/DW; Durbin-Watson 통계량을 구함
        PLOT STUDENT.*x='R';
RUN;
/*1차 자기상관이 존재하는 경우*/
PROC REG AUTOREG DATA=auto;
    MODEL y=x/NLEG=1 DW; 1차 자기상관모형지정(NLEG=1)
        PLOT STUDENT.*x='R';
RUN;
```

③ 통상적인 회귀분석의 출력결과

Analysis of Variance

Source	DF	Sum of Squares	Mean Square	F Value	Prob>F
Model	1	56534338479	56534338479	1683.883	0.0001
Error	38	1275803879	33573786.291		
C Total	39	57810142358			

Root MSE	5794.28911	R-square	0.9779	
Dep Mean	313416.47500	Adj R-sq	0.9774	
C.V.	1.84875			

Parameter Estimates

Variable	DF	Parameter Estimate	Standard Error	T for H0: Parameter=0	Prob > |T|
INTERCEP	1	-142036	11136.819364	-12.754	0.0001
X	1	147.336124	3.59048606	41.035	0.0001

Durbin-Watson D	0.934
(For Number of Obs.)	40
1st Order Autocorrelation	0.474

8.16.2 Cochrane-Orcutt 방법

이제, 자기상관이 있는 경우 자기상관이 있는 회귀모형을 어떻게 다룰 것인가를 생각해 보기로 하자. 먼저 회귀모형은 오차에 대한 가정, 즉 오차는 평균이 0이고 분산이 일정하며 정규분포해야 한다는 가정이 성립할 때, 그 분석결과를 사용할 수 있기 때문에 앞에서의 1차 자기상관모형을 다음과 같이 수정해 보기로 하자. 우선,

$$Y_t{}^* = Y_t - kY_{t-1}$$

을 정의하면,

$$
\begin{aligned}
Y_t{}^* &= Y_t - kY_{t-1} \\
&= (\beta_0 + \beta_1 x_t + \varepsilon_t) - k(\beta_0 + \beta_1 x_{t-1} + \varepsilon_{t-1}) \\
&= \beta_0(1-k) + \beta_1(x_t - kx_{t-1}) + (\varepsilon_t - k\varepsilon_{t-1}) \\
&= \beta_0(1-k) + \beta_1(x_t - kx_{t-1}) + U_t
\end{aligned}
\tag{8-56}
$$

가 된다. 여기서, U_t는

$$(\text{가정}) \quad U_t \sim i.i.d. \ N(0, \sigma^2)$$

로 가정한 것이므로 1차 자기상관이 존재할 경우,

$$Y_t{}^* = \beta_0{}^* + \beta_1{}^* x_t{}^* + U_t \tag{8-57}$$
$$\beta_0{}^* = \beta_0(1-k), \quad \beta_1{}^* = \beta_1, \quad x_t{}^* = x_t - kx_{t-1}$$

의 모형에 대해, 통상적인 회귀분석을 수행하면 될 것이다.

그러면 단 하나의 문제는 k의 값을 결정하는 문제이다. Cochrane과 Orcutt은 k가 ε_t와 ε_{t-1} 간의 상관계수를 나타내므로 자기상관계수 k를 추정하는 방법으로서 통상적인 회귀결과 얻어진 잔차들의 상관계수로부터 k의 추정치를 얻고(1단계),

$$\hat{k}^{(1)} = \frac{\sum_{t=2}^{n} e_{t-1} e_t}{\sum_{t=2}^{n} e_{t-1}^2}$$

얻어진 $\hat{k}^{(1)}$값을 사용하여 다음과 같이 $(x_t^{*(1)}, y_t^{*(1)})$를 얻어

$$y_t^{*(1)} = y_t - \hat{k}^{(1)} y_{t-1}$$

$$x_t^{*(1)} = x_t - \hat{k}^{(1)} x_{t-1}$$

이 값들로써 다시 회귀분석한 결과로부터 잔차들$(e_t^{(1)})$을 계산하고 다시 k의 추정치를 얻어가면서(2단계),

$$\hat{k}^{(2)} = \frac{\sum_{t=2}^{n} e_{t-1}^{(1)} e_t^{(1)}}{\sum_{t=2}^{n} (e_{t-1}^{(1)})^2}$$

$\hat{k}$값들이 수렴하는 값을 얻음으로써, k의 추정치를 구하는 방법을 제시하였다.

예 8-10

[계속] 앞의 〔예 8-10〕에서 본 바와 같이 가처분소득(X)과 승용차 판매액(Y)의 자료를 입력하여 SAS를 이용하여 얻어진 결과는 다음과 같다. 즉, 통상적인 회귀모형의 출력결과로부터 Durbin-Watson 값이 0.934이므로 양의 자기상관이 존재함을 알 수 있어, 자기상관모형으로 분석해야만 한다. 〔예 8-10〕의 ① SAS 프로그램에 따른 결과로서 ③의 출력결과까지 얻어지는데 자기상관모형 식 (8-56)에 대한 것으로서 k=0.47410이고, 식 (8-56)을 정리하여

$$\hat{y}_t = \hat{\beta}_0 + \hat{\beta}_1 x_t + k[\hat{y}_{t-1} - (\hat{\beta}_0 + \hat{\beta}_1 x_{t-1})]$$
$$= -129625 + 143.3795x_t + 0.4741[\hat{y}_{t-1}$$
$$- (-129625 + 143.3795x_{t-1})]$$
$$R^2 = 0.9837, \quad DW = 1.8961$$

을 얻게 된다.

③ 1차 자기상관이 존재하는 경우의 출력결과

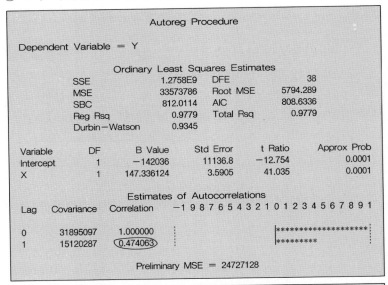

Autoreg Procedure

Dependent Variable = Y

Ordinary Least Squares Estimates

SSE	1.2758E9	DFE	38	
MSE	33573786	Root MSE	5794.289	
SBC	812.0114	AIC	808.6336	
Reg Rsq	0.9779	Total Rsq	0.9779	
Durbin-Watson	0.9345			

Variable	DF	B Value	Std Error	t Ratio	Approx Prob
Intercept	1	−142036	11136.8	−12.754	0.0001
X	1	147.336124	3.5905	41.035	0.0001

Estimates of Autocorrelations

Lag	Covariance	Correlation	−1 9 8 7 6 5 4 3 2 1 0 1 2 3 4 5 6 7 8 9 1
0	31895097	1.000000	|*******************
1	15120287	0.474063	|*********

Preliminary MSE = 24727128

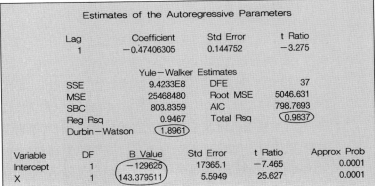

Estimates of the Autoregressive Parameters

Lag	Coefficient	Std Error	t Ratio
1	−0.47406305	0.144752	−3.275

Yule-Walker Estimates

SSE	9.4233E8	DFE	37	
MSE	25468480	Root MSE	5046.631	
SBC	803.8359	AIC	798.7693	
Reg Rsq	0.9467	Total Rsq	0.9837	
Durbin-Watson	1.8961			

Variable	DF	B Value	Std Error	t Ratio	Approx Prob
Intercept	1	−129625	17365.1	−7.465	0.0001
X	1	143.379511	5.5949	25.627	0.0001

SPSS 패키지로는 자기상관이 있는 자료에 대해 다음과 같은 절차를 수행하면 된다.

SPSS [절차8-10-1]
먼저 데이터를 입력한 후 **데이터** 메뉴에서 **날짜정의**를 선택한 후 **첫 번째 케이스**를 1995년 1분기로 하고 **확인**한다.

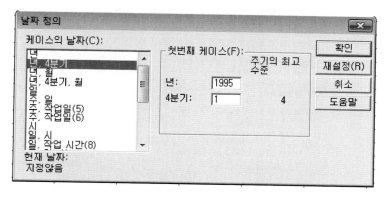

SPSS [절차8-10-2]
이 자료에 대해 회귀분석을 수행하면 Durbin-Watson 통계량 값이 0.937로 얻어지고 양의 자기상관이 있다고 판단되기 때문에, **분석→시계열분석→자기회귀** 메뉴를 선택한다. 여기서 종속변수에 Y_t, 독립변수에 X_t를 넣고 **방법**으로는 Cochrane-Orcutt를 선택한 후 **확인**을 한다.

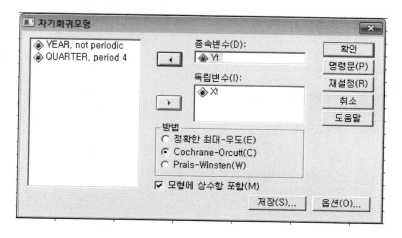

SPSS [절차8-10-3]

자기상관모형에 대한 결과에서는 Durbin-Watson 값이 1.935로 2.0에 가까운 값이 얻어져 오차끼리 더 이상 자기상관이 없음을 알 수 있다. SAS의 결과와 약간의 차이가 나는 것은 계산과정에서의 문제이다.

```
FINAL PARAMETERS:

Estimate of Autocorrelation Coefficient

Rho                        .47550601
Standard Error of Rho      .14462384

Cochrane-Orcutt Estimates

Multiple R                 .97367513
R-Squared                  .94804325
Adjusted R-Squared         .94515677
Standard Error             4843.8589
Durbin-Watson              1.9393989

           Analysis of Variance:

            DF    Sum of Squares        Mean Square

Regression   1    15412449777.2       15412449777.2
Residuals   36      844666893.2          23462969.3

           Variables in the Equation:

                  B        SEB      BETA          T         SIG T

Xt           147.50      5.755   .97367513   25.629749   .0000000
CONSTANT  -143203.78  18002.878      .       -7.954494   .0000000
우
```

8.17 가중최소자승법*

통상적인 회귀분석의 결과는 회귀모형에 대한 가정이 성립할 경우에만 사용이 가능하다고 하였다. 즉, 단순선형회귀모형

$$Y_i = \beta_0 + \beta_1 x_i + \varepsilon_i, \quad i = 1, \cdots, n$$

(가정) $\quad \varepsilon_i \sim i.i.d. \ N(0, \sigma^2)$

에서 오차에 대한 가정이 성립할 경우 $\hat{\beta}_0$과 $\hat{\beta}_1$의 추정치들을 사용하여 X와 Y의 관계를 얻을 수 있다는 것이다. 앞의 잔차분석에서 설명한 바와 같이 오차에 대한 가정을 검색할 수 있는 방법은 오차의 실현된 값들인 잔차들로써 잔차들이 정규분포하는지(정규성), 일정한 분산을 갖고 분포되어 있는지(등분산성)를 탐색해 보아야 할 것이다. 경우에 따라 잔차들이 어떤 일정한 패턴(pattern)을 보인다든지, X의 값들에 따라 점점 확산(또는 축소)된다든지 하는 형상을 보일 때 오차에 대한 가정이 성립한다고 할 수 없게 된다.

여기서는 오차의 등분산성이 성립되지 않은 경우에 대해 설명해 보기로 하자. 즉, 통상적인 최소자승법으로 회귀분석한 결과 잔차들의 분포가 X값들의 변화에 따라 또는 $\hat{Y}$의 값들에 따라 점점 확산되는 경우의 문제를 다루어 보자. 예를 들어 [그림 8-5(B)]의 전차도표와 같이 잔차들과 X값들 또는 $\hat{Y}$값들에 대한 산포도를 얻었을 때, 잔차들의 분포가 점점 확산되어 있다면, 등분산성은 성립되지 못하고 회귀모형은

$$Y_i = \beta_0 + \beta_1 x_i + \varepsilon_i, \quad i = 1, \cdots, n \tag{8-58}$$

(가정) $\quad \varepsilon_i \sim i.d. \ N(0, \sigma_i^2)$

이 되어야 할 것이다. 여기서, $i.d.$는 독립적으로 분포한다는 의미이다. 이 러한 모형에 대해 파라미터를 추정하는 방법을 **가중최소자승법**(Weighted Least Squares Method)이라고 하는데, 오차들의 분산이 같도록 모형을 변형시킨 후 최소자승법을 적용시키는 절차가 필요하다.

(좌측 여백) 가중최소자승법

먼저 오차의 분산을 일정하게 하기 위해 위의 모형을

$$\frac{Y_i}{\sigma_i} = \frac{\beta_0}{\sigma_i} + \frac{\beta_1}{\sigma_i} x_i + \frac{\varepsilon_i}{\sigma_i}$$

$$\Rightarrow Y_i^* = \beta_0^* + \beta_1^* x_i + \varepsilon_i^* \tag{8-59}$$

로 변형시키면 식 (8-59)의 모형에서의 오차 $\varepsilon_i{}^*$는

$$E(\varepsilon_i{}^*) = 0, \quad Var(\varepsilon_i{}^*) = 1$$

이 되므로 식 (8-59)의 모형에 대한 통상적 회귀분석은 유효하다고 할 것이다. 따라서 가중치(w_i)를

$$w_i = \frac{1}{\sigma_i^2} \tag{8-60}$$

이라고 하면

$$\sqrt{w_i}\,Y_i = \sqrt{w_i}\,\beta_0 + \sqrt{w_i}\,\beta_1 x_i + \sqrt{w_i}\,\varepsilon_i$$
$$\Rightarrow Y_i{}^* = \beta_0{}^* + \beta_1{}^* x_i + \varepsilon_i{}^* \tag{8-61}$$

이다. 이제 식 (8-61)의 모형에 대해 최소자승법으로 $\hat{\beta}_0$과 $\hat{\beta}_1$을 구하는 문제는

$$SSE_w = \sum_{i=1}^{n} (\sqrt{w_i}\,e_i)^2 = \sum_{i=1}^{n} w_i (y_i - \hat{\beta}_0 - \hat{\beta}_1 x_i)^2 \tag{8-62}$$

를 최소로 하는 $\hat{\beta}_0$과 $\hat{\beta}_1$을 구하는 문제가 된다. 식 (8-62)의 SSE_w는 통상적인 SSE를 구하는 식에서 각각의 표본(i)에 가중치(w_i)를 부여하여 얻어진 것이며 결국

$$\hat{\beta}_1 = \frac{\sum_{i=1}^{n} w_i (x_i - \bar{x})(y_i - \bar{y})}{\sum_{i=1}^{n} w_i (x_i - \bar{x})^2}, \quad \hat{\beta}_0 = \bar{y} - \hat{\beta}_1 \bar{x}$$

$$\bar{x} = \frac{\sum_{i=1}^{n} w_i x_i}{\sum_{i=1}^{n} w_i}, \quad \bar{y} = \frac{\sum_{i=1}^{n} w_i y_i}{\sum_{i=1}^{n} w_i}$$

이다.

그러면, 가중치(w_i)는 어떻게 구할 수 있는가 하는 문제가 남게 되는데, 식 (8-60)에서 보는 바와 마찬가지로 가중치를 추정하는 것은 곧 분산을 추정하는 것과 마찬가지이다. 가중치를 얻는 두 가지 방법은 다음과 같다.

　　(1) 오차의 분산, σ_i^2은 대체로 설명변수(X)의 값에 따라 변하는 경우가 많다. 즉,

　　(a) $\sigma_i^2 = \sigma^2 x_i$ 　　　　(b) $\sigma_i^2 = \sigma^2 x_i^2$ 　　　　(c) $\sigma_i^2 = \sigma^2 \sqrt{x_i}$

등의 함수관계를 갖고 있는 경우, 가중치(w_i)는 각각

　　(a) $w_i = \dfrac{1}{x_i}$ 　　　　(b) $w_i = \dfrac{1}{x_i^2}$ 　　　　(c) $w_i = \dfrac{1}{\sqrt{x_i}}$

이 될 것이다.

　　(2) 오차의 분산, σ_i^2이 설명변수의 값과 함수관계에 있지 않을 경우, 설명변수의 값들을 몇 개의 그룹으로 나누어 각 그룹 내에서 분산을 추정하여 가중치를 얻을 수도 있다. 즉, 설명변수의 값들에 따라 j개의 그룹으로 나누어, 각 그룹 내에서의 잔차값들로써 분산의 추정치를 얻어 그 그룹내의 자료들에 대한 가중치로 삼는 것이다.

　　위에서 설명한 가중치를 구하는 방법은 설명변수에 대한 것인데, $\hat{Y}$ 값들에 대해 같은 과정을 거쳐 가중치를 얻을 수도 있을 것이다. 특히, 설명변수가 여러 개인 다중회귀모형에서는 $\hat{Y}$값들과 오차의 분산을 비교하는 것이 바람직하다.

예 8-11

다음은 20세 이상의 여성 54명에 대한 심장이완 혈압(Y)과 연령(X)의 자료이다. 연령에 따라 심장이완 혈압이 높아지는 관계를 선형회귀모형에 적합시키고자 한다.

i	X	Y	i	X	Y	i	X	Y
1	27	73	19	37	78	37	42	85
2	21	66	20	38	87	38	44	71
3	22	63	21	33	76	39	46	80
4	26	79	22	35	79	40	47	96
5	25	68	23	30	73	41	45	92
6	28	67	24	37	68	42	55	76
7	24	75	25	31	80	43	54	71
8	25	71	26	39	75	44	57	99
9	23	70	27	46	89	45	52	86
10	20	65	28	49	101	46	53	79
11	29	79	29	40	70	47	56	92
12	24	72	30	42	72	48	52	85
13	20	70	31	43	80	49	57	109
14	38	91	32	46	83	50	50	71
15	32	76	33	43	75	51	59	90
16	33	69	34	49	80	52	50	91
17	31	66	35	40	90	53	52	100
18	34	73	36	48	70	54	58	80

먼저, 통상적인 회귀분석의 수행결과는 ①의 표와 같고, 그 잔차들의 분포는 ② 잔차도표와 같다.

잔차들의 분포는 연령(X)이 많아질 때 확산되어 가는 형태를 보이고 있기 때문에 가중회귀분석을 해야 하는 전형적인 문제이다. 따라서 연령층을 네 그룹(20대, 30대, 40대, 50대)으로 나누어 각 그룹 내에서 분산의 추정치(잔차들의 제곱평균)들을 얻으면 다음과 같다.

j	n_j	s_j^2	$w_j = 1/s_j^2$
20대	13	19.5933	0.0510379
30대	13	45.9760	0.0217505
40대	15	94.7480	0.0105543
50대	13	136.126	0.0073461

① 심장이완 혈압자료의 SAS 출력결과

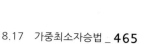

Analysis of Variance

Source	DF	Sum of Squares	Mean Square	F Value	Prob>F
Model	1	2374.96833	2374.96833	35.793	0.0001
Error	52	3450.36501	66.35317		
C Total	53	5825.33333			

Root MSE	8.14575	R-square	0.4077	
Dep Mean	79.11111	Adj R-sq	0.3963	
C.V.	10.29659			

Parameter Estimates

Variable	DF	Parameter Estimate	Standard Error	T for H0: Parameter=0	Prob > |T|
INTERCEP	1	56.156929	3.99367376	14.061	0.0001
X	1	0.580031	0.09695116	5.983	0.0001

② 잔차도표

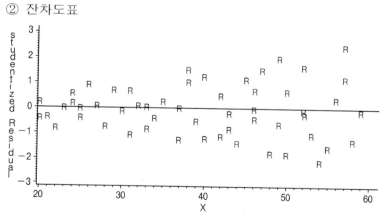

그리고 각 그룹 내에 해당하는 표본들의 가중치는 추정된 분산값의 역
수로 하면 된다. 이들 가중치를 이용하여 가중회귀 분석한 결과와 잔차
도표는 ③과 ④에 나타나 있다.

③ 가중회귀분석한 SAS 출력결과

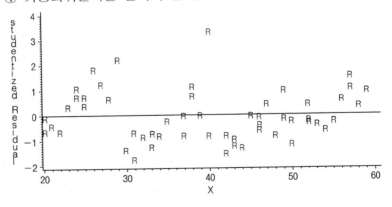

Analysis of Variance

Source	DF	Sum of Squares	Mean Square	F Value	Prob>F
Model	1	464.72512	464.72512	124.441	0.0001
Error	52	194.19414	3.73450		
C Total	53	658.91927			

Root MSE	1.93249	R−square	0.7053
Dep Mean	10.87193	Adj R−sq	0.6996
C.V.	17.77501		

Parameter Estimates

Variable	DF	Parameter Estimate	Standard Error	T for H0: Parameter=0	Prob > |T|
INTERCEP	1	21.025785	0.94745399	22.192	0.0001
X	1	−0.256578	0.02300057	−11.155	0.0001

④ 가중회귀분석한 결과의 잔차도표

제8장 | 연·습·문·제

EXERCISES

1. 다음과 같은 자료가 얻어졌다고 하자.

X	-5	-3	-1	0	1	3	5
Y	0.8	1.1	2.5	3.1	5.0	4.7	6.2

(a) 산포도를 그려라.

(b) 최소자승법에 의하여 회귀직선을 구하라.

(c) 잔차값들을 구하라.

2. 전화설문조사의 어려움은 응답을 거부하는 데에 기인한다. 서울을 12개 지역으로 나누어 임의로 전화번호를 선택조사했을 때 거부율(Y)과 그 지역의 평균가구소득 (X)을 얻은 결과는 다음과 같았다.

지역	Y	X	지역	Y	X
1	.296	7,737	7	.429	11,466
2	.498	12,330	8	.422	10,000
3	.386	12,058	9	.441	10,052
4	.327	9,927	10	.191	8,636
5	.500	6,904	11	.526	7,445
6	.333	9,463	12	.405	9,059

(a) 산포도를 그려라.

(b) 최소자승법에 의하여 회귀직선을 구하라.

(c) 평균가구소득이 8,000인 지역의 거부율은 얼마나 될 것인가?

(d) 평균가구소득이 8,000인 지역의 평균거부율에 대한 95% 신뢰구간을 구하라.

3. 기업의 가치는 R&D(Research and Develpment) 지출비에 따라 영향을 받는다고 한다. 그러므로

$$Y = 기업가격/이익$$

$$X = \frac{R\&D지출비}{매출액}$$

로 정의하여 20개 기업에 대해 자료를 얻은 결과는 다음과 같다.

지역	Y	X	지역	Y	X
1	5.6	0.003	11	8.4	0.058
2	7.2	0.004	12	11.1	0.058
3	8.1	0.009	13	11.1	0.067
4	9.9	0.021	14	13.2	0.080
5	6.0	0.023	15	13.4	0.080
6	8.2	0.030	16	11.5	0.083
7	6.3	0.05	17	9.8	0.091
8	10.0	0.037	18	16.1	0.092
9	8.5	0.044	19	7.0	0.064
10	13.2	0.051	20	5.9	0.028

(a) 회귀직선을 구하라.

(b) 분산분석표에서 SSE과 $\hat{\sigma}^2$을 구하라.

(c) 결정계수는?

(d) X와 Y의 상관계수 r을 구하라.

(e) X와 Y 간에 얻어진 상관계수(r)가 유의적인가를 가설검증하기 위한 가설은

$$H_0 : \rho = 0 \quad \text{v.s.} \quad H_1 : \rho \neq 0$$

이다. 그리고 검증통계량은

$$T = \frac{r\sqrt{n-2}}{\sqrt{1-r^2}}$$

이며 자유도 $(n-2)$의 t-분포를 한다. (d)에서 얻어진 상관계수가 유의적인가를 가설검증하라.

4. 어느 상품의 가격(X)과 수요(Y) 간 자료는 다음과 같다고 한다.

X	1	2	3	4	5
Y	9	7	6	3	1

(a) 최소자승법에 의한 회귀직선을 구하라.

(b) 가격이 1.5일 때의 수요를 예측하라.

(c) 가격이 1.5일 때의 수요에 대해 95% 신뢰구간을 구하라.

(d) 가격이 2.5일 때의 수요에 대한 95% 신뢰구간을 구하라.

5. 다음과 같은 자료가 있다.

X	2	3	4	5	6	7
Y	0	3	4	4	6	11

(a) X가 각각 1, 2, 2.5, 3, 4일 때 Y의 평균($E(Y)$)에 대한 95% 신뢰구간을 구하고 이를 그래프로 그려라.

(b) X가 각각 1, 2, 2.5, 3, 4일 때 Y의 예측값에 대한 95% 신뢰구간을 구하고 이를 그래프로 그려라.

6. 중고자동차의 가격(Y)은 신차가격 (X_1)과 차의 상태(X_2)에 따른다고 한다. 10개의 중고차에 대해 얻어진 자료는 다음과 같다.

Y	X_1	X_2(10점 만점)
60.0	111	2
32.7	180	2
57.7	200	9
45.5	149	5
47.0	171	8
55.3	208	4
64.5	242	7
42.6	131	4
54.5	190	7
57.5	250	5

(a) Y와 X_1의 산포도를 그리고 회귀분석하라.

(b) Y와 X_2의 산포도를 그리고 회귀분석하라.

(c) $Y = \beta_0 + \beta_1 x_1 + \beta_2 x_2 + \varepsilon$의 모형에 대해 회귀분석하고 그 결과를 설명하라.

(d) 위의 모형에서 표준화계수(베타)를 구하고, 설명하라.

(e) 신차가격이 1,700이고 차의 상태가 3인 중고차의 평균가격($E(Y)$)에 대해 95% 신뢰구간을 구하라.

(f) 결정계수를 구하라.

(g) 위의 결과를 사용하여 신차가격이 800이고 차의 상태가 7인 중고차에 대한 가격을 구할 수 있는가? 설명하라.

7. 상가건물들의 가격(Y)은 대지가격 (X_1)과 건물가격 (X_2), 그리고 면적 (X_3)에 의해 설명된다고 하며, 20개 건물들에 대한 자료가 다음과 같이 얻어졌다고 하자.

Y	X_1	X_2	X_3
68,900	5,960	44,967	1,873
48,500	9,000	27,860	928
55,500	9,500	31,439	1,126
62,000	10,000	39,592	1,265
116,500	18,000	72,827	2,214
45,000	8,500	27,317	912
38,000	8,000	29,856	899
83,000	23,000	47,752	1,803
59,000	8,100	39,117	1,204
47,500	9,000	29,349	1,725
40,500	7,300	40,166	1,080
40,000	8,000	31,676	1,529
97,000	20,000	58,510	2,455
45,500	8,000	23,454	1,151
40,900	8,000	20,897	1,173
80,000	10,500	56,248	1,960
56,000	4,000	20,859	1,344
37,000	4,500	22,610	988
50,000	3,400	35,948	1,076
22,400	1,500	5,779	962

(a) $Y = \beta_0 + \beta_1 x_1 + \beta_2 x_2 + \beta_3 x_3 + \varepsilon$의 모형에 대해 회귀분석하고 회귀식을 구하라.

(b) $H_0 : \beta_1 = \beta_2 = \beta_3 = 0$에 대해 가설검증하라.

(c) $H_0 : \beta_i = 0$, $i = 1, 2, 3$에 대해 가설검증하라.

(d) X_1을 모형에서 제외시킬 것인가를 판단하라.

   [힌트] 조정된 R^2 또는 변수선택방법을 고려할 것

(e) $Y = \beta_0 + \beta_1 x_1 + \beta_2 x_1^2 + \varepsilon$의 모형에 대해 회귀분석하라.

(f) $Y = \beta_0 + \beta_1 x_1 + \beta_2 x_1^2 + \beta_3 x_2 + \beta_4 x_3 + \varepsilon$의 모형에 대해 회귀분석하고, 최종적인 결과를 설명하라.

8. 연습문제 [6]의 자료에 대해

(a) $Y = \beta_0 + \beta_1 x_1 + \beta_2 x_2 + \varepsilon$의 모형에 대해 회귀분석한 결과 연습문제 [6(c)]에서 얻어진 잔차들을 X_1축과 X_2축에 대해 각각 그래프를 그려라.

(b) 모형을 수정할 필요가 있을 경우, 새로운 모형에 대해 회귀분석하라.

9. 다음은 연봉(Y)과 경력기간(X)에 대한 자료이다.

X (단위: 년)	Y (단위: 천원)	X (단위: 년)	Y (단위: 천원)	X (단위: 년)	Y (단위: 천원)
7	26,075	21	43,628	28	99,139
28	79,370	4	16,105	23	52,624
23	65,726	24	65,644	17	50,594
18	41,983	20	63,022	25	53,272
19	62,308	20	47,780	26	65,343
15	41,154	15	38,853	19	46,216
24	53,610	25	66,537	16	54,288
13	33,697	25	67,447	3	20,844
2	22,444	28	64,785	12	32,586
8	32,562	26	61,581	23	71,235
20	43,076	27	70,678	20	36,530
21	56,000	20	51,301	19	52,745
18	58,667	18	39,346	27	67,282
7	22,210	1	24,833	25	80,931
2	20,521	26	65,929	12	32,203
18	49,727	20	41,721	11	38,371
11	33,233	26	82,641		

(a) $Y = \beta_0 + \beta_1 x + \varepsilon$의 모형에 대해 회귀분석하고 $\hat{Y}$에 대한 잔차도표를 그려라.

(b) 잔차도표를 보고, Y를 $\log Y$로 변화하여 회귀분석하기로 하였다. 그 결과에 대해 (a)와 비교·평가하고 잔차도표를 그려라.

(c) 얻어진 계수 $\hat{\beta}_1$의 사용(설명) 방법에 대해 논의하라.

[힌트] Y를 $\log Y$로 변환시킨 모형에서, β_1은 설명변수 X의 한 단위 증가에 따른 Y의 백분비(%)가 얼마나 증가(또는 감소)하는가를 나타내는 데 사용된다. 즉,

$$\log y_{(x)} = \beta_1 x \ \Rightarrow \ y_{(x)} = e^{\beta_1 x}$$

$$\log y_{(x+1)} = \beta_1 (x+1) \ \Rightarrow \ y_{(x+1)} = e^{\beta_1 (x+1)}$$

로부터

$$y_{(x+1)} - y_{(x)} = e^{\beta_1 x + \beta_1} - e^{\beta_1 x} = e^{\beta_1 x}(e^{\beta_1} - 1) = y_{(x)}(e^{\beta_1} - 1)$$

이므로, X의 한 단위 증가에 따른 Y의 백분비 증가분은

$$\frac{y_{(x+1)} - y_{(x)}}{y_{(x)}} = e^{\beta_1} - 1$$

이다. 그러므로 $\hat{\beta}_1 = 0.05$로 얻어졌을 때 $e^{0.05} - 1 = 0.051$이고, 근무연한이 1년 많아질 때 연봉은 5.1%씩 증가한다.

10. 다음은 여러 가지 자동차들의 만족도와 내구성 자료이다.

차종	만족도	내구성	제조회사
Benz	138	123	유럽
BMW	120	114	유럽
Cadilac	126	114	유럽
Ford	107	110	미국
Audi	117	108	미국

(a) 만족도와 내구성에 대해 회귀분석하고 그 결과를 설명하라.

(b) 만족도와 제조회사에 대해 회귀분석하고 그 결과를 설명하라.

(c) 제조회사, 지역별(유럽 vs. 미국)로 만족도 간의 차이가 있는가?

11. 다음은 어느 회사 35년간의 매출액 자료이다.

t	Y	t	Y	t	Y
1	4.8	13	48.4	25	100.3
2	4.0	14	61.6	26	111.7
3	5.5	15	65.6	27	108.2
4	15.6	16	71.4	28	115.5
5	23.1	17	83.4	29	119.2
6	23.3	18	93.6	30	125.2
7	31.4	19	94.2	31	136.3
8	46.0	20	85.4	32	146.8
9	46.1	21	86.2	33	146.1
10	41.9	22	89.9	34	151.4
11	45.5	23	89.2	35	150.9
12	53.5	24	99.1		

(a) DW통계량을 구하고 양의 자기상관이 있는가를 검증하라.

(b) 이 자료에 대한 적절한 회귀식을 구하라.

12. 제 4 절에서 설명한 결정계수 외에 조정된 결정계수도 정의하였다(식 8-24). 조정된 결정계수는 어느 설명변수가 모형에 추가되어도 좋은지를 결정해 줄 수 있는 값이다. 결정계수는 어떤 설명변수가 추가될 때 반드시 커지게 되어 있다. 식 (8-22)와 식 (8-23)으로 그 이유를 설명하라(**[힌트]** [결정계수가 1.0이라는 것은 무엇을 뜻하는가? 그 의미를 생각하라]).

그러나 조정된 R^2값은 필요없는(설명력이 없는) 설명변수가 추가될 때는 오히려 작아지게 된다. 그러므로 설명변수가 추가될 때 조정된 R^2값의 증감 여부로 그 설명변수의 유효 여부를 판단하는 것이다. [예 8-7]의 자료에 대해 X_1, X_2, X_4, X_3 순서대로 추가할 때의 조정된 R^2값을 구하라.

제 **9** 장　시뮬레이션

시뮬레이션이란 어떤 상황에서 작용하는 여러 가지 변수들을 고려할 때 그 결과가 어떻게 얻어지는가를 알아보기 위한 작업이다. 이를테면, 가능하다고 판단되는 여러 가지 환경을 설정할 때 각각의 환경에서 나타날 결과를 컴퓨터로 반복해서 계산해 보는 일이다.

예를 들면, 알리(Ali)와 타이슨(Tyson), 두 헤비급 복서 중 누가 더 강한가를 알고 싶을 경우, 시뮬레이션으로 그 결과를 알아볼 수 있다는 것이다. 다시 말해서, 알리의 전성기와 타이슨의 전성기에 두 선수가 대결을 한다면 누가 이길까? 우리가 가지고 있는 자료나 전문가의 주관적 판단만을 가지고는 결과에 대해 장담하지 못하는 것이므로 컴퓨터를 이용하여 보다 객관적인 답변을 해 보자는 것이다. 시뮬레이션을 위하여 두 선수의 각종 사진, 자료, 특징 등을 입력하고 프로그램하여 실제 두 선수가 경기를 하는 모습으로 필름을 만든 결과 — 결과에 대해서는 프로그래머도 모르는 상태에서 — 알리의 8회 TKO승으로 경기가 종료되었다.

또한, 주식거래에 있어서 프로그램을 만들어 놓고 주가에 어떤 변화가 있을 경우 사람이 판단하지 않고 자동적으로 매매가 일어나게 하는 경우도 시뮬레이션의 일종이다. 즉, 여러 가지 변수들이 어떠한 상황에 도달하면 일정한 룰(rule)에 따라 매매가 되도록 시뮬레이션하여 프로그램으로 짜놓은 것이다.

9.1 시뮬레이션의 개념

간단한 시뮬레이션의 예로서 시뮬레이션의 개념을 파악해 보는 것이 바람직할 것이다. 이제, 홍길동 씨의 주식투자 시뮬레이션을 살펴보기로 하자. 홍길동 씨는 단순히 다음과 같은 투자전략을 세웠다고 하자. 즉,

a) 홍씨는 A주식 한 종목만 거래한다.

b) 현재 1,000원짜리 주식을 100주 보유하고 있다.

c) 주가는 하루에 3가지로 움직이는데, 100원 떨어지거나 100원 오르거나, 어제와 같은 수준의 3가지이다.

d) 하루에 단 한번 거래를 하며, 물론 거래를 안할 수도 있다.

e) 전(前)일에 비해 주가가 하락하면 보유 주식을 모두 매각하고, 전일대비 주가가 상승하면 잔고 전액으로 주식을 매입한다. 주가가 변동이 없을 경우 매매하지 않는다.

그리고 홍길동씨의 투자전략을 평가하기 위하여 과거의 A주식 주가의 변동을 조사해 본 결과 다음과 같은 [표 9-1]을 얻었다고 하자. 즉, 오늘은 올랐고 다음날도 오를 확률은 1/2, 오늘은 올랐으나 다음날 떨어졌을 확률은 1/4 등으로 해석할 수 있다.

그러나 [표 9-1]은 과거 A주식의 주가변동 확률을 나타내고 있는데, 현재 1,000원짜리 주식 100주를 보유하고 있을 경우, 앞으로 어떻게 주식운영을 하여야 하는가를 생각해 보아야 한다. 다시 말하면, 오늘 A주식의 주가가 떨어졌을 경우 다음날 주가가 어떻게 움직일 것인가를 결정하

[표 9-1] A주식 주가변동 확률

오늘 주가 \ 다음날 주가	상승	불변	하락
상승	1/2	1/4	1/4
불변	1/4	1/2	1/4
하락	1/4	1/4	1/2

[표 9-2] A주식 투자 확률모형

오늘 주가 \ 다음날 주가	상승	불변	하락
상승	$\{HT, TH\}$	$\{TT\}$	$\{HH\}$
불변	$\{TT\}$	$\{HT, TH\}$	$\{HH\}$
하락	$\{TT\}$	$\{HH\}$	$\{HT, TH\}$

여 다음날의 투자전략이 세워져야 한다. 그러기 위해서는 [표 9-1]의 확률분포를 얻을 수 있는 확률모형이 필요한데, 동전을 두 번 던져서 앞면 (H)과 뒷면(T)이 나오는 모형을 적용시키고자 한다. 즉, [표 9-2]와 같은 확률모형을 사용하기로 하자.

[표 9-2]의 첫 행은 오늘 주가가 상승한 경우, 다음날의 주가변동을 동전을 두 번 던져서 {HT} 또는{TH}이면 상승으로, {TT}이면 불변, {HH}이면 하락하는 것으로 판단하여 다음날의 전략을 세워야 한다는 것이다. 왜냐하면 [표 9-1]을 보면,

$$P(\text{다음날 상승}|\text{오늘 상승}) = \frac{1}{2} = P\{(HT), (TH)\}$$

$$P(\text{다음날 불변}|\text{오늘 상승}) = \frac{1}{4} = P\{(TT)\}$$

$$P(\text{다음날 하락}|\text{오늘 상승}) = \frac{1}{4} = P\{(HH)\}$$

이기 때문이다.

그러면, 오늘 주가는 어제와 같은 1,000원이고 앞으로 10일간의 주가를 동전 두 번 던지기로 예측해 보면 다음과 같은 주가 움직임을 알 수 있다. 즉, 초기조건으로서 오늘 주가는 1,000원, 불변일 때 동전 두 번 던지기의 결과가 만일 {HT}라면, 다음날 불변이 되고 제1일의 주가는 1,000원이며, 주식거래는 이루어지지 않는다. 이제, 동전던지기를 10번하여 위와 같은 [표 9-3]의 결과를 얻었다고 하자.

[표 9-3] 동전던지기에 따른 주가변동

	시작	1	2	3	4	5	6	7	8	9	10
오늘 주가	1,000	1,000	1,100	1,200	1,100	1,200	1,100	1,000	900	900	1,000
동전 던지기		HT (불변)	TT (상승)	TH (상승)	HH (하락)	TT (상승)	HH (하락)	HT (하락)	HT (불변)	HH (상승)	TT (불변)
다음날 주가		1,000	1,100	1,200	1,100	1,200	1,100	1,000	900	900	1,000	1,000

[표 9-4] 10일간의 주식거래

날짜	주가	주식거래	주식보유수	주식보유액	현금
0	1,000		100주	100,000	0
1	1,000	매매 없음	100주	100,000	0
2	1,100	현금 없음	100주	100,000	0
3	1,200	현금 없음	100주	100,000	0
4	1,100	매각	0주	—	110,000
5	1,200	매입	88주	105,600	4,400
6	1,100	매각	0주	—	101,200
7	1,000	주식 없음	0주	—	101,200
8	900	주식 없음	0주	—	101,200
9	900	매매 없음	0주	—	101,200
10	1,000	매입	100주	100,000	1,200

즉, [표 9-3]을 보면 제 1 일의 주가는 1,000원이고 다음날(제 2 일)의 주가는 1,100원이 되는데, 오늘의 주가 상태는 불변이고 동전던지기의 결과가 $\{TT\}$이기 때문이다. 그리고 투자전략(e)에 따라 제 1 일에는 매매가 없고, 제 2 일에는 매입가능하나 현금이 없고, 제 3 일에도 주가가 상승했으나 잔액이 없어 거래는 이루어지지 못하고, 제 4 일에는 전일대비 주가가 하락하므로 1,100원에 보유주식 모두를 매각하여 현금화한다.

이제, 홍길동씨의 투자전략과 [표 9-3]의 동전던지기 시뮬레이션 결과를 이용하여 홍길동씨의 10일간 A주식 투자수익을 구하면 다음과 같은 [표 9-4]를 얻는다. 즉, 거래는 제4, 5, 6, 10일에 이루어지며, 제10일에 1,200원의 투자수익을 올리게 된다. 여기에, 거래수수료를 추가하여 계산할 수도 있다.

그리고 투자전략(e)이 올바른가를 평가하려면 동전 두 번 던지기를 10회씩 수백 번 시행하여 그 결과들의 평균을 얻어봄으로써 홍길동 씨의 투자전략을 판단할 수 있다. 또한 홍길동 씨의 주식투자 전략을 현실에 가까운 모델로 만들어 시뮬레이션을 한다면 매우 복잡한 계산과정을 거쳐야 할 것이다. 이러한 작업들은 손으로 하기에는 비효율적이어서 컴퓨터를 사용하게 됨은 당연하다고 할 것이다.

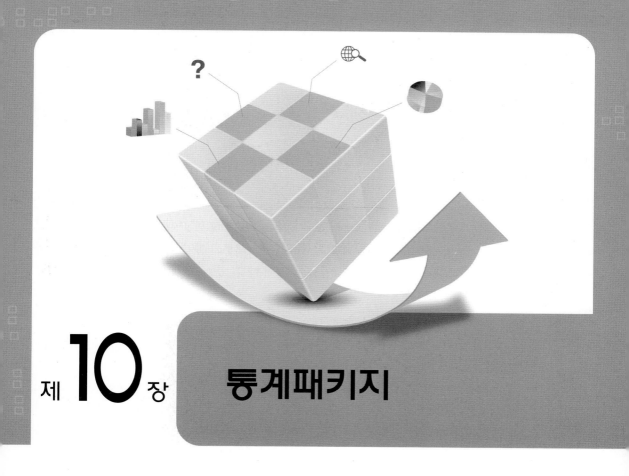

제 10 장

통계패키지

통계패키지(statistical package)라는 것은 통계학이론에 근거하여 입력된 자료를 계산하는 프로그램을 말한다. 물론, 중요한 통계분석기법에 대한 것들도 프로그램으로 짜여져 있고, 사용자는 자료를 입력한 후 분석하고자 하는 목적에 맞는 명령어나 키(key)를 사용하여 그 결과물을 얻을 수가 있다. 널리 사용되는 통계패키지는 SPSS이지만, 이 교재는 SAS를 중심으로 설명하고 있는데, 그 이유는 SAS를 다루는 것이 SPSS를 다루는 것보다 어렵기 때문이다. 즉, SAS를 다룰 수 있다면 SPSS를 배우고 사용하는 데 문제가 없을 것이다. 그리고 통계패키지마다 출력결과의 배열은 조금씩 다를 수 있지만 어떤 값을 어떻게 사용할 것인가는 통계이론에 기초를 두면 될 것이다.

STICS   STATISTICS   STATISTICS   STATISTICS   STATISTICS   STATISTICS   STATISTIC

10.1 SAS의 기초개념

10.1.1 SAS란

SAS(Strategy Application System)는 1966년 미국 North Carolina에 있는 SAS연구소에서 개발된 통계분석 프로그램이며, 현재 120여 개국에서 3백 50만 명 이상의 사람들이 사용하고 있는 세계 최대의 통계패키지 프로그램이다.

10.1.2 SAS의 주요기능

SAS의 기능은 매우 다양하다. 좁게는 자료를 처리하여 분석하는 기능에서 넓게는 이러한 자료처리를 시스템화할 수 있는 기능까지 매우 폭

[표 10-1] 중요한 SAS 프로시져

	통계기법	SAS 프로시져
단변량	빈도분석, 카이제곱 검증	PROC MEANS, PROC FREQ
	t – 검증, 분산분석	PROC TTEST
	Logit 모형, Probit 모형	PROC ANOVA
	상관분석, 회귀분석	PROC CORR, PROC REG
다변량	일반선형모형	PROC GLM
	MANOVA	PROC MANOVA
	로지스틱 모형, 판별분석	PROC LOGISTIC, PROC CATMOD, PROC DISCRIM
	다중회귀	PROC REG, PROC GLM
	주성분분석, 요인분석, 군집분석	PROC PRINCOMP, PROC FACTOR, PROC CLUSTER

넓고 방대하다. 그러나 통계학을 전공하지 않은 일반 사용자들의 주된 사용목적은 주어진 자료를 적정한 분석방법(빈도분석, 회귀분석, 상관분석 등)을 사용하여 자료를 해석하는 데 있을 것이다. [표 10-1]에는 기본적인 통계분석기법 및 SAS명령어(프로시져)들을 제시하고 있다. 물론, SAS는 이 이외에도 다양한 통계기법들을 프로그램화하여 많은 통계분석결과물을 제공해 주고 있다.

10.1.3 SAS의 시작과 프로그램 구성

(1) SAS의 시작

SAS를 실행시키기 위해서 바탕화면에 있는 SAS 단축 아이콘을 더블 클릭하거나 단축 아이콘이 없는 경우는 윈도우의 작업표시줄에 등록

그림 10-1 SAS 실행

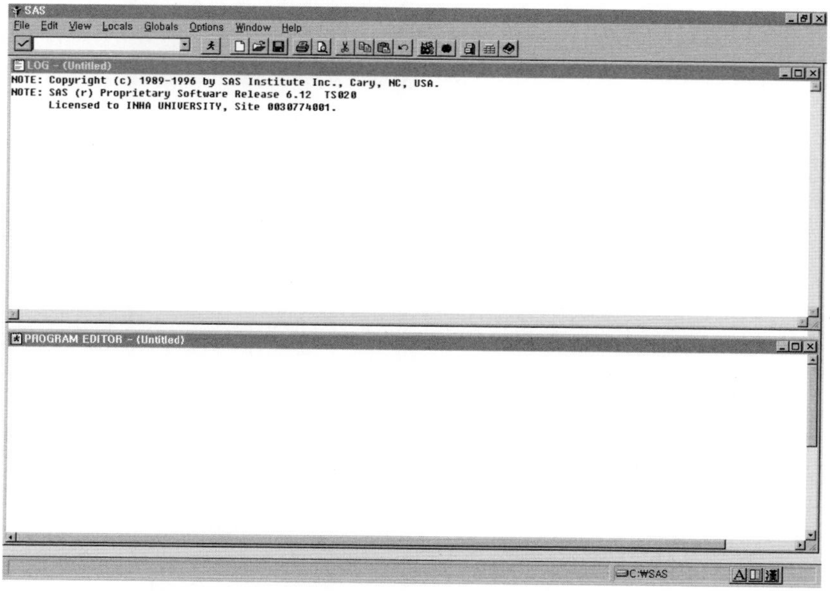

된 SAS 프로그램을 실행시키면 된다. 아니면, 탐색기를 통하여 SAS의
실행파일(sas.exe)을 직접 더블 클릭하면 SAS를 실행할 수 있다. 성공적
으로 프로그램이 실행되었다면 [그림 10-1]과 같은 화면이 나타날 것
이다.

(2) SAS 프로그램 구성

SAS는 자료를 입력하거나 프로그램을 작성하는 편집(PROGRAM EDIT)
창과 작성한 프로그램의 실행결과를 출력하는 출력(OUTPUT) 창 그리고,
실행되고 있는 프로그램에 관련된 메시지를 출력하는 로그(LOG) 창으로
구성되어 있다. [그림 10-1]의 상태에서 Shift + F4를 누르면 [그림 10-2]
와 같이 3개의 기본 창이 나타난다.

그림 10-2   세 가지 기본창

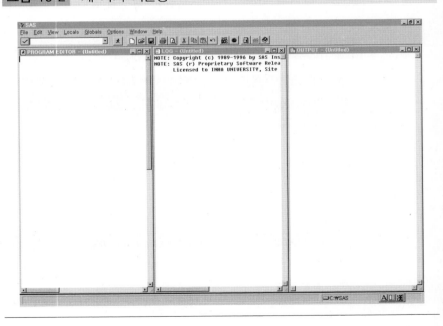

(3) 화면 관리 명령어

이제 SAS를 사용함에 있어서 자주 사용되는 기본적인 화면관리 명령어를 살펴보자. 화면관리 명령어는 command box(☑️▭▭▭▭▭▭▼)에서 사용하거나 command line(command = = = >)에서만 사용 가능한 명령어이며 기본적인 화면관리 명령어는 [표 10-2]와 같다.

[표 10-2] 화면관리 명령어

명령어	단축아이콘 및 단축키	내용
PGM	F5	프로그램 편집 창으로 이동
LOG	F6	LOG 창으로 이동
OUTPUT	F7	출력결과 창으로 이동
ZOOM	▣	작업 중인 창을 확대
SUBMIT	🏃	작성한 프로그램을 실행
FILE	💾	화면의 내용을 저장 예, FILE 'c:\sample.sas' ☞ 화면의 내용을 C 드라이브에 sample.sas라는 이름으로 저장
INCLUDE	📂	지정된 외부 파일을 프로그램 편집 화면으로 불러들임 예, INCLUDE 'c:\sample.sas' ☞ C 드라이브에 저장되어 있는 sample.sas라는 파일을 화면상에 불러들임
RECALL	F4	가장 최근에 실행시킨 프로그램을 다시 화면으로 불러들임
CLEAR	Ctrl + E	화면의 내용을 제거
NUM		프로그램 편집 창에 줄 번호를 표시
command		프로그램 편집 창 상단에 command line 생성
BYE	Alt + F4	SAS를 종료

그림 10-3 화면관리 명령어

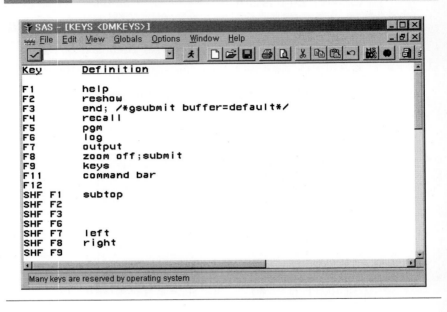

　　[표 10-2]에서 설명한 화면관리 명령어 이외에도 많은 화면관리 명령어가 있으며 단축키를 이용하여 간단히 사용할 수도 있다.
　　단축키에 기억된 명령어를 살펴보거나 수정할 경우 F9를 누르면 [그림 10-3]처럼 화면상에 단축키 명령들이 나타나며, 수정 또는 사용자가 희망하는 명령어를 단축키에 기억시킬 수 있다.

10.2 SAS 프로그래밍

　　SAS라는 프로그램의 특징은 분석하고자 하는 자료를 dataset이라는 특수한 자료의 형태로 만들고, 작성된 dataset을 가지고 SAS에서 지원하는 통계분석 프로시져를 이용하여 아주 간편하게 그 분석 결과를 도출하는 데 있다고 할 수 있다.

DATA SET 단계 : 처리할 자료를 생성하는 단계

⋮

자료변형 단계 : 처리하기 용이하게 자료를 처리하는 단계

⋮

FROC 단계 : 실질적인 통계처리 단계

여기서는 분석을 위한 준비단계로 자료를 입력하는 작업, 즉 dataset을 만드는 과정, 그리고 dataset을 사용자가 보다 처리하기 쉽게 변환하는 과정, 그리고 실제 자료를 처리 및 분석하는 과정으로 나누어 살펴보기로 하자.

10.2.1 자료의 입력

SAS 프로그램에 자료를 입력하는 방법은 크게 두 가지로 구분할 수 있다. 첫 번째는 프로그램 편집 창에서 직접 자료를 하나 하나 입력하는 방법이고, 두 번째는 외부에 저장된 여러 가지 형태의 자료 파일을 불러오는 방법이다.

(1) DATA문
SAS 프로그램에서 자료입력 및 변환의 시작을 알리는 문장이다. SAS 프로그램상에서 사용될 dataset의 이름을 지정한다. SAS dataset의 이름은 8자 내의 임의의 영문자와 숫자를 사용할 수 있다.

형식

```
DATA name (OPTION);
        ⋮
  SAS 명령어들;
        ⋮
RUN;            ☞ 모든 SAS의 프로시져나 data문의 끝을 나타냄


▷ option ·DROP = variable : 지정한 변수를 삭제
            ·KEEP = variable : 지정한 변수만 포함
```

실습

```
DATA sample;            ☞ sample이라는 이름의 dataset을 만든다.
  INPUT x y ;              (WORK.sample이라는 작업파일이 임의로 생성되어
  CARDS;                   SAS작업을 실행한 후 사라짐)
  1 2
  3 2
RUN;
```

SAS 문장의 규칙

☑ 어느 문장이든 반드시 세미콜론(;)으로 끝나야 한다.

☑ 입력되는 데이터는 SAS 문장이 아니므로 세미콜론을 쓰면 안된다.

☑ 명령문을 여러 줄에 걸쳐서 입력해도 상관없다.

☑ 변수명 또는 dataset 이름은 최대 8자까지 사용 가능하며 특수 문
자 사용이 불가능하다.

☑ 한 줄에 여러 개의 독립된 명령문을 사용할 수 있다.

(2) INPUT문

입력하고자 하는 자료의 변수명과 입력형식을 지정한다.

> 형식

INPUT variable (입력형식) … ;

☞ 문자열 변수를 지정할 경우는 변수명 뒤에 '$' 표시를 하고 일반적으로 아무 것도 기입하지 않으면 숫자형 변수로 인식한다.

> ## SAS 문장의 규칙

▷ **자유형식**: 데이터가 1칸 또는 2칸 이상의 빈 칸으로 분리되어 있는 경우에 사용

```
DATA free;
INPUT name $ weight height;
CARDS;
a□56□170          ☞ 각 변수에 해당되는 데이터 값들이 빈 칸으로 분리되어 있음
b□70□185
c□66□160
RUN;
```

▷ **고정형식**: 변수가 입력된 위치를 지정하는 방법

```
DATA free;
INPUT name $ 1 weight 2-3 height 4-5;     ☞ 각 변수에 입력될 데이터들의
CARDS;                                          위치를 지정해 줌
a56170
b70185
c66160
RUN;
```

```
DATA sample;
   INPUT name $ incom deposit ;    ☞ sample이라는 dataset에 name이라는 문자열 변
   CARDS;                              수와 income, deposit라는 숫자형 변수를 지정
   박찬호 20000 150000
   선동렬 19000 200000
   박세리 18000 350000
RUN;
```

sample이라는 dataset에는 name, income, deposit라는 변수가 생성되고 각 변수에는 예금주의 이름과 소득, 예금액이 저장된다.

(3) CARDS문

프로그램 내에서 지정된 변수에 직접 데이터를 입력하는 경우에 사용하며, 자료입력의 시작을 알린다.

```
CARDS ;
    ⎧ data ⎫
    ⎨  ⋮  ⎬    ☞ data입력시 세미콜론(;)을 하지 않는다.
    ⎩ data ⎭
```

```
DATA sample ;
   INPUT x y ;
   CARDS;     ☞ 변수 x에 1, 3, 변수 y에 2, 2가 입력됨.
   1 2
   3 2
RUN;
```

(4) INFILE문

일반적으로 데이터를 입력하는 경우 프로그램 내에서 직접 데이터를 입력하는 방법보다 디스크에 저장된 외부파일을 읽어오는 경우가 많다. 이러한 경우에 INFILE문을 이용하여 외부파일에 있는 data를 불러들인다. 이때 반드시 외부에 존재하는 파일은 아스키형태로 저장되어야 한다.

형식

```
INFILE '외부에 존재하는 파일의 경로와 파일명';
```

실습

```
DATA sample ;
  INFILE 'a:sample.dat' ;        ☞ 드라이브 a에 저장되어 있는 sample.dat 파일을  읽
  INPUT x y ;                        어들임 (이때, sample.dat 파일은 아스키상태로 저
RUN;                                 장되어야만 됨)
```

여기서, 주의할 점은 INFILE문은 항상 INPUT문보다 선행되어야 한다는 점이다.

(5) SET문

이미 만들어진 dataset을 새로운 dataset으로 읽어들인다. 이 과정에서 자료의 변형, 선별적 처리 등이 가능하다.

형식

```
SET dataset name (option) ;
 ▷ option      • DROP=variable : dataset에서 지정된 변수를 삭제
               • KEEP=variable : dataset에서 지정된 변수만 포함
```

실습

```
DATA new ;
   SET sample ;
   z=x+y;
RUN;
```
☞ 이전에 만들어진 sample이라는 dataset을 읽어서 x와 y 의 합을 변수 z에 저장. dataset new에는 x, y, z 세 개의 변수가 존재하게 됨.

지금까지의 명령어들을 이용하여 아래에 제시된 자료를 SAS dataset으로 만들어 보도록 하자. 다음의 자료는 10개 일반 은행의 예수금, 대출금, 점포당 대출금에 관한 임의의 자료이다.

[단위: 천만원]

은행명	예수금	대출금	점포당 대출금
국민	121,969	124,805	40,755
조흥	117,159	102,380	33,650
신한	66,597	76,598	57,316
외환	21,806	18,555	30,953
주택	24,741	23,272	38,789
중소	31,450	26,384	22,745
한빛	15,765	12,262	15,924
제일	4,647	2,850	9,499
농협	25,217	20,525	20,525
축협	8,265	6,015	16,707

문자열 변수인 은행명은 뒤에 '$' 표시를 해 주고 예수금, 대출금, 점포당 대출금을 차례대로 x1, x2, x3로 하여 자료를 입력시킨다. 그러므로 다음과 같이 프로그램하고 실행을 하면 출력결과를 얻을 수 있다.

〔프로그램〕

```
DATA bank;
    INPUT name $ x1 x2 x3;
    CARDS;
    국민 121969 124805 40755
    조흥 117159 102380 33650
    신한  66597  76598 57316
    외환  21806  18555 30953
    주택  24741  23272 38789
    중소  31450  26384 22745
    한빛  15765  12262 15924
    제일   4647   2850  9499
    농협  25217  20525 20525
    축협   8265   6015 16707
RUN;
PROC PRINT DATA=bank;
    VAR name x1 x2 x3;
RUN;
```

☞ 주의해야 할 점은 실제 자료를 입력할 때는 세미콜론(;)을 사용하지 않는다.

☞ dataset의 내용을 화면에 출력

〔출력결과〕

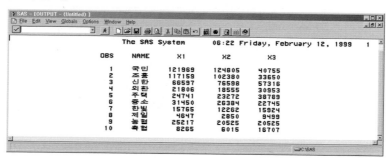

10.2.2 자료의 변환

일반적으로 원자료를 직접 프로그램에 이용하여 분석하기는 매우 힘들다. 그러므로 우리는 적절한 자료의 변환 과정을 거쳐 보다 손쉽게 분석을 위한 프로그램을 작성할 수 있도록 해야 한다. 이러한 자료의 변환 과정으로는 기존 변수를 특정한 함수로 바꾸어 연산을 하거나, 특정 변수에 특정 값을 가진 관측치를 삭제하여 관측치의 수를 줄이거나, 다른 변수에 조건을 부여하여 새로운 변수를 만드는 작업 등을 들 수 있다.

(1) IF-THEN, IF-THEN/ELSE문

어떤 조건식에 맞는 경우에 한하여 새로운 변수를 만들거나 기존 변수의 값을 변환시키고자 하는 경우에 사용한다.

(가) THEN을 사용하는 경우: 조건을 만족하는 경우의 관측치에만 THEN 이하의 명령문을 적용한다. ELSE문을 첨가하여 IF에서 지정하지 않은 관측치에 대해서도 자료를 처리할 수 있다.

형식

```
IF 조건식 THEN 자료변환 명령문 ;
```

실습

```
DATA score;
INPUT eng stat;
sum=eng+stat;       ☞ 영어(eng)와 통계(stat) 점수를 합하여 sum이라는 변수로 변환
IF sum >= 150 THEN decision = 'pass';    ☞ 총점(sum)이 150점 이상이면
IF sum < 150 THEN decision = 'drop';           변수 decision에 pass라고 입력
CARDS;
60 68
80 75
55 45
90 95
RUN;
```

(나) THEN을 사용하지 않는 경우: IF 조건에 맞는 관측치의 경우에만 자료처리를 적용하여 dataset을 만들 수 있다.

형식

```
IF 조건식 ;
▷ 조건식    A = B ; A와 B가 동일함
           A ^= B ; A와 B가 동일하지 않음
           A >= B ; A가 B보다 크거나 같음
           A <= B ; A가 B보다 작거나 같음
```

실습

```
DATA female;
      SET all;
      IF gender ='f' ;       ☞ all이라는 dataset에서 성별이 여자인 data만을
      RUN;                      dataset female에 저장함
```

(2) DELETE문

어떤 조건식에 맞는 관측치를 삭제하는 경우에 사용함

형식

```
조건문 THEN DELETE;
```

실습

```
DATA man;
    SET all;
    IF sex = 'f' THEN DELETE;   ☞ 변수 sex값이 'f'인 관측치를 제거함
RUN;
```

(3) DO문

DO문은 END문이 나올 때까지 그 사이에 있는 여러 개의 명령문을
실행함

   (가) 단순 DO문: 보통 IF-THEN 문과 같이 사용

```
DO;
    SAS문장들;
END;
```

```
DATA sample;
    SET all;
    IF x >= 5 THEN DO;            ☞ x가 5 이상인 값에 대해서
                y = x * 10;          x에 10을 곱해서 y에 저장하고
                ly = SQRT(y);        다시 y에 제곱근을 구해 ly에 저장함
                END;
    RUN;
```

(나) 반복 DO문: DO문과 END문 사이의 명령어들을 반복하여 사용하는 경우

```
DO 색인변수 = 시작값 TO 최종값(BY 증가분);
        SAS문장들;
END;
```

```
DATA sample;
    DO i = 1 TO 100;          ☞ i가 1~100까지 증가할 때까지 아래의 SAS문장
        x = RAN(0);              을 반복함
        OUTPUT;                 (본 프로그램은 표준정규분포를 따르는 100개
    END;                         의 자료를 발생시키는 프로그램)
    RUN;
```

10.2.3 자료의 처리

SAS dataset을 만든 후에는 실질적인 자료처리 단계에 들어가게 된다. 자료처리는 실제 분석하고자 하는 변수의 성질과 목적을 파악한 후 가장 적합한 분석방법을 이용하여 처리해야 한다. 실제로 맹목적으로 SAS에서 지원하는 분석 프로시져를 사용하여 얻은 결과를 잘 못 적용하는 경우도 비일비재하다. 여기에서는 기본적인 SAS의 프로시져에 대해서만 살펴본다.

(1) PROC PRINT문

dataset에 있는 자료를 화면상에 출력하고자 할 경우 사용한다.

형식

```
PROC PRINT DATA = dataset name (OPTION) ;
      VAR variable-name;
      ID variable-name;
      BY variable-name;
      SUM variable-name;
RUN;
```

[명령어 설명]

① VAR

  ㉠ 출력하고자 하는 변수명을 지정한다.

  ㉡ 생략하는 경우에는 dataset 내의 모든 변수를 출력한다.

② ID: 일반적으로 관측치 번호가 출력되는데, 일련번호 대신 지정한 변수의 값이 출력된다.

③ BY: 지정된 변수의 수준별로 출력된다. 단, 여기서 주의할 점은 BY문을 사용하기 전에는 반드시 해당변수를 기준으로 정렬 (Sort)을 해야 한다.

④ SUM: 지정한 변수의 합계를 출력한다.

⑤ OPTION

　㉠ NOOBS: observation number를 출력하지 않는다.

　㉡ LABEL: 변수명 대신 해당 label을 출력한다.

예 10-2

아래에 제시된 자료는 어느 지점의 예금현황이다. 예금주들의 예금현황과 예금 종류별 총금액을 SAS dataset으로 만들고 그 내용을 화면에 출력하여라.

[단위: 원]

예금주 성명 (name)	성별 (sex)	나이 (age)	보통예금 (x1)	정기적금 (x2)	신탁예금 (x3)
홍길동	남성	25	2,000,000	5,000,000	0
이순신	남성	55	1,850,000	25,000,000	10,000,000
성춘향	여성	28	500,000	652,000	20,000,000
김유신	남성	35	6,500,000	4,230,000	10,000,000
임꺽정	남성	47	850,000	6,600,000	5,000,000
유관순	여성	50	3,000,000	26,000,000	30,000,000

[프로그램]

```
DATA example;
    INPUT name $ sex $ age x1 x2 x3;
    CARDS;
    홍길동 m 25 2000000  5000000         0
    이순신 m 55 1850000 25000000 10000000
    성춘향 f 28  500000   652000 20000000
    김유신 m 35 6500000  4230000 10000000
    임꺽정 m 47  850000  6600000  5000000
    유관순 f 50 3000000 26000000 30000000
RUN;
PROC PRINT DATA=example;
        VAR name sex age x1 x2 x3;
        SUM x1 x2 x3;
RUN;
```

[출력결과]

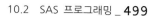

The SAS System   11:27 Friday, November 13, 1998   3

OBS	NAME	SEX	AGE	X1	X2	X3
1	홍길동	m	25	2000000	5000000	0
2	이순신	m	55	1850000	25000000	10000000
3	성춘향	f	28	500000	652000	20000000
4	김유신	m	35	6500000	4230000	10000000
5	임꺽정	m	47	850000	6600000	5000000
6	유관순	f	50	3000000	26000000	30000000
				========	========	========
				14700000	67482000	75000000

(2) PROC SORT문

dataset을 특정한 기준변수로 정렬할 경우 사용한다.

형식

```
PROC SORT DATA = dataset-name (OPTION1);
        BY (OPTION2) 하나 이상의 기준변수명;
RUN;
```

[명령어 설명]

① OPTION1: OUT = dataset name: 정렬된 자료를 새로운 dataset으
로 저장한다.

② OPTION2

㉠ ASCENDING: 오름차순으로 정렬. 생략시 디폴트값으로 설정됨

㉡ DESCENDING: 내림차순으로 정렬

앞의 [예 10-2]에서 만든 dataset을 연령과 정기예금기준으로 오름차순 정렬하라.

[프로그램]

```
PROC SORT DATA=example;
        BY age x2;
RUN;
PROC PRINT DATA=example;
RUN;
```

[출력결과]

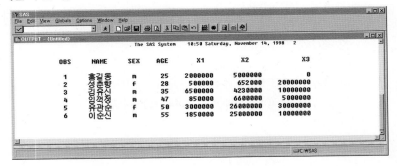

(3) PROC STANDARD문

dataset에 있는 변수들을 표준화할 때 사용한다. 표준화란 각 변수의 원자료에서 평균을 뺀 값을 표준편차로 나누어 준 값을 의미한다. 즉, 여러 변수들을 표준화된 분포(평균이 0, 분산이 1)를 가지는 변수로 변형시킬 수 있다.

형식

```
PROC STANDARD = dataset-name (OPTION);
    VAR  variable-name;
    FREQ  variable-name;
    WEIGHT  variable-name;
    BY  variable-name;
RUN;
```

[명령어 설명]

① VAR: 표준화할 변수를 지정

② FREQ: 관찰치에 대한 도수 정보를 가지고 있는 변수를 지정

③ WEIGHT: 관찰치에 대한 가중치 정보를 가지고 있는 변수 지정

④ BY: 지정된 변수의 수준별로 표준화 작업을 수행

⑤ OPTION:

    ㉠ OUT=dataset-name: 표준화된 자료를 새로운 dataset으로 저장함

    ㉡ VARDEF = 값: 분산 계산시 사용될 분모들을 지정. 디폴트는 $n-1$

    ㉢ MEAN = 값: 지정한 평균값으로 표준화함

    ㉣ STD = 값: 지정한 표준편차 값으로 표준화함

    ㉤ REPLACE: 결측치를 변수의 평균값으로 대체

예 10-4

[예 10-2]의 dataset 내의 변수 중 보통예금(x1)을 표준화하여 새로운 dataset으로 저장하고 출력하라. 단, 평균은 0이고 표준편차는 1이다.

〔프로그램〕

```
PROC STANDARD DATA = example OUT=exam_st MEAN=0 STD=1;
    VAR x1;
RUN;

PROC PRINT data=exam_st;
RUN;
```

〔출력결과〕

OBS	NAME	SEX	AGE	X1	X2	X3
				The SAS System 10:50 Saturday, November 14, 1998 7		
1	홍길동	m	25	-0.20700	5000000	0
2	성춘향	f	28	-0.89699	652000	20000000
3	김유신	m	35	1.86298	4230000	10000000
4	임꺽정	m	47	-0.73599	6600000	5000000
5	유관순	f	50	0.25300	26000000	30000000
6	이순신	m	55	-0.27600	25000000	10000000

10.3 SPSS의 기초개념

10.3.1 SPSS란

SAS와 함께 SPSS(Statistical Package for the Social Science)는 광범위한 분야에 데이터 입력, 데이터 관리, 데이터 집계 및 통계분석(Statistical Analysis)을 목적으로 일반 사용자가 쉽게 이용할 수 있도록 개발된 종합 소프트웨어 패키지로서 미국 시카고 대학에서 1968년 처음 개발된 이후

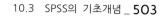

로 30년 이상 계속 발전되어 왔으며 현재 Windows용 SPSS 12.0까지 개발되어 사회과학분야에서 널리 이용되고 있다.

10.3.2 SPSS의 특징

SAS와 비교했을 때 SPSS의 특징은 다음과 같다.

① SAS는 대부분이 사용자가 프로그램을 직접 입력하여 분석하는데 비해서 SPSS는 대부분의 작업이 마우스를 이용하여 원하는 옵션을 선택하는 형식으로 되어 있어 사용이 편리하다.

② SPSS의 경우 Excel과 마찬가지로 스프레드시트가 뜨기 때문에 여기에 직접 자료를 입력하며, 자료의 수정도 손쉽게 할 수 있다.

③ 텍스트 형식의 SAS Output 대비 SPSS Output은 그래프나 테이블이 깨끗하고 보기에 좋으며, 수정/편집이 쉽다. 또한 OLE개체로서 다른 응용프로그램(한글, 워드 등)과의 상호연동이 용이하다.

④ SPSS는 SAS 대비 용량이 매우 적어 1/5 정도밖에 차지하지 않는다. 물론 용량이 적어 통계분석에 제한이 있으나, 거의 모든 통계분석이 가능하며 SAS 대비 쉽게 조작할 수 있는 장점이 있다.

10.3.3 SPSS의 시작

SPSS를 실행시키기 위해서 먼저, 바탕화면에 있는 SPSS 단축 아이콘을 더블 클릭하거나 단축 아이콘이 없는 경우는 윈도우 작업표시줄에 등록된 SPSS 프로그램을 실행시키면 된다.

성공적으로 SPSS 프로그램이 실행되었다면 [그림 10-4]와 같은 화면이 나타날 것이다. SPSS 편집창과 함께 팝업 메뉴가 뜨게 된다. 팝업 메뉴 중 [Open an existing data source]에는 최근에 작업한 데이터 파일의 리스트가 나타나는데, 작업할 파일이 리스트 중에 있다면 그 파일을

그림 10-4   SPSS 실행

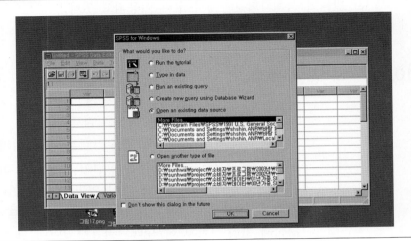

선택하여 열고, 새로운 작업을 원할 경우 Cancel버튼을 누르도록 한다. OK버튼을 누르면 다음에서 설명할 데이터 파일을 불러오는 대화창이 열리게 된다.

10.4 SPSS 프로그래밍

10.4.1 자료의 입력

SPSS에 자료를 입력하는 방법은 크게 두 가지로 구분할 수 있다. 첫 번째는 SPSS 데이터 편집창에서 직접 자료를 하나 하나 입력하는 방법이고 두 번째는 외부에 저장된 여러 가지 형태의 자료 파일을 불러오는 방법이다.

(1) SPSS 데이터 편집창에서 직접 입력하는 방법

다음의 [그림 10-5]는 [Data View] 창의 모습이고, [그림 10-6]은 [Variable View] 창의 모습이다. [Data View] 창에는 데이터를 입력하고, [Variable View] 창에는 입력할 변수의 이름과 유형 등을 지정한다.

[Variable View]는 입력할 변수 이름과 유형 등을 지정하는 창으로 아래와 같은 내용들을 정의할 수 있으며, 기존에 존재하는 SPSS 데이터

그림 10-5 Data View

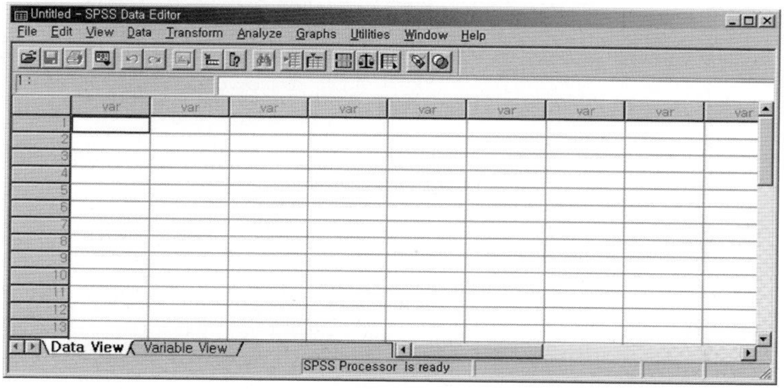

그림 10-6 Variable View

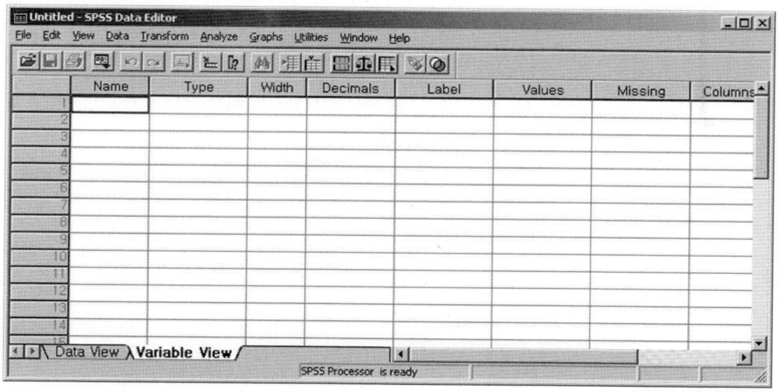

파일을 불러들이면 입력된 변수들의 정보에 대한 수정이 가능하다.

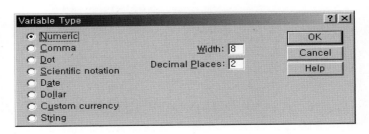

Name

변수이름으로서 중복될 수 없으며, 한글이름도 가능하다. 해당 변수에서 더블 클릭하면 입력할 수 있다. 단, 영문 8자, 한글 4자 이내로 작성해야 한다.

Type, Width, Decimals

입력될 데이터의 유형을 지정하는 것으로 그림과 같은 창이 뜬다. Width는 데이터 전체 자리수를 지정하며, Decimal Places는 소수점 이하 자리수를 의미한다. 입력될 데이터의 특성에 맞게 지정한 후 OK버튼을 누른다. 유형을 지정하지 않으면 새로운 변수는 Numeric (숫자형), Width(8), Decimal(2)로 간주한다.

Label

변수에 대한 이해를 돕기 위해 변수의 내용을 적는 것으로, 해당 변수에서 더블 클릭하면 입력할 수 있다.

Values

입력될 데이터 값에 대한 이해를 돕기 위해 값의 라벨을 지정하는 것으로 Values를 클릭하면 다음과 같은 창이 뜬다. value는 입력될 데이터 값, value label은 그 값을 설명하는 내용을 적은 후 add 버튼을 누르면 된다.

Missing

입력될 데이터 값에 누락된 값, 즉 "잘 모르겠음", "응답거부" 등의 결측값(missing)이 있는 경우, 특정값 "0 or 9 or 99" 등의 값으로 표현되었을 경우에 지정해 준다.

[Data View]에서 실제 변수별 데이터를 입력하거나 입력된 데이터를 확인, 수정할 수 있다.

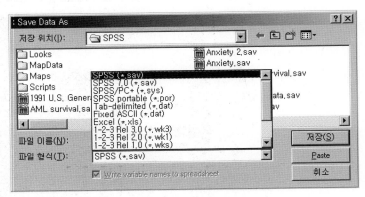

(2) 자료 저장

입력 또는 수정이 끝난 데이터를 저장하려면 ▦ 단추를 누르거나 메뉴에서 [File ➪ Save]를 누르면 다음과 같은 창이 나타나며, 저장위치와 저장할 파일이름을 입력한 뒤 저장단추를 누르면 데이터가 저장된다. 저장파일 형식은 SPSS, 엑셀, ASCII 형식 등이 가능하므로, 저장하고자 하는 형식을 지정하도록 한다.

(3) 외부에 저장된 여러 가지 형태의 자료파일을 불러오는 방법

외부에 저장된 데이터를 불러오려면 ▦ 단추를 누르거나 메뉴에서 [File ➪ Opne ➪ Data]를 누르면 다음과 같은 창이 나타나며, 열고자 하는 파일의 경로와 형식을 지정한 후 데이터를 열도록 한다.

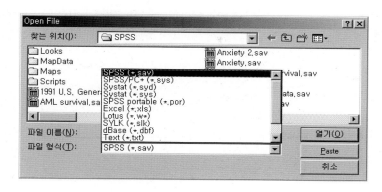

10.4.2 자료의 변환

일반적으로 원자료를 그대로 통계분석에 이용하고 있지만 분석을 용이하게 하기 위해 적절한 자료의 변환이 필요한 경우가 있다. 이러한 경우 주로 SPSS에서 이용되는 메뉴는 다음과 같다.

(1) Recode
변수값을 다시 코딩하여 변수값을 변경하는 것으로, 기존 변수를 변경하는 방법과 새로운 변수를 만들어 변경하는 두 가지 방법이 있다.

(a) 새로운 변수를 만들어 변경하는 방법

메뉴에서 [Transform ⇨ Recode ⇨ Into Different Variables...]를 선택하면 다음과 같은 창이 뜬다. 예를 들어, 연령대라는 변수를 변경하여 보자.

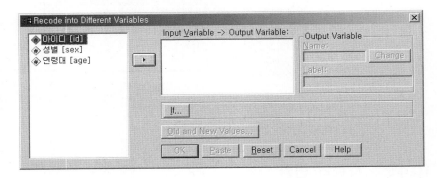

현재, 연령대 변수에 대한 값을 확인해 보자. 연령대 변수에서 오른쪽 마우스 버튼을 눌러 Variable Information을 선택하면, 변수에 대한 value 정보가 나오게 된다.

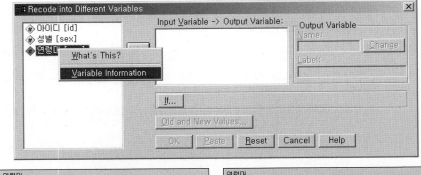

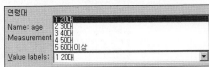

⇨ 1 20대, 2 30대, 3 40대, 4 50대, 5 60대 이상으로 입력되어 있다.

1~5까지 다섯 가지로 분류되어 있는 연령대를 20~30대, 40~50대로 묶고 60대는 missing으로 제거된 새로운 변수 age1을 만들어 보자.

Output Variable에 새롭게 만드는 변수 이름과 라벨을 입력한 후 Change버튼을 누른다.

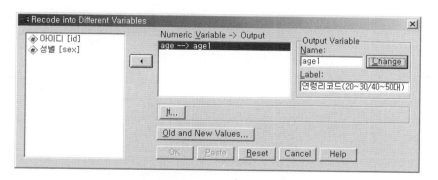

▷ 특정 데이터(예: 남자인 경우)에 대해서만 처리하고 싶다면 if... 단추를 눌러 지정하고, 모든 데이터에 대해 동일한 적용을 원한다면 바로 Old and New Values... 단추를 누른다. 왼쪽 부분에는 기존 변수에 대한 값, 오른쪽 부분에는 새로운 변수에 대한 값을 주고 Add버튼을 누른 후 입력이 완료되면 continue버튼을 누른다.

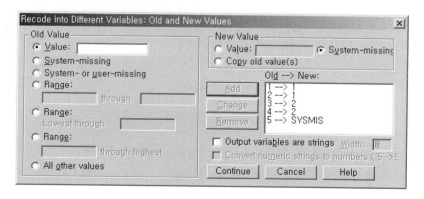

▷ OK버튼을 누르고 대화상자를 완료하도록 한다.
▷ 데이터 편집기에서 새로운 변수 age1을 확인할 수 있으며, 변수 값에 대한 설명을 입력하도록 한다.

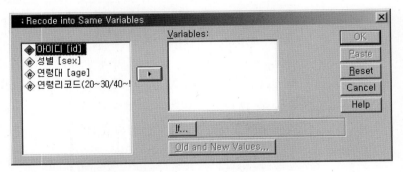

(b) 기존의 변수를 변경하는 방법

메뉴에서 [Transform ⇨ Recode ⇨ Into Same Variables...]를 선택하면 다음과 같은 창이 뜬다. 특정한 경우가 아니면 기존 변수는 그대로 둔 채, 새로운 변수를 만들어 변수를 변경하도록 한다. 그러나 이 방법은 원자료의 변환이 생기므로 가급적 사용하지 않는 편이 좋다.

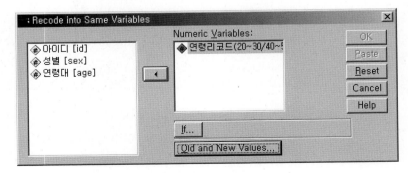

▷ 연령리코드 변수 age1의 2 40~50대를 missing으로 처리해 보자. 단, 남성인 경우에만 처리해 보자. 변경하고자 하는 변수 age1을 Variables에 선택한다.

▷ 특정 데이터, 남성인 경우만 처리를 해야 하므로 if... 버튼을 눌러, 성별 변수인 sex를 선택하고, value 정보의 확인을 통해 1 남성만 선택하도록 한다. Continue버튼을 누른다.

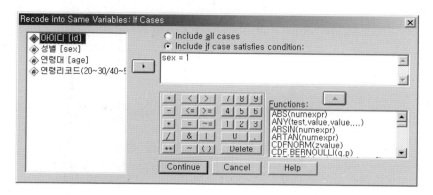

▷ 2 40~50대를 missing으로 처리하기 위해 Old and New Values... 단추를 누른다. 왼쪽 부분에는 기존 변수에 대한 값 2를, 오른쪽 부분에는 새로운 변수에 대한 값 System-missing을 선택하고 Add버튼을 누른 후 continue버튼을 누른다.

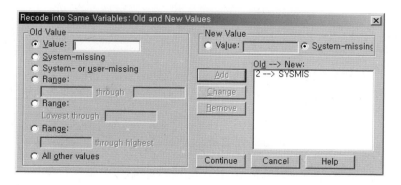

▷ OK버튼을 누르고 대화상자를 완료하도록 한다.

(2) Compute

다른 변수와의 수치적 변환이나 수식을 통해 새로운 변수를 생성하는 것이다.

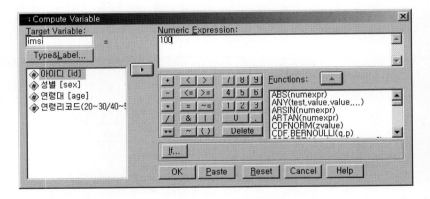

(a) 수식을 통해 새로운 변수를 생성하는 방법

모든 값에 100을 갖는 imsi라는 변수를 만들어 보자.

▷ Target Variable에는 새롭게 만들고자 하는 변수 imsi를 입력한 후, 형식과 라벨을 지정하려면 Type&Label버튼을 누르고, Numeric Expression에는 100을 입력한다.

▷ OK버튼을 누르고 대화상자를 종료하면 모든 Case에 100이 들어간 imsi라는 변수가 생성된다.

(b) 다른 변수와의 수치적 변환을 통해 새로운 변수를 생성하는 방법

여성인 경우 연령대 값(1 20대, 2 30대, 3 40대, 4 50대, 5 60대 이상)에 20을 곱한 age2라는 변수를 만들어 보자.

▷ Target Variable에는 새롭게 만들고자 하는 변수 age2를 입력한 후, 형식과 라벨을 지정하려면 Type&Label버튼을 누르고, Numeric Expression에는 age*20을 입력한다. 그 외에 다양한 연산을 제공 하는 함수를 이용하여 수행할 수 있다.

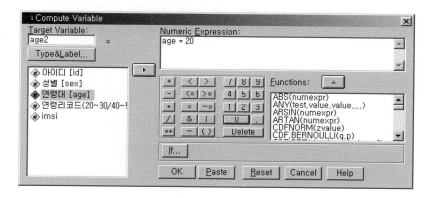

▷ If... 버튼을 눌러 여성만 선택하도록 한 후, Continue버튼을 누른 다.

▷ OK버튼을 누르고 대화상자를 종료하면 여성인 경우만 연령대 *20이 들어간 age2라는 변수가 생성된다.

10.4.3   SPSS 통계분석

SPSS에서는 기본적으로 빈도분석에서 시계열분석 등 다양한 분석 방법이 메뉴 형태로 제공되고 있지만, 여기서는 분석방법 하나하나에 대한 설명은 생략하고 기본적인 분석 메뉴의 접근방법만 설명하기로 한다.

(1) 빈도분석

메뉴에서 [Analyze ⇨ Descriptive Statistics ⇨ Frequencies...]

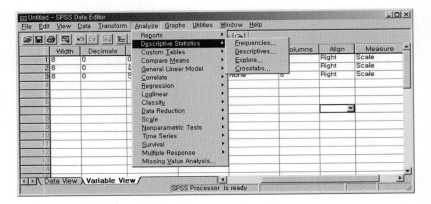

(2) 분할표분석

메뉴에서 [Analyze ⇨ Descriptive Statistics ⇨ Crosstabs...]

(3) 집단간 평균비교

㈎ 단일표본인 경우: 메뉴에서 [Analyze ⇨ Compare Means ⇨ One−Sample T Test...]

㈏ 독립적인 두 표본인 경우: 메뉴에서 [Analyze ⇨ Compare Means ⇨ Independent−Samples T Test...]

㈐ 동일 모집단으로부터의 두 표본인 경우: 메뉴에서 [Analyze ⇨ Compare Means ⇨ Paired−Samples T Test...]

㈑ 단일(일원) 분산분석: 메뉴에서 [Analyze ⇨ Compare Means ⇨ One−Way ANOVA...]

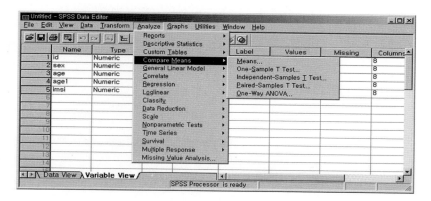

(4) 상관분석

메뉴에서 [Analyze ⇨ Correlate ⇨ Bivariate...]

(5) 회귀분석

메뉴에서 [Analyze ⇨ Regression ⇨ Linear...]

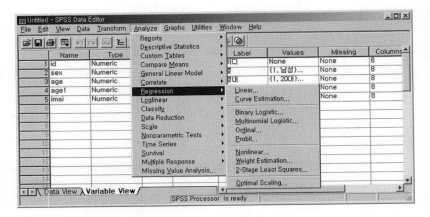

(6) 신뢰성분석

메뉴에서 [Analyze ⇨ Scale ⇨ Reliability Analysis...]

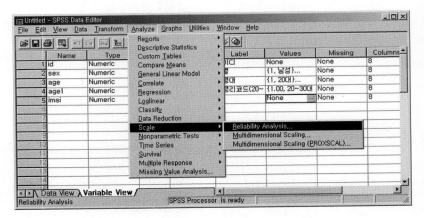

부록

여러 가지 분포에 대한 부록표

STICS   STATISTICS   STATISTICS   STATISTICS   STATISTICS   STATISTICS   STATISTIC

[부록 1]　표준정규분포표

z′	.00	.01	.02	.03	.04	.05	.06	.07	.08	.09
0.0	.0000	.0040	.0080	.0120	.0160	.0199	.0239	.0279	.0319	.0359
0.1	.0398	.0438	.0478	.0517	.0557	.0596	.0636	.0675	.0714	.0753
0.2	.0793	.0832	.0871	.0910	.0948	.0987	.1026	.1064	.1103	.1141
0.3	.1179	.1217	.1255	.1293	.1331	.1368	.1406	.1443	.1480	.1517
0.4	.1554	.1591	.1628	.1664	.1700	.1736	.1772	.1808	.1844	.1879
0.5	.1915	.1950	.1985	.2019	.2054	.2088	.2123	.2157	.2190	.2224
0.6	.2257	.2291	.2324	.2357	.2389	.2422	.2454	.2486	.2517	.2549
0.7	.2580	.2611	.2642	.2673	.2704	.2734	.2764	.2794	.2823	.2852
0.8	.2881	.2910	.2939	.2967	.2995	.3023	.3051	.3078	.3106	.3133
0.9	.3159	.3186	.3212	.3238	.3264	.3289	.3315	.3340	.3365	.3389
1.0	.3413	.3438	.3461	.3485	.3508	.3531	.3554	.3577	.3599	.3621
1.1	.3643	.3665	.3686	.3708	.3729	.3749	.3770	.3790	.3810	.3830
1.2	.3849	.3869	.3888	.3907	.3925	.3944	.3962	.3980	.3997	.4015
1.3	.4032	.4049	.4066	.4082	.4099	.4115	.4131	.4147	.4162	.4177
1.4	.4192	.4207	.4222	.4236	.4251	.4265	.4279	.4292	.4306	.4319
1.5	.4332	.4345	.4357	.4370	.4382	.4394	.4406	.4418	.4429	.4441
1.6	.4452	.4463	.4474	.4484	.4495	.4505	.4515	.4525	.4535	.4545
1.7	.4554	.4564	.4573	.4582	.4591	.4599	.4608	.4616	.4625	.4633
1.8	.4641	.4649	.4656	.4664	.46710	.4678	.4686	.4693	.4699	.4706
1.9	.4713	.4719	.4726	.4732	.4738	.4744	.4750	.4756	.4761	.4767
2.0	.4772	.4778	.4783	.4788	.4793	.4798	.4803	.4808	.4812	.4817
2.1	.4821	.4826	.4830	.4834	.4838	.4842	.4846	.4850	.4854	.4857
2.2	.4861	.4864	.4868	.4871	.4875	.4878	.4881	.4884	.4887	.4890
2.3	.4893	.4896	.4898	.4901	.4904	.4906	.4909	.4911	.4913	.4916
2.4	.4918	.4920	.4922	.4925	.4927	.4929	.4931	.4932	.4934	.4936
2.5	.4938	.4940	.4941	.4943	.4945	.4946	.4948	.4949	.4951	.4952
2.6	.4953	.4955	.4956	.4957	.4959	.4960	.4961	.4962	.4963	.4964
2.7	.4965	.4966	.4967	.4968	.4969	.4970	.4971	.4972	.4973	.4974
2.8	.4974	.4975	.4976	.4977	.4977	.4978	.4979	.4979	.4980	.4981
2.9	.4981	.4982	.4982	.4983	.4984	.4984	.4985	.4985	.4986	.4986
3.0	.4987	.4987	.4987	.4988	.4988	.4989	.4989	.4989	.4990	.4990

[부록 2] *t*-분포표

d.f.	α=.10	α=.05	α=.025	α=.01	α=.005	d.f.
1	3.078	6.314	12.706	31.821	63.657	1
2	1.886	2.920	4.303	6.965	9.925	2
3	1.638	2.353	3.182	4.541	5.841	3
4	1.533	2.132	2.776	3.747	4.604	4
5	1.476	2.015	2.571	3.365	4.032	5
6	1.440	1.943	2.447	3.143	3.707	6
7	1.415	1.895	2.365	2.998	3.499	7
8	1.397	1.860	2.306	2.896	3.355	8
9	1.383	1.833	2.262	2.821	3.250	9
10	1.372	1.812	2.228	2.764	3.169	10
11	1.363	1.796	2.201	2.718	3.106	11
12	1.356	1.782	2.179	2.681	3.055	12
13	1.350	1.771	2.160	2.650	3.012	13
14	1.345	1.761	2.145	2.624	2.977	14
15	1.341	1.753	2.131	2.602	2.947	15
16	1.337	1.746	2.120	2.583	2.921	16
17	1.333	1.740	2.110	2.567	2.898	17
18	1.330	1.734	2.101	2.552	2.878	18
19	1.328	1.729	2.093	2.539	2.861	19
20	1.325	1.725	2.086	2.528	2.845	20
21	1.323	1.721	2.080	2.518	2.831	21
22	1.321	1.717	2.074	2.508	2.819	22
23	1.319	1.714	2.069	2.500	2.807	23
24	1.318	1.711	2.064	2.492	2.797	24
25	1.316	1.708	2.060	2.485	2.787	25
26	1.315	1.706	2.056	2.479	2.779	26
27	1.314	1.703	2.052	2.473	2.771	27
28	1.313	1.701	2.048	2.467	2.763	28
29	1.311	1.699	2.045	2.462	2.756	29
inf.	1.282	1.645	1.960	2.326	2.576	inf.

[부록 3] F-분포표

df_2	α	1	2	3	4	5	6	7	8	9	10
1	.25	5.83	7.50	8.20	8.58	8.82	8.98	9.10	9.19	9.26	9.32
	.10	39.86	49.50	53.59	55.83	57.24	58.20	58.91	59.44	59.86	60.19
	.05	161.45	199.50	215.71	224.58	230.16	233.99	236.77	238.88	240.54	241.88
	.025	647.79	799.48	864.15	899.60	921.83	937.11	948.20	956.64	963.28	968.63
	.01	4,052.18	4,999.34	5,403.53	5,624.26	5,763.96	5,858.95	5,928.33	5,980.95	6,022.40	6,055.93
2	.25	2.57	3.00	3.15	3.23	3.28	3.31	3.34	3.35	3.37	3.38
	.10	8.53	9.00	9.16	9.24	9.29	9.33	9.35	9.37	9.38	9.39
	.05	18.51	19.00	19.16	19.25	19.30	19.33	19.35	19.37	19.38	19.40
	.025	38.51	39.00	39.17	39.25	39.30	39.33	39.36	39.37	39.39	39.40
	.01	98.50	99.00	99.16	99.25	99.30	99.33	99.36	99.38	99.39	99.40
	.005	198.50	199.01	199.16	199.24	199.30	199.33	199.36	199.38	199.39	199.39
	.001	998.38	998.84	999.31	999.31	999.31	999.31	999.31	999.31	999.31	999.31
3	.25	2.02	2.28	2.36	2.39	2.41	2.42	2.43	2.44	2.44	2.44
	.10	5.54	5.46	5.39	5.34	5.31	5.28	5.27	5.25	5.24	5.23
	.05	10.13	9.55	9.28	9.12	9.01	8.94	8.89	8.85	8.81	8.79
	.025	17.44	16.04	15.44	15.10	14.88	14.73	14.62	14.54	14.47	14.42
	.01	34.12	30.82	29.46	28.71	28.24	27.91	27.67	27.49	27.34	27.23
	.005	55.55	49.80	47.47	46.20	45.39	44.84	44.43	44.13	43.88	43.68
	.001	167.06	148.49	141.10	137.08	134.58	132.83	131.61	130.62	129.86	129.22
4	.25	1.81	2.00	2.05	2.06	2.07	2.08	2.08	2.08	2.08	2.08
	.10	4.54	4.32	4.19	4.11	4.05	4.01	3.98	3.95	3.94	3.92
	.05	7.71	6.94	6.59	6.39	6.26	6.16	6.09	6.04	6.00	5.96
	.025	12.22	10.65	9.98	9.60	9.36	9.20	9.07	8.98	8.90	8.84
	.01	21.20	18.00	16.69	15.98	15.52	15.21	14.98	14.80	14.66	14.55
	.005	31.33	26.28	24.26	23.15	22.46	21.98	21.62	21.35	21.14	20.97
	.001	74.13	61.25	56.17	53.43	51.72	50.52	49.65	49.00	48.47	48.05
5	.25	1.69	1.85	1.88	1.89	1.89	1.89	1.89	1.89	1.89	1.89
	.10	4.06	3.78	3.62	3.52	3.45	3.40	3.37	3.34	3.32	3.30
	.05	6.61	5.79	5.41	5.19	5.05	4.95	4.88	4.82	4.77	4.74
	.025	10.01	8.43	7.76	7.39	7.15	6.98	6.85	6.76	6.68	6.62
	.01	16.26	13.27	12.06	11.39	10.97	10.67	10.46	10.29	10.16	10.05
	.005	22.78	18.31	16.53	15.56	14.94	14.51	14.20	13.96	13.77	13.62
	.001	47.18	37.12	33.20	31.08	29.75	28.83	28.17	27.65	27.24	26.91
6	.25	1.62	1.76	1.78	1.79	1.79	1.78	1.78	1.78	1.77	1.77
	.10	3.78	3.46	3.29	3.18	3.11	3.05	3.01	2.98	2.96	2.94
	.05	5.99	5.14	4.76	4.53	4.39	4.28	4.21	4.15	4.10	4.06
	.025	8.81	7.26	6.60	6.23	5.99	5.82	5.70	5.60	5.52	5.46
	.01	13.75	10.92	9.78	9.15	8.75	8.47	8.26	8.10	7.98	7.87
	.005	18.63	14.54	12.92	12.03	11.46	11.07	10.79	10.57	10.39	10.25
	.001	35.51	27.00	23.71	21.92	20.80	20.03	19.46	19.03	18.69	18.41

(표 상단 df_1 은 모든 열 $1\sim10$ 에 걸쳐 있음)

df_2	α	df_1									
		12	15	20	24	30	40	60	120	240	inf.
1	.25	9.41	9.49	9.58	9.63	9.67	9.71	9.76	9.80	9.83	9.85
	.10	60.71	61.22	61.74	62.00	62.26	62.53	62.79	63.06	63.19	63.33
	.05	243.90	245.95	248.02	249.05	250.10	251.14	252.20	253.25	253.79	254.32
	.025	976.72	984.87	993.08	997.27	1,001.40	1,005.60	1,009.79	1,014.04	1,016.13	1,018.26
	.01	6,106.68	6,156.97	6,208.66	6,234.27	6,260.35	6,286.43	6,312.97	6,339.51	6,352.55	6,365.59
2	.25	3.39	3.41	3.43	3.43	3.44	3.45	3.46	3.47	3.47	3.48
	.10	9.41	9.42	9.44	9.45	9.46	9.47	9.47	9.48	9.49	9.49
	.05	19.41	19.43	19.45	19.45	19.46	19.47	19.48	19.49	19.49	19.50
	.025	39.41	39.43	39.45	39.46	39.46	39.47	39.48	39.49	39.49	39.50
	.01	99.42	99.43	99.45	99.46	99.47	99.48	99.48	99.49	99.50	99.50
	.005	199.42	199.43	199.45	199.45	199.48	199.48	199.48	199.49	199.51	199.51
	.001	999.31	999.31	999.31	999.31	999.31	999.31	999.31	999.31	999.31	999.31
3	.25	2.45	2.46	2.46	2.46	2.47	2.47	2.47	2.47	2.47	2.47
	.10	5.22	5.20	5.18	5.18	5.17	5.16	5.15	5.14	5.14	5.13
	.05	8.74	8.70	8.66	8.64	8.62	8.59	8.57	8.55	8.54	8.53
	.025	14.34	14.25	14.17	14.12	14.08	14.04	13.99	13.95	13.92	13.90
	.01	27.05	26.87	26.69	26.60	26.50	26.41	26.32	26.22	26.17	26.13
	.005	43.39	43.08	42.78	42.62	42.47	42.31	42.15	41.99	41.91	41.83
	.001	128.32	127.36	126.43	125.93	125.44	124.97	124.45	123.98	123.72	123.46
4	.25	2.08	2.08	2.08	2.08	2.08	2.08	2.08	2.08	2.08	2.08
	.10	3.90	3.87	3.84	3.83	3.82	3.80	3.79	3.78	3.77	3.76
	.05	5.91	5.86	5.80	5.77	5.75	5.72	5.69	5.66	5.64	5.63
	.025	8.75	8.66	8.56	8.51	8.46	8.41	8.36	8.31	8.28	8.26
	.01	14.37	14.20	14.02	13.93	13.84	13.75	13.65	13.56	13.51	13.46
	.005	20.70	20.44	20.17	20.03	19.89	19.75	19.61	19.47	19.40	19.32
	.001	47.41	46.76	46.10	45.77	45.43	45.08	44.75	44.40	44.22	44.05
5	.25	1.89	1.89	1.88	1.88	1.88	1.88	1.87	1.87	1.87	1.87
	.10	3.27	3.24	3.21	3.19	3.17	3.16	3.14	3.12	3.11	3.11
	.05	4.68	4.62	4.56	4.53	4.50	4.46	4.43	4.40	4.38	4.37
	.025	6.52	6.43	6.33	6.28	6.23	6.18	6.12	6.07	6.04	6.02
	.01	9.89	9.72	9.55	9.47	9.38	9.29	9.20	9.11	9.07	9.02
	.005	13.38	13.15	12.90	12.78	12.66	12.53	12.40	12.27	12.21	12.14
	.001	26.42	25.91	25.39	25.13	24.87	24.60	24.33	24.06	23.92	23.79
6	.25	1.77	1.76	1.76	1.75	1.75	1.75	1.74	1.74	1.74	1.74
	.10	2.90	2.87	2.84	2.82	2.80	2.78	2.76	2.74	2.73	2.72
	.05	4.00	3.94	3.87	3.84	3.81	3.77	3.74	3.70	3.69	3.67
	.025	5.37	5.27	5.17	5.12	5.07	5.01	4.96	4.90	4.88	4.85
	.01	7.72	7.56	7.40	7.31	7.23	7.14	7.06	6.97	6.92	6.88
	.005	10.03	9.81	9.59	9.47	9.36	9.24	9.12	9.00	8.94	8.88
	.001	17.99	17.56	17.12	16.90	16.67	16.44	16.21	15.98	15.87	15.75

df_2	α	df_1									
		1	2	3	4	5	6	7	8	9	10
7	.25	1.57	1.70	1.72	1.72	1.71	1.71	1.70	1.70	1.69	1.69
	.10	3.59	3.26	3.07	2.96	2.88	2.83	2.78	2.75	2.72	2.70
	.05	5.59	4.74	4.35	4.12	3.97	3.87	3.79	3.73	3.68	3.64
	.025	8.07	6.54	5.89	5.52	5.29	5.12	4.99	4.90	4.82	4.76
	.01	12.25	9.55	8.45	7.85	7.46	7.19	6.99	6.84	6.72	6.62
	.005	16.24	12.40	10.88	10.05	9.52	9.16	8.89	8.68	8.51	8.38
	.001	29.25	21.69	18.77	17.20	16.21	15.52	15.02	14.63	14.33	14.08
8	.25	1.54	1.66	1.67	1.66	1.66	1.65	1.64	1.64	1.63	1.63
	.10	3.46	3.11	2.92	2.81	2.73	2.67	2.62	2.59	2.56	2.54
	.05	5.32	4.46	4.07	3.84	3.69	3.58	3.50	3.44	3.39	3.35
	.025	7.57	6.06	5.42	5.05	4.82	4.65	4.53	4.43	4.36	4.30
	.01	11.26	8.65	7.59	7.01	6.63	6.37	6.18	6.03	5.91	5.81
	.005	14.69	11.04	9.60	8.81	8.30	7.95	7.69	7.50	7.34	7.21
	.001	25.41	18.49	15.83	14.39	13.48	12.86	12.40	12.05	11.77	11.54
9	.25	1.51	1.62	1.63	1.63	1.62	1.61	1.60	1.60	1.59	1.59
	.10	3.36	3.01	2.81	2.69	2.61	2.55	2.51	2.47	2.44	2.42
	.05	5.12	4.26	3.86	3.63	3.48	3.37	3.29	3.23	3.18	3.14
	.025	7.21	5.71	5.08	4.72	4.48	4.32	4.20	4.10	4.03	3.96
	.01	10.56	8.02	6.99	6.42	6.06	5.80	5.61	5.47	5.35	5.26
	.005	13.61	10.11	8.72	7.96	7.47	7.13	6.88	6.69	6.54	6.42
	.001	22.86	16.39	13.90	12.56	11.71	11.13	10.70	10.37	10.11	9.89
10	.25	1.49	1.60	1.60	1.59	1.59	1.58	1.57	1.56	1.56	1.55
	.10	3.29	2.92	2.73	2.61	2.52	2.46	2.41	2.38	2.35	2.32
	.05	4.96	4.10	3.71	3.48	3.33	3.22	3.14	3.07	3.02	2.98
	.025	6.94	5.46	4.83	4.47	4.24	4.07	3.95	3.85	3.78	3.72
	.01	10.04	7.56	6.55	5.99	5.64	5.39	5.20	5.06	4.94	4.85
	.005	12.83	9.43	8.08	7.34	6.87	6.54	6.30	6.12	5.97	5.85
	.001	21.04	14.90	12.55	11.28	10.48	9.93	9.52	9.20	8.96	8.75
11	.25	1.47	1.58	1.58	1.57	1.56	1.55	1.54	1.53	1.53	1.52
	.10	3.23	2.86	2.66	2.54	2.45	2.39	2.34	2.30	2.27	2.25
	.05	4.84	3.98	3.59	3.36	3.20	3.09	3.01	2.95	2.90	2.85
	.025	6.72	5.26	4.63	4.28	4.04	3.88	3.76	3.66	3.59	3.53
	.01	9.65	7.21	6.22	5.67	5.32	5.07	4.89	4.74	4.63	4.54
	.005	12.23	8.91	7.60	6.88	6.42	6.10	5.86	5.68	5.54	5.42
	.001	19.69	13.81	11.56	10.35	9.58	9.05	8.65	8.35	8.12	7.92
12	.25	1.46	1.56	1.56	1.55	1.54	1.53	1.52	1.51	1.51	1.50
	.10	3.18	2.81	2.61	2.48	2.39	2.33	2.28	2.24	2.21	2.19
	.05	4.75	3.89	3.49	3.26	3.11	3.00	2.91	2.85	2.80	2.75
	.025	6.55	5.10	4.47	4.12	3.89	3.73	3.61	3.51	3.44	3.37
	.01	9.33	6.93	5.95	5.41	5.06	4.82	4.64	4.50	4.39	4.30
	.005	11.75	8.51	7.23	6.52	6.07	5.76	5.52	5.35	5.20	5.09
	.001	18.64	12.97	10.80	9.63	8.89	8.38	8.00	7.71	7.48	7.29

df_2	α	df_1									
		12	15	20	24	30	40	60	120	240	inf.
7	.25	1.68	1.68	1.67	1.67	1.66	1.66	1.65	1.65	1.65	1.65
	.10	2.67	2.63	2.59	2.58	2.56	2.54	2.51	2.49	2.48	2.47
	.05	3.57	3.51	3.44	3.41	3.38	3.34	3.30	3.27	3.25	3.23
	.025	4.67	4.57	4.47	4.41	4.36	4.31	4.25	4.20	4.17	4.14
	.01	6.47	6.31	6.16	6.07	5.99	5.91	5.82	5.74	5.69	5.65
	.005	8.18	7.97	7.75	7.64	7.53	7.42	7.31	7.19	7.13	7.08
	.001	13.71	13.32	12.93	12.73	12.53	12.33	12.12	11.91	11.80	11.70
8	.25	1.62	1.62	1.61	1.60	1.60	1.59	1.59	1.58	1.58	1.58
	.10	2.50	2.46	2.42	2.40	2.38	2.36	2.34	2.32	2.30	2.29
	.05	3.28	3.22	3.15	3.12	3.08	3.04	3.01	2.97	2.95	2.93
	.025	4.20	4.10	4.00	3.95	3.89	3.84	3.78	3.73	3.70	3.67
	.01	5.67	5.52	5.36	5.28	5.20	5.12	5.03	4.95	4.90	4.86
	.005	7.01	6.81	6.61	6.50	6.40	6.29	6.18	6.06	6.01	5.95
	.001	11.19	10.84	10.48	10.30	10.11	9.92	9.73	9.53	9.43	9.33
9	.25	1.58	1.57	1.56	1.56	1.55	1.54	1.54	1.53	1.53	1.53
	.10	2.38	2.34	2.30	2.28	2.25	2.23	2.21	2.18	2.17	2.16
	.05	3.07	3.01	2.94	2.90	2.86	2.83	2.79	2.75	2.73	2.71
	.025	3.87	3.77	3.67	3.61	3.56	3.51	3.45	3.39	3.36	3.33
	.01	5.11	4.96	4.81	4.73	4.65	4.57	4.48	4.40	4.35	4.31
	.005	6.23	6.03	5.83	5.73	5.62	5.52	5.41	5.30	5.24	5.19
	.001	9.57	9.24	8.90	8.72	8.55	8.37	8.19	8.00	7.91	7.81
10	.25	1.54	1.53	1.52	1.52	1.51	1.51	1.50	1.49	1.49	1.48
	.10	2.28	2.24	2.20	2.18	2.16	2.13	2.11	2.08	2.07	2.06
	.05	2.91	2.85	2.77	2.74	2.70	2.66	2.62	2.58	2.56	2.54
	.025	3.62	3.52	3.42	3.37	3.31	3.26	3.20	3.14	3.11	3.08
	.01	4.71	4.56	4.41	4.33	4.25	4.17	4.08	4.00	3.95	3.91
	.005	5.66	5.47	5.27	5.17	5.07	4.97	4.86	4.75	4.69	4.64
	.001	8.45	8.13	7.80	7.64	7.47	7.30	7.12	6.94	6.85	6.76
11	.25	1.51	1.50	1.49	1.49	1.48	1.47	1.47	1.46	1.45	1.45
	.10	2.21	2.17	2.12	2.10	2.08	2.05	2.03	2.00	1.99	1.97
	.05	2.79	2.72	2.65	2.61	2.57	2.53	2.49	2.45	2.43	2.40
	.025	3.43	3.33	3.23	3.17	3.12	3.06	3.00	2.94	2.91	2.88
	.01	4.40	4.25	4.10	4.02	3.94	3.86	3.78	3.69	3.65	3.60
	.005	5.24	5.05	4.86	4.76	4.65	4.55	4.45	4.34	4.28	4.23
	.001	7.63	7.32	7.01	6.85	6.68	6.52	6.35	6.18	6.09	6.00
12	.25	1.49	1.48	1.47	1.46	1.45	1.45	1.44	1.43	1.43	1.42
	.10	2.15	2.10	2.06	2.04	2.01	1.99	1.96	1.93	1.92	1.90
	.05	2.69	2.62	2.54	2.51	2.47	2.43	2.38	2.34	2.32	2.30
	.025	3.28	3.18	3.07	3.02	2.96	2.91	2.85	2.79	2.76	2.72
	.01	4.16	4.01	3.86	3.78	3.70	3.62	3.54	3.45	3.41	3.36
	.005	4.91	4.72	4.53	4.43	4.33	4.23	4.12	4.01	3.96	3.90
	.001	7.00	6.71	6.40	6.25	6.09	5.93	5.76	5.59	5.51	5.42

df_2	α	df_1									
		1	2	3	4	5	6	7	8	9	10
13	.25	1.45	1.55	1.55	1.53	1.52	1.51	1.50	1.49	1.49	1.48
	.10	3.14	2.76	2.56	2.43	2.35	2.28	2.23	2.20	2.16	2.14
	.05	4.67	3.81	3.41	3.18	3.03	2.92	2.83	2.77	2.71	2.67
	.025	6.41	4.97	4.35	4.00	3.77	3.60	3.48	3.39	3.31	3.25
	.01	9.07	6.70	5.74	5.21	4.86	4.62	4.44	4.30	4.19	4.10
	.005	11.37	8.19	6.93	6.23	5.79	5.48	5.25	5.08	4.94	4.82
	.001	17.82	12.31	10.21	9.07	8.35	7.86	7.49	7.21	6.98	6.80
14	.25	1.44	1.53	1.53	1.52	1.51	1.50	1.49	1.48	1.47	1.46
	.10	3.10	2.73	2.52	2.39	2.31	2.24	2.19	2.15	2.12	2.10
	.05	4.60	3.74	3.34	3.11	2.96	2.85	2.76	2.70	2.65	2.60
	.025	6.30	4.86	4.24	3.89	3.66	3.50	3.38	3.29	3.21	3.15
	.01	8.86	6.51	5.56	5.04	4.69	4.46	4.28	4.14	4.03	3.94
	.005	11.06	7.92	6.68	6.00	5.56	5.26	5.03	4.86	4.72	4.60
	.001	17.14	11.78	9.73	8.62	7.92	7.44	7.08	6.80	6.58	6.40
15	.25	1.43	1.52	1.52	1.51	1.49	1.48	1.47	1.46	1.46	1.45
	.10	3.07	2.70	2.49	2.36	2.27	2.21	2.16	2.12	2.09	2.06
	.05	4.54	3.68	3.29	3.06	2.90	2.79	2.71	2.64	2.59	2.54
	.025	6.20	4.77	4.15	3.80	3.58	3.41	3.29	3.20	3.12	3.06
	.01	8.68	6.36	5.42	4.89	4.56	4.32	4.14	4.00	3.89	3.80
	.005	10.80	7.70	6.48	5.80	5.37	5.07	4.85	4.67	4.54	4.42
	.001	16.59	11.34	9.34	8.25	7.57	7.09	6.74	6.47	6.26	6.08
16	.25	1.42	1.51	1.51	1.50	1.48	1.47	1.46	1.45	1.44	1.44
	.10	3.05	2.67	2.46	2.33	2.24	2.18	2.13	2.09	2.06	2.03
	.05	4.49	3.63	3.24	3.01	2.85	2.74	2.66	2.59	2.54	2.49
	.025	6.12	4.69	4.08	3.73	3.50	3.34	3.22	3.12	3.05	2.99
	.01	8.53	6.23	5.29	4.77	4.44	4.20	4.03	3.89	3.78	3.69
	.005	10.58	7.51	6.30	5.64	5.21	4.91	4.69	4.52	4.38	4.27
	.001	16.12	10.97	9.01	7.94	7.27	6.80	6.46	6.20	5.98	5.81
17	.25	1.42	1.51	1.50	1.49	1.47	1.46	1.45	1.44	1.43	1.43
	.10	3.03	2.64	2.44	2.31	2.22	2.15	2.10	2.06	2.03	2.00
	.05	4.45	3.59	3.20	2.96	2.81	2.70	2.61	2.55	2.49	2.45
	.025	6.04	4.62	4.01	3.66	3.44	3.28	3.16	3.06	2.98	2.92
	.01	8.40	6.11	5.19	4.67	4.34	4.10	3.93	3.79	3.68	3.59
	.005	10.38	7.35	6.16	5.50	5.07	4.78	4.56	4.39	4.25	4.14
	.001	15.72	10.66	8.73	7.68	7.02	6.56	6.22	5.96	5.75	5.58
18	.25	1.41	1.50	1.49	1.48	1.46	1.45	1.44	1.43	1.42	1.42
	.10	3.01	2.62	2.42	2.29	2.20	2.13	2.08	2.04	2.00	1.98
	.05	4.41	3.55	3.16	2.93	2.77	2.66	2.58	2.51	2.46	2.41
	.025	5.98	4.56	3.95	3.61	3.38	3.22	3.10	3.01	2.93	2.87
	.01	8.29	6.01	5.09	4.58	4.25	4.01	3.84	3.71	3.60	3.51
	.005	10.22	7.21	6.03	5.37	4.96	4.66	4.44	4.28	4.14	4.03
	.001	15.38	10.39	8.49	7.46	6.81	6.35	6.02	5.76	5.56	5.39

df_2	α	df_1									
		12	15	20	24	30	40	60	120	240	inf.
13	.25	1.47	1.46	1.45	1.44	1.43	1.42	1.42	1.41	1.40	1.40
	.10	2.10	2.05	2.01	1.98	1.96	1.93	1.90	1.88	1.86	1.85
	.05	2.60	2.53	2.46	2.42	2.38	2.34	2.30	2.25	2.23	2.21
	.025	3.15	3.05	2.95	2.89	2.84	2.78	2.72	2.66	2.63	2.60
	.01	3.96	3.82	3.66	3.59	3.51	3.43	3.34	3.25	3.21	3.17
	.005	4.64	4.46	4.27	4.17	4.07	3.97	3.87	3.76	3.70	3.65
	.001	6.52	6.23	5.93	5.78	5.63	5.47	5.30	5.14	5.05	4.97
14	.25	1.45	1.44	1.43	1.42	1.41	1.41	1.40	1.39	1.38	1.38
	.10	2.05	2.01	1.96	1.94	1.91	1.89	1.86	1.83	1.81	1.80
	.05	2.53	2.46	2.39	2.35	2.31	2.27	2.22	2.18	2.15	2.13
	.025	3.05	2.95	2.84	2.79	2.73	2.67	2.61	2.55	2.52	2.49
	.01	3.80	3.66	3.51	3.43	3.35	3.27	3.18	3.09	3.05	3.00
	.005	4.43	4.25	4.06	3.96	3.86	3.76	3.66	3.55	3.49	3.44
	.001	6.13	5.85	5.56	5.41	5.25	5.10	4.94	4.77	4.69	4.60
15	.25	1.44	1.43	1.41	1.41	1.40	1.39	1.38	1.37	1.36	1.36
	.10	2.02	1.97	1.92	1.90	1.87	1.85	1.82	1.79	1.77	1.76
	.05	2.48	2.40	2.33	2.29	2.25	2.20	2.16	2.11	2.09	2.07
	.025	2.96	2.86	2.76	2.70	2.64	2.59	2.52	2.46	2.43	2.40
	.01	3.67	3.52	3.37	3.29	3.21	3.13	3.05	2.96	2.91	2.87
	.005	4.25	4.07	3.88	3.79	3.69	3.59	3.48	3.37	3.32	3.26
	.001	5.81	5.54	5.25	5.10	4.95	4.80	4.64	4.48	4.39	4.31
16	.25	1.43	1.41	1.40	1.39	1.38	1.37	1.36	1.35	1.35	1.34
	.10	1.99	1.94	1.89	1.87	1.84	1.81	1.78	1.75	1.73	1.72
	.05	2.42	2.35	2.28	2.24	2.19	2.15	2.11	2.06	2.03	2.01
	.025	2.89	2.79	2.68	2.63	2.57	2.51	2.45	2.38	2.35	2.32
	.01	3.55	3.41	3.26	3.18	3.10	3.02	2.93	2.84	2.80	2.75
	.005	4.10	3.92	3.73	3.64	3.54	3.44	3.33	3.22	3.17	3.11
	.001	5.55	5.27	4.99	4.85	4.70	4.54	4.39	4.23	4.14	4.06
17	.25	1.41	1.40	1.39	1.38	1.37	1.36	1.35	1.34	1.33	1.33
	.10	1.96	1.91	1.86	1.84	1.81	1.78	1.75	1.72	1.70	1.69
	.05	2.38	2.31	2.23	2.19	2.15	2.10	2.06	2.01	1.99	1.96
	.025	2.82	2.72	2.62	2.56	2.50	2.44	2.38	2.32	2.28	2.25
	.01	3.46	3.31	3.16	3.08	3.00	2.92	2.83	2.75	2.70	2.65
	.005	3.97	3.79	3.61	3.51	3.41	3.31	3.21	3.10	3.04	2.98
	.001	5.32	5.05	4.78	4.63	4.48	4.33	4.18	4.02	3.93	3.85
18	.25	1.40	1.39	1.38	1.37	1.36	1.35	1.34	1.33	1.32	1.32
	.10	1.93	1.89	1.84	1.81	1.78	1.75	1.72	1.69	1.67	1.66
	.05	2.34	2.27	2.19	2.15	2.11	2.06	2.02	1.97	1.94	1.92
	.025	2.77	2.67	2.56	2.50	2.44	2.38	2.32	2.26	2.22	2.19
	.01	3.37	3.23	3.08	3.00	2.92	2.84	2.75	2.66	2.61	2.57
	.005	3.86	3.68	3.50	3.40	3.30	3.20	3.10	2.99	2.93	2.87
	.001	5.13	4.87	4.59	4.45	4.30	4.15	4.00	3.84	3.75	3.67

df_2	α	1	2	3	4	5	6	7	8	9	10
						df_1					
19	.25	1.41	1.49	1.49	1.47	1.46	1.44	1.43	1.42	1.41	1.41
	.10	2.99	2.61	2.40	2.27	2.18	2.11	2.06	2.02	1.98	1.96
	.05	4.38	3.52	3.13	2.90	2.74	2.63	2.54	2.48	2.42	2.38
	.025	5.92	4.51	3.90	3.56	3.33	3.17	3.05	2.96	2.88	2.82
	.01	8.18	5.93	5.01	4.50	4.17	3.94	3.77	3.63	3.52	3.43
	.005	10.07	7.09	5.92	5.27	4.85	4.56	4.34	4.18	4.04	3.93
	.001	15.08	10.16	8.28	7.27	6.62	6.18	5.85	5.59	5.39	5.22
20	.25	1.40	1.49	1.48	1.47	1.45	1.44	1.43	1.42	1.41	1.40
	.10	2.97	2.59	2.38	2.25	2.16	2.09	2.04	2.00	1.96	1.94
	.05	4.35	3.49	3.10	2.87	2.71	2.60	2.51	2.45	2.39	2.35
	.025	5.87	4.46	3.86	3.51	3.29	3.13	3.01	2.91	2.84	2.77
	.01	8.10	5.85	4.94	4.43	4.10	3.87	3.70	3.56	3.46	3.37
	.005	9.94	6.99	5.82	5.17	4.76	4.47	4.26	4.09	3.96	3.85
	.001	14.82	9.95	8.10	7.10	6.46	6.02	5.69	5.44	5.24	5.08
21	.25	1.40	1.48	1.48	1.46	1.44	1.43	1.42	1.41	1.40	1.39
	.10	2.96	2.57	2.36	2.23	2.14	2.08	2.02	1.98	1.95	1.92
	.05	4.32	3.47	3.07	2.84	2.68	2.57	2.49	2.42	2.37	2.32
	.025	5.83	4.42	3.82	3.48	3.25	3.09	2.97	2.87	2.80	2.73
	.01	8.02	5.78	4.87	4.37	4.04	3.81	3.64	3.51	3.40	3.31
	.005	9.83	6.89	5.73	5.09	4.68	4.39	4.18	4.01	3.88	3.77
	.001	14.59	9.77	7.94	6.95	6.32	5.88	5.56	5.31	5.11	4.95
22	.25	1.40	1.48	1.47	1.45	1.44	1.42	1.41	1.40	1.39	1.39
	.10	2.95	2.56	2.35	2.22	2.13	2.06	2.01	1.97	1.93	1.90
	.05	4.30	3.44	3.05	2.82	2.66	2.55	2.46	2.40	2.34	2.30
	.025	5.79	4.38	3.78	3.44	3.22	3.05	2.93	2.84	2.76	2.70
	.01	7.95	5.72	4.82	4.31	3.99	3.76	3.59	3.45	3.35	3.26
	.005	9.73	6.81	5.65	5.02	4.61	4.32	4.11	3.94	3.81	3.70
	.001	14.38	9.61	7.80	6.81	6.19	5.76	5.44	5.19	4.99	4.83
23	.25	1.39	1.47	1.47	1.45	1.43	1.42	1.41	1.40	1.39	1.38
	.10	2.94	2.55	2.34	2.21	2.11	2.05	1.99	1.95	1.92	1.89
	.05	4.28	3.42	3.03	2.80	2.64	2.53	2.44	2.37	2.32	2.27
	.025	5.75	4.35	3.75	3.41	3.18	3.02	2.90	2.81	2.73	2.67
	.01	7.88	5.66	4.76	4.26	3.94	3.71	3.54	3.41	3.30	3.21
	.005	9.63	6.73	5.58	4.95	4.54	4.26	4.05	3.88	3.75	3.64
	.001	14.20	9.47	7.67	6.70	6.08	5.65	5.33	5.09	4.89	4.73
24	.25	1.39	1.47	1.46	1.44	1.43	1.41	1.40	1.39	1.38	1.38
	.10	2.93	2.54	2.33	2.19	2.10	2.04	1.98	1.94	1.91	1.88
	.05	4.26	3.40	3.01	2.78	2.62	2.51	2.42	2.36	2.30	2.25
	.025	5.72	4.32	3.72	3.38	3.15	2.99	2.87	2.78	2.70	2.64
	.01	7.82	5.61	4.72	4.22	3.90	3.67	3.50	3.36	3.26	3.17
	.005	9.55	6.66	5.52	4.89	4.49	4.20	3.99	3.83	3.69	3.59
	.001	14.03	9.34	7.55	6.59	5.98	5.55	5.24	4.99	4.80	4.64

df_2	α	12	15	20	24	30	40	60	120	240	inf.
						df_1					
19	.25	1.40	1.38	1.37	1.36	1.35	1.34	1.33	1.32	1.31	1.30
	.10	1.91	1.86	1.81	1.79	1.76	1.73	1.70	1.67	1.65	1.63
	.05	2.31	2.23	2.16	2.11	2.07	2.03	1.98	1.93	1.90	1.88
	.025	2.72	2.62	2.51	2.45	2.39	2.33	2.27	2.20	2.17	2.13
	.01	3.30	3.15	3.00	2.92	2.84	2.76	2.67	2.58	2.54	2.49
	.005	3.76	3.59	3.40	3.31	3.21	3.11	3.00	2.89	2.83	2.78
	.001	4.97	4.70	4.43	4.29	4.14	3.99	3.84	3.68	3.60	3.51
20	.25	1.39	1.37	1.36	1.35	1.34	1.33	1.32	1.31	1.30	1.29
	.10	1.89	1.84	1.79	1.77	1.74	1.71	1.68	1.64	1.63	1.61
	.05	2.28	2.20	2.12	2.08	2.04	1.99	1.95	1.90	1.87	1.84
	.025	2.68	2.57	2.46	2.41	2.35	2.29	2.22	2.16	2.12	2.09
	.01	3.23	3.09	2.94	2.86	2.78	2.69	2.61	2.52	2.47	2.42
	.005	3.68	3.50	3.32	3.22	3.12	3.02	2.92	2.81	2.75	2.69
	.001	4.82	4.56	4.29	4.15	4.00	3.86	3.70	3.54	3.46	3.38
21	.25	1.38	1.37	1.35	1.34	1.33	1.32	1.31	1.30	1.29	1.28
	.10	1.87	1.83	1.78	1.75	1.72	1.69	1.66	1.62	1.60	1.59
	.05	2.25	2.18	2.10	2.05	2.01	1.96	1.92	1.87	1.84	1.81
	.025	2.64	2.53	2.42	2.37	2.31	2.25	2.18	2.11	2.08	2.04
	.01	3.17	3.03	2.88	2.80	2.72	2.64	2.55	2.46	2.41	2.36
	.005	3.60	3.43	3.24	3.15	3.05	2.95	2.84	2.73	2.67	2.61
	.001	4.70	4.44	4.17	4.03	3.88	3.74	3.58	3.42	3.34	3.26
22	.25	1.37	1.36	1.34	1.33	1.32	1.31	1.30	1.29	1.28	1.28
	.10	1.86	1.81	1.76	1.73	1.70	1.67	1.64	1.60	1.59	1.57
	.05	2.23	2.15	2.07	2.03	1.98	1.94	1.89	1.84	1.81	1.78
	.025	2.60	2.50	2.39	2.33	2.27	2.21	2.14	2.08	2.04	2.00
	.01	3.12	2.98	2.83	2.75	2.67	2.58	2.50	2.40	2.35	2.31
	.005	3.54	3.36	3.18	3.08	2.98	2.88	2.77	2.66	2.60	2.55
	.001	4.58	4.33	4.06	3.92	3.78	3.63	3.48	3.32	3.23	3.15
23	.25	1.37	1.35	1.34	1.33	1.32	1.31	1.30	1.28	1.28	1.27
	.10	1.84	1.80	1.74	1.72	1.69	1.66	1.62	1.59	1.57	1.55
	.05	2.20	2.13	2.05	2.01	1.96	1.91	1.86	1.81	1.79	1.76
	.025	2.57	2.47	2.36	2.30	2.24	2.18	2.11	2.04	2.01	1.97
	.01	3.07	2.93	2.78	2.70	2.62	2.54	2.45	2.35	2.31	2.26
	.005	3.47	3.30	3.12	3.02	2.92	2.82	2.71	2.60	2.54	2.48
	.001	4.48	4.23	3.96	3.82	3.68	3.53	3.38	3.22	3.14	3.05
24	.25	1.36	1.35	1.33	1.32	1.31	1.30	1.29	1.28	1.27	1.26
	.10	1.83	1.78	1.73	1.70	1.67	1.64	1.61	1.57	1.55	1.53
	.05	2.18	2.11	2.03	1.98	1.94	1.89	1.84	1.79	1.76	1.73
	.025	2.54	2.44	2.33	2.27	2.21	2.15	2.08	2.01	1.97	1.94
	.01	3.03	2.89	2.74	2.66	2.58	2.49	2.40	2.31	2.26	2.21
	.005	3.42	3.25	3.06	2.97	2.87	2.77	2.66	2.55	2.49	2.43
	.001	4.39	4.14	3.87	3.74	3.59	3.45	3.29	3.14	3.05	2.97

df_2	α	df_1									
		1	2	3	4	5	6	7	8	9	10
25	.25	1.39	1.47	1.46	1.44	1.42	1.41	1.40	1.39	1.38	1.37
	.10	2.92	2.53	2.32	2.18	2.09	2.02	1.97	1.93	1.89	1.87
	.05	4.24	3.39	2.99	2.76	2.60	2.49	2.40	2.34	2.28	2.24
	.025	5.69	4.29	3.69	3.35	3.13	2.97	2.85	2.75	2.68	2.61
	.01	7.77	5.57	4.68	4.18	3.85	3.63	3.46	3.32	3.22	3.13
	.005	9.48	6.60	5.46	4.84	4.43	4.15	3.94	3.78	3.64	3.54
	.001	13.88	9.22	7.45	6.49	5.89	5.46	5.15	4.91	4.71	4.56
26	.25	1.38	1.46	1.45	1.44	1.42	1.41	1.39	1.38	1.37	1.37
	.10	2.91	2.52	2.31	2.17	2.08	2.01	1.96	1.92	1.88	1.86
	.05	4.23	3.37	2.98	2.74	2.59	2.47	2.39	2.32	2.27	2.22
	.025	5.66	4.27	3.67	3.33	3.10	2.94	2.82	2.73	2.65	2.59
	.01	7.72	5.53	4.64	4.14	3.82	3.59	3.42	3.29	3.18	3.09
	.005	9.41	6.54	5.41	4.79	4.38	4.10	3.89	3.73	3.60	3.49
	.001	13.74	9.12	7.36	6.41	5.80	5.38	5.07	4.83	4.64	4.48
27	.25	1.38	1.46	1.45	1.43	1.42	1.40	1.39	1.38	1.37	1.36
	.10	2.90	2.51	2.30	2.17	2.07	2.00	1.95	1.91	1.87	1.85
	.05	4.21	3.35	2.96	2.73	2.57	2.46	2.37	2.31	2.25	2.20
	.025	5.63	4.24	3.65	3.31	3.08	2.92	2.80	2.71	2.63	2.57
	.01	7.68	5.49	4.60	4.11	3.78	3.56	3.39	3.26	3.15	3.06
	.005	9.34	6.49	5.36	4.74	4.34	4.06	3.85	3.69	3.56	3.45
	.001	13.61	9.02	7.27	6.33	5.73	5.31	5.00	4.76	4.57	4.41
28	.25	1.38	1.46	1.45	1.43	1.41	1.40	1.39	1.38	1.37	1.36
	.10	2.89	2.50	2.29	2.16	2.06	2.00	1.94	1.90	1.87	1.84
	.05	4.20	3.34	2.95	2.71	2.56	2.45	2.36	2.29	2.24	2.19
	.025	5.61	4.22	3.63	3.29	3.06	2.90	2.78	2.69	2.61	2.55
	.01	7.64	5.45	4.57	4.07	3.75	3.53	3.36	3.23	3.12	3.03
	.005	9.28	6.44	5.32	4.70	4.30	4.02	3.81	3.65	3.52	3.41
	.001	13.50	8.93	7.19	6.25	5.66	5.24	4.93	4.69	4.50	4.35
29	.25	1.38	1.45	1.45	1.43	1.41	1.40	1.38	1.37	1.36	1.35
	.10	2.89	2.50	2.28	2.15	2.06	1.99	1.93	1.89	1.86	1.83
	.05	4.18	3.33	2.93	2.70	2.55	2.43	2.35	2.28	2.22	2.18
	.025	5.59	4.20	3.61	3.27	3.04	2.88	2.76	2.67	2.59	2.53
	.01	7.60	5.42	4.54	4.04	3.73	3.50	3.33	3.20	3.09	3.00
	.005	9.23	6.40	5.28	4.66	4.26	3.98	3.77	3.61	3.48	3.38
	.001	13.39	8.85	7.12	6.19	5.59	5.18	4.87	4.64	4.45	4.29
30	.25	1.38	1.45	1.44	1.42	1.41	1.39	1.38	1.37	1.36	1.35
	.10	2.88	2.49	2.28	2.14	2.05	1.98	1.93	1.88	1.85	1.82
	.05	4.17	3.32	2.92	2.69	2.53	2.42	2.33	2.27	2.21	2.16
	.025	5.57	4.18	3.59	3.25	3.03	2.87	2.75	2.65	2.57	2.51
	.01	7.56	5.39	4.51	4.02	3.70	3.47	3.30	3.17	3.07	2.98
	.005	9.18	6.35	5.24	4.62	4.23	3.95	3.74	3.58	3.45	3.34
	.001	13.29	8.77	7.05	6.12	5.53	5.12	4.82	4.58	4.39	4.24

df_2	α	df_1									
		12	15	20	24	30	40	60	120	240	inf.
25	.25	1.36	1.34	1.33	1.32	1.31	1.29	1.28	1.27	1.26	1.25
	.10	1.82	1.77	1.72	1.69	1.66	1.63	1.59	1.56	1.54	1.52
	.05	2.16	2.09	2.01	1.96	1.92	1.87	1.82	1.77	1.74	1.71
	.025	2.51	2.41	2.30	2.24	2.18	2.12	2.05	1.98	1.94	1.91
	.01	2.99	2.85	2.70	2.62	2.54	2.45	2.36	2.27	2.22	2.17
	.005	3.37	3.20	3.01	2.92	2.82	2.72	2.61	2.50	2.44	2.38
	.001	4.31	4.06	3.79	3.66	3.52	3.37	3.22	3.06	2.98	2.89
26	.25	1.35	1.34	1.32	1.31	1.30	1.29	1.28	1.26	1.26	1.25
	.10	1.81	1.76	1.71	1.68	1.65	1.61	1.58	1.54	1.52	1.50
	.05	2.15	2.07	1.99	1.95	1.90	1.85	1.80	1.75	1.72	1.69
	.025	2.49	2.39	2.28	2.22	2.16	2.09	2.03	1.95	1.92	1.88
	.01	2.96	2.81	2.66	2.58	2.50	2.42	2.33	2.23	2.18	2.13
	.005	3.33	3.15	2.97	2.87	2.77	2.67	2.56	2.45	2.39	2.33
	.001	4.24	3.99	3.72	3.59	3.44	3.30	3.15	2.99	2.90	2.82
27	.25	1.35	1.33	1.32	1.31	1.30	1.28	1.27	1.26	1.25	1.24
	.10	1.80	1.75	1.70	1.67	1.64	1.60	1.57	1.53	1.51	1.49
	.05	2.13	2.06	1.97	1.93	1.88	1.84	1.79	1.73	1.70	1.67
	.025	2.47	2.36	2.25	2.19	2.13	2.07	2.00	1.93	1.89	1.85
	.01	2.93	2.78	2.63	2.55	2.47	2.38	2.29	2.20	2.15	2.10
	.005	3.28	3.11	2.93	2.83	2.73	2.63	2.52	2.41	2.35	2.29
	.001	4.17	3.92	3.66	3.52	3.38	3.23	3.08	2.92	2.84	2.75
28	.25	1.34	1.33	1.31	1.30	1.29	1.28	1.27	1.25	1.24	1.24
	.10	1.79	1.74	1.69	1.66	1.63	1.59	1.56	1.52	1.50	1.48
	.05	2.12	2.04	1.96	1.91	1.87	1.82	1.77	1.71	1.68	1.65
	.025	2.45	2.34	2.23	2.17	2.11	2.05	1.98	1.91	1.87	1.83
	.01	2.90	2.75	2.60	2.52	2.44	2.35	2.26	2.17	2.12	2.06
	.005	3.25	3.07	2.89	2.79	2.69	2.59	2.48	2.37	2.31	2.25
	.001	4.11	3.86	3.60	3.46	3.32	3.18	3.02	2.86	2.78	2.69
29	.25	1.34	1.32	1.31	1.30	1.29	1.27	1.26	1.25	1.24	1.23
	.10	1.78	1.73	1.68	1.65	1.62	1.58	1.55	1.51	1.49	1.47
	.05	2.10	2.03	1.94	1.90	1.85	1.81	1.75	1.70	1.67	1.64
	.025	2.43	2.32	2.21	2.15	2.09	2.03	1.96	1.89	1.85	1.81
	.01	2.87	2.73	2.57	2.49	2.41	2.33	2.23	2.14	2.09	2.03
	.005	3.21	3.04	2.86	2.76	2.66	2.56	2.45	2.33	2.27	2.21
	.001	4.05	3.80	3.54	3.41	3.27	3.12	2.97	2.81	2.73	2.64
30	.25	1.34	1.32	1.30	1.29	1.28	1.27	1.26	1.24	1.23	1.23
	.10	1.77	1.72	1.67	1.64	1.61	1.57	1.54	1.50	1.48	1.46
	.05	2.09	2.01	1.93	1.89	1.84	1.79	1.74	1.68	1.65	1.62
	.025	2.41	2.31	2.20	2.14	2.07	2.01	1.94	1.87	1.83	1.79
	.01	2.84	2.70	2.55	2.47	2.39	2.30	2.21	2.11	2.06	2.01
	.005	3.18	3.01	2.82	2.73	2.63	2.52	2.42	2.30	2.24	2.18
	.001	4.00	3.75	3.49	3.36	3.22	3.07	2.92	2.76	2.68	2.59

		df_1									
df_2	α	1	2	3	4	5	6	7	8	9	10
40	.25	1.36	1.44	1.42	1.40	1.39	1.37	1.36	1.35	1.34	1.33
	.10	2.84	2.44	2.23	2.09	2.00	1.93	1.87	1.83	1.79	1.76
	.05	4.08	3.23	2.84	2.61	2.45	2.34	2.25	2.18	2.12	2.08
	.025	5.42	4.05	3.46	3.13	2.90	2.74	2.62	2.53	2.45	2.39
	.01	7.31	5.18	4.31	3.83	3.51	3.29	3.12	2.99	2.89	2.80
	.005	8.83	6.07	4.98	4.37	3.99	3.71	3.51	3.35	3.22	3.12
	.001	12.61	8.25	6.59	5.70	5.13	4.73	4.44	4.21	4.02	3.87
60	.25	1.35	1.42	1.41	1.38	1.37	1.35	1.33	1.32	1.31	1.30
	.10	2.79	2.39	2.18	2.04	1.95	1.87	1.82	1.77	1.74	1.71
	.05	4.00	3.15	2.76	2.53	2.37	2.25	2.17	2.10	2.04	1.99
	.025	5.29	3.93	3.34	3.01	2.79	2.63	2.51	2.41	2.33	2.27
	.01	7.08	4.98	4.13	3.65	3.34	3.12	2.95	2.82	2.72	2.63
	.005	8.49	5.79	4.73	4.14	3.76	3.49	3.29	3.13	3.01	2.90
	.001	11.97	7.77	6.17	5.31	4.76	4.37	4.09	3.86	3.69	3.54
90	.25	1.34	1.41	1.39	1.37	1.35	1.33	1.32	1.31	1.30	1.29
	.10	2.76	2.36	2.15	2.01	1.91	1.84	1.78	1.74	1.70	1.67
	.05	3.95	3.10	2.71	2.47	2.32	2.20	2.11	2.04	1.99	1.94
	.025	5.20	3.84	3.26	2.93	2.71	2.55	2.43	2.34	2.26	2.19
	.01	6.93	4.85	4.01	3.53	3.23	3.01	2.84	2.72	2.61	2.52
	.005	8.28	5.62	4.57	3.99	3.62	3.35	3.15	3.00	2.87	2.77
	.001	11.57	7.47	5.91	5.06	4.53	4.15	3.87	3.65	3.48	3.34
120	.25	1.34	1.40	1.39	1.37	1.35	1.33	1.31	1.30	1.29	1.28
	.10	2.75	2.35	2.13	1.99	1.90	1.82	1.77	1.72	1.68	1.65
	.05	3.92	3.07	2.68	2.45	2.29	2.18	2.09	2.02	1.96	1.91
	.025	5.15	3.80	3.23	2.89	2.67	2.52	2.39	2.30	2.22	2.16
	.01	6.85	4.79	3.95	3.48	3.17	2.96	2.79	2.66	2.56	2.47
	.005	8.18	5.54	4.50	3.92	3.55	3.28	3.09	2.93	2.81	2.71
	.001	11.38	7.32	5.78	4.95	4.42	4.04	3.77	3.55	3.38	3.24
240	.25	1.33	1.39	1.38	1.36	1.34	1.32	1.30	1.29	1.28	1.27
	.10	2.73	2.32	2.11	1.97	1.87	1.80	1.74	1.70	1.66	1.63
	.05	3.88	3.03	2.64	2.41	2.25	2.14	2.05	1.98	1.92	1.87
	.025	5.09	3.75	3.17	2.84	2.62	2.46	2.34	2.25	2.17	2.10
	.01	6.74	4.69	3.86	3.40	3.09	2.88	2.71	2.59	2.48	2.40
	.005	8.03	5.42	4.39	3.82	3.45	3.19	2.99	2.84	2.71	2.61
	.001	11.10	7.11	5.60	4.78	4.26	3.89	3.62	3.41	3.24	3.09
inf.	.25	1.32	1.39	1.37	1.35	1.33	1.31	1.29	1.28	1.27	1.25
	.10	2.71	2.30	2.08	1.94	1.85	1.77	1.72	1.67	1.63	1.60
	.05	3.84	3.00	2.60	2.37	2.21	2.10	2.01	1.94	1.88	1.83
	.025	5.02	3.69	3.12	2.79	2.57	2.41	2.29	2.19	2.11	2.05
	.01	6.63	4.61	3.78	3.32	3.02	2.80	2.64	2.51	2.41	2.32
	.005	7.88	5.30	4.28	3.72	3.35	3.09	2.90	2.74	2.62	2.52
	.001	10.83	6.91	5.42	4.62	4.10	3.74	3.47	3.27	3.10	2.96

df_2	α	df_1									
		12	15	20	24	30	40	60	120	240	inf.
40	.25	1.31	1.30	1.28	1.26	1.25	1.24	1.22	1.21	1.20	1.19
	.10	1.71	1.66	1.61	1.57	1.54	1.51	1.47	1.42	1.40	1.38
	.05	2.00	1.92	1.84	1.79	1.74	1.69	1.64	1.58	1.54	1.51
	.025	2.29	2.18	2.07	2.01	1.94	1.88	1.80	1.72	1.68	1.64
	.01	2.66	2.52	2.37	2.29	2.20	2.11	2.02	1.92	1.86	1.80
	.005	2.95	2.78	2.60	2.50	2.40	2.30	2.18	2.06	2.00	1.93
	.001	3.64	3.40	3.15	3.01	2.87	2.73	2.57	2.41	2.32	2.23
60	.25	1.29	1.27	1.25	1.24	1.22	1.21	1.19	1.17	1.16	1.15
	.10	1.66	1.60	1.54	1.51	1.48	1.44	1.40	1.35	1.32	1.29
	.05	1.92	1.84	1.75	1.70	1.65	1.59	1.53	1.47	1.43	1.39
	.025	2.17	2.06	1.94	1.88	1.82	1.74	1.67	1.58	1.53	1.48
	.01	2.50	2.35	2.20	2.12	2.03	1.94	1.84	1.73	1.67	1.60
	.005	2.74	2.57	2.39	2.29	2.19	2.08	1.96	1.83	1.76	1.69
	.001	3.32	3.08	2.83	2.69	2.55	2.41	2.25	2.08	1.99	1.89
90	.25	1.27	1.25	1.23	1.22	1.20	1.19	1.17	1.15	1.13	1.12
	.10	1.62	1.56	1.50	1.47	1.43	1.39	1.35	1.29	1.26	1.23
	.05	1.86	1.78	1.69	1.64	1.59	1.53	1.46	1.39	1.35	1.30
	.025	2.09	1.98	1.86	1.80	1.73	1.66	1.58	1.48	1.43	1.37
	.01	2.39	2.24	2.09	2.00	1.92	1.82	1.72	1.60	1.53	1.46
	.005	2.61	2.44	2.25	2.15	2.05	1.94	1.82	1.68	1.61	1.52
	.001	3.11	2.88	2.63	2.50	2.36	2.21	2.05	1.87	1.77	1.66
120	.25	1.26	1.24	1.22	1.21	1.19	1.18	1.16	1.13	1.12	1.10
	.10	1.60	1.55	1.48	1.45	1.41	1.37	1.32	1.26	1.23	1.19
	.05	1.83	1.75	1.66	1.61	1.55	1.50	1.43	1.35	1.31	1.25
	.025	2.05	1.94	1.82	1.76	1.69	1.61	1.53	1.43	1.38	1.31
	.01	2.34	2.19	2.03	1.95	1.86	1.76	1.66	1.53	1.46	1.38
	.005	2.54	2.37	2.19	2.09	1.98	1.87	1.75	1.61	1.52	1.43
	.001	3.02	2.78	2.53	2.40	2.26	2.11	1.95	1.77	1.66	1.54
240	.25	1.25	1.23	1.21	1.19	1.18	1.16	1.14	1.11	1.09	1.07
	.10	1.57	1.52	1.45	1.42	1.38	1.33	1.28	1.22	1.18	1.13
	.05	1.79	1.71	1.61	1.56	1.51	1.44	1.37	1.29	1.24	1.17
	.025	2.00	1.89	1.77	1.70	1.63	1.55	1.46	1.35	1.29	1.21
	.01	2.26	2.11	1.96	1.87	1.78	1.68	1.57	1.43	1.35	1.25
	.005	2.45	2.28	2.09	1.99	1.89	1.77	1.64	1.49	1.40	1.28
	.001	2.88	2.65	2.40	2.26	2.12	1.97	1.80	1.61	1.49	1.35
inf.	.25	1.24	1.22	1.19	1.18	1.16	1.14	1.12	1.08	1.06	1.00
	.10	1.55	1.49	1.42	1.38	1.34	1.30	1.24	1.17	1.12	1.00
	.05	1.75	1.67	1.57	1.52	1.46	1.39	1.32	1.22	1.15	1.00
	.025	1.94	1.83	1.71	1.64	1.57	1.48	1.39	1.27	1.19	1.00
	.01	2.18	2.04	1.88	1.79	1.70	1.59	1.47	1.32	1.22	1.00
	.005	2.36	2.19	2.00	1.90	1.79	1.67	1.53	1.36	1.25	1.00
	.001	2.74	2.51	2.27	2.13	1.99	1.84	1.66	1.45	1.31	1.00

[부록 4] χ^2-분포표

d.f.	$\alpha=.995$	$\alpha=.99$	$\alpha=.975$	$\alpha=.95$	$\alpha=.05$	$\alpha=.025$	$\alpha=.01$	$\alpha=.005$	d.f.
1	.0000393	.000157	.000982	.00393	3.841	5.024	6.635	7.879	1
2	.0100	.0201	.0506	.103	5.991	7.378	9.210	10.597	2
3	.0717	.115	.216	.352	7.815	9.348	11.345	12.838	3
4	.207	.297	.484	.711	9.488	11.143	13.277	14.860	4
5	.412	.554	.831	1.145	11.070	12.832	15.086	16.750	5
6	.676	.872	1.237	1.635	12.592	14.449	16.812	18.548	6
7	.989	1.239	1.690	2.167	14.067	16.013	18.475	20.278	7
8	1.344	1.646	2.180	2.733	15.507	17.535	20.090	21.955	8
9	1.735	2.088	2.700	3.325	16.919	19.023	21.666	23.589	9
10	2.156	2.558	3.247	3.940	18.307	20.483	23.209	25.188	10
11	2.603	3.053	3.816	4.575	19.675	21.920	24.725	26.757	11
12	3.074	3.571	4.404	5.226	21.026	23.337	26.217	28.300	12
13	3.565	4.107	5.009	5.892	22.362	24.736	27.688	29.819	13
14	4.075	4.660	5.929	6.571	23.685	26.119	29.141	31.319	14
15	4.601	5.229	6.262	7.261	24.996	27.488	30.578	32.801	15
16	5.142	5.812	6.908	7.962	26.296	28.845	32.000	34.267	16
17	5.697	6.408	7.564	8.672	27.587	30.191	33.409	35.718	17
18	6.265	7.015	8.231	9.390	28.869	31.526	34.805	37.156	18
19	6.844	7.633	8.907	10.117	30.144	32.852	36.191	38.582	19
20	7.434	8.260	9.591	10.851	31.410	34.170	37.566	39.997	20
21	8.034	8.897	10.283	11.591	32.671	35.479	38.932	41.401	21
22	8.643	9.542	10.982	12.338	33.924	36.781	40.289	42.796	22
23	9.260	10.196	11.689	13.091	35.172	38.076	41.638	44.181	23
24	9.886	10.856	12.401	13.848	36.415	39.364	42.980	45.558	24
25	10.520	11.524	13.120	14.611	37.652	40.646	44.314	46.928	25
26	11.160	12.198	13.844	15.379	38.885	41.923	45.642	48.290	26
27	11.808	12.879	14.573	16.151	40.113	43.194	46.963	49.645	27
28	12.461	13.565	15.308	16.928	41.337	44.461	48.278	50.993	28
29	13.121	14.256	16.047	17.708	42.557	45.722	49.588	52.336	29
30	13.787	14.953	16.791	18.493	43.773	46.979	50.892	53.672	30

[부록 5] Duncan의 $d_\alpha(r, v)$

v	α	\multicolumn{14}{c}{$r=$ 표본평균값들의 크기순위의 차이 $+1$}
		2	3	4	5	6	7	8	9	10	12	14	16	18	20
1	.05	18.0	18.0	18.0	18.0	18.0	18.0	18.0	18.0	18.0	18.0	18.0	18.0	18.0	18.0
	.01	90.0	90.0	90.0	90.0	90.0	90.0	90.0	90.0	90.0	90.0	90.0	90.0	90.0	90.0
2	.05	6.09	6.09	6.09	6.09	6.09	6.09	6.09	6.09	6.09	6.09	6.09	6.09	6.09	6.09
	.01	14.0	14.0	14.0	14.0	14.0	14.0	14.0	14.0	14.0	14.0	14.0	14.0	14.0	14.0
3	.05	4.50	4.50	4.50	4.50	4.50	4.50	4.50	4.50	4.50	4.50	4.50	4.50	4.50	4.50
	.01	8.26	8.5	8.6	8.7	8.8	8.9	8.9	9.0	9.0	9.0	9.1	9.2	9.3	9.6
4	.05	3.93	4.01	4.02	4.02	4.02	4.02	4.02	4.02	4.02	4.02	4.02	4.02	4.02	4.02
	.01	6.51	6.8	6.9	7.0	7.1	7.1	7.2	7.2	7.3	7.3	7.4	7.4	7.5	7.5
5	.05	3.64	3.74	3.79	3.83	3.83	3.83	3.83	3.83	3.83	3.83	3.83	3.83	3.83	3.83
	.01	5.70	5.93	6.11	6.18	6.26	6.33	6.40	6.44	6.5	6.6	6.6	6.7	6.7	6.8
6	.05	3.46	3.58	3.64	3.68	3.68	3.68	3.68	3.68	3.68	3.68	3.68	3.68	3.68	3.68
	.01	5.24	5.51	5.65	5.73	5.83	5.81	5.95	6.00	6.0	6.1	6.2	6.2	6.3	6.3
7	.05	3.35	3.47	3.54	3.58	3.60	3.61	3.61	3.61	3.61	3.61	3.61	3.61	3.61	3.61
	.01	4.95	5.22	5.37	5.45	5.53	5.61	5.69	5.73	5.8	5.8	5.9	5.9	6.0	6.0
8	.05	3.26	3.39	3.47	3.52	3.55	3.56	3.56	3.56	3.56	3.56	3.56	3.56	3.56	3.56
	.01	4.74	5.00	5.14	5.23	5.32	5.40	5.47	5.51	5.5	5.6	5.7	5.7	5.8	5.8
9	.05	3.20	3.34	3.41	3.47	3.50	3.52	3.52	3.52	3.52	3.52	3.52	3.52	3.52	3.52
	.01	4.60	4.86	4.99	5.08	5.17	5.25	5.32	5.36	5.4	5.5	5.5	5.6	5.7	5.7
10	.05	3.15	3.30	3.37	3.43	3.46	3.47	3.47	3.47	3.47	3.47	3.47	3.47	3.47	3.48
	.01	4.48	4.73	4.88	4.96	5.06	5.13	5.20	5.24	5.28	5.36	5.42	5.48	5.54	5.55
11	.05	3.11	3.27	3.35	3.39	3.43	3.44	3.45	3.46	3.46	3.46	3.46	3.46	3.47	3.48
	.01	4.39	4.63	4.77	4.86	4.94	5.01	5.06	5.12	5.15	5.24	5.28	5.34	5.38	5.39
12	.05	3.08	3.23	3.33	3.36	3.40	3.42	3.44	3.44	3.46	3.46	3.46	3.46	3.47	3.48
	.01	4.32	4.55	4.68	4.76	4.84	4.92	4.96	5.02	5.07	5.13	5.17	5.22	5.23	5.26
13	.05	3.06	3.21	3.30	3.35	3.38	3.41	3.42	3.44	3.45	3.45	3.46	3.46	3.47	3.47
	.01	4.26	4.48	4.62	4.69	4.74	4.84	4.88	4.94	4.98	5.04	5.08	5.13	5.14	5.15
14	.05	3.03	3.18	3.27	3.33	3.37	3.39	3.41	3.42	3.44	3.45	3.46	3.46	3.47	3.47
	.01	4.21	4.42	4.55	4.63	4.70	4.78	7.83	4.87	4.91	4.96	5.00	5.04	5.06	5.07
15	.05	3.01	3.16	3.25	3.31	3.36	3.38	3.40	3.42	3.43	3.44	3.45	3.45	3.47	3.47
	.01	4.17	4.37	4.50	4.58	4.64	4.72	4.77	4.81	4.84	4.90	4.94	4.97	4.99	5.00
16	.05	3.00	3.15	3.23	3.30	3.34	3.37	3.39	3.41	3.43	3.44	3.45	3.46	3.47	3.47
	.01	4.13	4.31	4.45	4.54	4.60	4.67	4.72	4.76	4.79	4.84	4.88	4.91	4.93	4.94
17	.05	2.98	3.13	3.22	3.28	3.33	3.36	3.38	3.40	3.42	3.44	3.45	3.46	3.47	3.47
	.01	4.10	4.30	4.41	4.50	4.56	4.63	4.68	4.72	4.75	4.80	4.83	4.86	4.88	4.89
18	.05	2.97	3.12	3.21	3.27	3.32	3.35	3.37	3.39	3.41	3.43	3.45	3.46	3.47	3.47
	.01	4.07	4.27	4.38	4.46	4.53	4.59	4.64	4.68	4.71	4.76	4.79	4.82	4.84	4.85
19	.05	2.96	3.11	3.19	3.26	3.31	3.35	3.37	3.39	3.41	3.43	3.44	3.46	3.47	3.47
	.01	4.05	4.24	4.35	4.43	4.50	4.56	4.61	4.64	4.67	4.72	4.76	4.79	4.81	4.82
20	.05	2.95	3.10	3.18	3.25	3.30	3.34	3.36	3.38	3.40	3.43	3.44	3.46	3.46	3.47
	.01	4.02	4.22	4.33	4.40	4.47	4.53	4.58	4.61	4.65	4.69	4.73	4.76	4.78	4.79
22	.05	2.93	3.08	3.17	3.24	3.29	3.32	3.35	3.37	3.39	3.42	3.44	3.45	3.46	3.47
	.01	3.99	4.17	4.28	4.36	4.42	4.48	4.53	4.57	4.60	4.65	4.68	4.71	4.74	4.75
24	.05	2.92	3.07	3.15	3.22	3.28	3.31	3.34	3.37	3.38	3.41	3.44	3.45	3.46	3.47
	.01	3.96	4.14	4.24	4.33	4.39	4.44	4.49	4.53	4.57	4.62	4.64	4.67	4.70	4.72
26	.05	2.91	3.06	3.14	3.21	3.27	3.30	3.34	3.36	3.38	3.41	3.43	3.45	3.46	3.47
	.01	3.93	4.11	4.21	4.30	4.36	4.41	4.46	4.50	4.53	4.58	4.62	4.65	4.67	4.69
28	.05	2.90	3.04	3.13	3.20	3.26	3.30	3.33	3.35	3.37	3.40	3.43	3.45	3.46	3.47
	.01	3.91	4.08	4.18	4.28	4.34	4.39	4.43	4.47	4.51	4.56	4.60	4.62	4.65	4.67
30	.05	2.89	3.04	3.12	3.20	3.25	3.29	3.32	3.35	3.37	3.40	3.43	3.44	3.46	3.47
	.01	3.89	4.06	4.16	4.22	4.32	4.36	4.41	4.45	4.48	4.54	4.58	4.61	4.63	4.65
40	.05	2.86	3.01	3.10	3.17	3.22	3.27	3.30	3.33	3.35	3.39	3.42	3.44	3.46	3.47
	.01	3.82	3.99	4.10	4.17	4.24	4.30	4.34	4.37	4.41	4.46	4.51	4.54	4.57	4.59
60	.05	2.83	2.98	3.08	3.14	3.20	3.24	3.28	3.31	3.33	3.37	3.40	3.43	3.45	3.47
	.01	3.76	3.92	4.03	4.12	4.17	4.23	4.27	4.31	4.34	4.39	4.44	4.47	4.50	4.53
100	.05	2.80	2.95	3.05	3.12	3.18	3.22	3.26	3.29	3.32	3.36	3.40	3.42	3.45	3.47
	.01	3.71	3.86	3.93	4.06	4.11	4.17	4.21	4.25	4.29	4.35	4.38	4.42	4.45	4.48
∞	.05	2.77	2.92	3.02	3.09	3.15	3.19	3.23	3.26	3.29	3.34	3.38	3.41	3.44	3.47
	.01	3.64	3.80	3.90	3.98	4.04	4.09	4.14	4.17	4.20	4.26	4.31	4.34	4.38	4.41

[부록 6] Tukey의 $q_\alpha(k, v)$

v	α	2	3	4	5	6	7	8	9	10	11
						k=비교하는 집단의 수					
5	.05	3.64	4.60	5.22	5.67	6.03	6.33	6.58	6.80	6.99	7.17
	.01	5.70	6.98	7.80	8.42	8.91	9.32	9.67	9.97	10.24	10.48
6	.05	3.46	4.34	4.90	5.30	5.63	5.90	6.12	6.32	6.49	6.65
	.01	5.24	6.33	7.03	7.56	7.97	8.32	8.91	8.87	9.10	9.30
7	.05	3.34	4.16	4.68	5.06	5.36	5.61	5.82	6.00	6.16	6.30
	.01	4.95	5.92	6.54	7.01	7.37	7.68	7.94	8.17	8.37	8.55
8	.05	3.26	4.04	4.53	4.89	5.17	5.40	5.60	5.77	5.92	6.05
	.01	4.75	5.64	6.20	6.62	6.96	7.24	7.47	7.68	7.86	8.03
9	.05	3.20	3.95	4.41	4.76	5.02	5.24	5.43	5.59	5.74	5.87
	.01	4.60	5.43	5.96	6.35	6.66	6.91	7.13	7.33	7.49	7.65
10	.05	3.15	3.88	4.33	4.65	4.91	5.12	5.30	5.46	5.60	5.72
	.01	4.48	5.27	5.77	6.14	6.43	6.67	6.87	7.05	7.21	7.36
11	.05	3.11	3.82	4.26	4.57	4.82	5.03	5.20	5.35	5.49	5.61
	.01	4.39	5.15	5.62	5.97	6.25	6.48	6.67	6.84	6.99	7.13
12	.05	3.08	3.77	4.20	4.52	4.75	4.95	5.12	5.27	5.39	5.51
	.01	4.32	5.05	5.50	5.84	6.10	6.32	6.51	6.67	6.81	6.94
13	.05	3.06	3.73	4.15	4.45	4.69	4.88	5.05	5.19	5.32	5.43
	.01	4.26	4.96	5.40	5.73	5.98	6.19	6.37	6.53	6.67	6.79
14	.05	3.03	3.70	4.11	4.41	4.64	4.83	4.99	5.13	5.25	5.36
	.01	4.21	4.89	5.32	5.63	5.88	6.08	6.26	6.41	6.54	6.66
15	.05	3.01	3.67	4.08	4.37	4.59	4.78	4.94	5.08	5.20	5.31
	.01	4.17	4.84	5.25	5.56	5.80	5.99	6.16	6.31	6.44	6.55
16	.05	3.00	3.65	4.05	4.33	4.56	4.74	4.90	5.03	5.15	5.26
	.01	4.13	4.79	5.19	5.49	5.72	5.92	6.08	6.22	6.35	6.46
17	.05	2.98	3.63	4.02	4.30	4.52	4.70	4.86	4.99	5.11	5.21
	.01	4.10	4.74	5.14	5.43	5.66	5.85	6.01	6.15	6.27	6.38
18	.05	2.97	3.61	4.00	4.28	4.49	4.67	4.82	4.96	5.07	5.17
	.01	4.07	4.70	5.09	5.38	5.60	5.79	5.94	6.08	6.20	6.31
19	.05	2.96	3.59	3.98	4.25	4.47	4.65	4.79	4.92	5.04	5.14
	.01	4.05	4.67	5.05	5.33	5.55	5.73	5.89	6.02	6.14	6.25
20	.05	2.95	3.58	3.96	4.23	4.45	4.62	4.77	4.90	5.01	5.11
	.01	4.02	4.64	5.02	5.29	5.51	5.69	5.84	5.97	6.09	6.19
24	.05	2.92	3.53	3.90	4.17	4.37	4.54	4.68	4.81	3.92	5.01
	.01	3.96	4.55	4.91	5.17	5.37	5.54	5.69	5.81	5.92	6.02
30	.05	2.89	3.49	3.85	4.10	4.30	4.46	4.60	4.72	4.82	4.92
	.01	3.89	4.45	4.80	5.05	5.24	5.40	5.54	5.65	5.76	5.85
40	.05	2.86	3.44	3.79	4.04	4.23	4.39	4.52	4.63	4.73	4.82
	.01	3.82	4.37	4.70	4.93	5.11	5.26	5.39	5.50	5.60	5.69
60	.05	2.83	3.40	3.74	3.98	4.16	4.31	4.44	4.55	4.65	4.73
	.01	3.76	4.28	4.59	4.82	4.99	5.13	5.25	5.36	5.45	5.53
120	.05	2.80	3.36	3.68	3.92	4.10	4.24	4.36	4.47	4.56	4.65
	.01	3.76	4.28	4.59	4.82	4.99	5.13	5.25	5.36	5.45	5.53
Inf.	.05	2.77	3.31	3.63	3.86	4.03	4.17	4.29	4.39	4.47	4.55
	.01	3.64	4.12	4.40	4.60	4.76	4.88	4.99	5.08	5.16	5.23

v	$t=$비교하는 집단의 수									
	12	13	14	15	16	17	18	19	20	α
5	7.32	7.47	7.60	7.72	7.83	7.93	8.03	8.12	8.21	.05
	10.70	10.89	11.08	11.24	11.40	11.55	11.68	11.81	11.93	.01
6	6.79	6.92	7.03	7.14	7.24	7.34	7.43	7.51	7.59	.05
	9.48	9.65	9.81	9.95	10.08	10.21	10.32	10.43	10.54	.01
7	6.43	6.55	6.66	6.76	6.85	6.94	7.02	7.10	7.17	.05
	8.71	8.86	9.00	9.12	9.24	9.35	9.46	9.55	9.65	.01
8	6.18	6.29	6.39	6.48	6.57	6.65	6.73	6.80	6.87	.05
	8.18	8.31	8.44	8.55	8.66	8.76	8.85	8.94	9.03	.01
9	5.98	6.09	6.19	6.28	6.36	6.44	6.51	6.58	6.64	.05
	7.78	7.91	8.03	8.13	8.23	8.33	8.41	8.49	8.57	.01
10	5.83	5.93	6.03	6.11	6.19	6.27	6.34	6.40	6.47	.05
	7.49	7.60	7.71	7.81	7.91	7.99	8.08	8.15	8.23	.01
11	5.71	5.81	5.90	5.98	6.06	6.13	6.20	6.27	6.33	.05
	7.25	7.36	7.46	7.56	7.65	7.73	7.81	7.88	7.95	.01
12	5.61	5.71	5.80	5.88	5.95	6.02	6.09	6.15	6.21	.05
	7.06	7.17	7.26	7.36	7.44	7.52	7.59	7.66	7.73	.01
13	5.53	5.63	5.71	5.79	5.86	5.93	5.99	6.05	6.11	.05
	6.90	7.01	7.10	7.19	7.27	7.35	7.42	7.48	7.55	.01
14	5.46	5.55	5.64	5.71	5.79	5.85	5.91	5.97	6.03	.05
	6.77	6.87	6.96	7.05	7.13	7.20	7.27	7.33	7.39	.01
15	5.40	5.49	5.57	5.65	5.72	5.78	5.85	5.90	5.96	.05
	6.66	6.76	6.84	6.93	7.00	7.07	7.14	7.20	7.26	.01
16	5.35	5.44	5.52	5.59	5.66	5.73	5.79	5.84	5.90	.05
	6.56	6.66	6.74	6.82	6.90	6.97	7.03	7.09	7.15	.01
17	5.31	5.39	5.47	5.54	5.61	5.67	5.73	5.79	5.84	.05
	6.48	6.57	6.66	6.73	6.81	6.87	6.94	7.00	7.05	.01
18	5.27	5.35	5.43	5.50	5.57	5.63	5.69	5.74	5.79	.05
	6.41	6.50	6.58	6.65	6.73	6.79	6.85	6.91	6.97	.01
19	5.23	5.31	5.39	5.46	5.53	5.59	5.65	5.70	5.75	.05
	6.34	6.43	6.51	6.58	6.65	6.72	6.78	6.84	6.89	.01
20	5.20	5.28	5.36	5.43	5.49	5.55	5.61	5.66	5.71	.05
	6.28	6.37	6.45	6.52	6.59	6.65	6.71	6.77	6.82	.01
24	5.10	5.18	5.25	5.32	5.38	5.44	5.49	5.55	5.59	.05
	6.11	6.19	6.26	6.33	6.39	6.45	6.51	6.56	6.61	.01
30	5.00	5.08	5.15	5.21	5.27	5.33	5.38	5.43	5.47	.05
	5.93	6.01	6.08	6.14	6.20	6.26	6.31	6.36	6.41	.01
40	4.90	4.98	5.04	5.11	5.16	5.22	5.27	5.31	5.36	.05
	5.76	5.83	5.90	5.96	6.02	6.07	6.12	6.16	6.21	.01
60	4.81	4.88	4.94	5.00	5.06	5.11	5.15	5.20	5.24	.05
	5.60	5.67	5.73	5.78	5.84	5.89	5.93	5.97	6.01	.01
120	4.71	4.78	4.84	4.90	4.95	5.00	5.04	5.09	5.13	.05
	5.44	5.50	5.56	5.61	5.66	5.71	5.75	5.79	5.83	.01
∞	4.62	4.68	4.74	4.80	4.85	4.89	4.93	4.97	5.01	.05
	5.29	5.35	5.40	5.45	5.49	5.54	5.57	5.61	5.65	.01

[부록 7]　Durbin-Watson

$(\alpha = 0.05)$

n	$p=1$		$p=2$		$p=3$		$p=4$		$p=5$	
	d_L	d_U	d_L	d_U	d_L	d_U	d_L	d_U	d_L	d_U
15	1.08	1.36	0.95	1.54	0.82	1.75	0.69	1.97	0.56	2.21
16	1.10	1.37	0.98	1.54	0.86	1.73	0.74	1.93	0.62	2.15
17	1.13	1.38	1.02	1.54	0.90	1.71	0.78	1.90	0.67	2.10
18	1.16	1.39	1.05	1.53	0.93	1.69	0.82	1.87	0.71	2.06
19	1.18	1.40	1.08	1.53	0.97	1.68	0.86	1.85	0.75	2.02
20	1.20	1.41	1.10	1.54	1.00	1.68	0.90	1.83	0.79	1.99
21	1.22	1.42	1.13	1.54	1.03	1.67	0.93	1.81	0.83	1.96
22	1.24	1.43	1.15	1.54	1.05	1.66	0.96	1.80	0.86	1.94
23	1.26	1.44	1.17	1.54	1.08	1.66	0.99	1.79	0.90	1.92
24	1.27	1.45	1.19	1.55	1.10	1.66	1.01	1.78	0.93	1.90
25	1.29	1.45	1.21	1.55	1.12	1.66	1.04	1.77	0.95	1.89
26	1.30	1.46	1.22	1.55	1.14	1.65	1.06	1.76	0.98	1.88
27	1.32	1.47	1.24	1.56	1.16	1.65	1.08	1.76	1.01	1.86
28	1.33	1.48	1.26	1.56	1.18	1.65	1.10	1.75	1.03	1.85
29	1.34	1.48	1.27	1.56	1.20	1.65	1.12	1.74	1.05	1.84
30	1.35	1.49	1.28	1.57	1.21	1.65	1.14	1.74	1.07	1.83
31	1.36	1.50	1.30	1.57	1.23	1.65	1.16	1.74	1.09	1.83
32	1.37	1.50	1.31	1.57	1.24	1.65	1.18	1.73	1.11	1.82
33	1.38	1.51	1.32	1.58	1.26	1.65	1.19	1.73	1.13	1.81
34	1.39	1.51	1.33	1.58	1.27	1.65	1.21	1.73	1.15	1.81
35	1.40	1.52	1.34	1.58	1.28	1.65	1.22	1.73	1.16	1.80
36	1.41	1.52	1.35	1.59	1.29	1.65	1.24	1.73	1.18	1.80
37	1.42	1.53	1.36	1.59	1.31	1.66	1.25	1.72	1.19	1.80
38	1.43	1.54	1.37	1.59	1.32	1.66	1.26	1.72	1.21	1.79
39	1.43	1.54	1.38	1.60	1.33	1.66	1.27	1.72	1.22	1.79
40	1.44	1.54	1.39	1.60	1.34	1.66	1.29	1.72	1.23	1.79
45	1.48	1.57	1.43	1.62	1.38	1.67	1.34	1.72	1.29	1.78
50	1.50	1.59	1.46	1.63	1.42	1.67	1.38	1.72	1.34	1.77
55	1.53	1.60	1.49	1.64	1.45	1.68	1.41	1.72	1.38	1.77
60	1.55	1.62	1.51	1.65	1.48	1.69	1.44	1.73	1.41	1.77
65	1.57	1.63	1.54	1.66	1.50	1.70	1.47	1.73	1.44	1.77
70	1.58	1.64	1.55	1.67	1.52	1.70	1.49	1.74	1.46	1.77
75	1.60	1.65	1.57	1.68	1.54	1.71	1.51	1.74	1.49	1.77
80	1.61	1.66	1.59	1.69	1.56	1.72	1.53	1.74	1.51	1.77
85	1.62	1.67	1.60	1.70	1.57	1.72	1.55	1.75	1.52	1.77
90	1.63	1.68	1.61	1.70	1.59	1.73	1.57	1.75	1.54	1.78
95	1.64	1.69	1.65	1.71	1.60	1.73	1.58	1.75	1.56	1.78
100	1.65	1.69	1.63	1.72	1.61	1.74	1.59	1.76	1.57	1.78

$(\alpha=0.01)$

n	$p=1$		$p=2$		$p=3$		$p=4$		$p=5$	
	d_L	d_U	d_L	d_U	d_L	d_U	d_L	d_U	d_L	d_U
15	0.81	1.07	0.70	1.25	0.59	1.46	0.49	1.70	0.39	1.96
16	0.84	1.09	0.74	1.25	0.63	1.44	0.53	1.66	0.44	1.90
17	0.87	1.10	0.77	1.25	0.67	1.43	0.57	1.63	0.48	1.85
18	0.90	1.12	0.80	1.26	0.71	1.42	0.61	1.60	0.52	1.80
19	0.93	1.13	0.83	1.26	0.74	1.41	0.65	1.58	0.56	1.77
20	0.95	1.15	0.86	1.27	0.77	1.41	0.68	1.57	0.60	1.74
21	0.97	1.16	0.89	1.27	0.80	1.41	0.72	1.55	0.63	1.71
22	1.00	1.17	0.91	1.28	0.83	1.40	0.75	1.54	0.66	1.69
23	1.02	1.19	0.94	1.29	0.86	1.40	0.77	1.53	0.70	1.67
24	1.04	1.20	0.96	1.30	0.88	1.41	0.80	1.53	0.72	1.66
25	1.05	1.21	0.98	1.30	0.90	1.41	0.83	1.52	0.75	1.65
26	1.07	1.22	1.00	1.31	0.93	1.41	0.85	1.52	0.78	1.64
27	1.09	1.23	1.02	1.32	0.95	1.41	0.88	1.51	0.81	1.63
28	1.10	1.24	1.04	1.32	0.97	1.41	0.90	1.51	0.83	1.62
29	1.12	1.25	1.05	1.33	0.99	1.42	0.92	1.51	0.85	1.61
30	1.13	1.26	1.07	1.34	1.01	1.42	0.94	1.51	0.88	1.61
31	1.15	1.27	1.08	1.34	1.02	1.42	0.96	1.51	0.90	1.60
32	1.16	1.28	1.10	1.35	1.04	1.43	0.98	1.51	0.92	1.60
33	1.17	1.29	1.11	1.36	1.05	1.43	1.00	1.51	0.94	1.59
34	1.18	1.30	1.13	1.36	1.07	1.43	1.01	1.51	0.95	1.59
35	1.19	1.31	1.14	1.37	1.08	1.44	1.03	1.51	0.97	1.59
36	1.21	1.32	1.15	1.38	1.10	1.44	1.04	1.51	0.99	1.59
37	1.22	1.32	1.16	1.38	1.11	1.45	1.06	1.51	1.00	1.59
38	1.23	1.33	1.18	1.39	1.12	1.45	1.07	1.52	1.02	1.58
39	1.24	1.34	1.19	1.39	1.14	1.45	1.09	1.52	1.03	1.58
40	1.25	1.34	1.20	1.40	1.15	1.46	1.10	1.52	1.05	1.58
45	1.29	1.38	1.24	1.42	1.20	1.48	1.16	1.53	1.11	1.58
50	1.32	1.40	1.28	1.45	1.24	1.49	1.20	1.54	1.16	1.59
55	1.36	1.43	1.32	1.47	1.28	1.51	1.25	1.55	1.21	1.59
60	1.38	1.45	1.35	1.48	1.32	1.52	1.28	1.56	1.25	1.60
65	1.41	1.47	1.38	1.50	1.35	1.53	1.31	1.57	1.28	1.61
70	1.43	1.49	1.40	1.52	1.37	1.55	1.34	1.58	1.31	1.61
75	1.45	1.50	1.42	1.53	1.39	1.56	1.37	1.59	1.34	1.62
80	1.47	1.52	1.44	1.54	1.42	1.57	1.39	1.60	1.36	1.62
85	1.48	1.53	1.46	1.55	1.43	1.58	1.41	1.60	1.39	1.63
90	1.50	1.54	1.47	1.56	1.45	1.59	1.43	1.61	1.41	1.64
95	1.51	1.55	1.49	1.57	1.47	1.60	1.45	1.62	1.42	1.64
100	1.52	1.56	1.50	1.58	1.48	1.60	1.46	1.63	1.44	1.65

[부록 8] Kruskal-Wallis 통계량의 임계치

$(n_1,\ n_2,\ n_3)$	$\alpha = .10$	$\alpha = 0.05$	$\alpha = 0.01$
2, 2, 2	3.7143	4.5714	4.5714
3, 2, 1	3.8571	4.2857	4.2857
3, 2, 2	4.4643	4.5000	5.3571
3, 3, 1	4.0000	4.5714	5.1429
3, 3, 2	4.2500	5.1389	6.2500
3, 3, 3	4.6000	5.0667	6.4889
4, 2, 1	4.0179	4.8214	4.8214
4, 2, 2	4.1667	5.1250	6.0000
4, 3, 1	3.8889	5.0000	5.8333
4, 3, 2	4.4444	5.4000	6.3000
4, 3, 3	4.7000	5.7273	6.7091
4, 4, 1	4.0667	4.8667	6.1667
4, 4, 2	4.4455	5.2364	6.8727
4, 4, 3	4.773	5.5758	7.1364
4, 4, 4	4.5000	5.6538	7.5385
5, 2, 1	4.0500	4.4500	5.2500
5, 2, 2	4.2933	5.0400	6.1333
5, 3, 1	3.8400	4.8711	6.4000
5, 3, 2	4.4946	5.1055	6.8218
5, 3, 3	4.4121	5.5152	6.9818
5, 4, 1	3.9600	4.8600	6.8400
5, 4, 2	4.5182	5.2682	7.1182
5, 4, 3	4.5231	5.6308	7.3949
5, 4, 4	4.6187	5.6176	7.7440
5, 5, 1	4.0364	4.9091	6.8364
5, 5, 2	4.5077	5.2462	7.2692
5, 5, 3	4.5363	5.6264	7.5429
5, 5, 4	4.5200	5.6429	7.7914
5, 5, 5	4.5000	5.6600	7.9800

[부록 9] $F_{max} = S^2_{max}/S^2_{min}$

5% $(\alpha = 0.05)$

$n-1$ \ k	2	3	4	5	6	7	8	9	10	11	12
2	39.0	87.5	142	202	266	333	403	475	550	626	704
3	15.4	27.8	39.2	50.7	62.0	72.9	83.5	93.9	104	114	124
4	9.6	15.5	20.6	25.2	29.5	33.6	37.5	41.1	44.6	48.0	51.4
5	7.15	10.8	13.7	16.3	18.7	20.8	22.9	24.7	26.5	28.2	29.9
6	5.82	8.38	10.4	12.1	13.7	15.0	16.3	17.5	18.6	19.7	20.7
7	4.99	6.94	8.44	9.70	10.8	11.8	12.7	13.5	14.3	15.1	15.8
8	4.43	6.00	7.18	8.12	9.03	9.78	10.5	11.1	11.7	12.2	12.7
9	4.03	5.34	6.31	7.11	7.80	8.41	8.95	9.45	9.91	10.3	10.7
10	3.72	4.85	5.67	6.34	6.92	7.42	7.87	8.28	8.66	9.01	9.34
12	3.28	4.16	4.79	5.30	5.72	6.09	6.42	6.72	7.00	7.25	7.48
15	2.86	3.54	4.01	4.37	4.68	4.95	5.19	5.40	5.59	5.77	5.93
20	2.46	2.95	3.29	3.54	3.76	3.94	4.10	4.24	4.37	4.49	4.59
30	2.07	2.40	2.61	2.78	2.91	3.02	3.12	3.21	3.29	3.36	3.39
60	1.67	1.85	1.96	2.04	2.11	2.17	2.22	2.26	2.30	2.33	2.36
∞	1.00	1.00	1.00	1.00	1.00	1.00	1.00	1.00	1.00	1.00	1.00

1% $(\alpha = 0.05)$

$n-1$ \ k	2	3	4	5	6	7	8	9	10	11	12
2	199	448	729	1036	1362	1705	2063	2432	2813	3204	3605
3	47.5	85	120	151	184	21(6)	24(9)	28(1)	31(0)	33(7)	36(1)
4	23.2	37	49	59	69	79	89	97	106	113	120
5	14.9	22	28	33	38	42	46	50	54	57	60
6	11.1	15.5	19.1	22	25	27	30	32	34	36	37
7	8.89	12.1	14.5	16.5	18.4	20	22	23	24	26	27
8	7.50	9.9	11.7	13.2	14.5	15.8	16.6	17.9	18.9	19.8	21
9	6.54	8.5	9.9	11.1	12.1	13.1	13.9	14.7	15.3	16.0	16.6
10	5.85	7.4	8.6	9.6	10.4	11.1	11.8	12.4	12.9	13.4	13.9
12	4.91	6.1	6.9	7.6	8.2	8.7	9.1	9.5	9.9	10.2	10.6
15	4.07	4.9	5.5	6.0	6.4	6.7	7.1	7.3	7.5	7.8	8.0
20	3.32	3.8	4.3	4.6	4.9	5.1	5.3	5.5	5.6	5.8	5.9
30	2.63	3.0	3.3	3.4	3.6	3.7	3.8	3.9	4.0	4.1	4.2
60	1.96	2.2	2.3	2.4	2.4	2.5	2.5	2.6	2.6	2.7	2.7
∞	1.00	1.0	1.0	1.0	1.0	1.0	1.0	1.0	1.0	1.0	1.0

[부록 10] The Greek Alphabet

Greek name	Greek letter	
	Lower case	Capital
Alpha	α	A
Beta	β	B
Gamma	γ	Γ
Delta	δ	Δ
Epsilon	ε	E
Zeta	ζ	Z
Eta	η	H
Theta	θ	Θ
Iota	ι	I
Kappa	$\varkappa$	K
Lambda	λ	Λ
Mu	μ	M
Nu	ν	N
Xi	ξ	Ξ
Omicron	o	O
Pi	π	Π
Rho	ρ	P
Sigma	σ	Σ
Tau	τ	T
Upsilon	υ	Y
Phi	ϕ	Φ
Chi	χ	X
Psi	ψ	Ψ
Omega	ω	Ω

찾아보기

저자약력

연세대학교 응용통계학과
(미)워싱턴대(St. Louis) 시스템공학과
(미)위스콘신대(Madison) 통계학과
(미)버지니아택주립대(Blacksburg) 통계학과(박사)
연세대학교, 한국외국어대학교 등 강사
계명대학교 경영학과 교수
세종대학교 응용통계학과 교수
한국금융연수원 강사(통계/SAS과정)
ANR리서치연구소 소장
현재 세종대학교 수학통계학부 교수

제 3 판
알기쉽게 풀어쓴 통계학

초판발행	2004년 1월 30일
개정판발행	2009년 9월 5일
제 3 판인쇄	2014년 2월 20일
제 3 판발행	2014년 2월 25일

지은이	이원우
펴낸이	안종만

편 집	우석진 · 이재홍
기획/마케팅	박세기
표지디자인	최은정
제 작	우인도 · 고철민

펴낸곳	**(주) 박영사**
	서울특별시 종로구 평동 13-31번지
	등록 1959. 3. 11. 제300-1959-1호(倫)
전 화	02)733-6771
f a x	02)736-4818
e-mail	pys@pybook.co.kr
homepage	www.pybook.co.kr
ISBN	979-11-303-0008-5 93310

copyright©이원우, 2014, Printed in Korea

정 가   27,000원